教育部高等学校电子信息类专业教学指导委员会规划教材
高等学校电子信息类专业系列教材

Optical Machinery Fundamentals

Optical Materials and Processing Technics

光学机械基础

（第2版）

光学材料及其加工工艺

崔建英　编著

Cui Jianying

清華大學出版社

北京

内容简介

本书是光学类专业学生学习光学系统设计和制造有关基础知识和基本理论的教材。

本书主要内容包括：工程材料导论，包括工程材料及其发展、材料科学基础、功能材料简介、工程材料的加工、工程材料的失效分析和工程材料的选用原则；光学系统中常用的光学玻璃、光学晶体和光学塑料等光介质材料及光学薄膜的概念、种类、性能特点及其应用；构成光学系统的机械结构材料如金属材料、陶瓷、高分子材料、复合材料等四大类机械结构材料的种类、性能特点及其应用；机械结构零件常用的和最新的加工工艺方法、工艺特点、可以达到的精度及应用，包括传统加工方法、特种加工方法及最新精密和超精密加工方法等，并为介绍光学零件的加工工艺打下基础；适用于光学零件加工的传统和最新加工工艺方法、工艺特点及应用，包括光学玻璃零件的热成型和冷加工、光学晶体零件的定向和冷加工、光学塑料零件的热成型、非球面光学零件的加工工艺、光学薄膜的镀膜工艺、光学零件的数控精密加工工艺及光学零件表面的超精密研磨抛光新方法等。

本书可作为高等学校光信息科学与技术、光学、光学工程、光通信、光电检测技术、精密计量及检测技术、仪器仪表类、测控技术与仪表及其他相近专业的教材，也可作为从事光学、光电检测、仪器仪表及精密计量等领域工程技术人员的参考书。

图书在版编目(CIP)数据

光学机械基础：光学材料及其加工工艺/崔建英编著. —2版. —北京：清华大学出版社，2014(2025.1重印)

高等学校电子信息类专业系列教材

ISBN 978-7-302-35119-1

Ⅰ. ①光… Ⅱ. ①崔… Ⅲ. ①光学材料－高等学校－教材 ②光学零件－加工－高等学校－教材 Ⅳ. ①TB34 ②TH740.6

中国版本图书馆 CIP 数据核字(2014)第 009864 号

责任编辑：盛东亮
封面设计：李召霞
责任校对：白 蕾
责任印制：杨 艳

出版发行：清华大学出版社
网 址：https://www.tup.com.cn, https://www.wqxuetang.com
地 址：北京清华大学学研大厦 A 座 邮 编：100084
社 总 机：010-83470000 邮 购：010-62786544
投稿与读者服务：010-62776969，c-service@tup.tsinghua.edu.cn
质量反馈：010-62772015，zhiliang@tup.tsinghua.edu.cn
课件下载：https://www.tup.com.cn，010-83470236

印 装 者：三河市君旺印务有限公司
经 销：全国新华书店
开 本：185mm×260mm **印 张**：19 **字 数**：457 千字
版 次：2008 年 4 月第 1 版 2014 年 8 月第 2 版 **印 次**：2025 年 1 月第 7 次印刷
定 价：57.00 元

产品编号：054430-03

高等学校电子信息类专业系列教材

序

FOREWORD

我国电子信息产业销售收入总规模在2013年已经突破12万亿元，行业收入占工业总体比重已经超过9%。电子信息产业在工业经济中的支撑作用凸显，更加促进了信息化和工业化的高层次深度融合。随着移动互联网、云计算、物联网、大数据和石墨烯等新兴产业的爆发式增长，电子信息产业的发展呈现了新的特点，电子信息产业的人才培养面临着新的挑战。

(1) 随着控制、通信、人机交互和网络互联等新兴电子信息技术的不断发展，传统工业设备融合了大量最新的电子信息技术，它们一起构成了庞大而复杂的系统，派生出大量新兴的电子信息技术应用需求。这些“系统级”的应用需求，迫切要求具有系统级设计能力的电子信息技术人才。

(2) 电子信息系统设备的功能越来越复杂，系统的集成度越来越高。因此，要求未来的设计者应该具备更扎实的理论基础知识和更宽广的专业视野。未来电子信息系统的设计越来越要求软件和硬件的协同规划、协同设计和协同调试。

(3) 新兴电子信息技术的发展依赖于半导体产业的不断推动，半导体厂商为设计者提供了越来越丰富的生态资源，系统集成厂商的全方位配合又加速了这种生态资源的进一步完善。半导体厂商和系统集成厂商所建立的这种生态系统，为未来的设计者提供了更加便捷却又必须依赖的设计资源。

教育部2012年颁布了新版《高等学校本科专业目录》，将电子信息类专业进行了整合，为各高校建立系统化的人才培养体系，培养具有扎实理论基础和宽广专业技能的、兼顾“基础”和“系统”的高层次电子信息人才给出了指引。

传统的电子信息学科专业课程体系呈现“自底向上”的特点，这种课程体系偏重对底层元器件的分析与设计，较少涉及系统级的集成与设计。近年来，国内很多高校对电子信息类专业课程体系进行了大力度的改革，这些改革顺应时代潮流，从系统集成的角度，更加科学合理地构建了课程体系。

为了进一步提高普通高校电子信息类专业教育与教学质量，贯彻落实《国家中长期教育改革和发展规划纲要(2010—2020年)》和《教育部关于全面提高高等教育质量若干意见》(教高【2012】4号)的精神，教育部高等学校电子信息类专业教学指导委员会开展了“高等学校电子信息类专业课程体系”的立项研究工作，并于2014年5月启动了《高等学校电子信息类专业系列教材》(教育部高等学校电子信息类专业教学指导委员会规划教材)的建设工作。其目的是为推进高等教育内涵式发展，提高教学水平，满足高等学校对电子信息类专业人才培养、教学改革与课程改革的需要。

本系列教材定位于高等学校电子信息类专业的专业课程，适用于电子信息类的电子信息工程、电子科学与技术、通信工程、微电子科学与工程、光电信息科学与工程、信息工程及其相近专业。经过编审委员会与众多高校多次沟通，初步拟定分批次(2014—2017年)建设约100门课程教材。本系列教材将力求在保证基础的前提下，突出技术的先进性和科学的前沿性，体现创新教学和工程实践教学；将重视系统集成思想在教学中的体现，鼓励推陈出新，采用“自顶向下”的方法编写教材；将注重反映优秀的教学改革成果，推广优秀的教学经验与理念。

为了保证本系列教材的科学性、系统性及编写质量，本系列教材设立顾问委员会及编审委员会。顾问委员会由教指委高级顾问、特约高级顾问和国家级教学名师担任，编审委员会由教育部高等学校电子信息类专业教学指导委员会委员和一线教学名师组成。同时，清华大学出版社为本系列教材配置优秀的编辑团队，力求高水准出版。本系列教材的建设，不仅有众多高校教师参与，也有大量知名的电子信息类企业支持。在此，谨向参与本系列教材策划、组织、编写与出版的广大教师、企业代表及出版人员致以诚挚的感谢，并殷切希望本系列教材在我国高等学校电子信息类专业人才培养与课程体系建设中发挥切实的作用。

吕志伟 教授

前言

PREFACE

本书是光学类专业学生学习光学系统设计和制造有关基础知识和基本理论的教材。本书的特点可概括为：针对学生普遍存在材料和制造基础知识薄弱的问题，在深入介绍光学材料及其零件制造工艺的基础上，增加了在光学系统中常用的机械结构材料及其零件制造工艺的内容。通过本书的学习，力求使学生能够对光学系统的理解更加深入；通过对光学材料和机械结构材料的介绍，使学生不仅对光学材料有全面的认识，还对光学系统中常用的机械结构材料有一个全面的了解；通过对光学零件制造工艺和光学结构零件制造工艺的介绍，使学生对材料的制造有全面的了解。

本书共分为 5 章，第 0 章工程材料导论，主要介绍了工程材料的历史、分类及其发展趋势、材料的科学基础、功能材料简介、工程材料的加工方法、工程材料的失效分析和工程材料的选用原则。第 1 章光学材料，系统地介绍了光学系统中最常用的光学玻璃、光学晶体和光学塑料等光介质材料及光学薄膜的概念、种类、性能特点及其应用。第 2 章机械结构材料，重点介绍了构成光学系统的金属材料、陶瓷、高分子材料、复合材料四大类机械结构材料的种类、性能特点及其应用。第 3 章机械结构零件加工工艺，重点介绍了机械结构零件常用的和最新的加工工艺方法、工艺特点、可以达到的精度及应用，包括传统加工方法、特种加工方法及最新精密和超精密加工方法等，并为介绍光学零件的加工工艺打下基础。第 4 章光学零件加工工艺，系统介绍了适用于光学零件加工的传统和最新加工工艺方法、工艺特点及应用，包括光学玻璃零件的热成型和冷加工、光学晶体零件的定向和冷加工、光学塑料零件的热成型、非球面光学零件的加工工艺、光学薄膜的镀膜工艺、光学零件的数控精密加工工艺及光学零件表面的超精密研磨抛光新方法等。

本书参考了许多有关光学材料及辅料、光学薄膜、光学塑料、工程材料、机械制造原理与工艺、光学材料加工工艺、特种加工、精密与超精密加工、薄膜技术等参考书籍，在此谨向其作者和单位致以深切谢意。

本书可作为高等学校光信息科学与技术、光学、光学工程、光通信、光电检测技术、精密计量及检测技术、仪器仪表类、测控技术与仪表及其他相近专业的教材，也可作为从事光学、光电检测、仪器仪表及精密计量等领域工程技术人员的参考书。

本书的作者在编写过程中，投入了很大的精力，力求使书中内容新颖正确、条理清楚。但由于本书包括的内容范围广泛，所收集的资料和编者的水平有限，书中难免存在错误和疏漏之处，敬请广大读者批评指正。联系邮箱:jycui1@bjtu.edu.cn。

编著者

2014 年 6 月

目录
CONTENTS

第0章

工程材料导论

0.1 工程材料及其发展

材料在人类历史进程中的地位人所共知，材料发展与社会进步有着密切关系，它是衡量人类社会文明程度的标志之一。因此，历史学家根据人类使用的材料，将历史划分为石器时代、青铜器时代和铁器时代。我国是最早发现和使用金属材料的国家之一。周朝是青铜器的极盛时期，到春秋战国时代，已普遍应用铁器。但是相当长历史时期内，受到采矿和冶炼技术的限制，直到 19 世纪中叶，大规模炼钢工业才兴起，钢铁才成为最主要的工程材料。

凡与工程有关的材料均谓之工程材料。工程材料按其性能特点分为机械结构材料和功能材料两大类。机械结构材料以力学性能为主，兼有一定的物理、化学性能。功能材料以特殊的物理、化学性能为主，例如那些要求有电、光、声、磁、热等功能和效应的材料。

同人类历史发展一样，工程材料也有一个发展过程。在 20 世纪 40～50 年代，材料的发展主要围绕着机械制造业发展，因此主要发展了以一般力学性能为主的金属材料。20 世纪 90 年代以后，随着科学技术的发展，新材料的品种不仅越来越多，而且质量越来越高。随着高压聚合工艺的进步，高分子材料（又称高聚物材料）的合成，高性能的合成纤维和工程塑料已进入实用阶段。由于开发了沥青热解法生产碳纤维的新技术，使碳纤维的生产达到了数万吨的规模，因此，碳纤维增强的复合材料逐渐扩大并应用于机械制造工业，其中 60％用于汽车工业。陶瓷本是古老的传统材料，由于制备技术的进步，开发出一批特种陶瓷材料，包括 SiN、SiC、AlN、赛隆（Sialon）、增韧氧化锆、莫来石等新材料，其强度和断裂韧性大大优于普通的硅酸盐陶瓷材料，因此特种陶瓷材料在未来工程材料中将占有重要地位。进入20 世纪 80 年代，材料超纯提炼和微细加工技术的突破，促进了各种功能材料的迅速发展，各种小型化功能元器件也逐步产业化。

材料工艺的进步不仅推动了新材料的开发和应用，而且极大地提高了材料的性能和质量。如轴承钢的精炼工艺使非金属夹杂物含量明显降低，且呈细小、均匀分布，可提高轴承寿命 30％～50％。又如用计算机控制的自动缠绕工艺技术的使用，使设计人员可以按照工件的应力分布，合理配置增强纤维并呈最佳取向，可自动成型，使复合材料的可靠性大大提高,应用范围不断扩大。

工程材料种类繁多,用途广泛,有许多不同的分类方法,工程上通常按化学分类法对工程材料进行分类,分为机械结构材料和功能材料两类,如图 0.1.1 所示。其中功能材料中的光学材料和机械结构材料将分别在第 1 章和第 2 章中详细论述。

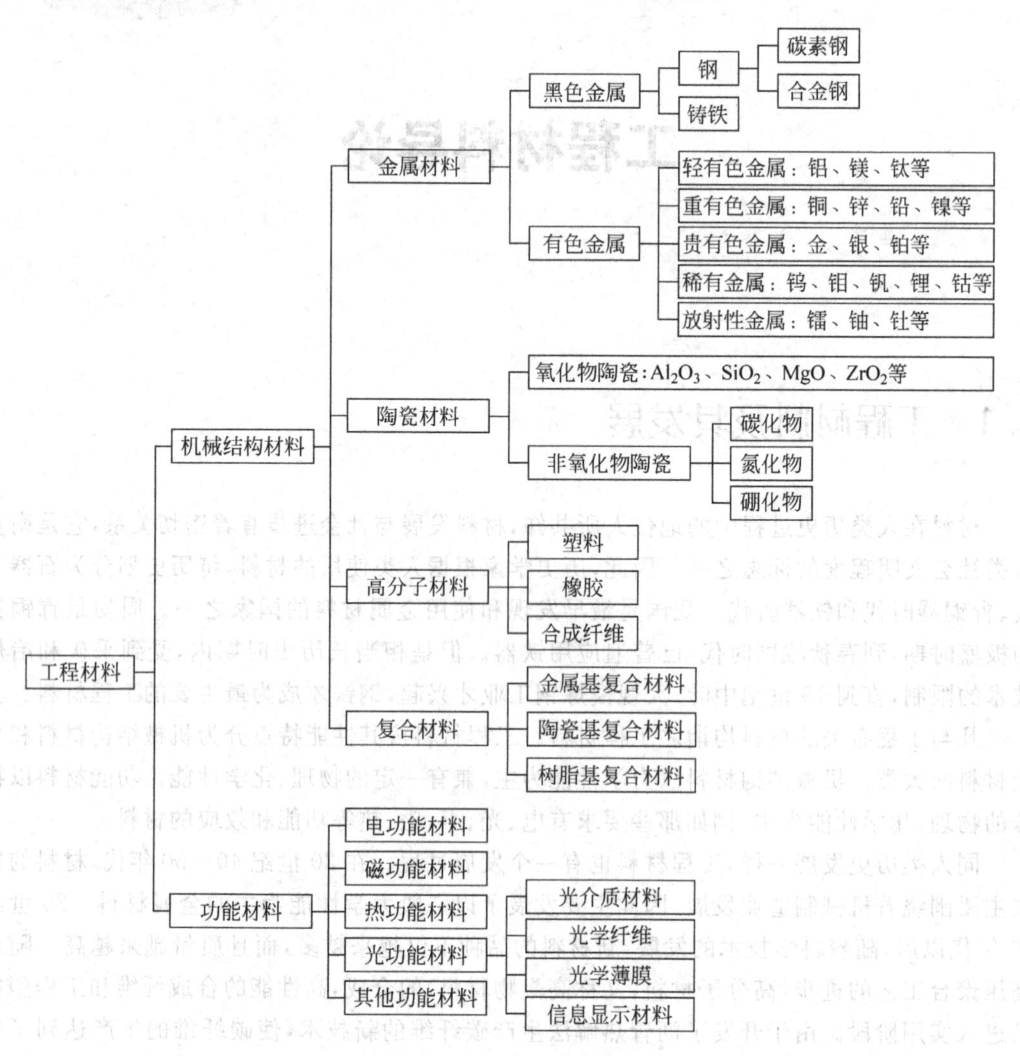

图 0.1.1 工程材料的分类

随着时代的进步,材料科学也在快速发展,21 世纪,世界各国都在发展新材料。新材料对高科技和新技术的发展具有非常关键的作用,没有新材料就没有发展高科技的物质基础。掌握新材料是一个国家在科技领域处于领先地位的标志之一。因此,世界各国都把新材料的研究和开发列为发展国民经济的重要组成部分。21 世纪,新材料的发展趋势如下。

1. 继续重视高性能的新型金属材料

所谓高性能材料,就是指具有高强度、高韧性、耐高温、耐低温、抗腐蚀、抗辐射等性能的材料。这种材料对发展空间技术、核能、海洋开发等工业有着极其密切的关系。新材料是采用新技术和新工艺发展起来的。例如,合金成分的物理冶金设计、微量元素的加入与控制,特殊组织结构的控制等,从而大幅度提高材料的性能。21 世纪,金属材料仍占主导地位。

2. 机械结构材料趋向于复合化

尽管金属材料采用了一系列强韧化措施及发展了非金属材料,如高分子材料和陶瓷材料,但由于单一材料存在难以克服的某些缺点,如脆性大、弹性模量低、比强度不足等。所以把不同的材料进行复合以得到优于原组分性能的新材料,就成为结构材料发展的一个重要趋势。如玻璃纤维增强树脂基的第一代复合材料,碳纤维增强树脂基的第二代复合材料,第三代复合材料则是正在发展的金属基、陶瓷基及碳基复合材料。复合材料在航空、航天工业和汽车工业中获得了广泛的应用,在化工设备和其他方面也有较多的应用。

3. 低维材料正在扩大应用

低维材料包括零维(超微粒)、一维(纤维)和二维薄膜材料,这些材料也是近年来发展最快的一类新材料,可用作机械结构材料和功能材料。

通过化学反应、气相沉积等方法,可制出亚微米级和纳米级(1～100nm)的金属或陶瓷粉末,这类超微颗粒有很大的比表面积和比表面能,熔点低,扩散速度快,烧结温度下降,强度高而塑性下降缓慢,具有良好的综合性能。超微粒的某些功能材料,可成为高效吸波材料。

一维材料应用广泛,其中最突出的是光导纤维,可用作通信工程材料。纤维结构材料是复合材料中的主要增强组分,它决定了复合材料的关键性能;纤维中的晶须,其强度和刚度可接近理论强度值;碳纤维、有机高分子纤维和陶瓷纤维均有广阔的应用前景。

二维的薄膜材料发展迅速,金刚石薄膜和有机高分子薄膜十分诱人,高温超导薄膜及光学薄膜尤为突出。金刚石薄膜可用于高速电子计算机的微芯片;高分子分离膜已在水处理、化工生产、高纯物质制备等方面获得了应用;高温超导薄膜将开辟超导技术的新领域,光学薄膜在光学系统中有不可或缺的作用。

4. 非晶(亚稳态)及准晶材料日益受到重视

20 世纪 70 年代通过快冷技术(10^6℃/s)而获得非晶态或亚稳态合金材料。由于骤冷,金属中的合金元素偏析程度降低,没有晶界,从而可提高合金化程度,而不致产生脆性相。非晶态合金具有高强度、耐腐蚀等特点,某些非晶态铁基合金具有很好的磁学性能,用作变压器比硅钢片的铁损少 2/3。在工程应用中,通过激光束表面处理可在工件表面获得非晶态,具有高耐磨性和耐蚀性。另外,非晶态的硅太阳能电池,光电转换率可达 15%,有待进一步实用化。

以色列科学家丹尼尔-舍特曼(Daniel Shechtman)因发现准晶体而获得 2011 年诺贝尔化学奖。物质的构成由其原子排列特点而定,原子呈周期性排列的固体物质叫做晶体,原子呈无序排列的叫做非晶体。准晶是一种介于晶体和非晶体之间的固体,准晶具有完全有序的结构,然而又不具有晶体所应有的空间对称性,因而可以具有晶体所不允许的宏观对称性。例如组成为铝-铜-铁-铬的准晶体具有低摩擦系数、高硬度、低表面能以及低传热性,正被开发为炒菜锅的镀层;Al65Cu23Fe12 十分耐磨,被开发为高温电弧喷嘴的镀层。

5. 功能材料迅速发展

功能材料是当代新技术中能源技术、空间技术、信息技术和计算机技术的物质基础。功能材料是20世纪90年代材料研究与生产中最活跃的领域。例如，由于超大容量信息通信网络和超高速计算机的发展，对集成电路的要求越来越高，促进集成度逐年增加。从材料看，除了硅半导体外，化合物半导体受到越来越多的重视。又如有关磁记录和磁光记录材料、高温超导材料、光电转换材料等都将有进一步的发展。近年来功能梯度材料发展很快，其性能是原来的均质材料和一般复合材料所不具备的，梯度功能材料将有广泛的应用潜力。

6. 特殊条件下应用的材料

在低温、高压、高真空、高温以及辐照条件下，材料的结构和组织将会转变，并由此引起性能变化。研究这些变化规律，将有利于创制和改善材料。例如，在高压下的结构材料，由于原子间距离缩短，材料将由绝缘体转变为导电体，Nb_3Sn、Nb_3Ce 和 Nb_3Si 等超导体均在高压下合成。现正在开展高压力及冲击波对材料性能影响的试验研究，理论上预测氢在几千万大气压下将转变为金属态，它在室温时就具有超导性，它的实现还有待于高压条件的创建。另外，太空、深海洋等工程技术所用的材料将继续深入研讨。

7. 材料的设计及选用计算机化

由于电子计算机及应用技术的高度发展，使得人们可以按照指定的性能进行材料设计正逐步成为现实。通过电子计算机的应用以及量子力学、系统工程和统计学的运用，可以在微观与宏观相结合的基础上进行材料设计和选用，使之最佳化。目前已建立起计算机化的各种材料性能数据库和计算机辅助选材系统，并进一步向智能化方向发展，从而提高了工程技术的用材水平。

0.2 材料科学基础

材料的结构可以从以下三个层次来考虑：

(1) 组成材料的单个原子结构，其原子核外电子的排列方式显著影响材料的电、磁、光和热性能，还影响到原子彼此结合的方式，从而决定材料的类型。

(2) 原子的空间排列。金属、大多数陶瓷、光学晶体和一些高分子材料有非常规则的原子排列，称为晶体结构，材料的晶体结构显著影响材料的力学性能。其他一些陶瓷、玻璃和大多数高分子材料的原子排列是无序的，称为非晶态，其性能与晶态材料有很大不同。例如，非晶态的聚乙烯对可见光是透明的，而结晶聚乙烯对可见光则是半透明的。

(3) 显微组织，包括晶粒的大小、合金相的种类、数量和分布等参数。改变材料的显微组织也会使材料的性能得到改变。

0.2.1 原子的结构及原子间的键合

物质都是由原子构成的,原子是由原子核和核外电子构成的,原子核又是由质子和中子构成的。原子的特性取决于许多因素,包括原子序数;相应于中性原子中电子或中子的数目;原子的质量;电子在围绕原子核的轨道中的空间分布;原子中电子的能量;以及在原子中加入或除去一个或多个电子,产生带电离子的难易程度。

在自然界中单原子往往是不能存在的,通常是以单质或化合物的形式存在的。同种原子组成单质,异种原子组成化合物。原子间的作用力是由原子的外层电子排布结构造成的。不论什么物质,其原子结合成分子或固体的力(结合力)从本质上讲都起源于原子核和电子间的静电交互作用。氖、氩等惰性气体原子间作用力很小,因为这些原子的电子外层轨道具有稳定的8电子排布结构。而其他元素与惰性元素不同,它们的外层轨道必须通过以下两种方式来达到电子排布的相对稳定结构:

(1) 接受或释放额外电子,形成具有带负电荷或正电荷的离子;

(2) 共有电子。

不同材料是由各种不同的元素组成,由不同的原子、离子或分子结合而成。原子、离子或分子之间的键合力称为结合键。根据电子围绕原子的分布方式,可以将结合键分为离子键、共价键、金属键和分子键四种。正是由于材料内部结合键的不同,造成材料的性能各异。

虽然不同的键对应着不同的电子分布方式,但它们都满足一个共同的条件,即键合后各原子的外层电子结构要成为稳定的结构,也就是像惰性气体原子那样的外层电子结构。

1. 材料的结合键

1) 离子键

当元素周期表中相隔较远的正电性元素原子和负电性元素原子接触时,前者失去最外层价电子变成带正电荷的正离子,后者获得电子变成带负电荷的满壳层负离子,正离子和负离子由静电引力相互吸引而接近,当它们十分接近时发生排斥,引力与斥力相等即形成稳定的离子键。

离子键的特点如下:

(1) 结合力很大,因此离子晶体的硬度高、强度大、热膨胀系数小,但脆性大;

(2) 很难产生可以自由运动的电子,因此离子晶体都是良好的绝缘体;

(3) 在离子键中,由于离子的外层电子比较牢固地被束缚,可见光的能量不足以使其受激发,即不吸收可见光,因此典型的离子晶体是无色透明的。

2) 共价键

处于元素周期表中间位置的3、4、5价元素,原子既可能获得电子变成负离子,也可能丢失电子变成正离子。当这些元素原子之间或与邻近元素原子形成分子或晶体时,以共用价电子形成稳定的电子满壳层的方式实现结合,这种由共用价电子产生的结合键称为共价键。

共价键的特点是结合力很大,因此共价晶体强度大、硬度高、脆性高、熔点高、沸点高、挥发性低。

3）金属键

金属元素的原子在满壳层外有一个或几个价电子，原子很容易丢失其价电子而成为正离子：被丢失的价电子不为某个或某两个原子所专有或共有，而是为全体原子所公有，这些公有化的电子称为自由电子。自由电子在正离子之间自由运动，形成所谓的电子气。正离子在三维空间或电子气中呈高度对称的规则分布。正离子和电子气之间产生强烈的静电吸引力，使全部离子结合起来，这种结合力称为金属键。在金属晶体中，价电子弥漫在整个体积内，所有的金属离子皆处于相同的环境之中，全部离子（或原子）被看成是具有一定体积的圆球，因此金属键无所谓饱和性和方向性。

金属由金属键结合，因此金属具有以下特性：

（1）良好的韧性

金属键没有方向性，原子间也没有选择性；因此在受外力作用而发生原子位置的相对移动时，结合键不会遭到破坏，使金属具有良好的塑性变形能力。

（2）良好的导电性

金属中有大量的自由电子存在，当金属的两端存在电势差或外加电场时，电子可以定向地流动，使金属表现出优良的导电性。

（3）良好的导热性

金属的导热性好，一是由于自由电子的活动性很强，二是依靠金属离子振动的作用而导热。

（4）正的电阻温度系数，即随温度升高电阻增大

金属在加热时，离子（原子）的振动增强，空位增多，离子（原子）排列的规则性受干扰，电子的运动受阻，电阻增大；金属在温度降低时，离子（原子）的振动减弱，则电阻减少。绝大多数金属具有超导性，即在温度接近绝对零度时电阻突然下降，趋近于零。

（5）金属不透明

金属中的自由电子能吸收并随后辐射出大部分透射到其表面的光能，因此金属不透明并呈现特有的金属光泽。

4）分子键

有一类晶体，在它们结合过程中没有电子的得失、共有或公有化，价电子的分布几乎不变，原子或分子之间是靠范德华力结合起来，这种结合方式称为分子键。范德华力实际上就是分子偶极之间的作用力。当一个分子中，正、负电荷的中心瞬时不重合，而使分子一端带正电，另一端带负电，形成偶极。偶极分子之间会产生吸引力，使分子之间结合在一起。因此分子键有如下特点：

（1）由于范德华力很弱，因此由分子键结合的固体材料熔点和硬度很低；

（2）由于没有自由电子，因此这类材料具有良好的绝缘性。

2．材料性能分析

1）陶瓷、光学玻璃及光学晶体

（1）陶瓷

陶瓷是一种或多种金属或非金属元素与一种非金属（通常为氧，或者碳、氮、硼）的化合物。对于金属或非金属元素与氧组成的氧化物陶瓷，结合键以很强的离子键为主，同时也存

在有一定成分的共价键。例如 Al_2O_3、ZrO_2、MgO、CaO、BeO、SiO_2 和 UO_2 等氧化物陶瓷。

对于金属或非金属元素与碳、氮、硼组成的碳化物、氮化物、硼化物陶瓷,则以共价键为主。例如 SiC、Si_3N_4、BN 等陶瓷。

可见,陶瓷的结合键不是强大的离子键就是强大的共价键,因此陶瓷具有硬而脆、耐高温、耐腐蚀、绝缘性好等性能特点。

(2) 光学玻璃

光学玻璃包括硅酸盐玻璃、硼酸盐玻璃和磷酸盐玻璃三类,它们的结合键是离子键为主,共价键为辅,因此具有与陶瓷相同的性能特点,即硬而脆、耐腐蚀、绝缘性好等。

(3) 光学晶体

光学晶体包括碱金属和碱土金属卤化物晶体、氧化物晶体、半导体和金刚石。碱金属和碱土金属卤化物晶体、氧化物晶体的结合键以离子键为主,同时也存在有一定成分的共价键;半导体(包括锗(Ge)和硅(Si)元素半导体和化合物半导体)和金刚石是共价键晶体。可见,光学晶体具有与陶瓷相同的结合键,因此大部分光学晶体具有与陶瓷相同的性能特点,即硬而脆、耐腐蚀、绝缘性好等。

2) 高分子材料

高分子材料由大量相对分子质量特别大的大分子化合物组成,每个大分子皆包含有大量结构相同、相互连接的链节。主要以碳元素(有时还有氢)为其结构组成,在大多数情况下构成大分子的主链。大分子内的原子之间由很强的共价键结合,而大分子与大分子之间的结合力为较弱的范德华力。由于大分子链很长,大分子之间的接触面比较大,特别当分子链交缠时,大分子之间的结合力有较大的提高,因此高分子材料具有一定的工程强度。在大分子中存在氢时,氢键会加强大分子之间的相互作用力。因此高分子材料的强度、弹性模量、疲劳抗力以及韧性都比较低。

3) 金属材料

金属材料包括金属及其合金,在元素周期表中金属元素分为简单金属和过渡族金属两类。简单金属原子的内电子壳层完全填满或完全空着,其结合键完全为金属键。过渡族金属元素原子的内电子壳层未完全填满,其结合键以金属键为主,并混合有共价键。相比陶瓷(包括陶瓷、光学玻璃和光学晶体)和高分子材料,金属材料具有强度较高、韧性好、疲劳抗力高、工艺性好等优良的综合机械性能,常用于制造重要的机器零件和机械结构件。

0.2.2 材料的组织结构和显微结构

1. 材料的组织结构

材料中原子的排列方式称为材料的组织结构,它对固体材料的微观结构和物理、力学性能起着重要的作用。在金属中某些原子排列方式可使金属得到极好的塑性,而另一些排列方式会使之得到极高的强度。陶瓷材料的某些物理性能也取决于其原子的排列。例如,立体声唱片机中用于产生电信号的换能器就是利用原子的排列,使材料内部电荷产生了永久的位移。橡胶、聚乙烯和环氧树脂等高分子材料的种种物理、力学性能都与原子的不同排列有关。

如果不考虑材料中的缺陷,原子排列可分为无序排列、短程有序排列和长程有序排列。

1）无序排列结构——液体和气体

在液体和气体中,原子的排列完全是无序的,其原子、离子或分子随机地排列。

2）短程有序排列结构——非晶态

通常将原子排列规律性只局限在邻近区域原子(一般在分子范围内)的排列方式,称为短程有序排列。原子、离子或分子在三维空间呈无序或短程有序排列的固体物质,称为非晶体,相应的材料称为非晶态材料。有些材料的原子以共价键、分子键结合,它们的原子在分子范围内按一定规律排列,而分子与分子之间则随机地、无规律地连接在一起,这些材料包括:

(1) 大多数塑料

大多数塑料都具有短程有序的原子结构。

(2) 光学玻璃

光学玻璃包括硅酸盐玻璃、硼酸盐玻璃和磷酸盐玻璃都是短程有序的原子结构。例如,硅酸盐玻璃(SiO_4)结构中4个氧原子与一个硅原子以共价键结合,为了满足共价键方向性要求,氧和硅原子构成四面体结构,但是SiO_4的四面体单元可随机地结合在一起,形成所谓非晶态玻璃。

3）长程有序排列结构——晶体

通常将整个材料内部原子具有规律性的排列,称为长程有序排列,原子、离子或分子在三维空间呈长程有序排列的材料称为晶体。例如金属、陶瓷、光学晶体和部分高分子材料,其原子在三维空间呈规律性排列,即组成这些材料的质点(原子、离子或分子)构成了晶体。

2. 材料的显微结构

几乎所有的金属和合金、大多数陶瓷、光学晶体和少数高分子材料在加工过程的某一阶段都处于液体,液体冷却到凝固点以下时才发生凝固现象。材料的凝固过程实际上就是材料中原子的排列过程。在材料学中通常把物质原子从无序排列的液体状态向原子有序排列的晶体状态的转变过程称为结晶。

将一小块材料用金相砂纸磨光后进行抛光,然后用一定的侵蚀剂侵蚀,即获得一个金相试样,在金相显微镜下观察,可以看到材料内部的微观形貌,这些微观形貌称为显微组织(或显微结构)。

通常来讲,不同的材料其化学成分不同,在凝固或结晶以后其组织结构也不同,因而具有不同的性能;同一种材料其化学成分相同,但在不同工艺条件下,也可获得不同的显微结构,因而其性能也大不相同。例如同样是含碳量为0.77%的铁碳合金,经过不同的热处理工艺可以有以下多种显微结构和性能:

(1) 经过完全退火,获得片层状珠光体组织,硬度较高,不便于切削加工;

(2) 经过球化退火,获得球状珠光体组织,硬度较低,便于切削加工;

(3) 经过淬火处理,获得马氏体组织,硬度很高,耐磨性好,很难切削加工。

可见,材料的显微结构对其力学性能有着重要的影响,因此了解材料的显微结构特点有着十分重要的意义。

0.3 功能材料简介

我们把具有某种或某些特殊物理性能或功能的材料叫做功能材料。铜、铝导线及硅钢片等都是最早的功能材料；随着电力工业的发展，电工合金、磁与电金属功能材料得到较大发展；20 世纪 50 年代微电子技术的发展带动了半导体功能材料的迅速发展；60 年代激光技术的出现与发展，又推动了光功能材料的发展；70 年代以后，光电子材料、形状记忆合金、储能材料等发展迅速；90 年代起，智能功能材料、纳米功能材料等逐渐引起了人们的兴趣。太阳能、原子能的被利用，微电子技术、激光技术、传感器技术、工业机器人、空间技术、海洋技术、生物医学技术、电子信息技术等的发展，使得材料的开发重点由机械结构材料转向了功能材料。

按材料的功能，功能材料可分为电功能材料、磁功能材料、热功能材料、光功能材料、智能功能材料等。以下简单介绍一下电功能材料、磁功能材料、热功能材料和其他功能材料，而光功能材料将在第 1 章重点论述。

0.3.1 电功能材料

电功能材料以金属材料为主，可分为金属导电材料、金属电阻材料、金属电接点材料以及超导材料等。金属导电材料是用来传送电流的材料，包括电力、电机工程中使用的电缆、电线等强电材料和仪器、仪表用的导电弱电材料两大类。电阻材料是制造电子线路中电阻元件及电阻器的基础材料。以下重点介绍金属电接点材料和超导材料。

1. 金属电接点材料

电接点是指专门用以建立和消除电接触的导电构件。电接点材料是制造电接点的导体材料。电力、电机系统和电器装置中的电接点通常负荷电流较大，称为强电或中电电接点；仪器仪表、电子与电讯装置中的电接点的负荷电流较小，一般为几毫安到几安培，并且压力小，称为弱电接点。弱电接点材料是制造仪器仪表、电子与电讯装置中的各种电引线框架、导电换向器等的关键材料，决定着电能和信号的传递、转换、开断等的质量，从而直接影响着仪器仪表和电装置的稳定性、可靠性和精度等。因此选择合适的电接点材料是至关重要的。

Au、Ag、Pt 贵金属在所有导体材料中化学性能最稳定，所以弱电接点材料大都采用贵金属或贵金属为基的合金材料。为了降低成本，生产中常用表面涂层或者贵金属-非贵金属复合材料。

2. 超导材料

1) 超导现象的基本特征

有些物质在一定的温度 T_c 以下时，电阻为零，同时完全排斥磁场，即磁力线不能进入其内部，这就是超导现象。具有这种现象的材料叫超导材料。自从 1911 年发现超导现象以来，已发现了一万种以上的超导材料，包括几十种金属元素及其合金、化合物、一些半导体材料和有机材料等，它们的转变温度 T_c 都不相同。绝大多数超导材料的转变温度 T_c 均在23.2K(约−250℃)以下，高温超导材料的转变温度 T_c 在125K(约−148℃)以下。

零电阻及完全抗磁性是超导现象的基本特征和第二特征。

进一步的研究发现，即使温度低于转变温度 T_c 时，强磁场也会破坏超导态，即当磁场强度超过某一个临界值 B_c 时，超导体就转回正常态，其中 B_c 叫临界磁场。超导体不同，其 B_c 也不同，且受温度的影响。另外，当超导体的电流密度达到或超过某一个临界值 J_c 时，超导体也开始有电阻，J_c 叫临界电流密度。T_c、B_c 和 J_c 是超导体的三个临界参数。

2) 超导体的种类

通常根据在磁场中不同的特征，超导体被分为第一类超导体和第二类超导体。一般除Nd(铌)和V(钒)外，其他所有纯金属是第一类超导体；Nd、V及多数金属合金和化合物超导体、氧化物超导体为第二类超导体。

第一类超导体在大于 B_c 的磁场中是正常态；在小于 B_c 的磁场中处于完全抗磁态。第二类超导体中存在两个临界场：下临界磁场 B_{c1} 和上临界磁场 B_{c2}，当磁场小于 B_{c1} 时，超导体与第一类一样处于超导态；当磁场大于 B_{c2} 时，超导体恢复正常态；当磁场介于 B_{c1} 与 B_{c2} 之间时，则存在一个混合态，即超导体一部分区域仍处于超导态，另一部分区域处于正常态，磁场可穿过正常态区。第二类超导体的重大特征是存在很大的上临界磁场和临界电流密度，从而具备在强磁场和强电流下工作的条件，为超导体的实际应用提供了可能性。

研究还发现，两块超导体通过厚1nm左右的绝缘膜或微桥实行弱连接，整个系统就具有约瑟夫森效应，即对磁场、电流等极为敏感。这类超导体叫弱连接超导体。约瑟夫森效应为超导电子学开辟了广阔的应用前景。

3) 超导材料及其应用

超导材料按临界转变温度 T_c，可分为低温超导材料和高温超导材料。已发现的超导材料中绝大多数须用极低温的液氦冷却，是低温超导材料。1986年，瑞士科学家发现的Ba-La-Cu氧化物的 T_c 高达35K；1987年，美、中、日三国科学家分别独立发现了 T_c 超过90K的Y-Ba-Cu氧化物；之后，T_c 高于100K的超导材料陆续被发现。这些超导体可以用极廉价的液氮(77K)作冷却剂，这就是高温超导材料。

超导材料按承受磁场和电流的强弱可分为强电超导材料和弱电超导材料。目前常用的强电超导材料可分为两大类：一类是Nb-Ti基超导合金，如Nb-Ti二元合金，Nb-Ti-Zr、Nb-Ti-Ta三元合金等；另一类是金属间化合物，如 Nb_3Sn、V_3Ga、$Nb_3(Al_{0.8}Ge_{0.2})$、V_3Si、Nb_3A1、NbN等。一般地讲，后一类材料的 B_{c2}、J_c 和 T_c 均大大高于前者。弱电超导材料多为约瑟夫森器件材料，第一类和第二类超导体均可用作这种材料。这种材料通常可分为Sn、Pb、In、Ph-In合金、Pb-Bi合金、Pb-In-Au合金等软金属，Nb和Nb的化合物，Ba-Y-Cu氧化物薄膜等几种。

为了能实现超导材料的实际应用，大量的研究都集中在高温超导材料上。现今已有大量的高温超导材料，除了氧化物陶瓷外，有机超导材料也已受到人们越来越多的重视，如1991年巴基球 C_{60} 的超导性能被发现，其 T_c 已超过30K；后来，C_{60} 的变异形式碳纳米管的超导性能得到广泛研究，有报道证明，其 T_c 已接近液氮温度77K。

由于超导材料的稳定性、成材工艺等方面存在问题，所以超导材料和超导技术的应用领域还十分有限。尽管如此,在有些方面,超导材料和超导技术已体现出了其强大的生命力和广阔前景。超导磁体已广泛应用于加速器、医学诊断设备、热核反应堆等,体现出了无与伦比的优点。由于约瑟夫森效应的存在,约瑟夫森器件已广泛应用于高科技电子产品。目前,人们正努力从成材工艺、提高 T_c 等方面对超导材料进行研究。随着这一研究的不断深入,超导材料和超导技术在能源、交通、电子等高科技领域必将发挥越来越重要的作用。

0.3.2　磁功能材料

众所周知,磁性是物质普遍存在的属性,这一属性与物质其他属性之间相互联系,构成了各种交叉耦合效应和双重或多重效应,如磁光效应、磁电效应、磁声效应、磁热效应等。这些效应的存在又是发展各种磁性材料、功能器件和应用技术的基础。磁功能材料在能源、信息和材料科学中都有非常广泛的应用。

1. 软磁材料

软磁材料在较低的磁场中被磁化而呈强磁性,但在磁场去除后磁性基本消失。这类材料被用作电力、配电和通信变压器和继电器、电磁铁、电感器铁芯、发电机与发动机转子和定子以及磁路中的磁轭材料等。

软磁材料根据其性能特点又被分为高磁饱和材料(低矫顽力)、中磁饱和材料、高导磁材料。软磁材料还包括耐磨高导磁材料、矩磁材料、恒磁导材料、磁温度补偿材料和磁致伸缩材料等。典型的软磁材料有纯铁、Fe-Si 合金(硅钢)、Ni-Fe 合金、Fe-Co 合金、Mn-Zn 铁氧体、Ni-Zn 铁氧体和 Mg-Zn 铁氧体等。

2. 永磁材料

磁性材料在磁场中被充磁,当磁场去除后,材料的磁性仍长时间保留。这种磁性材料就是永磁材料(硬磁材料)。高碳钢、Al-Ni-Co 合金、Fe-Cr-Co 合金、钡和锶铁氧体等都是永磁材料。永磁材料制作的永磁体能提供一定空间内的恒定工作磁场。利用这一磁场可以进行能量转化等,所以永磁体广泛应用于精密仪器仪表、永磁电机、磁选机、电声器件、微波器件、核磁共振设备与仪器、粒子加速器以及各种磁疗装置中。

永磁材料种类繁多,性能各异。普遍应用的永磁材料按成分可分为五种:A1-Ni-Co 系永磁材料、永磁铁氧体、稀土永磁材料、Fe-Cr-Co 系永磁材料和复合永磁材料。

1) AI-Ni-Co 系永磁合金

较早使用的永磁材料,其特点是高剩磁、温度系数低、性能稳定,在对永磁体性能稳定性要求较高的精密仪器仪表和装置中,多采用这种永磁合金。

2) 永磁铁氧体

20 世纪 60 年代发展起来的永磁材料,主要优点是矫顽力高、价格低,缺点是最大磁能积与剩磁偏低、磁性温度系数高。该种材料应用于产量大的家用电器和转动机械装置等。

3) 稀土永磁材料

20 世纪 70 年代以来迅速发展起来的永磁材料,至 80 年代初已发展出三代稀土永磁材料,近些年来,人们正努力探索第四代。这种材料是目前最大磁能积最大、矫顽力特别高的一类永磁材料。所以,这类材料的产生使得永磁元件走向了微小型化及薄型化。

我国是稀土大国,稀土矿藏量约占世界总量的80%。目前,我国在稀土永磁材料研究方面,已处于国际领先水平。

第三代稀土永磁材料是一种超强材料,目前广泛应用于制造汽车电机、音响系统、控制系统、无刷电机、传感器、核磁共振仪、电子表、磁选机、计算机外围设备、测量仪表等。Sm-Fe-N系、Sm-Fe-Ti系及Sm-Fe-V-Ti系是目前人们努力探索的第四代稀土永磁材料,目标是改善温度稳定性,提高居里温度,并且降低成本。

复合(黏结)稀土永磁材料是将稀土永磁粉与橡胶或树脂等混合、再经成型和固化后得到的复合磁体。这种磁体具有工艺简单、强度高而耐冲击、磁性能高并可调整等优点。它广泛应用于仪器仪表、通信设备、旋转机械、磁疗器械、音响器件、体育用品等。

4) 铁铬钴系永磁合金

铁铬钴系永磁合金是可加工的永磁材料,不仅可冷加工成板材、细棒,而且可进行冲压、弯曲、切削和钻孔等,甚至还可铸造成型,弥补了其他材料不可加工的缺点。其磁性能与A1-Ni-Co系合金相似,缺点是热处理工艺复杂。

3. 信息磁材料

信息磁材料是指用于光电通信、计算机、磁记录和其他信息处理技术中的存取信息类磁功能材料。信息磁材料包括磁记录材料、磁泡材料、磁光材料等。

1) 磁记录材料

利用磁记录材料制作磁记录介质和磁头,可对声音、图像和文字等信息进行写入、记录、存储,并在需要时输出。目前使用的磁记录介质有磁带、磁盘、磁卡片及磁鼓等。这些介质从结构上又可分为磁粉涂布型介质和连续薄膜型介质。随着计算机等的发展,磁记录介质的记录密度迅速提高,因而对磁记录介质材料的要求也越来越高,即要求剩余磁感应强度B_r高、矫顽力H_c适中、磁滞回线接近矩形、磁层均匀等。应用最多的磁记录介质材料是γ-Fe_2O_3磁粉和包Co的γ-Fe_2O_3磁粉、Fe金属磁粉、CrO_2系磁粉、Fe-Co系磁膜以及$BaFe_{12}O_{19}$系磁粉或磁膜等。磁头材料通常用(Mn,Zn)Fe_2O_4系、(Ni,Zn)Fe_2O_4系单晶和多晶铁氧体,Fe-Ni-Nb(Ta)系、Fe-Si-Al系高硬度软磁合金以及Fe-Ni(Mo)-B(Si)系、Fe-Co-Ni-Zr系非晶软磁合金等。

在新型磁记录介质中,磁光盘具有超高存储密度、极高可靠性、可擦除次数多、信息保存时间长等优点。目前用作磁光盘的材料主要有稀土-过渡族非晶合金薄膜和加Bi铁石榴石多晶氧化物薄膜。

2) 磁泡材料

小于一定尺寸的迁移率很高的圆柱状磁畴(磁泡)材料可作高速、高存储密度存储器。已研制出的磁泡材料有:(Y,Gd,Yb)$_3$(Fe,A1)$_5O_{12}$系石榴石型铁氧体薄膜,(Sm,Tb)FeO_3系正铁氧体薄膜,$BaFe_{12}O_{19}$系沿铅石型铁氧体膜,Gd-Co系、Tb-Fe系非晶磁膜等。

3) 磁光材料

磁光材料应用于激光、光通信和光学计算机的磁性材料,其磁特性是法拉第旋转角高,损耗低及工作频带宽。包括稀土合金磁光材料、$Y_3Fe_5O_{12}$膜红外透明磁光材料。

4）特殊功能磁性材料

广泛应用于雷达、卫星通信、电子对抗、高能加速器等高新技术中的微波设备的材料叫微波磁材料，包括多种微波电子管用永磁材料、微波旋磁材料和微波磁吸收材料。微波旋磁材料的基本特点是在恒定磁场和微波磁场下磁导率变为张量；典型材料有 $Y_3Fe_5O_{12}$ 系石榴石型铁氧体、$(Mg,Mn)Fe_2O_4$ 系尖晶石型铁氧体、$BaFe_{12}O_{19}$ 系磁铅石型铁氧体等；可制作如隔离器和环行器等非互易旋磁器件。微波磁吸收材料的主要特点是在一定宽的频率范围内对微波有很强吸收和极弱的反射功能；典型材料有非金属铁氧体系、金属磁性粉末或薄膜系等；可作雷达检测不到的隐型飞机表面涂料等。

$DyAlO_3$、$GaFeO_3$ 等材料在磁场作用下可产生磁化强度和电极化强度，而在电场作用下可产生电极化强度和磁化强度，这类材料称为磁电材料。另外，还有超导-铁磁材料等，也是目前发展很快的特殊功能磁材料。

0.3.3 热功能材料

材料在受热或温度变化时，会出现性能变化、产生一系列现象，如热膨胀、热传导(或隔热)、热辐射等。根据材料在温度变化时的热性能变化，可将其分为不同的类别，如膨胀材料、测温材料、形状记忆材料、热释电材料、热敏材料、隔热材料等。目前，热功能材料已广泛用于仪器仪表、医疗器械、导弹等新式武器、空间技术和能源开发等领域，是不可忽视的重要功能材料。

1. 膨胀材料

热膨胀是材料的重要热物理性能之一。通常，绝大多数金属和合金都有热胀冷缩的现象，只不过不同金属和合金，这种膨胀和收缩不同而已。一般用线膨胀系数来表示热膨胀性的大小。根据膨胀系数的大小可将膨胀材料分为三种：低膨胀材料、定膨胀材料和高膨胀材料。

2. 形状记忆材料

具有形状记忆效应(shape memory effect，SME)的材料叫形状记忆材料。材料在高温下形成一定形状后冷却到低温进行塑性变形为另外一种形状，然后经加热后通过马氏体逆相变，即可恢复到高温时的形状，这就是形状记忆效应。形状记忆材料，通常是两种以上的金属元素构成，所以也叫形状记忆合金(shape memory alloys，SMA)。

按形状恢复形式，形状记忆效应可分为单程记忆、双程记忆和全程记忆三种。

(1) 单程记忆：在低温下塑性变形，加热时恢复高温时形状，再冷却时不恢复低温形状。

(2) 双程记忆：加热时恢复高温形状，冷却时恢复低温形状，即随温度升降，高低温形状反复出现。

(3) 全程记忆：在实现双程记忆的同时，冷却到更低温时出现与高温形状完全相反的形状。

形状记忆材料是一种新型功能材料，在一些领域已得到了应用。其中应用较成熟的是钛镍合金、铜基合金和应力诱发马氏体类铁基合金。

3. 测温材料

测温材料是仪器仪表用材的重要一类。测温元件是利用了材料的热膨胀、热电阻和热电动势等特性制造的,利用这些测温元件分别制造双金属温度计、热电阻和热敏电阻温度计、热电偶等。

测温材料按材质可分为:高纯金属及合金,单晶、多晶和非晶半导体材料,陶瓷、高分子材料及复合材料等;按使用温度可分为:高温、中温和低温测温材料;按功能原理可分为:热膨胀、热电阻、磁性、热电动势等测温材料。目前,工业上应用最多的是热电偶和热电阻材料。

热电偶材料包括制作测温热电偶的高纯金属及合金材料和用来制作发电或电致冷器的温差电锥用高掺杂半导体材料。

热电阻材料包括最重要的纯铂丝、高纯铜线、高纯镍丝以及铂钴、铑铁丝等。

4. 隔热材料

防止无用的热,甚至有害热侵袭的材料是隔热材料,隔热材料的最大特性是有极大的热阻。利用隔热材料可以制造涡轮喷气发动机燃烧室、冲压式喷气机火焰喷口等,高温材料电池、热离子发生器等也都离不开隔热材料。

高温陶瓷材料、有机高分子材料和无机多孔材料是生产中常用的隔热材料。如氧化铝纤维、氧化锆纤维、碳化硅涂层石墨纤维、泡沫聚氨酯、泡沫玻璃、泡沫陶瓷等。随着现代航空航天技术的飞速发展,对隔热材料也提出了更严格的要求,目前主要向着耐高温、高强度、低密度方向发展,尤其是向着复合材料发展。

0.3.4 其他功能材料

除了以上介绍的功能材料外,还有其他多种功能材料,如半导体微电子、光电材料,化学功能材料(如储氢材料),生物功能材料,声功能材料(如水声、超声、吸声材料等),隐形材料及智能材料等。

隐形技术与激光、巡航导弹技术统称为现代战争和现代军事技术的高新支柱技术。隐形技术是为了对抗探测器探测、跟踪、攻击的技术。

隐形技术的关键是隐形材料。根据探测器的相关类型,隐形材料可分为吸波材料和红外隐形材料等。

吸波材料是用来对抗雷达探测和激光测距的隐形材料,其原理是它能够将雷达和激光发出的信号吸收,从而使雷达、激光探测收不到反射信号。

红外隐形材料是用来对抗热像仪的隐形材料,它要求材料的比辐射率要低。

智能材料是指对环境具有可感知、可响应,并具有功能发现能力的材料。之后,仿生(hominetic)功能被引入材料,使智能材料成为有自检测、自判断、自结论、自指令和执行功能的材料。可以说形状记忆合金已被应用于智能材料和智能系统,如月面天线、智能管道连接件等。有些灵巧无机材料如氧化锆增韧陶瓷、灵巧陶瓷、压电陶瓷和电致伸缩陶瓷也已被用于仿生中。随着科学技术的发展,材料需要适应更加复杂的环境,所以将不断会有新的智能材料出现，并得以广泛应用。

0.4 工程材料的加工

加工是指为了获得具有所需形状、尺寸精度和表面粗糙度的零件的制作方法。加工可以分为去除加工、结合加工和变形加工三大类。

1. 去除加工

去除加工又称为分离加工和切削加工，是从工件上去除一部分材料，如车削、铣削、磨削、电火花加工等。这是最常用的加工方式，本书所说的加工以切削加工为主。

2. 结合加工

结合加工是利用理化方法将不同材料结合在一起。按结合的机理、方法、强弱等又可分为以下几种：

(1) 附着加工

附着加工又称沉积加工，是在工件表面上覆盖一层物质，为弱结合，如电镀、气相沉积等。

(2) 注入加工

注入加工又称渗入加工，是在工件表层上注入某些元素，使之与基体材料产生物化反应，以改变工件表层材料的力学、机械性质，属强结合，如氧化、渗碳、离子注入等。

(3) 连接

连接是将两种相同或不同材料通过物化方法连接在一起，如焊接、黏接、铆接等。

3. 变形加工

变形加工又称为流动加工，是利用力、热、分子运动等手段使工件产生变形，改变其尺寸、形状和性能。如锻造、铸造、液晶定向等。

0.5 工程材料的失效分析

各种工件丧失规定的功能称为失效(Failurelure)。分析失效原因，提出预防措施，使工件正常安全运行的科学，称为失效分析学，它是一门新兴的边缘科学。

随着航空、宇航、原子能等工业的飞速发展，要求工件在各种恶劣而复杂的环境中服役，因此发生失效的几率也日益增加。当今世界上每年都要发生多起重大失效事故，不仅危及人身安全，产生环境污染，而且造成巨大的经济损失。例如 1986 年 1 月 28 日美国航天飞机挑战者号发射升空后 75s 即发生爆炸，造成宇航史上震惊世界的悲剧。又如 1986 年 4 月 25 日前苏联切尔诺贝利核电站发生失效，反应堆被毁，导致人员伤亡，千百万人健康受到损害，事故造成的直接经济损失约 20 亿卢布。

0.5.1 失效原因分析

工件失效分析的基础原因可概括为设计、选材、加工和安装使用四个方面，如图 0.5.1 所示。

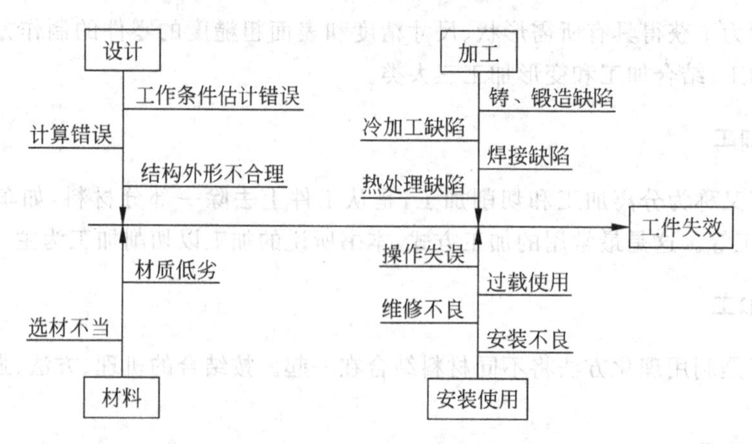

图 0.5.1 工件失效原因分析

1. 合理设计与不合理设计

设计时应从强度计算、结构形式、选材、使用条件和环境的影响等方面周密考虑安全使用寿命问题。

设计中的错误主要表现为：设计中的过载荷、外形上的应力集中、焊接或装配不当，没有考虑使用条件和环境的影响等。

工件外形设计不合理或结构上存在问题，将引起应力集中。例如尖角、过渡角太小、凹槽和缺口布置或设计不当等，容易造成应力集中，导致失效。

由于未经周密的计算，或构件形状复杂，很难进行应力计算时就从事设计，也将引起工件早期失效。例如汽轮机叶片，由于设计不当，经常发生共振损坏。

德国阿连兹技术中心(AZT)曾对 1200 次蒸汽轮机电站失效原因进行统计分析，其中设计及结构事故占 17.5%，这说明了设计与失效之间的密切关系。

2. 材料与失效

机器设备工作时，材料往往作为过载信息的传递者，而每一工件的失效，多是由于材料所受的载荷超过了材料的承载能力。在许多失效案例中，有可能仅仅对材料分析研究，就能找出失效原因。因此，失效分析总是从材料开始，从材料及工艺上找问题。由于材料导致失效的原因，主要有以下两方面。

1) 选材不当导致失效

选材不当是引起失效的主要原因，例如 1980 年 12 月 1 日在加拿大某地发生储油罐炸裂，引起大火，损失 850 万美元。失效分析表明，这是由于选用锰碳比很低的 ASTMA283 钢，在低温使用，导致储油罐壳发生脆性断裂。

2）材质低劣导致失效

材料的生产一般要经过冶炼、铸造、锻造、轧制等几个阶段，在这些工艺过程中所造成的缺陷往往会导致早期失效。

（1）冶炼中的缺陷

冶炼工艺的好坏将直接影响产品的使用寿命。冶炼工艺较差，会使钢中含有较多的氧、氢、氮，并形成非金属夹杂物，这不仅使材料变脆，甚至还会成为疲劳源，导致产品的早期失效。

（2）铸造中的缺陷

由于铸造工艺不当，均可产生一些铸造缺陷。这些缺陷有：疏松、裂纹、夹杂等；铸件中疏松破坏了材料的连续性，使材料强度大大下降；铸件在冷却过程中产生的裂纹，可导致铸件早期失效；铸件中由于碳化物、氮化物和硫化物等沿晶界的析出，会引起铸件产生沿晶断裂。

（3）锻造或轧制中的缺陷

锻造可明显改善材料的力学性能。但如果锻造工艺不当，会在锻造过程中产生各种缺陷，如过热、过烧、锻造或轧制裂纹、流线分布不良及折叠等。它们会引起工件早期失效。例如，某厂用T8A钢生产卡尺，由于锻造工艺不当造成微小表面裂纹，经淬火处理时，使裂纹扩展，致使整批卡尺报废，造成巨大经济损失。

3. 制造过程中产生缺陷引起的失效

产品在加工制造过程中，若不注意加工质量，会产生加工缺陷而导致产品早期失效。其缺陷包括如下几方面：

1）冷加工缺陷

许多机械产品，往往要经过车、铣、刨、磨等加工工序。由于加工工艺不当，给工件带来各种缺陷；磨削时磨削深度过大或冷却不充分，将使表面出现回火组织而使表面硬度降低，有时甚至会形成磨削裂纹；零件表面加工粗糙，会造成应力集中而引起疲劳断裂。以上各种情况均有可能导致零件的早期失效。如某厂购进一批DAL载重汽车，使用两年后，约有4%的发动机曲轴发生断裂，经分析，认为是由于加工质量不符合规定而造成的早期失效。

2）热处理中的缺陷

热处理的不当是导致工件失效的重要原因，常见的缺陷有氧化与脱碳、变形与开裂、过热与过烧、回火不足以及组织缺陷等，均能导致工件失效。例如，天津机车车辆厂用60Si2Mn钢生产的热成型弹簧，装车使用后不久就产生了断裂。分析后认为，是由于在热处理时加热温度过高引起淬火裂纹所致。

3）焊接缺陷

焊接缺陷引起失效的例子很多。如焊接时产生气孔、未焊透、焊接裂纹等均会造成工件在使用过程中早期失效。另外，焊接所引起的残余应力也会引起零件的早期失效。

4. 安装使用不当

工件安装不良，操作失误、过载使用、维修保养不当等，均可导致工件在使用中失效。据文献统计，在260起压力容器失效中，属于操作不当而造成的失效竟占74.6%。又如前苏联切尔诺贝利核电站事故是由于电站工作人员粗暴违反反应堆装置的操作规程,导致了这场大灾难。

总之,工件失效的原因是复杂的,它是各种因素共同作用的结果。但每一失效事故,都有一个导致失效的主要原因。因此对各种服役条件下的工件失效,应作具体分析,找出失效方式和失效抗力指标。失效分析时应做到设计、材料、工艺相结合;结构强度与材料强度相结合;宏观规律与微观机理相结合;规律性试验与生产实际相结合。

0.5.2 失效类型

工程上产品种类繁多,同类产品或零件可能以不同方式失效,而不同产品又会有相同或相似的失效特征。根据工件损坏的特点,所承受载荷的形式及外界条件,可将失效分为下列几种类型:

1. 变形失效

变形失效包括弹性变形失效、塑性变形失效、蠕变变形失效。其特点是非突发性失效,一般不会造成灾难性事故。但塑性变形失效和蠕变变形失效有时也可造成灾难性事故,应引起充分重视。

2. 断裂失效

断裂失效包括以下几类:

(1) 塑性断裂失效

其特点是断裂前有一定程度的塑料变形,一般是非灾难性的,用电镜观察断口时,到处可见韧窝断裂形貌,观察断口附近金相组织,可见到有明显塑性变形层组织。

(2) 脆性断裂失效

断裂前无明显的塑性变形,它是突发性的断裂。电镜下它的特征为河流花样或冰糖状形貌,如解理断裂和沿晶界断裂。

(3) 疲劳断裂

疲劳的最终断裂是瞬时的,因此它的危害性较大,甚至会造成机毁人亡的重大损失。电镜观察断口时,在疲劳扩展区可以看到疲劳特征的辉纹。工程上疲劳断裂占大多数,约占失效总数的80%以上。

(4) 蠕变断裂失效

在高温缓慢变形过程中发生的断裂属于蠕变断裂失效。最终的断裂也是瞬时的。在工程中常见的多属于高温低应力的沿晶蠕变断裂。

3. 腐蚀失效

金属与周围介质之间发生化学或电化学作用而造成的破坏,属于腐蚀失效。其中应力腐蚀、氢脆和腐蚀疲劳等是突发性失效,而点腐蚀、缝隙腐蚀等局部腐蚀和大部分均匀腐蚀失效不是突发性的,而是逐渐发展的。腐蚀失效的特点是失效形式众多,机理复杂,占金属材料失效事故中的比率较大。

4. 磨损失效

凡相互接触并作相对运动的物体,由于机械作用所造成的材料位移及分离的破坏形式,称为磨损。磨损失效所造成的后果一般不像断裂失效和腐蚀失效那么严重,然而近年来却发现一些灾难性的事故来自磨损。磨损失效主要有:黏着磨损、磨粒磨损、接触疲劳磨损、微动磨损、气蚀等几种失效形式。

0.6 工程材料的选用原则

作为一个从事设计与制造的工程技术人员,如何合理地选择和使用材料是一项十分重要的工作,不仅要保证零件在工作时具有良好的功能,使零件经久耐用,而且要求材料有较好的工艺性和经济性,以便提高生产率,降低成本。下面介绍选材时应考虑的三个原则。

0.6.1 材料的使用性能

在设计零件进行选材时,必须根据零件在整机中的作用,零件的形状、大小以及工作环境,找出零件材料应具备的主要机械性能指标。零件的工作条件是复杂的,从受力状态来分析,有拉、压、弯、扭等;从载荷的性质来分,有静载、冲击载荷、交变载荷;从工作温度来分,有低温、室温、高温、交变温度;从环境介质来看,有加润滑剂的,接触酸、碱、盐、海水、粉尘、磨粒的等。此外,有时还要考虑特殊要求,如导电性、磁性、导热、膨胀、辐射、比重等。再根据零件的形状、尺寸、载荷,计算零件中的应力,确定性能指标的具体数值。应该指出,这是一件颇有难度的工作。

例如,内燃机的连杆螺栓,在工作时整个截面上承受均匀分布的拉应力,而且是周期性变动的。因此,对连杆螺栓的材料,除了要求有高的屈服极限 σ_s,强度极限 σ_b 外,还要求有高的疲劳强度 σ_{-1}。由于整个截面上均匀受力,因此还要求材料有足够的淬透性,保证材料整个截面能淬透。

手册上提供的材料的机械性能数据,是以该材料制成的标准试样进行机械性能试验测得的。它虽然表明材料性能的高低,但由于试验条件与机械零件实际工作条件有差别,因而严格说来,手册上的数据不能确切反映零件承受载荷的实际能力。例如,$\sigma_{0.2}$ 是用均匀截面光滑试样单向拉伸试验测得的屈服强度,它就不能代表一个螺栓在被拉伸时所能承受的屈服强度,再说如果螺栓的塑性变形不允许达到 0.2%,那么选用 $\sigma_{0.2}$ 就不合适,而应选用 $\sigma_{0.05}$。还有,试样的性能与试样尺寸大小也有关,随着截面尺寸的增大,机械性能一般都要降低,这些差异在确定材料性能的具体指标时,必须予以注意。

金属材料的强度对金属的组织很敏感,也就是说,材料的成分牌号决定后,其性能还决定于其组织,所以设计选材时,还必须明确材料的组织,确定热处理工艺。由于测定硬度的方法比较简便,可以不破坏零件,且在确定的条件下与某些机械性能指标有大致固定的关系,所以常用硬度来作为设计中控制材料性能的指标。例如调质至 220～250HBS。有时还要提出更具体的组织要求,例如,渗碳层深度 0.5mm,淬火回火至 56～62HRC,将这些要求标注在图纸上。

0.6.2 材料的工艺性

零件都是由不同的工程材料经过一定的加工制造而成,因此材料的工艺性能,即加工成零件的难易程度,显然应是选材必须考虑的重要问题。在选材中,同使用性能比较,工艺性能处于次要地位。但在某些情况下,如大量生产,这时的工艺性能就可能成为选材考虑的主要根据,易削钢的选用与生产,便是例子。

高分子复合材料的成形工艺比较简单,切削加工性能较好,不过要注意,它的导热性差,在切削过程中不易散热,易使工件温度急剧升高,能使热固性树脂变焦,使热塑性材料变软。陶瓷材料成形后,除了可以用碳化硅,金刚石砂轮磨削外,几乎不能进行其他加工。

金属材料的加工比较复杂,常用的加工方法有铸造、压力加工,焊接、切削加工及热处理。

从工艺性出发,如果设计的是铸件,最好选择共晶合金;若设计的是锻件、冲压件,最好选择呈固溶体的合金;如果设计的是焊接结构,则不应选用铸铁,最适宜的材料是低碳钢或低碳合金钢;而铜合金、铝合金的焊接性能都不够好。

在机器制造生产中,绝大部分的机械零件都要经过切削加工,因此材料的切削加工性的好坏,对提高产品质量和生产率,降低成本都具有重要意义。为了便于切削,一般希望钢铁材料的硬度控制在170~230HBS之间。在化学成分确定以后,可以通过热处理来改善金相组织和机械性能,达到改善切削加工的目的。

机械零件的最终使用性能,很大程度上取决于热处理,碳钢的淬透性差,强度不是很高,加热时容易过热而晶粒长大,淬火时容易变形与开裂,因此制造高强度及大截面、形状复杂的零件,需选用合金钢。

0.6.3 材料的经济性

在满足使用性能的前提下,选用零件材料时应注意降低零件的总成本。零件的总成本包括材料本身的价格,加工费及其他一切所花的费用。有时甚至还要包括运费与安装费用。

在金属材料中,碳钢和铸铁的价格比较低廉,而且加工方便。因此在能满足零件机械性能的前提下,选用碳钢和铸铁可降低成本。

低合金钢由于强度比碳钢高,工艺性接近碳钢,所以选用低合金钢往往经济效益比较显著。

在选材时应立足于我国的资源,还应考虑到我国的生产和供应情况。对某一工厂来说,所选材料种类、规格,应尽量少而集中,以便于采购和管理。

总之,作为一个设计、工艺人员,必须了解我国的资源条件、生产情况、国家标准,从实际情况出发,全面考虑机械性能,工艺性能和生产成本等方面的问题。

第1章

光学材料

光学在现在科学技术领域中占有极重要的地位。光学现象的应用非常广泛，光学技术的发展及应用与各种光学材料（光功能材料）的研制和发展是息息相关的。

光学材料包括传统光学材料和现代光功能材料。

传统光学材料主要指光介质材料，各种折射、反射光学组件，如透镜、棱镜、平面镜、球面镜和分划镜等构成光学系统的基本组件，它们以折射、反射和透射的方式，改变光线的方向、强度和相位，使光线按照预定的要求传输，也可以吸收或透过一定波长范围的光线而改变光线的光谱成分。

现代光功能材料是指在诸如力、热、声、电、磁、光等外场作用下，材料的光学性质会发生改变，可以用于探测、功能转换等方面的材料。光功能材料按其功能可分为：激光材料、红外材料、发光材料、光色材料、光纤材料、光存储材料等。

不管是传统光学材料还是现代光功能材料，都必须满足它们的使用要求。如折射材料对工作波段具有良好的透过率，反射材料对工作波段具有很高的反射率，光纤材料具有传输损失小，光存储材料具有存储量大等特点。

1.1 材料的光学性质及光学材料的分类

1.1.1 光波与光线

1. 电磁波谱

就本质而言，光和热（辐射能）、雷达波、无线电波及 X 射线等都是电磁波，它们之间的差别是波长（或频率）范围不同。电磁波包括的波长范围很宽，从 10^{-16}m 到 10^{8}m。按波长增加的次序，可以分为 γ 射线、X 射线、紫外线、可见光、红外线和无线电波等，把电磁波按其波长或频率的顺序排列起来，形成电磁波谱，如图 1.1.1 所示。

光波的波长范围为 1～10nm（$1\text{nm}=10^{-3}\mu\text{m}=10^{-6}\text{mm}=10^{-9}\text{m}$），其中波长在 380～760nm 之间的电磁波能为人眼所感知，称为可见光，在整个电磁波谱中只占很窄的一部分。波长大于 760nm 的光称为红外线，而波长小于 380nm 的光称为紫外线。从图 1.1.1 可以

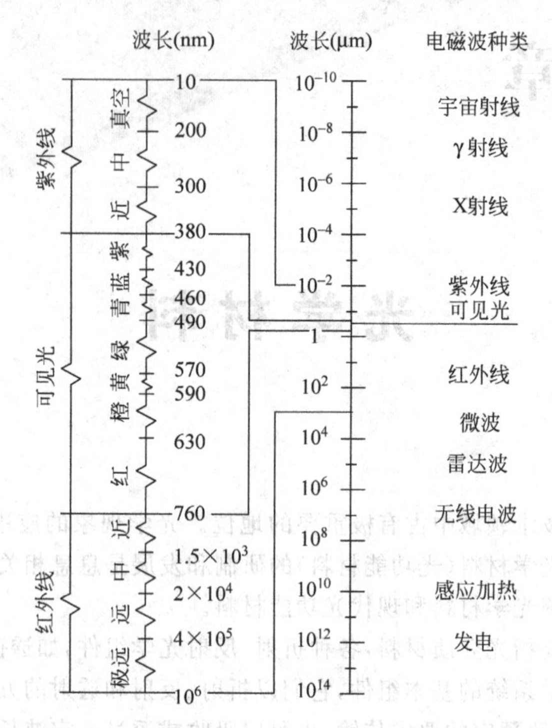

图 1.1.1　电磁波谱

看出，红外线、可见光和紫外线又可以细分如下：

(1) 红外线波长为1mm～760nm，其中远和极远红外线波长为1mm～20μm，中红外线波长为20～1.5μm，近红外线波长为1.5μm～760nm。

(2) 可见光波长为760～380nm，其中，红色光波长为760～630nm，橙色光波长为630～590nm，黄色光波长为590～570nm，绿色光波长为570～490nm，青色光波长为490～460nm，蓝色光波长为460～430nm，紫色光波长为430～380nm。

(3) 紫外线波长为380～10nm，其中近紫外线波长为380～300nm，中紫外线波长为300～200nm，真空紫外线波长为200～10nm。

可见光随波长的不同而引起人眼不同的颜色感觉。我们把单一波长的光称为单色光，而由不同单色光混合而成的光称为复色光。单色光是一种理想光源，现实中并不存在。激光是一种单色性很好的光源，可以近似看作单色光。太阳光是由无限多种单色光组成的，在可见光范围内，太阳光可以分解为红、橙、黄、绿、青、蓝、紫七种颜色的光。例如波长为0.4μm的光呈紫色，波长为0.5μm的光呈绿色，波长为0.65μm的光呈红色。白光是各种带色光的混合光。

2. 光线及其传播

通常，我们把能够辐射光能量的物体称为发光体或光源。发光体可以看作是由许多发光点或点光源组成的，每个发光点向四周辐射光能量。为方便地讨论问题，我们通常将发光点发出的光抽象为许许多多携带能量并带有方向的几何线，即光线。光线的方向代表光的传播方向。发光点发出的光波向四周传播时，某一时刻其振动相位相同的点所构成的等相位面称为波阵面,简称波面。光的传播即为光波波阵面的传播。在各向同性介质中,波面上某点的法线即代表了该点处光的传播方向,即光是沿着波面法线方向传播的。因此,波面法线即为光线。与波面对应的所有光线的集合称为光束。

通常,波面可分为平面波、球面波和任意曲面波。与平面波对应的光线束互相平行,称为平行光束。与球面波对应的光线束相交于球面波的球心,称为同心光束。同心光束可分为会聚光束和发散光束。同心光束或平行光束经过实际光学系统后,由于像差的作用,将不再是同心光束或平行光束,对应的光波则为非球面光波。

3. 电磁波的传播速度

电磁波的传播速度 υ 与介电常数 ε 和真空磁导率 μ_0 之间的关系为

$$\upsilon=\frac{1}{\sqrt{\mu_0\varepsilon}} \tag{1.1.1}$$

在真空中,$\varepsilon=\varepsilon_0$,并用符号 c 代替 υ,得

$$c=\frac{1}{\sqrt{\mu_0\varepsilon_0}} \tag{1.1.2}$$

代入 μ_0、ε_0 的值,得各种形式的电磁波在真空中的传播速度

$$c=2.99794\times10^8\,\mathrm{m/s}$$

我国国家标准 GB 3102.6—1982 中取

$$c=(2.99793458\pm0.00000012)\times10^8\,\mathrm{m/s}$$

通常我们把电磁波在真空中的传播速度都约取为 $3\times10^8\,\mathrm{m/s}$。

4. 电磁波的波长和能量

c 与电磁波频率 ν 及波长 λ 的关系为

$$c=\lambda\nu \tag{1.1.3}$$

式中,ν 的单位为 Hz,1Hz=1 周/s。

光不仅是一种电磁波,而且是一种粒子,即光是由一份一份的光量子——光子组成的,光是以速度 c 运动的光子流。

光子的能量 E 是量子化的,它与频率 ν 相对应,即

$$E=h\nu=\frac{hc}{\lambda} \tag{1.1.4}$$

式中,$h=6.626\times10^{-34}\,\mathrm{J\cdot s}=4.13\times10^{-15}\,\mathrm{eV\cdot s}$,称为普朗克常数。该式表明,光子能量正比于频率而反比于波长,即频率 ν 愈高(波长愈短),相应的光子能量就愈大。

1.1.2 光在材料中的传播规律

1. 光的直线传播定律

在各向同性的均匀材料中,光是沿着直线方向传播的。

2. 光的独立传播定律

不同光源发出的光在空间某点相遇时,彼此互不影响,各光束独立传播。

3. 光的反射定律与折射定律

当一束光投射到两种均匀材料分界面上时，一部分光从分界面“反射”回到原材料，另一部分光将“透过”分界面，进入第二种材料，发生“折射”。这样当光从一种材料进入另一种材料时(例如从空气进入固体中)，一部分透过材料，一部分被吸收，还有一部分在两种材料的分界面上被反射。光的反射和折射遵循反射定律和折射定律，如图1.1.2所示。

光的反射定律为：

(1) 反射光线位于由入射光线和法线所决定的平面内；

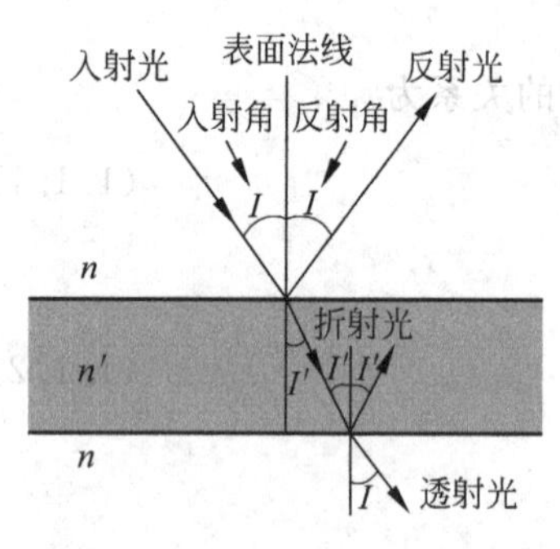

图1.1.2　光的折射和反射

(2) 反射光线和入射光线位于法线两侧，且反射角与入射角绝对相等。

光的折射定律为：

(1) 折射光线位于由入射光线和法线所决定的平面内；

(2) 折射角的正弦与入射角的正弦之比与入射角的大小无关，仅由两种材料的性质决定。对于一定波长的光线而言，在一定温度和压力下，该比值为一常数，等于入射光所在材料的折射率 n 与折射光所在材料的折射率 n' 之比，即

$$\frac{\sin I'}{\sin I}=\frac{n}{n'}$$

通常表示为

$$n'\sin I' = n\sin I \tag{1.1.5}$$

折射率是表征透明材料光学性质的重要参数。我们知道，各种波长的光在真空中的传播速度均为 c，而在不同材料中的传播速度由于光线进入透明材料内部时，因电子极化消耗部分能量致使光速有不同程度的减小。材料的折射率 n 就是用来描述材料中的光速相对于真空中光速减慢程度的物理量，即

$$n=\frac{c}{v} \tag{1.1.6}$$

式中，c 为光线在真空中的传播速度；v 为光线在材料中的传播速度；n 为材料的折射率。

这就是折射率的定义。显然，真空的折射率为1。因此，我们把材料相对于真空的折射率称为绝对折射率。在标准条件(大气压力 p=101 275Pa=760mmHg，温度 t=293K=20°C)下，空气的折射率为1.000 273，与真空的折射率非常接近。因此为了方便起见，常把材料相对于空气的相对折射率作为该材料的相对折射率，简称折射率。

1.1.3　光和固体材料的相互作用

一束平行光照射各向同性材料时，除了可能发生反射和折射而改变其传播方向外，进入材料之后的光线还会发生以下两种变化：

(1) 当光线通过材料时，一部分光的能量被材料吸收，使光的强度减弱，称为光的吸收；

(2) 材料的折射率随入射光的波长而变化，这种现象称为光的色散。

1. 光的吸收

(1) 产生光吸收的原因

光作为一种能量流,在光线通过材料时,一方面使材料中原子产生振动而消耗光的能量;另一方面,引起材料的价电子跃迁。这些价电子吸收光子的能量后,被激发产生运动,在运动过程中与其他分子发生碰撞,价电子的能量转变成分子的动能使材料发热,从而造成光能量的衰减。这就是产生光吸收的原因。

实际上,所有材料(即使是光学玻璃)对光都有吸收。

(2) 固体材料的透明性

透明材料定义为光的透射率较高而吸收率较小的材料;半透明材料是光线透过它时能发生漫散射的材料;不透明材料是光的透射率极小的材料。

研究材料的吸收特性发现,任何材料都只对特定波长范围的电磁波表现为透明,而对另一些波长范围的电磁波则不透明。

例如,对整个红外线、可见光、紫外线光谱区,金属材料都是不透明的,即所有的入射光不是被吸收,就是被反射;所有的电绝缘材料都可能制成透明材料;半导体材料中,有些是透明的,有些是不透明的。

(3) 选择性吸收

材料对光波的吸收包括均匀吸收和选择性吸收两种。如果材料在可见光光谱区对各种波长光波的吸收程度相同,则称为均匀吸收。这种情况下,随着吸收程度的增加,材料的颜色从灰变到黑。如果材料对某些波长光波的吸收很大,而对另一些波长光波的吸收很小,则称为选择性吸收。这种情况下,材料呈现不同的颜色。例如,石英在整个可见光光谱区的吸收很小且几乎不变,因此属于均匀吸收,透明性很好;但在 3.5～5.0μm 的红外线光谱区,石英的吸收强烈,且随波长剧烈变化,属于选择性吸收,在此光谱区石英不透明。

大多数材料在可见光光谱区对光波的吸收具有波长的选择性,即对于不同波长的光波,材料的吸收率不同,甚至相差很大。选择吸收的结果,当白光通过该材料后就变成彩色光。由于材料表面或内部对可见光进行选择性吸收,造成绝大多数物质呈现颜色。例如,红玻璃对绿光、蓝光和紫光几乎全部吸收,而对红光和橙光吸收很小。因此,当用白光照射红玻璃时,只有红光能透过,玻璃呈现红色。

表 1.1.1 列出了几种光学材料的透光波长范围。

表 1.1.1　几种光学材料的透光波长范围

光学材料	透光区/nm	光学材料	透光区/nm	光学材料	透光区/nm
冕牌玻璃	350～2000	宝石(Al_2O_3)	150～7500	硅(Si)	1200～15 000
火石玻璃	380～2500	氟化锂(LiF)	120～8500	锗(Ge)	1800～23 000
水晶(SiO_2)	180～4200	氟化镁(MgF_2)	300～9500	岩盐(NaCl)	200～25 000
方解石($CaCO_3$)	200～5500	萤石(CaF_2)	130～12 000	氯化钾(KCl)	180～25 000

2. 影响材料折射率的因素

由折射率的定义可知,材料的折射率是永远大于 1 的正数。表 1.1.2 列出了几种光学材料的折射率。

表 1.1.2 几种光学材料的折射率

材料		平均折射率	材料		平均折射率	材料		平均折射率
光学玻璃	硫化钾玻璃	2.66	晶体	硅(Si)	3.49	高聚物	聚苯乙烯	1.60
	重火石玻璃	1.65		宝石(Al_2O_3)	1.76		聚碳酸酯	1.586
	纳钙硅酸玻璃	1.51		方镁石(MgO)	1.74		聚四氟乙烯	1.51
	硼硅酸玻璃	1.47		方解石($CaCO_3$)	1.65		有机玻璃	1.49
	氧化硅玻璃	1.458		水晶(SiO_2)	1.55		聚丙烯	1.49
	高硼硅酸玻璃	1.458		萤石(CaF_2)	1.434		聚乙烯	1.35

(1) 材料本身对其折射率影响

材料本身对其折射率的影响有以下几个因素：

① 构成材料元素的离子的尺寸

构成材料元素的离子的尺寸越大，材料的折射率就越大。例如，普通钠钙玻璃的折射率约为 1.5，如果在这种玻璃中添加较大离子的 PbO 后，折射率可达 2.1；再例如具有小离子的 $SiCl_4$ 的折射率只有 1.4，而具有很大离子的 PbS 的折射率高达 3.9。

② 材料的结构

对于非晶态(无定型态，如玻璃)和立方晶体(等轴晶体)结构的材料，由于它们具有各向同性的特性，当光线通过时，光速不因传播方向而变化，因此材料只有一个折射率，这种材料称为均质材料；而对于除立方晶体(等轴晶体)以外的其他晶体结构，当光线进入时，一般会分成振动方向相互垂直、传播速度不等的两个波，分别构成两条折射光线，这种现象称为双折射，产生双折射现象的材料称为非均质材料。

双折射现象是非均质晶体的特性，它有两个折射率：一是遵循光的折射定律的折射率 n_o，这一折射光线称为寻常光；另一折射光的折射率 n_e 随入射光线方向而改变，称为非寻常光折射率。当光线沿着晶体光轴方向入射时，不产生双折射，只有 n_o 存在；当光线沿着与晶体光轴垂直方向入射时，n_e 最大。例如刚玉的 $n_o=1.760$，$n_e=1.768$；石英的 $n_o=1.543$，$n_e=1.552$。

③ 材料的内应力

对于存在内应力的透明材料，与主应力方向平行的折射光线折射率 n 值小，与主应力方向垂直的折射光线折射率 n 值大。

④ 同质异构体

在同质异构材料中，高温时的晶型折射率较低，低温下存在的晶型折射率较高。例如常温下的石英晶体 $n=1.55$，高温下的方石英晶体 $n=1.49$，鳞石英晶体 $n=1.47$，而具有液态特性的常温石英玻璃 $n=1.46$。

(2) 光的色散

实际上，材料折射率的大小不仅与材料本身有关，还与光的波长有关。大多数情况下，材料折射率随入射光波波长的增加而减小，这种现象称为光的色散。在给定入射光波波长 λ 的情况下，材料的色散定义为 $dn/d\lambda$。我们常用色散系数(又称为阿贝常数)来表征色散的

大小

$$\nu_d = \frac{n_d - 1}{n_F - n_C} \tag{1.1.7}$$

式中，ν_d 为阿贝常数(色散系数)，常数(系数)越大，色散越小；n_d、n_F、n_C 分别表示以氦(He)的 d 谱线(587.56nm)、氢(H)的 F 谱线(486.1nm)和 C 谱线(656.3nm)为光源测得的折射率。$dn=n_F-n_C$，称为平均色散或中部色散。

显然，用作折射器件的理想光学材料的色散($dn=n_F-n_C$)应该很小(或为零)，即希望光学材料的阿贝常数 ν_d(色散系数)和主折射率 n_d 高。

色散对于光学玻璃非常重要，因为色散会造成单片透镜在工作时成像不够清晰，在自然光透过时，会在像的周围环绕一圈色带。消除色散的方法是采用不同牌号的光学玻璃，分别磨成凹、凸透镜，组成复合镜头，这种镜头称为消色差镜头。

1.1.4 材料的光透过性能

1. 金属的光透过性能

(1) 金属不透明的原因

金属对可见光是不透明的，这是由于金属中有大量的自由电子存在，在金属的电子结构中，费密能级以上存在许多空能级。当受到光线照射时，金属内部大量的电子很容易吸收入射光线中不同能量的光子，而被激发到费密能级以上不同的空能级中去，即具有不同能量的光子均能被吸收。实际上，金属对可见光的吸收能力非常强，只要金属的厚度为 0.1μm 就可以吸收全部光能，例如 550nm 波长的光对银(Ag)的穿透深度只有 2.73nm。所以只有厚度非常小(小于 0.1μm)的金属才可能透光。事实上，金属对所有的低频电磁波(从无线电到紫外光)都是不透明的，只有对高频电磁波 X 射线和 γ 射线才是透明的。

(2) 金属的反射率

大部分被金属吸收的光又会从金属表面以同样的波长发射出去，表现为反射光，其反射率一般在 0.9～0.95 之间，还有一小部分能量是以热的形式损耗掉了。因此金属具有很高的反射率。

利用金属反射率高的特点，往往以光学玻璃为基体，镀上很薄一层金属膜，制成反光镜使用。

(3) 金属的颜色

肉眼看到的金属颜色取决于反射光的波长，而不是由吸收光的波长决定的。例如，在白光照射下表现为银色的金属(如银、镁和铝)，表面反射出来的光也是由各种波长的可见光组成的混合光。其他颜色的金属(如铜为橘红色，金为黄色)表面反射出来的可见光中，以某种可见光的波长为主要成分，构成其金属的颜色。

2. 非金属材料的光透过性能

非金属材料对可见光可能是透明的，也可能是不透明的。对于透明材料，除反射和吸收外，还应考虑折射和透射。

(1) 透明材料的反射率

当光线从一种透明材料进入另一种折射率不同的透明材料时，即使两种透明材料都是透明的，也总会有一部分光线在两种透明材料的界面上被反射。当光线垂直入射时，反射率ρ可用下式表示

$$\rho=\left(\frac{n_2-n_1}{n_2+n_1}\right)^2 \tag{1.1.8}$$

式中n_1、n_2为两种透明材料的折射率。当光线从真空或空气中垂直入射到固体上时，由于真空折射率$n=1$，空气折射率为$n\approx1$，因此反射率为

$$\rho=\left(\frac{n_s-1}{n_s+1}\right)^2 \tag{1.1.9}$$

式中n_s为透明材料的折射率。

可见，材料的折射率愈高，反射率也愈高。同时，由于固体材料的折射率与入射光的波长有关，因此反射率也与波长有关。

(2) 非金属材料的透明机理

非金属材料对可见光可能是透明的，也可能是不透明的。原因在于非金属材料不像金属那样具有许多空能级，非金属材料存在一个禁带宽度E_g，只有入射光线的光子能量高于材料禁带宽度时，才会像金属那样吸收入射光子能量而被激发到高能级上去。例如，金刚石的禁带宽度$E_g=5.6\text{eV}$，只有入射光子能量大于E_g，即

$$\frac{hc}{\lambda}>E_g, \lambda<\frac{hc}{E_g}=\frac{4.13\times10^{-15}\text{eV}\cdot\text{s}\times3\times10^8\text{m/s}}{5.6\text{eV}}=2.2\times10^{-7}\text{m}=0.22\mu\text{m}$$

时，金刚石是不透明的，即金刚石对波长小于$0.22\mu\text{m}$的电磁波是不透明的。

可见光光谱波长范围为760～380nm，对应的能量为1.8～3.1eV。因此，对于非金属材料来说，其禁带宽度E_g的大小决定了它的透明性，可以分为三种情况：

① $E_g>3.1\text{eV}$时，非金属材料的禁带宽度总是大于入射可见光的能量，此时非金属材料不可能吸收可见光，因此如果材料的纯度很高，则是无色透明的。

② $1.8\text{eV}<E_g<3.1\text{eV}$时，非金属材料只吸收大于其禁带宽度的可见光，则表现为带色透明。

③ $E_g<1.8\text{eV}$时，非金属材料的禁带宽度总是小于入射可见光的能量，此时非金属材料会把所有可见光全部吸收，因此表现为不透明。

(3) 非金属透明材料的颜色

有些非金属透明材料之所以带颜色，是因为它选择性地吸收特定波长范围的光波，材料所带的颜色取决于透射光的光谱分布。

任何选择性吸收都是由于电子受激造成的，当电子从激发态回到低能态时，又会重新发射出光波。重新发射的光的波长不一定与吸收光的波长相同。因此透射光波的波长分布是透射光波和重新发射光波的混合光波。透明材料的颜色取决于混合光波的颜色。

例如，单晶三氧化二铝(Al_2O_3)在整个可见光范围内透射光的波长分布很均匀，因此是无色的。红宝石之所以呈红色，是由于在单晶三氧化二铝(Al_2O_3)中添加了少量的Cr_2O_3。Cr^{3+}离子对蓝紫色光(波长约$0.4\mu\text{m}$)和黄绿光(波长约$0.6\mu\text{m}$)有强烈的吸收，最终透射光

和重新发射光的光波决定了其呈红色。

有色光学玻璃的颜色同样取决于所添加的对某些波长的光波有选择性吸收的离子的种类。典型离子-颜色对有：U^{6+}-黄绿色；Co^{2+}-蓝紫色；Cu^{2+}-蓝绿色；Cr^{2+}-黄色；Cr^{3+}-红色；Mn^{2+}-黄色；Mn^{3+}-紫色；CrO_4^{2-}-黄色；VO^{3-}-黄色；MnO^{4-}-紫色等。

(4) 非金属材料的半透明性和不透明性

有许多本来是透明的非金属材料可以被制成半透明的或不透明的。其原理是设法使光线在材料内部发生多次发散和折射(漫散射)，致使透射光线变得十分弥散。当散射作用非常强烈以致几乎没有光线透过时，材料看起来就不透明了。

引起内部散射的原因是多方面的，一般说来，折射率各向异性的多晶体或多相体是半透明或不透明的。在折射率各向异性的多晶体材料中，晶粒无序取向，因而光线在相邻晶粒界面上必然发生反射和折射，光线经无数次反射与折射就会变得十分弥散。同理，当光线通过多相体时，也会因为不同相之间折射率的不同而发生散射，两相的折射率相差愈大，散射作用愈强烈。

① 陶瓷的半透明性和不透明性

陶瓷如果是单晶体，一般情况下是透明的。但大多数陶瓷是由晶相、玻璃相和气相(气孔)组成的多相体，因此往往是半透明或不透明的。

② 高聚物的半透明性和不透明性

在纯高聚物(不加添加剂和填料)中，非晶态均相高聚物是透明的，而结晶高聚物一般是半透明甚至不透明的。此外，高聚物中的共聚物属于两相或多相体系，一般也是半透明或不透明的。

1.1.5 光学材料的分类

光学材料有各种分类方法，例如按照材质分为光学玻璃、光学晶体、光学塑料等；按照用途可分为光介质材料、光学纤维、光学薄膜和其他光学材料等。图 1.1.3 是光学材料的分类图。

光介质材料是指传输光线的材料，因此也可以叫透射材料。入射的光线经光介质材料折射、反射会改变其方向、相位和偏振态，还可以经过光介质材料的吸收或散射改变其强度和光谱成分。一般把光介质材料限定为晶态(光学晶体)、非晶态(光学玻璃)和有机化合物(光学塑料)。用这些材料可以制成透镜、棱镜、反射镜、偏振器、窗口、光学黏结剂、光学纤维以及光学薄膜等光学器件。经过特殊控制烧结的陶瓷可对红外线透明，有的陶瓷甚至对可见光也是透明的。

光学纤维是一种新型信息传输材料，具有传输频带宽、通信容量大、质量轻、损耗低、占用空间小、不受电磁干扰等优点，因此它的应用越来越广泛。

光学薄膜是附加在光学零件表面用于提高光学零件光学性能的一类薄膜材料，它在许多方面有着广泛的应用，已经成为光学元器件上不可缺少的材料。

除此之外，还有一些其他光学材料，包括发光材料、着色材料、激光材料以及光信息存储、显示、处理材料等，这些光学材料在现代光学领域中也占有非常重要的地位。

本章仅对光学玻璃、光学晶体、光学塑料和光学薄膜材料进行介绍。

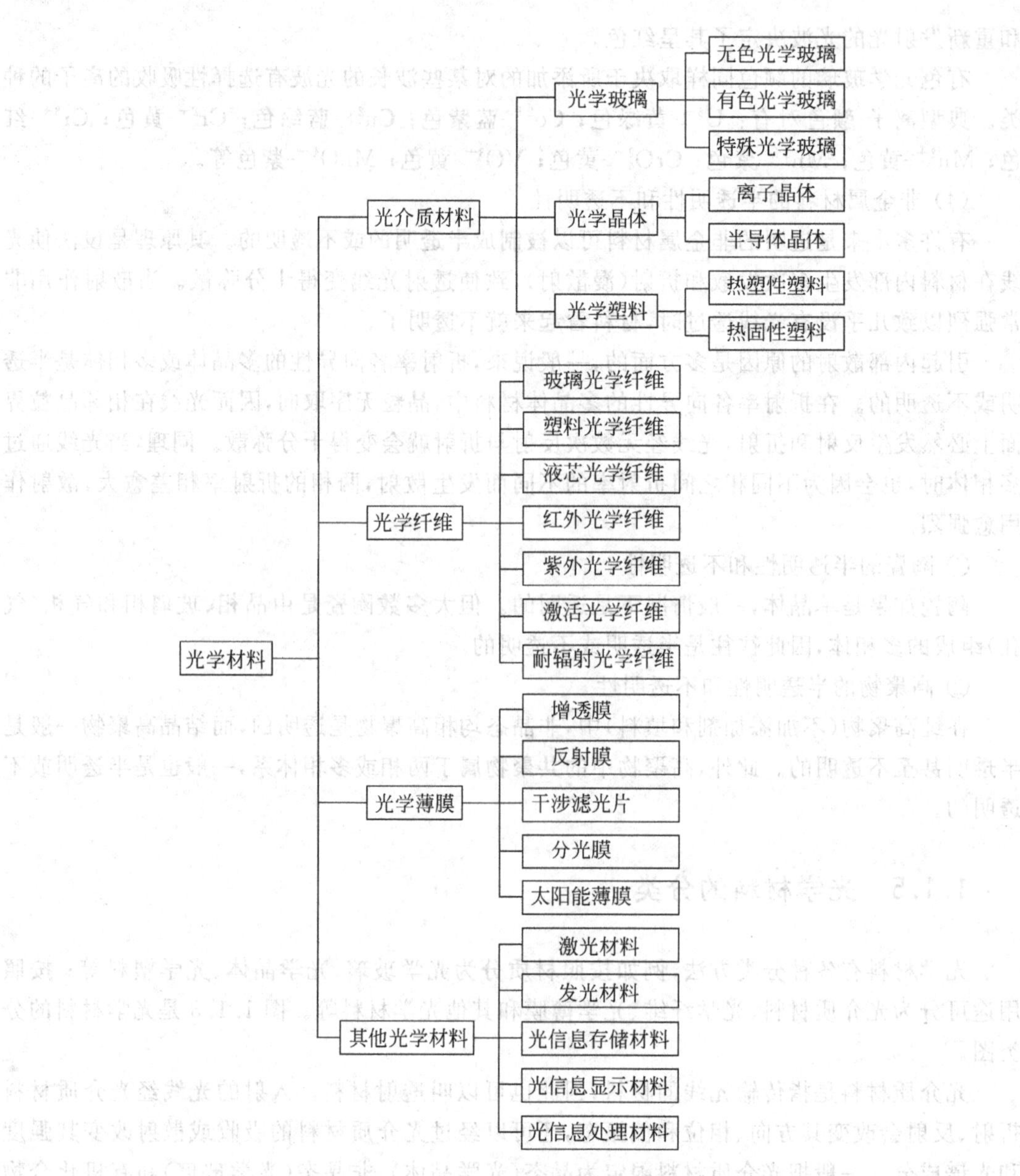

图 1.1.3 光学材料的分类图

1.2 光学玻璃

1.2.1 概述

光学玻璃是用于制造光学仪器或透镜、棱镜、反射镜、窗口等的玻璃材料，是应用最早、最广泛的光学材料，它的制造工艺成熟，品种齐全。

光学玻璃是一种特殊玻璃，它与普通玻璃的主要区别在于光学玻璃具有很高透明性、均匀性和化学稳定性以及特定和精确的光学常数。光学玻璃在制造时要求采用很高纯度的原料，熔制时不得带入杂质，并采用各种搅拌措施使得配料均匀，还要进行精密退火以消除应力。

一般光学玻璃能透过波长为350nm～2.5μm的各种色光，超出这个波长范围的光会被光学玻璃强烈吸收。

1. 光学玻璃的分类

现代光学玻璃不像日常使用的窗户玻璃那样，仅仅由沙子、纯碱和石灰石（SiO_2-Na_2O-CaO）组成，而是由硅（Si）、磷（P）、硼（B）、铅（Pb）、钾（K）、钠（Na）、钡（Ba）、砷（As）、铝（Al）等元素的氧化物按照一定配方在高温时形成盐溶液（熔融体），经过冷却得到的一种过冷的无定型熔融体。大多数光学玻璃是以 SiO_2 为主组成的，属于硅酸盐玻璃；其次，还有以 B_2O_3 为主的，属于硼酸盐玻璃；以 P_2O_5 为主的，属于磷酸盐玻璃。通常使用的光学玻璃都要添加一些添加剂，以改善光学玻璃的性能。

光学玻璃的种类很多，按照使用性能，光学玻璃的分类如图1.2.1所示。

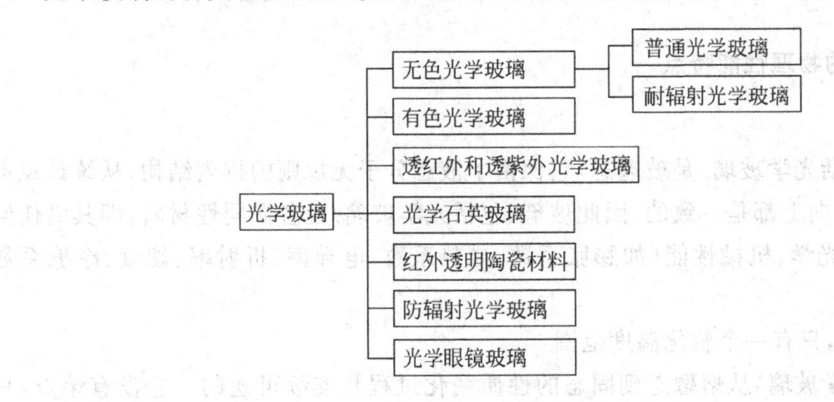

图1.2.1　光学玻璃的分类

2. 光学玻璃的应用

光学玻璃已有二百多年的历史，目前已有几百个品种，可用于生产利用可见光和不可见光（紫外光和红外光）的光学仪器、仪表的核心部分，主要有各种特殊要求的透镜、反射镜、棱镜、滤光镜等。这些光学玻璃组件可用于制造测量尺寸、角度、光洁度等的仪器，如经纬仪，水平仪，高空和水下摄影机，生物、金相、偏光显微镜，望远镜，测距仪，光学瞄准仪，照相机，摄像机，防辐射、耐辐射屏蔽窗等。

3. 表征光学玻璃性能的主要光学常数

(1) 主折射率和平均色散（或阿贝常数）

用于目视仪器的常规光学玻璃（光介质材料）以d光的主折射率 n_d 或平均折射率 n_D、F光和C光的折射率 n_F 和 n_C 为主要指标。这是因为F光和C光位于人眼灵敏光谱区的两端，而d光位于其中间，比较接近人眼最灵敏的谱线555nm。因此，通常用主折射率 n_d 和平均色散 $dn=n_F-n_C$ 或者用主折射率 n_d 和阿贝常数 $\nu_d=(n_d-1)/(n_F-n_C)$ 来表示光学玻璃

(光介质材料)的特性。其中,阿贝常数也称为色散系数,系数越大,色散越小。

(2) 光学均匀性

光学均匀性也是表征光学玻璃(光介质材料)性能的一项重要指标。一般用于涉仪测量光在光学玻璃(光介质材料)中折射率分布的均匀性。高质量光学玻璃(光介质材料)的折射率偏差一般在10^{-6}～10^{-5}范围内。

1.2.2 光学玻璃的性能特点

玻璃(包括光学玻璃)不像固体那样有一个固定的熔化温度,而是随着加热温度的升高,玻璃逐渐软化,最后变成熔融态(称为熔融体)。玻璃制造时的冷却过程也不同于一般固体,它的冷却速度非常快,熔融体在迅速冷却时,其黏度迅速增加,内部分子来不及规则排列就凝成固态,因此玻璃保留了液态分子无规则的排列结构。这种低温固态保留高温熔融态的无定型结构称为玻璃态,玻璃即是具有玻璃态的材料。正是玻璃的玻璃态结构,使得它具有以下特点。

1. 光学玻璃的物理性能特点

(1) 各向同性

由于玻璃(包括光学玻璃)是玻璃态,它保留了液态分子无规则的排列结构,从统计观点看其排列在任何方向上都是一致的,因此玻璃(包括光学玻璃)是各向同性材料,即其沿任何方向测量的物理、光学、机械性能(如膨胀系数、导热系数、电导率、折射率、硬度、摩擦系数等)都是相等的。

(2) 没有熔点,只有一个软化温度范围

玻璃(包括光学玻璃)从熔融态到固态的性质变化过程是连续可逆的。它没有熔点,只有一个软化温度范围 $T_g \sim T_f$。当温度低于转变温度(即 $t<T_g$)时,其黏度很大,呈脆性;当温度高于软化温度(即 $t>T_f$)时,其黏度变小,出现液体的典型性质。

(3) 介稳性

由于在冷却过程中,玻璃(包括光学玻璃)黏度迅速增加,内部分子来不及规则排列就凝成固态,不像晶体那样在结晶过程中释放出结晶热,因此玻璃(包括光学玻璃)含有较高的内能,处于介稳状态,随时有释放出多余的内能向晶态转变而趋于稳定的可能性。但是,常温下玻璃(包括光学玻璃)的黏度极高,不可能转变为晶体,所以玻璃(包括光学玻璃)仍然是稳定的。

(4) 软化温度

光学玻璃相对于光学晶体来说软化温度较低,不能在高温(高于500℃)下使用。

2. 光学玻璃的化学性能特点

光学玻璃的化学稳定性是指玻璃抵抗空气、水、酸、碱、盐及各种化学试剂侵蚀的能力。总的来说,光学玻璃的化学稳定性比金属高,因此可以长期使用。具体地讲,光学玻璃抗水和抗酸侵蚀的能力较强,而抗碱侵蚀的能力较弱。

3. 光学玻璃的光学性能特点

(1) 光学均匀性

由于光学玻璃具有各向同性,因此它的光学均匀性很好。

(2) 透光性

光学玻璃具有很高的透光性。但光学玻璃透过波长较短,软化温度较低,不能在长波(大于 20μm)下使用。

4. 光学玻璃的机械性能特点

光学玻璃具有较高的机械强度和硬度,耐磨性好,不易擦伤。但它的脆性很大,易破碎,且抗温度骤变能力差。

5. 成本及结构工艺性

光学玻璃的原料丰富,价格低廉,易于熔铸和加工成各种外形、尺寸及具有各种折射率的光学零件。

1.2.3 无色光学玻璃

无色光学玻璃按国家标准 GB 903—1987 的规定分为两个系列:

(1) 普通光学玻璃: P 系列,其牌号序号为 1~99。

(2) 耐辐射光学玻璃: N 系列,其牌号序号为 501~599。

1. 普通光学玻璃

普通光学玻璃的品种繁多,是使用量最大的光介质材料。

光学玻璃按光学常数与化学成分的不同分成各种不同的牌号和类别。不同牌号的光学玻璃由于化学成分不同,不仅使其光学常数不同,还对其工艺性能和其他特性产生影响。

(1) 冕牌玻璃和火石玻璃

无色光学玻璃分为两大类: 冕牌玻璃和火石玻璃。冕牌玻璃是硼硅酸盐玻璃; 加入氧化铅后成为火石玻璃。其性能、特征比较见表 1.2.1。

表 1.2.1 冕牌玻璃与火石玻璃比较

冕牌玻璃 K(PbO<3%)	火石玻璃 F(PbO>3%)
折射率低(主折射率 n_d=1.50~1.55)	折射率高(主折射率 n_d=1.53~1.85)
色散小(色散系数 ν_d=55~62)	色散大(色散系数 ν_d=30~45)
性硬、质轻、透明度好	性柔、质重、带黄绿色

在冕牌玻璃中,随着氧化钡含量的增加,折射率增加,分为钡冕玻璃和重冕玻璃。在火石玻璃中,随着氧化铅含量的增加,折射率增大,分为镧火石、轻火石和重火石等类型。含氧

化钡的铅玻璃又分为钡火石玻璃和重钡火石玻璃。随着光学系统的发展,为了扩大光学常数的范围,在光学玻璃中加入了新的化学成分,光学玻璃的品种日益增多。例如加入氧化镧及其他稀土氧化物,形成了高折射率低色散的镧冕玻璃和镧火石玻璃系列;加入二氧化钛及氟化物,形成了高色散特冕玻璃和钛火石玻璃;以磷酸盐和氟酸盐为基础形成了低折射率低色散的磷冕玻璃和氟冕玻璃。

(2) 我国光学玻璃的品种和 $n_d \sim \nu_d$ 领域图

按我国国家标准(GB 903—1987),根据主折射率 n_d 和色散系数 ν_d 的不同,无色光学玻璃分为 18 种类型,类型的名称、代号、折射率及色散如表 1.2.2 所示。

表 1.2.2 无色光学玻璃的类型、代号、折射率及色散

序号	玻璃类型		代号	折射率 n_d	中部(平均)色散 $dn=n_F-n_C$	色散系数 $\nu_d=(n_d-1)/(n_F-n_C)$
1	冕牌玻璃	氟冕玻璃	FK	1.486 05~1.486 56	0.005 941~0.005 760	81.81~84.47
2		轻冕玻璃	QK	1.470 47~1.487 46	0.006 960~0.007 290	65.59~70.04
3		冕牌玻璃	K	1.499 67~1.533 59	0.007 580~0.009 620	55.47~66.02
4		磷冕玻璃	PK	1.519 07~1.548 67	0.007 430~0.008 060	68.07~69.86
5		钡冕玻璃	BaK	1.530 28~1.574 44	0.008 710~0.010 176	56.05~63.36
6		重冕玻璃	ZK	1.568 88~1.638 54	0.009 040~0.011 507	53.91~62.93
7		镧冕玻璃	LaK	1.640 50~1.746 93	0.010 658~0.014 660	50.41~60.10
8		特种冕玻璃	TK	1.585 99	0.009 600	61.04
9	火石玻璃	冕火石玻璃	KF	1.500 58~1.526 29	0.008 750~0.010 320	51.00~57.21
10		轻火石玻璃	QF	1.531 72~1.595 51	0.010 905~0.015 200	39.18~48.76
11		火石玻璃	F	1.603 24~1.636 36	0.015 900~0.018 001	35.35~37.94
12		钡火石玻璃	BaF	1.548 09~1.626 04	0.010 160~0.016 010	39.10~53.95
13		重钡火石玻璃	ZBaF	1.620 12~1.723 40	0.011 710~0.019 040	35.45~53.14
14		重火石玻璃	ZF	1.647 67~1.917 61	0.019 120~0.042 658	21.51~33.87
15		镧火石玻璃	LaF	1.693 62~1.788 31	0.014 100~0.021 421	34.99~49.19
16		重镧火石玻璃	ZLaF	1.801 66~1.910 10	0.017 168~0.025 610	35.54~46.76
17		钛火石玻璃	TiF	1.532 56~1.616 50	0.011 580~0.019 904	30.97~45.99
18		特种火石玻璃	TF	1.529 49~1.680 64	0.010 220~0.018 305	37.18~51.81

表中 Q、Z 分别表示轻、重,即表示氧化物的含量;P、Ba、La 分别表示含磷、钡、镧的氧化物。光学玻璃在 18 种类型中按 n_d 的大小,依次在类型代号后加序列号组成玻璃牌号,如 K9、F2、QK2 等,共有 135 个牌号。每一种牌号在 $n_d \sim \nu_d$ 领域图(图 1.2.2)中占有一定的位置。

(3) 光学玻璃中氧化物的作用

光学玻璃中的氧化物不仅起着调整光学常数的作用,而且对玻璃的其他特性也有影响。表 1.2.3 是各种氧化物对玻璃特性的影响。

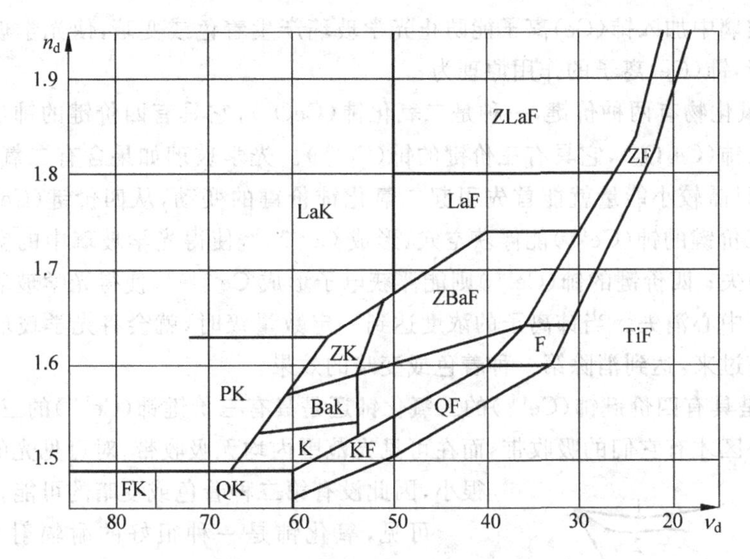

图 1.2.2 光学玻璃 $n_d \sim \nu_d$ 领域图

表 1.2.3 各种氧化物对玻璃特性的影响

名 称	减 少	增 大
二氧化硅	比重、膨胀系数	化学稳定性，耐温性，机械强度，黏度
氧化铝	析晶能力(当加入2%～5%)	机械强度化学稳定性，黏度
氧化硼	析晶能力，黏度，膨胀系数	化学稳定性，温度急变抵抗性，折射率
氧化钠和氧化钾	化学稳定性，耐温性，机械强度，硬度，析晶能力	膨胀系数
氧化镁	析晶能力，黏度(加入量达25%时)	耐温性，化学稳定性，机械强度
氧化钡	化学稳定性	比重，折射率，析晶能力
氧化铅	化学稳定性，硬度，ν_d 值	折射率
氧化钵	膨胀系数	耐温性，化学稳定性，机械强度
氧化钙	耐温性	膨胀系数，硬度，化学稳定性，机械强度，析晶能力

2. 耐辐射光学玻璃

光学玻璃在γ射线或高剂量X射线的辐射下，一部分射线直接通过，另一部分射线以各种不同的方式被光学玻璃所吸收，被吸收的这部分射线会引起光学玻璃的着色或变暗，甚至完全失透，导致仪器无法正常工作。耐辐射光学玻璃是指在γ射线或高剂量X射线的辐射下，可见光透过率下降较小，具有一定抗辐射性能的光学玻璃。

(1) 光学玻璃变色的原因及消除措施

光学玻璃之所以在γ射线或高剂量X射线辐射下会产生着色或变暗，是因为：

① 光学玻璃在γ射线或高剂量X射线辐射下，会产生电子和空穴，这些电子和空穴分别与玻璃中的缺陷形成色中心。

② 如果在光学玻璃中含有一种容易改变其价态的多价金属氧化物，则在γ射线或高剂量X射线的辐射下，多价金属氧化物会改变它的价态，形成新的吸收带。

在光学玻璃中加入铈(Ce)离子能防止光学玻璃产生着色或变暗,使光学玻璃具有良好的耐辐射性能,铈(Ce)离子的作用原理为:

① 铈的氧化物有两种价键,一种是二氧化铈(CeO_2),它具有四价键的铈(Ce^{4+});另一种是三氧化二铈(Ce_2O_3),它具有三价键的铈(Ce^{3+})。光学玻璃如果含有二氧化铈,在高能射线辐射下,只需较小能量就能首先引起二氧化铈价键的变动,从四价键(Ce^{4+})变成三价键(Ce^{3+})。三价键的铈(Ce^{3+})能俘获空穴,形成$Ce^{3+(+)}$,使得光学玻璃中的空穴与缺陷形成的色中心消失;四价键的铈(Ce^{4+})则能俘获电子形成$Ce^{4+(-)}$,使得光学玻璃中的电子与缺陷形成的色中心消失。当铈离子的浓度达到一定数量级时,就会将光学玻璃中的所有空穴和电子俘获过来,达到消除第一种着色或变暗的效果。

② 不管是具有四价键铈(Ce^{4+})的二氧化铈还是具有三价键铈(Ce^{3+})的三氧化二铈,都只有在近紫外区才有它们的吸收带,而在可见光范围内均无吸收带,对可见光的吸收率影响很小,因此没有第二种着色或变暗的可能。

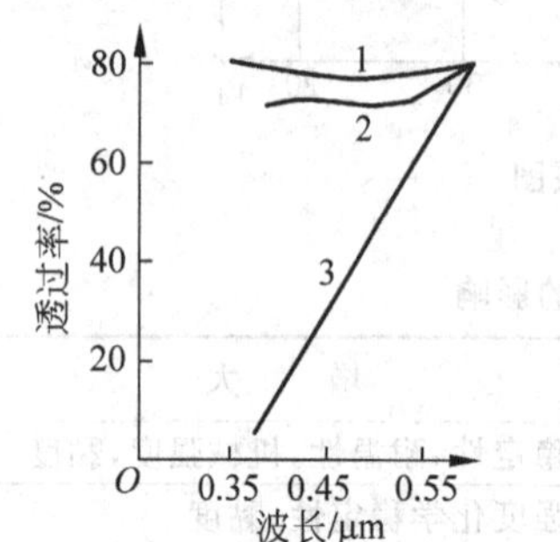

图 1.2.3 光学玻璃的耐辐射性能

可见,氧化铈是一种很好的耐辐射光学稳定剂。图 1.2.3 表示某种光学玻璃加入少量氧化铈前后的耐γ射线辐射性能的变化。图中曲线 1 表示未经γ射线辐射的光学玻璃透过率变化,曲线 2 表示加入氧化铈的光学玻璃受γ射线辐射的透过率变化,曲线 3 表示未加氧化铈经γ射线辐射的光学玻璃的透过率变化。

可见,加入光学稳定剂后,光学玻璃的耐辐射性能有显著提高,但透过率会有微量下降。

(2) 耐辐射光学玻璃的牌号

耐辐射光学玻璃的牌号是按无色光学玻璃的牌号,根据其耐辐射性能的大小来命名的。能耐 25.8C/kg 的γ射线或等效剂量 X 射线辐射的,为 500 号;能耐 258C/kg 的γ射线或等效剂量 X 射线辐射的,为 600 号;依此类推,附加在无色光学玻璃的牌号上。例如若 K9 无色光学玻璃的耐辐射性能为 500 号,则表示为 K509。500 号耐辐射光学玻璃的耐辐射性能指标用厚度 20mm 的试样受 25.8C/kg 剂量的γ射线辐射后,每 1 厘米厚的光密度增量ΔD_1,或用厚度 10mm 的试样受 25.8C/kg 剂量的 X 射线辐射后,每厘米厚的光密度增量ΔD_1来表示。其他质量指标除光吸收外均与无色光学玻璃相同。

3. 无色光学玻璃的质量指标、类别和级别

根据 GB 903—1987 标准,我国无色光学玻璃按照以下 8 项质量指标分类和分级:

① 折射率、色散系数与标准数值的允许差值;

② 同一批光学玻璃中,折射率及色散系数的一致性;

③ 光学均匀性;

④ 应力双折射;

⑤ 条纹度;

⑥ 气泡度;

⑦ 光吸收系数;

⑧ 耐辐射性能(N 系列玻璃)。

(1) 折射率 n_d、色散系数 ν_d 与标准数值的允许差值

从光学设计角度考虑,要求无色光学玻璃的折射率及色散系数与其标准数值的差值应限定在某个范围内。根据折射率、色散系数与标准数值的允许差值,按表 1.2.4 和表 1.2.5 各分为六类。

表 1.2.4　无色光学玻璃按折射率允许差值分类

类别	折射率允许差值	类别	折射率允许差值	类别	折射率允许差值
00	$\pm 2\times 10^{-4}$	1	$\pm 5\times 10^{-4}$	3	$\pm 10\times 10^{-4}$
0	$\pm 3\times 10^{-4}$	2	$\pm 7\times 10^{-4}$	4	$\pm 20\times 10^{-4}$

表 1.2.5　无色光学玻璃按色散系数允许差值分类

类别	色散系数的允许差值	类别	色散系数的允许差值	类别	色散系数的允许差值
00	±0.2%	1	±0.5%	3	±0.9%
0	±0.3%	2	±0.7%	4	±1.5%

注:表 1.2.4 和表 1.2.5 中的 6 类仅适用于 $n_d<1.82$ 的光学玻璃。

(2) 同一批玻璃中,折射率 n_d 及色散系数 ν_d 的一致性

同样从光学设计角度考虑,还要求在同一批光学玻璃中,折射率及色散系数的不一致性应限定在某个范围内。根据同一批玻璃中,折射率 n_d 及色散系数 ν_d 的最大差值,光学玻璃的一致性按表 1.2.6 分为 4 级。

表 1.2.6　无色光学玻璃按折射率及色散系数的最大差值分级

级　别	同一批光学玻璃中的最大差值		级　别	同一批光学玻璃中的最大差值	
	折　射　率	色散系数		折　射　率	色散系数
A	5×10^{-4}	0.15%	C	2×10^{-4}	0.15%
B	1×10^{-4}		D	在所定类别内	

(3) 光学均匀性

光学玻璃的光学均匀性是指在同一块光学玻璃中,各部分折射率变化的不均匀程度。光学玻璃的不均匀性产生的原因是内部存在的残余应力在退火时由于退火温度不均匀而不能完全消除或者产生新的应力,使得光学玻璃各部分折射率产生差异。

存在光学不均匀性的光学玻璃其折射率的变化是渐变的,可以用两种分类方法来表示:

① 按分辨率的比值 a/a_0 分类

测量方法是将被测光学玻璃抛光,置于平行光管与望远镜之间,测出放入光学玻璃后平行光管的最小分辨率 a,并将 a 与平行光管的理论分辨率 a_0 相比,来判别光学玻璃光学均匀性的大小。

无色光学玻璃的光学均匀性以分辨率的比值 a/a_0 表示时,按表 1.2.7 分为 4 类。

② 按折射率最大微差 Δn_{max} 分类

光学玻璃的光学均匀性也可以通过测量各部位折射率的微差,求出微差的最大值 Δn_{max},来判别光学玻璃光学均匀性的大小。

无色光学玻璃的光学均匀性以一块光学玻璃中各部位间的折射率微差最大值 Δn_{max} 表示,按表 1.2.8 分为 4 类。

表 1.2.7 无色光学玻璃的光学均匀性按分辨率的比值分类

类别	a/a_0 最大比值	星点图
1	1.0	中央是一个明亮的圆斑，外面是些同心的圆环，但不应出现断裂、尾翘、畸角及扁圆变形等
2	1.0	中央是一个明亮的圆斑，外面是些变形同心的圆环，所有圆环趋向一致，大致保持圆形，两环之间的间隔大体相等，每个环的宽度允许有变化，但不应有断裂、尾翘、畸角等
3	1.1	—
4	1.2	—

表 1.2.8 无色光学玻璃的光学均匀性按折射率最大微差分类

类别	折射率微差最大值 Δn_{max}	类别	折射率微差最大值 Δn_{max}
H1	$\pm 2\times 10^{-6}$	H3	$\pm 1\times 10^{-5}$
H2	$\pm 5\times 10^{-6}$	H4	$\pm 2\times 10^{-5}$

(4) 应力双折射

理想的光学玻璃是各向同性的材料，应该没有双折射现象。但是，一方面，当光学玻璃受到外力(如装夹太紧)时，会产生内应力；另一方面，在退火过程中由于光学玻璃内外温度不一致，或者退火炉内各处炉温不一致，都会使光学玻璃不能完全消除残余应力或者产生新的应力。

正是由于内应力的存在，破坏了光学玻璃的各向同性，其光学作用是产生双折射现象，即当一束光线通过存在内应力的光学玻璃时，将产生传播速度不同的两束光线，分别称为寻常光线和非常光线，这种现象称为应力双折射。

光学玻璃的应力双折射的大小是用测量寻常光线和非常光线通过单位长度(1cm)光学玻璃产生光程差的大小来表示，按 GB 903—1987 有两种分类方法：

① 以光学玻璃最长边中部单位长度上的光程差 δ(nm/cm)表示时，按表 1.2.9 分为 4 类。

表 1.2.9 按最长边中部单位长度上的光程差 δ(nm/cm)对无色光学玻璃分类

类别	光学玻璃中部光程差 δ/(nm/cm)	类别	光学玻璃中部光程差 δ/(nm/cm)
1	2	2	6
1*a*	4	3	10

② 以距光学玻璃边缘 5%处单位厚度上的最大光程差 δ_{max}(nm/cm)表示时，按表 1.2.10 分为 4 类。

表 1.2.10 按距边缘 5%处单位厚度上的最大光程差 δ_{max}(nm/cm)对无色光学玻璃分类

类别	光学玻璃边缘最大光程差 δ_{max}/(nm/cm)	类别	光学玻璃边缘最大光程差 δ_{max}/(nm/cm)
S1	3	S3	10
S2	5	S4	20

(5) 条纹度

条纹是由于光学玻璃在熔炼过程中各部分化学成分不均匀所产生的局部缺陷，缺陷处的折射率与主体的折射率不相同。

条纹的存在会造成光线的散射、折射和使波面变形。最易产生条纹的是 ZF 类重火石玻璃，其次是 F 类火石玻璃、BaF 类钡火石玻璃和 BaK 类钡冕玻璃等。

① 条纹度一般用投影法进行检验，当无色光学玻璃用投影条纹仪从规定方向观测时，条纹度分为 4 类，如表 1.2.11 所示。

表 1.2.11 按规定方向观测的条纹数对无色光学玻璃的条纹度分类

类　别	光栏孔径/mm	光学玻璃与投影屏间的距离/mm	光栏与投影屏间的距离/mm	在投影屏上的观测结果
00	1	650±30	2000±100	无任何条纹影像
0	2			无任何条纹影像
1	3	250±10	750±30	无任何条纹影像
2	4			每 $300cm^3$ 玻璃中允许有长度小于 12mm 的条纹影像 10 根，但彼此相距不得小于 10mm

② 根据规定观测光学玻璃的方向数，无色光学玻璃分为 3 级，如表 1.2.12 所示。

表 1.2.12 按规定观测光学玻璃的方向数对无色光学玻璃的条纹度分级

级别	观测光学玻璃的方向数	级别	观测光学玻璃的方向数	级别	观测光学玻璃的方向数
A	3	B	2	C	1

(6) 气泡度

光学玻璃中的气泡是在光学玻璃熔炼过程中，内部气体没能完全排出所形成气体的泡，或者是真空泡。光学玻璃中的气泡相当于微细的凹透镜，也会造成光线的散射、折射和使波面变形。最容易引起气泡的光学玻璃是含有 BaO 的 BaK 类钡冕玻璃、BaF 类钡火石玻璃和 ZK 类重冕玻璃等。

① 无色光学玻璃的气泡度类别根据光学玻璃的直径或最大边长及所含最大气泡的直径按图 1.2.4 分为 3 类。

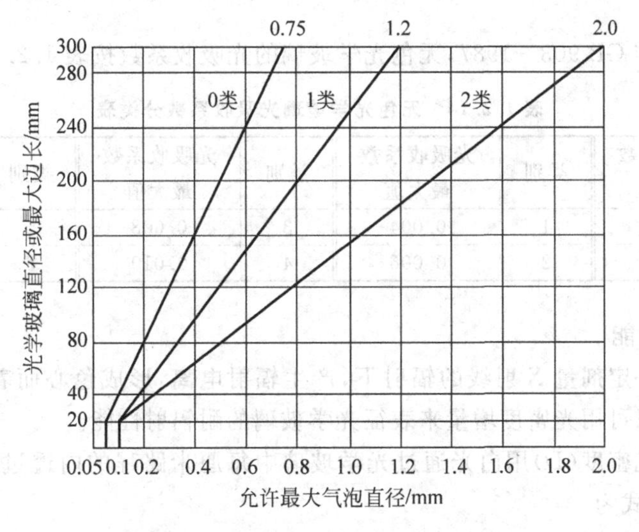

图 1.2.4 无色光学玻璃气泡度分类图

② 无色光学玻璃的气泡度级别根据每 100cm^3 光学玻璃内允许含有气泡的总截面积(mm^2)的大小,分为 7 级(结石、结晶体及其他内含物也作为气泡计算。扁长气泡取最长轴和最短轴的算术平均值为直径计算其截面积),如表 1.2.13 所示。

表 1.2.13 无色光学玻璃气泡度分级

级别	直径大于等于 0.05mm 气泡的总截面积/mm^2/100cm^3	级别	直径大于等于 0.05mm 气泡的总截面积/mm^2/100cm^3	级别	直径大于等于 0.05mm 气泡的总截面积/mm^2/100cm^3
A00	≥0.003～0.03	B	>0.25～0.50	D	>1.00～2.00
A0	>0.03～0.10	C	>0.50～1.00	E	>2.00～4.00
A	>0.10～0.25				

(7) 光吸收系数

光学玻璃的光吸收系数用白光通过光学玻璃中每厘米路程的内透过率的自然对数的负值表示。当光束垂直入射光学玻璃后,吸收系数 K 用下式表示

$$K = -\frac{\ln\tau}{l} \tag{1.2.1}$$

式中,τ 为光学玻璃的内透过率;l 为光束通过玻璃的路程。

光学玻璃的吸收系数是一个与厚度无关的量,一般随光波波长变化。

在光学玻璃中,或多或少含有杂质,这些杂质常具有某些特殊吸收性质而使光学玻璃着色,从而增大材料的吸收系数。通过提高光学玻璃原料的纯度,严格控制在熔炼过程中着色性杂质的混入,可以降低光学玻璃的吸收系数(一般可以小于 0.015)。

除了光学玻璃本身吸收所引起的光能量损失外,光学零件界面的反射也造成一定的光能量损失,使得总透过率降低。如重火石玻璃和冕牌玻璃单面反射损耗分别为 6% 和 4%。

光学玻璃的总透过率取决于光学玻璃的吸收系数和表面反射系数。对于包含多片透镜的光学系统,提高总透过率的主要途径是减少透镜表面的反射损耗,最有效的措施是在透镜表面镀增透膜。

根据国家标准 GB 903—1987,无色光学玻璃的光吸收系数按表 1.2.14 分为 8 类。

表 1.2.14 无色光学玻璃光吸收系数分类表

类别	光吸收系数最大值	类别	光吸收系数最大值	类别	光吸收系数最大值	类别	光吸收系数最大值
00	0.001	1	0.004	3	0.008	5	0.015
0	0.002	2	0.006	4	0.010	6	0.030

(8) 耐辐射性能

光学玻璃在一定剂量 X 射线的辐射下,产生辐射电离,形成色心而着色,透过率下降,光密度增大。所以可用光密度增量来表征光学玻璃的耐辐射性能。

光学玻璃的光密度(D)用白光通过光学玻璃中每厘米路程的内透过率(τ)的常用对数表示,它的计算公式为

$$D = \lg\frac{1}{\tau} \tag{1.2.2}$$

耐辐射光学玻璃的耐辐射性能，用总剂量为 25.8C/kg 的 X 射线辐射玻璃后，每厘米厚度上的光密度增量 ΔD_1 来表示，它的计算公式为

$$\Delta D_1 = \lg \frac{1}{\tau_2} - \lg \frac{1}{\tau_1} = D_2 - D_1 \tag{1.2.3}$$

式中，τ_1、τ_2 为光学玻璃辐射前、后白光的透过率；D_1、D_2 为光学玻璃辐射前、后的光密度。

根据国家标准 GB 903—1987，无色光学玻璃的光密度增量 ΔD_1（耐辐射性能）应符合表 1.2.15 的规定。

表 1.2.15　光密度增量 ΔD_1 的规定

牌号	$\Delta D_1 \leqslant$	牌号	$\Delta D_1 \leqslant$	牌号	$\Delta D_1 \leqslant$	牌号	$\Delta D_1 \leqslant$	牌号	$\Delta D_1 \leqslant$
K502	0.035	BaK508	0.020	LaK501	0.065	BaF502	0.060	ZF501	0.080
K505	0.030	ZK501	0.030	KF501		BaF503	0.045	ZF502	0.060
K507	0.035	ZK503	0.025	KF502		BaF504		ZF503	0.080
K509	0.030	ZK505		QF502	0.110	BaF506	0.065	ZF504	0.120
K510	0.060	ZK506	0.020	QF503		BaF508	0.055	ZF505	
BaK501	0.025	ZK507	0.025	F502	0.080	ZBaF501		ZF506	0.080
BaK502	0.020	ZK508	0.020	F503	0.065	ZBaF502	0.090	TF501	0.060
BaK503	0.025	ZK509	0.035	F504	0.060	ZBaF503	0.055		
BaK506		ZK510	0.025	F505	0.050	ZBaF504	0.200		
BaK507	0.040	ZK511	0.065	F506		ZBaF505			

4．无色光学玻璃的物理化学性能

(1) 无色光学玻璃的耐潮稳定性

光学玻璃受潮湿大气的侵蚀过程，首先开始于光学玻璃表面。光学玻璃表面的某些离子吸附空气中的水分子后与光学玻璃发生水化作用，生成氢氧化物，从而引起光学玻璃表面的破坏，产生像"白斑"或"雾浊"等变质层。变质层的存在会使平行光的散射性增加，因此可根据侵蚀样品表面的光散射性强弱情况来衡量侵蚀表面的变质程度。

耐潮稳定性是光学玻璃化学稳定性中最重要的性质，各种牌号无色光学玻璃的耐潮稳定性级别分为 A、B、C 三个级别，详见国家标准 GB 903—1987。

(2) 光学玻璃的耐酸稳定性

光学玻璃受酸侵蚀的过程为：酸中氢离子的活动能力较强，能深入光学玻璃保护膜层的内部与金属离子发生交换作用，迫使金属离子向光学玻璃表面扩散。同时，酸溶液与光学玻璃的水解产物（碱或碱土金属氧化物）发生化学反应，生成可溶性盐类，使得光学玻璃的溶解度大大增加。

可以采用酸度 pH2.9 的醋酸、pH4.6 的标准醋酸盐、pH6.0 的水作为测定介质，测量光学玻璃的耐酸稳定性。测量方法是：首先将抛光光学玻璃样品放入测定介质中，待光学玻璃被侵蚀后，放在白炽灯下观察，并测出光学玻璃表面出现紫蓝干涉色的时间，或者测出表面呈现杂色或出现脱落现象的时间，据此对光学玻璃耐酸稳定性进行分类。

按国家标准 GB 903—1987，将无色光学玻璃的耐酸稳定性分为 1、2、3 三类，各种牌号光学玻璃的耐酸稳定性级别可参阅国家标准 GB 903—1987。

(3) 折射率温度系数

光学玻璃的折射率在温度改变时也会发生改变，单位温度的折射率增量称为光学玻璃的折射率温度系数。无色光学玻璃折射率温度系数用β表示，它是指在测量温度范围$-60\sim20$℃内，温度每增高1℃，C、D、F光折射率n_C、n_D、n_F的增长值β_C、β_D、β_F(取$-60\sim20$℃温度范围内的平均值)。

各种牌号无色光学玻璃的折射率温度系数可参阅国家标准GB 903—1987。

(4) 线膨胀系数

光学玻璃受热会膨胀，一般用平均线膨胀系数来表示其受热膨胀的大小。光学玻璃的线膨胀系数的大小主要取决于光学玻璃中金属氧化物的含量，因此可以根据使用要求在一定范围内调整其线膨胀系数。有两种情况需要特别注意光学玻璃的线膨胀系数：

① 当光学玻璃零件与金属零件需要黏接在一起使用，并且温度变化较大时，光学玻璃和金属材料的线膨胀系数一定要匹配。否则在温度变化较大时，可能因为二者的线膨胀系数不同，造成光学玻璃零件开胶或脱落；

② 在制作大型光学零件、反射镜及光栅等零件时，应选用低线膨胀系数的光学玻璃。否则在温度变化较大时，由于光学玻璃的膨胀，造成光学参数变化较大，甚至会造成光学玻璃破裂。

平均线膨胀系数是指光学玻璃在一定温度范围内，温度升高1℃时，单位长度的伸长量ΔL。表示为

$$\alpha_L=\frac{L_2-L_1}{L_0(T_2-T_1)} \tag{1.2.4}$$

式中，α_L为光学玻璃在$T_2\sim T_1$温度范围的平均线膨胀系数，单位为℃$^{-1}$；T_1、T_2表示光学玻璃加热前、后的温度，单位为℃；L_1、L_2表示在T_1、T_2温度时光学玻璃样品的长度，单位为cm；L_0为20℃时光学玻璃样品的长度，单位为cm。

各种牌号无色光学玻璃的平均线膨胀系数值可参阅国家标准GB 903—1987。

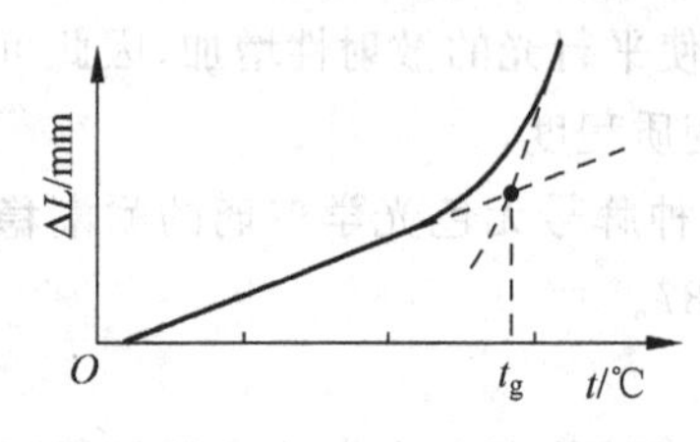

图1.2.5 转变温度t_g的确定

(5) 转变温度

由于光学玻璃软化温度不是一个确定值，而是一个范围，因此确定光学玻璃的转变温度t_g的方法是：将光学玻璃样品从室温加热至软化，绘出光学玻璃软化温度曲线，然后将低温区域和高温区域的直线部分延长，其交点所对应的温度为转变温度t_g，如图1.2.5所示。

各种牌号无色光学玻璃的转变温度t_g值可参阅国家标准GB 903—1987。

(6) 导热系数

光学玻璃的导热系数也是一个重要性能指标。例如，对于受到太阳光照射的大型光学玻璃零件或高能量激光器上应用的光学玻璃零件，由于在使用过程中会产生很高的温度，如果不能及时传播出去，很容易造成光学玻璃零件的破裂。

一般，根据无限大薄板在稳定热流源下单位时间内垂直单向传导的热量，按式(1.2.5)计算导热系数λ，表示为

$$\lambda = \frac{\Phi \cdot d}{(t_1 - t_2) \cdot F} \tag{1.2.5}$$

式中，λ 为光学玻璃的导热系数，单位为 W/m·K；Φ 为单位时间内通过光学玻璃样品面积 F 的热量，单位为 W；d 为光学玻璃样品的厚度，单位为 m；t_1、t_2 为光学玻璃样品高、低温面的温度，单位为℃。

各种牌号无色光学玻璃的导热系数 λ 值可参阅国家标准 GB 903—1987。

(7) 相对研磨硬度

光学玻璃硬度的大小决定了光学玻璃零件是否容易被磨损及划伤。其硬度用相对研磨硬度来表示。相对研磨硬度是指在同样研磨条件下，K9 冕牌无色光学玻璃磨掉的体积和被测光学玻璃磨掉的体积之比。

各种牌号无色光学玻璃的相对研磨硬度值可参阅国家标准 GB 903—1987。

(8) 密度

光学仪器希望重量轻，因此希望光学玻璃零件重量轻，即希望光学玻璃的密度小。尤其是大型光学玻璃零件，其自重会造成零件的变形，从而影响其性能。但是，防辐射玻璃的密度要大。

光学玻璃密度的大小取决于其所含氧化物的密度及含量的多少。在硅酸盐光学玻璃中，石英玻璃的密度最小，除 B_2O_3 外，其他氧化物均能提高光学玻璃的密度；凡是牌号中带有“重”字的光学玻璃，密度都大，如重冕玻璃、重火石玻璃等。

各种牌号无色光学玻璃的密度值可参阅国家标准 GB 903—1987。

5. 无色光学玻璃的应用

光学玻璃元件是光学仪器中的核心部分，其中最大量使用的是无色光学玻璃，主要用于制造各种曲率的球面透镜和反射镜、各种非球面（如抛物面、椭球面、双曲面）透镜和反射镜、各种各样的棱镜以及各种窗口、标尺等。这些光学元件主要有以下的应用：

(1) 在机械加工领域，用于测量尺寸大小、角度大小、表面粗糙度等的仪器中；

(2) 在工程领域，用于内窥镜、经纬仪、水平仪及高空和水下摄像机等仪器中；

(3) 在科研与医学领域，用于各种金相显微镜、偏光显微镜、超声显微镜、扫描电子显微镜、生物显微镜等显微镜以及各种类型的光谱仪、胃镜等仪器中；

(4) 在国防领域，用于光学瞄准镜、周视镜、炮队镜、测距镜、潜望镜及各种类型的望远镜等仪器中；

(5) 在民用领域，用于照相机、摄像机、放映机、摄像头等仪器中；

(6) 在通信领域，用于制造玻璃光导纤维等；

(7) 用于制造各种玻璃显示器窗口等。

1.2.4 有色光学玻璃（滤光玻璃）

1. 有色光学玻璃（滤光玻璃）的概念

有色光学玻璃是指对特定波长的可见光、紫外光或红外光具有选择性吸收和透过性能的光学玻璃，又称为光学滤光玻璃。

有色光学玻璃是一种重要的光学滤光材料，主要用于制作观察、照相、紫外、红外等光学仪器的滤光片，以改变光的强度或光谱成分，达到提高仪器的能见度或满足某些特定的要求。

有色光学玻璃是在无色光学玻璃原料中加入适量的着色剂制成的，其目的是使得光学玻璃具有特定的光谱特性。光谱特性是光学玻璃最主要的特性，有色光学玻璃的光谱特性常用光学玻璃对各种波长光线的透过率 τ_λ、吸收率 E_λ 和光密度 D_λ 表示。有色光学玻璃的光谱特性主要取决于加入光学玻璃中的着色剂的性质和含量、光学玻璃的基本成分、熔制工艺等。

2. 有色光学玻璃的分类

(1) 按光谱特性分类

有色光学玻璃按光谱特性主要分为选择性吸收型光学滤光玻璃、截止型光学滤光玻璃和中性灰型光学滤光玻璃三类，如图 1.2.6 所示。此外，还有吸热玻璃、色温变换玻璃、特殊光学滤光玻璃和荧光玻璃等。

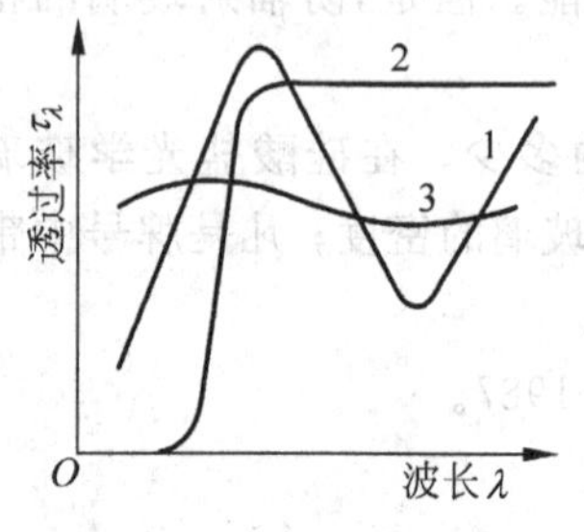

图 1.2.6 有色光学玻璃按光谱特性分类

① 选择性吸收型光学滤光玻璃

选择性吸收型光学滤光玻璃只透过(或吸收)某一个或几个波长范围内的光线。在光谱特性曲线上，它具有一个或几个透过峰或透过范围，如图 1.2.6 中的曲线 1 所示。

② 截止型光学滤光玻璃

截止型光学滤光玻璃有一个高透过区和一个高吸收区。在光谱特性曲线上，不出现吸收峰和透过峰，而是一个连续的吸收区和透过区，如图 1.2.6 中的曲线 2 所示。

③ 中性灰型光学滤光玻璃

中性灰型光学滤光玻璃是具有不同程度灰色的有色光学玻璃，它对各种波长的可见光无选择地均匀吸收。在光谱特性曲线上，有水平状均匀的透过曲线，如图 1.2.6 中的曲线 3 所示。

(2) 按着色剂不同分类

我国有色光学玻璃按着色剂不同分为两大类：胶体着色光学玻璃和离子着色光学玻璃。

① 胶体着色光学玻璃

着色剂在光学玻璃中是以胶体状态存在的，称为胶体着色光学玻璃。它是在无色光学玻璃原料中加入少量的胶体着色剂制成的。常用的胶体着色剂有硒化镉(CdSe)和硫化镉(CdS)，一般是按照不同的比例将它们加入无色光学玻璃之中，由于胶体粒子对光的选择性吸收，可以得到黄色(JB)、橙色(CB)、红色(HB)玻璃。这一类光学玻璃又称为硒镉(着色)玻璃，属于截止型光学滤光玻璃。

② 离子着色光学玻璃

着色剂在光学玻璃中不是以胶体状态存在，而是以离子状态存在的，称为离子着色玻璃。离子着色剂均为金属氧化物，常用离子着色剂主要有钴(Co)、镍(Ni)、钼(Mo)、锰(Mn)、铬(Cr)、铀(U)、钛(Ti)、铜(Cu)等的氧化物。随着离子着色剂的种类、价键和数量及光学玻璃成分的不同，形成对光的选择性吸收，可以得到不同颜色的有色光学玻璃，例如氧化亚钴使光学玻璃呈蓝色，氧化亚镍使光学玻璃呈紫色或棕色。离子着色玻璃的牌号包括除了黄色(JB)、橙色(CB)、红色(HB)等胶体着色光学玻璃以外的所有其他牌号，其中包括中性灰型(暗色)光学滤光玻璃与选择性吸收型光学滤光玻璃。

3. 有色光学玻璃的牌号

我国有色光学玻璃的牌号用汉语拼音的第一个字母表示，牌号前面的一个或者两个字母指出光学玻璃的颜色(如 HB、ZWB 分别表示红色玻璃和透紫外玻璃)或特性(如 FB 表示防护玻璃)，后面的一个字母为“B”，表示光学玻璃。字母“B”的右下角的数字指出有色光学玻璃的序号。表 1.2.16 给出我国有色光学玻璃的牌号和应用条件。

表 1.2.16 有色光学玻璃的牌号及常用条件

名 称	代 号	常用条件	常用牌号
透紫外线玻璃	ZWB	—	ZWB_1、ZWB_2
透红外线玻璃	HWB	夜视仪器	HWB_1～HWB_4
紫色玻璃	ZB	—	ZB_1、ZB_2、ZB_3
青色(蓝色)玻璃	QB	显微镜照明	QB_1～QB_{22}
绿色玻璃	LB	测量与观察仪器的照明	LB_1～LB_{16}
红色玻璃	HB	远距离照相摄影	HB_1～HB_{16}
防护玻璃	FB	防护眼镜	FB_1～FB_7
橙色玻璃	CB	霉天照相，观察仪器	CB_1～CB_7
金色(黄色)玻璃	JB	测远机	JB_1～JB_8
中性(暗色)玻璃	AB	照相摄影	AB_1～AB_{10}
透紫外线白色玻璃	BB	观察，瞄准仪器(对空)	BB_1～BB_8

4. 有色光学玻璃的光谱特性

(1) 硒镉(着色)光学玻璃的光谱特性

硒镉(着色)光学玻璃属于胶体着色的截止型光学滤光玻璃，如图 1.2.7 曲线 1 所示。其特点是有一个较宽的高透过区和一个高吸收区，在高透过区和高吸收区之间有一个过渡区，此处光谱透过率的变化异常迅速。过渡区愈狭窄，即曲线的斜率愈大，光学玻璃的截止性能就愈好。

(2) 离子着色选择吸收光学玻璃的光谱特性

离子着色选择吸收光学玻璃在有色光学玻璃中占有量最大，品种最多。其特征是对某一个或几个波段有显著的“拦截”或“透明”。在 $\tau_\lambda \sim \lambda$ 光谱特性曲线上有明显的“谷”或“峰”，如图 1.2.7 曲线 2 所示。

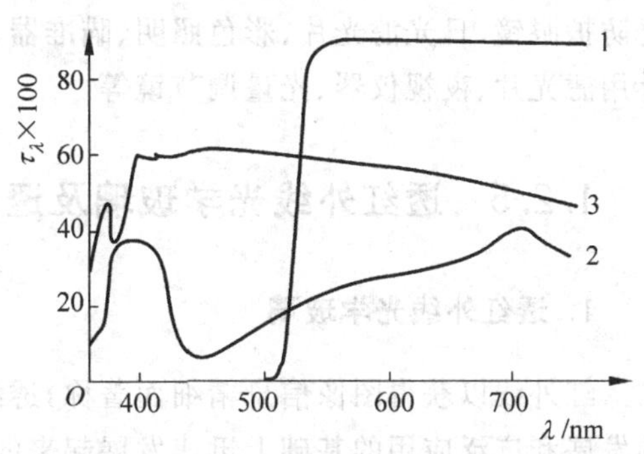

图 1.2.7 有色光学玻璃透过率与波长的关系

(3) 离子着色中性(暗色)光学玻璃的光谱特性

离子着色中性(暗色)光学玻璃的特征是在可见光区域内能比较均匀地降低投射光的光强度,而不改变其光谱成分,这类光学玻璃主要用作中性滤光片和光衰减镜等,如图1.2.7曲线3所示。

5. 有色光学玻璃的质量指标、分类和定级及物理化学性能

有色光学玻璃按下列各项质量指标分类和定级:

① 各种牌号有色光学玻璃吸收率的光谱曲线参数与规定值的允许偏差;

② 应力双折射;

③ 条纹度;

④ 气泡度。

有色光学玻璃的物理化学性能包括以下指标:

① 吸收率 E_λ 和光密度 D_λ;

② 折射率 n_d 和反射修正值;

③ 化学稳定性;

④ 密度。

以上指标在标准 WJ 272—1965 中都有定义、测量方法及数值,并有相应的分级分类方法,在此不再赘述。

6. 有色光学玻璃的应用

有色光学玻璃是重要的滤光材料。现在已经能够生产出可见光范围内全光谱颜色,以及透紫外线和透红外线的有色光学玻璃。而且有色光学玻璃的光谱特性也有了极大的改善,其机械强度和化学稳定性也有了提高,使之更能适应高空、水下、辐射等恶劣环境下的使用要求。

有色光学玻璃在影像行业中的应用最为广泛。如在彩色电影电视摄制中用作滤光器可创造出各种不同的气氛;在彩色摄影中用作滤光镜强化或减弱某种色调;在资源卫星、气象卫星用的高级彩色摄影机上使用;在遗传学中研究细胞内部结构用的荧光显微镜上使用;在激光全息摄影装置中使用;在各种光谱仪器以及仪器仪表显示装置中使用等。现代有色光学玻璃还在航天测距和光通信等方面应用。

此外,有色光学玻璃还用作炼钢炉工的防护目镜、电气焊用防护眼镜、日光防护眼镜、强光防护眼镜、日光滤光片、彩色照明、瞄准器、彩色信号、隔热耐热镜、感光滤光片、光学高温计用滤光片、夜视仪器、光量调节镜等。

1.2.5 透红外线光学玻璃及透紫外线光学玻璃

1. 透红外线光学玻璃

红外线以获得图像信息精细而著称,透红外线光学玻璃是在红外探测技术及激光技术的发展和广泛应用的基础上迅速发展起来的。

在电磁波谱中,红外线波段在760～1mm之间。实际上,任何一种透红外线光学玻璃

不可能在整个红外线波段都具有良好的透过率。国内外都把透红外线光学玻璃的发展重点放在 1～3μm、3～5μm 和 8～14μm 三个波段,其主要原因是这三个波段的红外线在大气中的光衰减最小。

透红外线光学玻璃主要有以下几类:

(1) 透红外线光学石英玻璃(JGS3)

透红外线光学石英玻璃(JGS3)是一种很好的透红外线光学玻璃,其光谱透过范围为 760～3500nm。

(2) 透红外线光学玻璃(HWB)

透红外线光学玻璃(HWB)属于胶体着色光学玻璃,着色剂包括硒化镉(CdSe)、碲化镉(CdTe)、氧化锰(Mn_2O_3)、硒化锑(Sb_2Se_3)等。透红外线光学玻璃(HWB)是在基质光学玻璃(例如 Na_2O-CaO-SiO_2 系统光学玻璃)中加入微量的着色剂,经过熔炼及热处理,光学玻璃中的着色剂离子聚集析出微晶胶体颗粒,从而使光学玻璃具有与该晶体相似的光吸收特性。

(3) 透红外线硫化物光学玻璃

透红外线光学玻璃还有一类是硫化物玻璃,例如三硫化二砷(As_2S_3)玻璃。任何氧化物光学玻璃对波长大于 6μm 的红外线都不透明,而三硫化二砷(As_2S_3)光学玻璃的光谱范围是 0.6～11.5μm。

(4) 高硅氧透红外线光学玻璃

高硅氧光学玻璃中二氧化硅(SiO_2)的含量高达 95%以上,性能与光学石英玻璃接近。但它的熔制温度远低于光学石英玻璃,因此成本可以大大降低。

此外,作为透红外线的材料还有红外线透明陶瓷(氧化铝(Al_2O_3)陶瓷、氧化镁(MgO)陶瓷及稀有金属氧化物陶瓷)、光学晶体(如氯化钠(NaCl)光学晶体)及半导体材料硅(Si)等。

2. 透紫外线光学玻璃

相对于红外线,由于紫外线可以获得更加精细的图像信息,使得透紫外线光学玻璃也有独特的用途。

透紫外线光学玻璃主要包括透紫外线光学石英玻璃(JGS1 和 JGS2)、高硅氧透紫外线光学玻璃(SiO_2 含量达 95%以上,紫外线透过率很高)、透紫外线光学玻璃(ZWB)和光学晶体等。

1.2.6 光学石英玻璃

光学石英玻璃是用纯水晶做原料制得的玻璃态二氧化硅(SiO_2),也称为熔融石英。

1. 光学石英玻璃的特点

光学石英玻璃中二氧化硅(SiO_2)的含量很高,一般大于 99.9%,因此光学石英玻璃具有一系列优异的性能,归纳如下:

(1) 光谱特性极好

光学石英玻璃在 0.2～4.7μm 的光谱范围内(包括紫外线、可见光、红外线)都有很高的透过率。

(2) 热膨胀系数极小

光学石英玻璃的热膨胀系数极小,20℃时的热膨胀系数为 $5.8\times10^{-7}℃^{-1}$,比普通玻璃小两个数量级。因此,光学石英玻璃具有极高的热稳定性。

(3) 耐热性极好

光学石英玻璃的耐热性极好,其熔点高达1700℃,软化温度高达1580±10℃,可以承受1000℃以上的高温。

(4) 耐急冷急热性很好

光学石英玻璃的耐急冷急热性很好,可以经受瞬时高温和突然冷却等剧烈的温度变化而不致破裂。

(5) 化学稳定性好

光学石英玻璃的化学稳定性好,其耐酸性优于所有光学材料,且表面不易受潮湿大气及化学试剂的腐蚀。

(6) 机械性能良好

光学石英玻璃的机械强度和弹性模量都较大,可以承受较大的应力且变形小。

(7) 硬度高,表面不易被划伤

光学石英玻璃的硬度达莫氏硬度7,比普通无色光学玻璃高许多,因此表面耐磨性好,不易被划伤。

(8) 耐辐射性能好

(9) 密度小

在光学玻璃中,光学石英玻璃的密度最小,为 $2.21g/cm^3$。

表1.2.17列出了光学石英玻璃理化特性的参考数据。

表1.2.17 石英玻璃的理化特性

分子式	SiO_2	软化温度/℃	1580±10	导热系数/(W/m·K)	1.38
分子量	60.6	可溶解溶剂	氢氟酸	主折射率 n_d	$1.4585\pm4\times10^{-4}$
密度/(g/cm^3)	2.21	热膨胀系数/$℃^{-1}$	5.8×10^{-7}	平均色散 $dn=n_F-n_C$	$0.0067\pm4\times10^{-5}$
硬度/莫氏	7	弹性模量/MPa	7.78×10^4	色散系数 $\nu_d=(n_d-1)/(n_F-n_C)$	68.0
熔点/℃	1700	抗拉强度/MPa	8×10^4		

可见,光学石英玻璃是制造光学零件、光学样板及光学工具的高级优质材料,在现代科学技术领域有着广泛的应用。但是,光学石英玻璃熔制困难,价格昂贵,因此限制了它的应用。

2. 光学石英玻璃的分类

我国光学石英玻璃分为3种,其种类见表1.2.18。

光学石英玻璃加入微量(小于1%)的杂质可以制得不同颜色的光学石英玻璃,用于制造各种滤光片。

3. 微晶玻璃

光学石英玻璃中加入某些杂质还可以制得微晶玻璃。微晶玻璃同时具有玻璃态和微晶两个相，而且微晶的大小和数量可以控制。

表 1.2.18 光学石英玻璃的种类

牌号	名 称	应用光谱波段/nm	特 点
JGS1	远紫外光学石英玻璃	185～2500	以 $SiCl_4$ 为原料，氢氧焰中气相熔炼沉淀而成，内部比较均匀
JGS2	紫外光学石英玻璃	220～2500	以优质天然水晶为原料，在氢氧焰中熔炼而成，内部有旋转条纹
JGS3	红外光学石英玻璃	760～3500	以天然水晶为原料，在石墨加热体的真空加压炉中熔化而成，是电熔石英，内部颗粒状结构严重

注：可见光光学石英玻璃可在以上三种牌号内任意选择。

微晶玻璃具有许多优异的性能，其最大的特点是膨胀系数极低，如在0～200℃温度下的平均热膨胀系数仅为 $6\times10^{-8}℃^{-1}$，比普通光学石英玻璃低一个数量级，有的微晶玻璃的热膨胀系数甚至接近于零，因此又称为超低膨胀系数玻璃。

此外，微晶玻璃还具有密度小、硬度大、强度和刚度高、热稳定性好、软化温度高、电绝缘性好等特点。

微晶玻璃之所以具有超低膨胀系数等一系列优异特性，是由于它是以 TiO_2 和 ZrO_2 为晶核形成剂的 LiO_2-Al_2O_3-SiO_2 系统微晶玻璃，在热处理过程中，会析出以 TiO_2 和 ZrO_2 为微小晶核的大量微小晶相颗粒，这些 TiO_2 和 ZrO_2 晶核具有负的膨胀系数。正是这些微晶的负膨胀，在某个温度范围内会与 LiO_2-Al_2O_3-SiO_2 系统玻璃的膨胀相互抵消，使得微晶玻璃整体在某个温度范围内的膨胀系数极低或者等于零。因此，微晶玻璃是一种超级优质光学材料。

4. 光学石英玻璃的质量指标、分类和定级及物理化学性能

根据 JC/T 185—1981 标准，光学石英玻璃按下列各项质量指标分类和定级：

① 光谱特性；

② 光学均匀性；

③ 应力双折射；

④ 条纹度；

⑤ 颗粒不均匀性；

⑥ 气泡度；

⑦ 荧光特性。

以上指标在 JC/T 185—1981 标准中都有定义、测量方法及数值，并有相应的分级分类方法，在此不再赘述。

5. 光学石英玻璃的应用

紫外光学石英玻璃中，JGS1 适合制作高均匀度的紫外线光学元件、耐宇宙射线辐射的航天光学元件及光导纤维芯材；JGS2 用作紫外线、可见光的棱镜、透镜、窗口材料及光纤芯材。

红外光学石英玻璃 JGS3 适用于红外线单色仪棱镜、透镜、窗口材料，太阳模拟装置和

1～3.5μm 波段的光学系统材料。

微晶玻璃主要用于制作大型的或者要求尺寸稳定性极高、反射能量大(产生大量热量)又不产生热变形的光学元件。例如,它可用于制作天文望远镜的主镜头(用熔接法制成的蜂窝状大型天文望远镜坯体,直径达 3.96m,直接熔制成型的镜坯直径可达 1.5m);用于制作激光器腔体材料可提高双频激光器的频率和功率稳定性及原子钟的计测精度;还用于制作高强耐热窗口材料(如宇宙飞船窥视窗)、激光陀螺仪的谐振腔体等。

1.2.7 红外线透明陶瓷材料

通常,陶瓷材料由于结构松散,体内存在大量的微气孔,对光的散射十分严重,而且水分等杂质对光线的吸收也很大,因此陶瓷材料对可见光和红外线都是不透明的。

但是,如果在氢气氛、氧气氛或真空条件下进行热压或烧结,并在烧结过程中控制晶粒的生长速度,就可以排除所有的微气孔而获得高密度的红外线透明陶瓷,有的陶瓷甚至看起来像玻璃一样,对可见光也是透明的。

常用的红外线透明陶瓷有以下几种:

(1) 氧化铝(Al_2O_3)红外线透明陶瓷

氧化铝(Al_2O_3)是最早制成的红外线透明陶瓷。这种陶瓷可以透过可见光和近红外线,它的熔点高达 2050℃,基本上具有蓝宝石(Al_2O_3,单晶)相同的优良性能,但价格便宜得多。

(2) 氧化镁(MgO)红外线透明陶瓷

氧化镁(MgO)红外线透明陶瓷也是一种较早制成的红外线透明陶瓷,它的透过特性与氧化镁单晶相近。

(3) 稀有金属氧化物红外线透明陶瓷

稀有金属氧化物红外线透明陶瓷是一类耐高温的红外光学介质材料,其中氧化钇(Y_2O_3)红外线透明陶瓷最具代表性。

氧化钇(Y_2O_3)红外线透明陶瓷的透过光谱区域非常宽(0.25～9.5μm),包括紫外线、可见光和红外线。它在 0.25～6μm 光谱区,透过率大于 80%,且中间无吸收带。它的折射率为 1.92,色散系数为 36.9,都比较小,因而适合做窗口和透镜材料。它的机械强度、硬度、耐热冲击性能和化学稳定性都很好,熔点大于 2400℃,最高使用温度可达 1800℃。因此在高温飞行器、激光装置和高温辐射源中有广泛的应用。

1.2.8 防辐射光学玻璃

在原子能技术中,工作人员需要透过玻璃窗口观察核试验过程中的反应及现象,为了保证工作者的身体健康,就需要高效率的透明屏蔽材料,将有害射线吸收掉,这就是防辐射光学玻璃。

防辐射光学玻璃是指对射线有较大吸收能力的光学玻璃。按所防射线的种类分为防 γ 射线玻璃、防 X 射线玻璃和防中子玻璃。

1. 防γ射线玻璃

γ射线是一种穿透能力很强的射线。γ射线辐射并穿透材料时，会与物质相互作用，发生光电效应、康普顿-吴有训效应、电子对效应和散射等，对γ射线进行衰减。材料对γ射线的吸收能力常用线性衰减系数μ来衡量，μ随光子能量的增加而下降。射线透过材料层后强度衰减规律可以表示为

$$I = I_0 e^{-\mu d} \tag{1.2.6}$$

式中，I_0为透过材料前的射线强度；I为透过材料后的射线强度；μ为材料的线性衰减系数；d为材料层的厚度。

材料的线性衰减系数μ等于材料质量衰减系数ω与材料密度ρ的乘积，即$\mu=\omega\rho$。对光学玻璃来说，质量衰减系数ω具有加和性，所以必须找质量衰减系数高的氧化物作为防辐射光学玻璃的成分。

光学玻璃吸收γ射线的能力随着密度增加而剧烈地增加，因此，可以引入大量高原子序数的元素，如铅、铋等。

因此，γ射线防护玻璃含有大量高质量吸收系数的氧化铋(Bi_2O_3)、氧化钨(W_2O_3)、氧化铅(PbO)等氧化物。考虑到原料的来源及价格，使用最广的是含少量碱金属氧化物的高氧化铝硅酸盐或硼硅酸盐玻璃。目前我国常用的防辐射玻璃有ZF1、ZF6、ZF7等。

2. 防X射线玻璃

X射线在玻璃中的衰减规律与γ射线相同，但质量衰减系数ω比γ射线大。防护X射线常用氧化铅(PbO)含量较低的ZF2重火石玻璃。

3. 防中子玻璃

可以通过物质对慢中子和热中子的俘获达到衰减中子的目的。防中子玻璃中含有大量氧化硼(B_2O_3)、氧化镉(CdO)、稀土氧化物等对慢中子和热中子具有高吸收系数的氧化物。

常用的防中子玻璃是$CdO\text{-}B_2O_3$系统吸收热中子玻璃。若要求在吸收热中子的同时吸收中子反应过程中产生的γ射线，玻璃中可加入适量的氧化铅(PbO)。

目前，含铅和铋氧化物的玻璃对慢中子的吸收最佳，但还没有理想的强烈吸收快中子的材料。一般是先使快中子通过石蜡或水，变成慢中子。

防辐射光学玻璃主要用于核工业、核医学、X射线和同位素实验室等领域，用于制作窥视窗和屏蔽材料。

1.2.9 其他光学玻璃

1. 光学眼镜玻璃

光学眼镜玻璃是指用于制造各种眼镜片的光学玻璃。分为矫正视力用眼镜玻璃、遮阳用眼镜玻璃和工业保护目镜玻璃。

2. 透气玻璃

透气玻璃是指 Na_2O-B_2O_3-SiO_2 系统玻璃，其主要特点是在熔制过程中会生成大量毛细孔使得透气玻璃具有透气特性。透气玻璃主要在各种仪器的干燥器上使用。

3. 乳白漫射玻璃

乳白漫射玻璃又称为乳白玻璃，用于制造起漫散射作用的玻璃。

4. 激光玻璃

激光玻璃是指在光或电的激励下，能够产生激光的玻璃。我国激光玻璃主要有硅酸盐钕(读 nü)玻璃和磷酸盐钕玻璃两类，通称为激光钕玻璃。

激光玻璃具有光学质量高、可生产的尺寸大、发射谱线宽、抗激光破坏能力强、易加工、价格便宜等优点，作为激光器材料可获得高亮度、高方向性、高单色性和高相干性的激光输出。因此得到广泛应用。例如，在农业上用于育种等；在工业上用于材料的加工和表面处理、测距、测长、测速、定位、全息照相等；在生物医学上用于手术等；在电子领域用于信息传输、记录、存储、处理、读取等；在军事领域用于测距、通信、跟踪、制导、导航、激光武器、核聚变研究等。

1.3 光学晶体

1.3.1 概述

自然界中任何固体材料(包括无机材料和有机材料)或者以结晶态存在，或者以无定形态存在。例如光学玻璃、光学塑料是以无定形态存在，光学晶体则以结晶态存在。结晶态与无定形态之间的区别在于其内部质点的排列方式不同。无定形态材料的内部质点排列无规则，呈各向同性；结晶态材料即晶体材料的内部质点排列得有规律，各方向显示出不同特性，称为各向异性。但是，有的晶体材料的内部质点在各个方向上排列的规律完全相同时也表现出各向同性的性质。

光学晶体是作为光介质材料应用于光学仪器或光电仪器上的晶体材料。

1. 光学晶体的分类

光学晶体可分为单晶和多晶，也可分为天然晶体和人工晶体。此外，光学晶体还可以按化学成分分为碱金属和碱土金属卤化物单晶、铊的卤化物单晶、氧化物单晶、无机盐化合物单晶、硫化物单晶和多晶、半导体单晶和多晶、金刚石等。

(1) 单晶与多晶

单晶材料具有很高的晶体完整性和透过率，以及很低的插入损耗，很适合做光介质材料，因此光学晶体大多是单晶材料。而金属材料大多数是多晶材料。

(2) 天然晶体与人工晶体

天然晶体是指自然界存在的晶体。人工晶体是人类根据晶体的物理化学性质，在认识和掌握了晶体生长规律的基础上，运用人造设备制造的晶体。人工晶体不仅可以制造全部天然晶体，还可以按照人类意愿制造自然界不存在的、高质量的、具有足够大尺寸和重大应用价值的新型晶体材料。

很难找到又完美又大的天然晶体，即天然晶体很难同时达到具有很高光学质量和较大尺寸的要求，而且受产地和产量的限制。因此，目前科学技术中所应用的晶体材料大部分是人造晶体。

光学领域应用的晶体材料主要包括光学晶体、激光晶体、闪烁晶体、非线性光学晶体、光折变晶体、光存储晶体、光调制晶体等。

2. 光学晶体的应用

普通光学玻璃的透过波长范围较小，主要局限于可见光和紫外线光谱区，只有某些特殊玻璃（如光学石英玻璃、透红外线玻璃等）的透过波长范围才能达到红外线区。光学晶体的波长透过范围比普通光学玻璃宽得多，可以从紫外线（0.15～0.38μm）光谱区，经过可见光（0.38～0.76μm）光谱区，一直到红外线（0.76～15μm）光谱区，而且性能优良，因此光学晶体的应用日益广泛。

但是，光学晶体的生产工艺比较困难，价格较高。因此，光学晶体的使用还没有光学玻璃普遍，但光学晶体在新技术发展上起着很重要的作用。

通常，对于在可见光光谱区内使用的透射光学元件（如透镜、窗口等），由于光学玻璃容易制造、价格低廉且能够满足使用性能要求，因此多采用光学玻璃制造；但在紫外线和红外线光谱区，由于光学玻璃的透过性能受到限制，多采用光学晶体制造相应的光学元件。

光学晶体主要用作偏光镜、紫外线和红外线的分光棱镜、复消色差镜头、闪烁晶体、窗口材料等，还可以用作激光晶体、光调制晶体、光存储晶体等。

1.3.2 晶体的基本概念

1. 晶体的结构及晶胞常数特征

晶体的结构与玻璃不同。在晶体中，常把空间排列的分子、原子或离子抽象成几何学上的点（称为质点），然后用直线将这些质点连接起来，构成一个三维空间格架，称为晶格，如图 1.3.1(a)所示。晶体就是具有晶格结构的固体。晶体的基本性质不仅取决于晶体材料中质点的性质，而且取决于晶体的晶格构造。

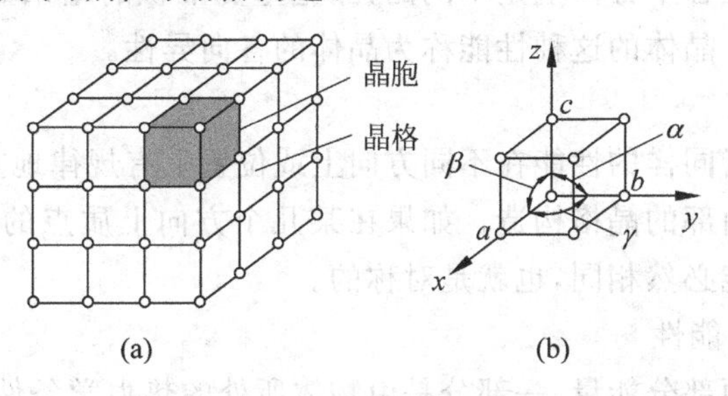

图 1.3.1 晶格和晶胞常数

晶体最突出的结构特点是其内部质点的排列具有周期性，它是由一个能够完全反映晶格几何特征的最小单位（称为晶胞）在三维空间堆砌而成的，如图 1.3.1(a)所示。晶胞可以用一个空间平行六面体表示，如图 1.3.1(b)所示。其中，晶胞的三个棱的方向称为晶轴，分别用 x 轴、y 轴、z 轴表示，那么就可以用晶胞棱边的长度 a、b、c（称为轴单位）和棱边之间的夹角 α、β、γ（称为轴角）来描述晶胞大小和形状等几何特征参数（称为晶胞常数）了，如图 1.3.1(b)所示。

根据晶胞常数的不同，可以把晶体分为 3 大晶族 7 大晶系，表 1.3.1 列出了晶体 3 大晶族 7 大晶系及其晶胞常数特征。

表 1.3.1　晶体 3 大晶族 7 大晶系及其晶胞常数特征

晶族	晶　系	晶胞常数特征		举　例
		轴单位	轴　角	
低级晶族	三斜晶系	$a\neq b\neq c$	$\alpha\neq\beta\neq\gamma\neq 90°$	云母、黄玉、硫磺
	单斜晶系	$a\neq b\neq c$	$\alpha=\gamma=90°,\beta\neq 90°$	
	正交(斜方)晶系	$a\neq b\neq c$	$\alpha=\beta=\gamma=90°$	
中级晶族	六方(六角)晶系	$a=b\neq c$	$\alpha=\beta=90°,\gamma=120°$	LaF_3、SiO_2、$CaCO_3$
	四方(正方、四角)晶系	$a=b\neq c$	$\alpha=\beta=\gamma=90°$	ADP、MgF_2、TiO_2
	三方(菱形、三角)晶系	$a=b=c$	$\alpha=\beta=\gamma\neq 90°$	$LiNbO_3$、Al_2O_3
高级晶族	等轴晶系(立方晶系)	$a=b=c$	$\alpha=\beta=\gamma=90°$	$MgAl_2O_4$、$SrTiO_3$ CaF_2、MgO、CsI

光学晶体主要是中级晶族和高级晶族。

2. 晶体的基本性能

(1) 晶体的自范性

晶体的自范性是指晶体具有自发地形成封闭几何多面体外形的性能，它是晶体内部质点有规律排列的外在表现。晶体的生长过程，实质上就是质点按照空间格架结构进行有规则排列和堆积的过程，其结果是晶体成为一个规则的几何多面体，并封闭于一定的空间内。

(2) 晶体的均匀性

晶体最突出的结构特点是其内部质点的排列具有周期性，它是由一个能够完全反映晶格几何特征的最小单位（晶胞）在三维空间重复堆砌而成的，表现出来的各项性能也是完全相同的。因此，不论宏观还是微观，晶体都是均匀的。

(3) 晶体的各向异性

构成晶体的晶胞在各个方向上是不同的，晶胞重复堆积的结果是晶体的性能随测量方向的不同而有所差异。晶体的这种性能称为晶体的各向异性。

(4) 晶体的对称性

晶体的对称性是指同样的性能在不同方向上或位置上有规律地重复出现的现象。晶体的对称性取决于晶体内部的晶格构造。如果在某几个方向上质点的性质和排列均相同，则在这几个方向上的性能必然相同，也就是对称的。

(5) 晶体的最小内能性

物体的内能包括两部分能量，一部分是由物体所处的热力学条件所决定的，物体内部质点做无规则运动的动能；另一部分是由物体内部质点的排列方式和相互位置所决定的势能。对于晶体来说，由于其内部质点是有规则排列的，质点间的引力和斥力都已达到平衡，因此，在一定的热力学条件下，对于具有相同化学成分而具有不同结构的物体，以晶体的内能为最小。这就是晶体的最小内能性。

(6) 稳定性

正是由于晶体的最小内能性，使得晶体不可能自发地转变成其他状态，即晶体处于一个相对稳定的状态。因此，晶体具有很好的稳定性。

3. 晶体的机械、物理、化学性能

(1) 晶体的解理

晶体在受到定向外力作用时，能够按照一定的方向破裂，形成光滑的平面，这种现象称为解理。因解理破裂而形成的平面称为解理面。相对于解理面的一个概念称为断口，断口是指材料(包括晶体)在外力作用下，不按照一定的方向破裂，形成凹凸不平的表面，如常见的金属零件的断裂表面就属于断口。

不同的晶体或者同一晶体的不同晶面，解理的程度是不相同的。晶体的解理面总是沿着垂直于晶体结构中键力最弱的方向出现，解理面的光滑程度主要取决于解理面的垂直方向上抵抗破裂的阻力的大小，阻力越大解理面越不光滑。

充分掌握晶体的解理特性，有利于采用合理的加工工艺对晶体进行切割加工，避免在加工过程中由于解理造成产品的报废。

(2) 硬度

硬度是表示材料抵抗外来机械侵入的能力。材料抵抗这种破坏的能力越强，硬度越大。

晶体硬度一般比金属材料高很多，不用布氏硬度和洛氏硬度表示。测量晶体硬度的方法有刻划法、压入法和研磨法，最常用的方法是刻划法，用莫氏硬度表示。

晶体的硬度具有各向异性和对称性的特点。即在同一晶体上，不具备对称性的各个晶面，具有不同的硬度；或者在同一晶面上，不具备对称性的各个方向上的硬度也不相同。

充分掌握晶体的硬度特性，有利于选择合理的磨料和抛光剂对晶体进行加工。

(3) 晶体的耐潮稳定性

与光学玻璃一样，晶体的耐潮稳定性也很重要。不同的晶体其耐潮稳定性也不尽相同，且温度越高，晶体越容易潮解。

充分掌握晶体的耐潮稳定性，对晶体的加工和使用具有重要意义。例如，对于容易潮解的晶体，其抛光面不能长期裸露在潮湿的大气中，否则这种晶体会吸收大气中的水分而失去透光性。因此，容易潮解的晶体在加工时要采用特殊的方法，并有合理的表面保护措施。

(4) 晶体的导热性能和热膨胀系数

晶体的导热性能和热膨胀系数同样具有各向异性。

1.3.3 光学晶体的性能特点

光学晶体的重要性能特点主要表现在光谱透过范围、光学色散及双折射性能方面。此外，光学晶体的物理化学性能也多样化，不少光学晶体的熔点高，热稳定性好，能满足特殊要

求。因此，虽然光学玻璃比人造晶体易于制作且价格低廉，在可见光区大多采用光学玻璃制作光学器件，但在紫外和红外波段，则仍然大量使用各种天然或人造晶体。

1. 光学晶体的光谱透过范围宽

光学晶体的光谱透过范围比光学玻璃宽，尤其是其长波限较长，最长可达极远红外线范围的 60μm 波长。

2. 光学晶体的折射率和色散变化范围广

光学晶体的折射率和色散变化范围比较广，因此可以满足各种不同应用条件的需要。

3. 光学晶体的熔点高、热稳定性好

大多数光学晶体具有较高的熔点和较好的热稳定性，有利于在高温条件下使用。

4. 光学晶体的双折射性能

(1) 光学晶体的双折射现象

当一束光线通过平整光滑的表面入射到各向同性材料(如光学玻璃等)中时，光线将按照折射定律沿某一确定的方向折射。但是，当一束光线通过各向异性材料(如光学晶体等)表面时，折射光会分成两束沿着不同的方向传播，如图 1.3.2 所示。这种由一束入射光折射后分成两束光的现象称为双折射现象。

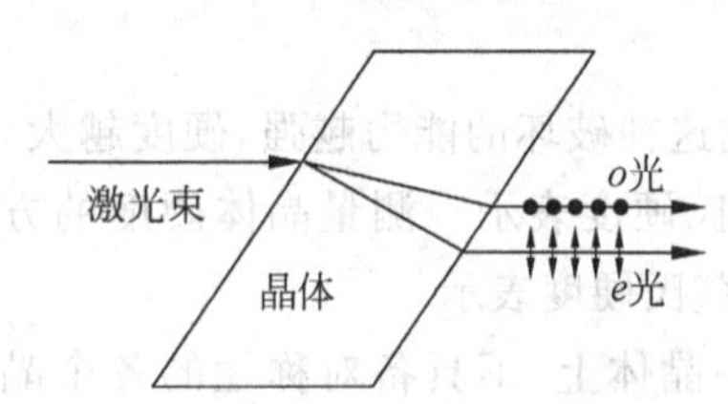

图 1.3.2 晶体的双折射现象

双折射现象是非均质晶体的特性，它有两个折射率：一束折射光的折射方向遵循光的折射定律，称为寻常光(又称为 o 光)，它的折射率为 n_o；另一束折射光的折射方向不符合折射定律，称为非寻常光(又称为 e 光)，其折射率 n_e 随入射光线方向而改变。

寻常光和非寻常光的偏振方向相互垂直，如图 1.3.2 所示。寻常光的偏振方向垂直于主截面(光轴与传播方向组成的平面)，而非寻常光的偏振方向则平行于主截面，但不一定平行于光轴。

通过改变入射光线的方向，可以在晶体中找到一些特殊的方向，沿这些方向入射的光线并不发生双折射现象，这些特殊的方向称为晶体的光轴。

在 3 大晶族中，由于它们的晶胞常数的特征不同，因此表现出不同的折射性能。

① 高级晶族

高级晶族的晶体由于晶胞常数中三个轴单位和轴角相等，其晶体结构高度对称，表现出与光学玻璃相同的各向同性，不产生双折射。例如，萤石、岩盐和氟化锂(LiF)等就属于立方结构的高级晶族。

② 中级晶族

中级晶族的晶体由于晶胞常数中三个轴单位和轴角至少有两个相等，其晶体结构具有一个高次对称轴，表现为只有一个光轴，称为单轴晶体。单轴晶体沿光轴以外的任何方向传播时，都将产生双折射。例如，方解石($CaCO_3$)和石英(SiO_2)就属于单轴晶体。

③ 低级晶族

低级晶族的晶体由于晶胞常数中三个轴单位均不相等，其晶体结构具有两个对称轴，表现为具有两个光轴，称为两轴晶体。在两轴晶体中，当光线沿着光轴方向以外的任意方向传播时，都将产生双折射。随着入射光线入射方向的改变，两个偏振方向相互垂直的折射光线的折射率值都将改变。例如，云母、黄玉就属于双轴晶体。

(2) 光学晶体的旋光性

光学晶体的旋光性是指当平面偏振光沿着光轴方向传播时，其偏振面发生旋转的现象。

(3) 光学晶体的吸收性和多色性

光学晶体结构的各项异性不仅产生折射率的各项异性，即产生双折射现象，而且能够产生吸收率的各项异性。即，随着入射光线偏振方向的不同，光学晶体对光的吸收程度也不一样。一般来说，入射光波的振动方向与较大折射率的振动方向相一致时，所表现的吸收性较强。

光学晶体对光线选择性吸收的各向异性的结果是：除等轴晶系(高级晶族)外，在同一晶体的不同方向上呈现出不同的颜色。晶体的这种性质，称为多色性。在单轴晶体中，光的偏振方向与两个主折射率的振动方向相对应，将出现两个主色，称为二色性。两轴晶体中具有三个主色，称为三色性。多色性与吸收性紧密联系，吸收性显著的晶体，多色性也一定显著。

(4) 光学晶体双折射现象与多色性的应用

① 偏振元件

利用晶体材料的双折射现象，可以制作特殊的光学元件，在光学仪器和光学技术中有着广泛地应用，举例如下：

a. 利用晶体的双折射现象，可以制作洛匈棱镜和渥拉斯顿棱镜，用于将自然光分解成两束偏振方向相互垂直的线偏振光。

b. 利用双折射和全反射原理，可以制作起偏和检偏元件(如尼科尔棱镜和格兰棱镜)，用于将一束光线分解成两束线偏振光后，再除去其中一束，保留另一束。

c. 利用双折射可以制成各种波片(如四分之一波片(又称为1/4片)和二分之一波片(又称为1/2片))。波片是晶体按照一定方式切割的具有一定厚度的平行平板，它可以使寻常光(*o*光)和非寻常光(*e*光)产生预期的相位差，从而实现一束光线偏振状态的转换。例如，1/4片可以实现线偏振光与圆偏振光之间的转换，1/2片可以根据需要随意转换线偏振光的偏振方向。

d. 利用双折射元件装配的偏光干涉仪可用于测量微小的相位差。

e. 偏光显微镜可用于检测材料中的应力分布。

f. 在激光技术中，利用不同厚度的光学晶体组合而成的双折射滤光器，可以用于光谱滤波，从连续谱光源或宽带光源中选择出窄带光源。

② 二向色性偏振片

制造偏振棱镜需要较大块的单晶材料，不仅造价昂贵，而且也不易得到，而且偏振棱镜的使用还受到有效孔径的限制。因此，在大量使用的对偏振度要求不太高的场合，常常采用二向色性偏振片代替偏振晶体来产生偏振光。

二向色性偏振片利用光学晶体对于在其内部传播的垂直于光轴方向的寻常光(*o*光)和非寻常光(*e*光)，具有极大差别的吸收能力，使得其中一种光在通过很薄的晶体后就被完全吸收。

a. 天然材料电气石

电气石是在可见光光谱区具有明显二向色性的晶体，厚度仅为1mm的电气石几乎可以完全吸收寻常光(*o*光)，而让非寻常光(*e*光)通过。此外，它对非寻常光(*e*光)也具有选择吸收性，使得白光透射后呈黄绿色。

b. 人造有机化合物晶体

除了天然晶体外，人们大量使用有机化合物晶体，制成人造二向色性偏振片。例如，碘化硫酸奎宁多晶体，是一种带有墨绿色的塑料偏振片，是用在含碘溶液中浸泡过的聚乙烯醇薄膜拉制而成的，具有显著的二向色性。将这种薄膜固定在两片光学玻璃之间就可以作为偏振片使用。

人造偏振片工艺简单、价格便宜，而且容易制成大面积的产品，因此应用非常广泛。

1.3.4 光学晶体的质量指标、分级及分类

1. 光学晶体的主要性能参数

ZB NO5001.1—1986标准规定了十个品种的人工光学晶体，并规定了这些光学晶体光学参数的标准值，见表1.3.2。

表1.3.2 光学晶体光学参数的标准值

品　　种	n_d	n_F-n_C	透过波段/μm	$\tau_{0.2\mu m}$	$\tau_{5\mu m}$
氟化锂(LiF)	1.392 12	0.003 95	0.11～8.00	—	0.94
氟化镁(MgF_2)	$n_o=1.37774$，$n_e=1.38954$	0.003 55	0.11～9.16	0.85	0.93
氟化钙(CaF_2)	1.433 82	0.004 55	0.11～11.00	0.85	0.94
氟化锶(SrF_2)	1.437 98	0.006 19	0.16～11.50	—	0.94
氟化钡(BaF_2)	1.474 43	0.005 78	0.13～14.00	0.75	0.93
氯化钠($NaCl$)	1.544 27	0.012 70	0.25～22.00	—	0.90
氯化钾(KCl)	1.490 25	0.011 14	0.20～27.50	—	0.91
溴化钾(KBr)	1.560 00	0.016 68	0.20～34.00	—	0.90
碘化铯(CsI)	1.787 46	—	0.20～60.00	—	0.83
溴-碘化铊(KRS-5)	2.617 48	—	0.50～45.00	—	0.68

2. 光学晶体的质量指标、分级及分类

根据ZB NO5001.1—1986标准，光学晶体按下列各项质量指标分级和分类：

① 折射率n_d和平均色散$dn=n_F-n_C$与标准值的允许偏差；

② 紫外线(0.2μm波长)和红外线(5μm波长)处透过率($\tau_{0.2\mu m}$和$\tau_{5\mu m}$)与标准值比较；

③ 应力双折射；

④ 散射颗粒度；

⑤ 白光吸收系数；

⑥ 光学均匀性。

以上指标在 ZB NO5001.1—1986 标准中都有定义和测量方法，并有相应的分级分类方法，在此不再赘述。

1.3.5 光学晶体的分类

1. 按照光学晶体的化学成分分类

(1) 碱金属和碱土金属卤化物单晶

碱金属和碱土金属卤化合物单晶属于离子晶体，常用的晶体主要有以下两类：

① 碱金属和碱土金属氟化物单晶

氟化物单晶包括 LiF、NaF、RbF、MgF_2、CaF_2、BaF_2、SrF_2、MnF_2、LaF_3、$LiYF_4$ 等单晶。这类单晶的优点是无论在紫外线区，可见光区，还是在红外线区均有较高的透过率、低的折射率、低的反射损失，不需要镀增透膜。这类单晶的优点是具有较高的强度和硬度、几乎不溶于水，缺点是热膨胀系数大、热导率小、耐热冲击性能差。

氟化物单晶的应用举例：

a. MgF_2 单晶的机械强度较大和抗热冲击性能较好，它的光谱透过范围是 0.11～9μm。因此，已广泛用于飞机、导弹、人造卫星等的光学系统中，制作红外透镜和窗口材料。此外，MgF_2 单晶还是真空紫外和高能激光器理想的窗口和透镜材料，其双折射特性也适合制作偏振元件。MgF_2 单晶的缺点是不易生长出优质的单晶。

b. BaF_2 单晶的光谱透过范围是 0.13～14μm，是二氧化碳(CO_2)激光器理想的窗口材料。

c. CaF_2 单晶的光谱透过范围是 0.15～10μm，可用作红外和紫外光谱仪的透镜材料、气体分析仪器的窗口材料、化学激光器的窗口元件。

此外，常用的氟化物单晶还有 LiF 单晶，LiF 和 CaF_2 单晶的生长工艺已经非常成熟，可以生产出大尺寸、高质量的毛坯以满足光学仪器的要求。

② 碱金属和碱土金属氯、溴、碘的化合物单晶

这类单晶的优点是能透过很宽的红外波段(如 CsI 单晶的红外透过光谱可达 60μm)，熔点较低，容易生长出光学均匀性好的大尺寸单晶，因而价格便宜。

这类单晶的缺点是硬度低、易碰伤，机械强度较差，使用温度不高，且大多极易溶于水。因此使用时需要镀保护膜，以避免潮解，不太适用于室外条件下使用。

常用的碱金属和碱土金属氯、溴、碘的化合物单晶主要有 KCl、NaCl、AgCl、RbCl、KBr、CsBr、KI、RbI、CsI，主要用于制造红外仪器的窗口和棱镜。

(2) 氧化物单晶

氧化物单晶可以分为简单氧化物单晶和复杂氧化物单晶两类。

① 简单氧化物单晶

与卤化物单晶相比，简单氧化物单晶具有十分优良的物理性能，它们的硬度和熔点高，耐腐蚀、耐磨损、耐冲击，热稳定性和化学稳定性好，不溶于水，不潮解，在可见光和近红外线光谱区具有良好的透过率。因此是一类良好的耐高温红外光学材料，它们的应用非常广泛。

简单氧化物单晶主要有以下几种：

a. 金红石(TiO_2)单晶,其特点是在1～5μm光谱范围内的折射率较大($n=2.5$),因此常用作窗口和探测器前置透镜以减少反射损失。

b. 水晶(SiO_2),它的特点是具有旋光性,高纯水晶在0.2～4μm光谱范围内的透过性能良好,是一种良好的耐高温光学晶体。

c. 蓝宝石(Al_2O_3)和红宝石(掺Cr的Al_2O_3),这两种Al_2O_3单晶在0.15～6.5μm光谱范围内的透过率大于80%,特点是硬度高、强度大、热导率高、膨胀系数低、耐磨损、耐高温及化学稳定性好,因此是具有优良光学、物理、化学和机械性能的单晶材料。除了用于制造从紫外线,到可见光,再到红外线光谱区的各种光学元件、电子绝缘基片和人造卫星及火箭导弹上的光学屏蔽罩等以外,还可以利用其双折射特性制作滤光片和延迟器等光学元件。

d. 方镁石(MgO),它的禁带宽度大,是一种良好的耐高温近红外光学晶体。

② 复杂氧化物单晶

复杂氧化物单晶主要有方解石($CaCO_3$)、磷酸二氢钾KDP(KH_2PO_4)、磷酸二氢氨ADP($NH_4H_2PO_4$)、钛酸锶($SrTiO_3$)、钽酸钡($Ba_5Ta_4O_{15}$)、尖晶石($MgAl_2O_4$)、钛酸铋($Bi_4Ti_3O_{12}$)、钛酸钡($BaTiO_3$)、铌酸锂($LiNbO_3$)、钽酸锂($LiTaO_3$)等。

方解石($CaCO_3$)单晶的特点是具有很高的双折射特性,因此是良好的偏振和双折射材料。

磷酸二氢钾KDP(KH_2PO_4)和磷酸二氢氨ADP($NH_4H_2PO_4$)主要用作光电调制和倍频材料。

(3) 铊的卤化物单晶

铊的卤化物单晶具有相当宽的红外光谱透过波段,透过极限可达45μm,微溶于水。这类单晶的缺点是容易受热腐蚀和有毒性。

铊的卤化物单晶主要包括氯化铊(TlCl)、溴化铊(TlBr)、碘化铊(TlI)、KRS-5(TlBr-TlI的混合物)、KRS-6(TlBr-TlCl的混合物)。这些单晶尤其是混合物KRS-5和KRS-6常用作较低温度下使用的探测元件窗口材料和透镜材料。

(4) 半导体单晶和多晶

半导体除了具有优良的电学特性外,有些半导体还是优良的红外光学材料。半导体有单晶和多晶之分,半导体多晶的光学性能与相同成分的半导体单晶基本相同,但其强度更高,缺点是散射较单晶严重。

目前,半导体的品种越来越多,可以分为元素半导体、化合物半导体、固溶体半导体等,常用作红外线窗口、滤光片、滤光片衬底、透镜、红外穹门、红外调制等材料。

① 锗(Ge)和硅(Si)元素半导体

锗(Ge)和硅(Si)半导体的共同特点是红外波段的折射率都很高(锗的折射率$n>4$,硅的折射率$n\approx3.5$),反射损失较大(锗的反射损失大于50%,硅的反射损失大于45%)。因此,它们在使用时必须镀增透膜。锗在近红外光谱区一般镀SiO_2增透膜,在中红外光谱区镀ZnS增透膜;硅在近红外光谱区一般镀SiO_2或Al_2O_3增透膜,在中红外光谱区镀ZnS或碱金属或碱土金属化合物增透膜。镀增透膜后锗(Ge)和硅(Si)半导体的透过率可达90%以上。

应用方面,锗的应用较广,适合于制作红外透镜、窗口、滤光片等,主要用在红外热成像仪上。

② Ⅱ-Ⅳ族半导体

Ⅱ-Ⅳ族半导体主要有硫化锌(ZnS)、硒化锌(ZnSe)、碲化锌(ZnTe)、硫化镉(CdS)、硒化镉(CdSe)、碲化镉(CdTe)等。

a. 硫化锌(ZnS)是一种光谱透过范围很宽的半导体多晶材料，从可见光到波长 30μm 的红外线均能以 90%以上的透过率透过，其特点是具有较高的硬度、较强的抗破坏能力、较低的折射率及较小的折射率温度系数。

b. 硒化锌(ZnSe)的光谱透过区从 0.5μm 波长的可见光一直到 17μm 波长的红外线，是高功率 CO_2 激光器窗口的主要材料，其缺点是折射率温度系数较大。

③ Ⅲ-Ⅴ族半导体

Ⅲ-Ⅴ族半导体主要有砷化镓(GaAs)、磷化镓(GaP)、氮化镓(GaN)、砷化铟(InAs)、磷化铟(InP)、锑化铟(InSb)等。

砷化镓(GaAs)的光谱透过范围为 1～15.6μm 的近红外波段，其特点是热导率高、不溶于水、透过率较高(约等于 60%)，是良好的红外窗口材料和红外调制材料。主要用于电视及空调等家用电器的遥控器、自动门的传感器、微机的无线键盘输入、无线近距离信息传输等。

④ Ⅳ-Ⅵ族半导体

Ⅳ-Ⅵ族半导体主要有硫化铅(PbS)、硒化铅(PbSe)和碲化铅(PbTe)。

⑤ 三元化合物半导体

三元化合物半导体主要有碲镉汞(HgCdTe)、镓砷磷(GaAsP)和铟镓砷磷(InGaAsP)等。其中碲镉汞(HgCdTe)半导体晶体是目前最重要的红外探测器材料，探测器可覆盖 1～25μm 光谱范围的红外波段，是目前国外制备光伏列阵器件、焦平面器件的主要材料。

(5) 金刚石

不管是天然Ⅱa 型金刚石还是人造金刚石都是理想的红外透过晶体，是光谱透过波段最长的晶体材料，透过光谱范围可以从紫外波段到远红外波段(0.23～200μm)。其特点是熔点、硬度极高，耐高温、抗氧化性能极好，其缺点是制作困难，价格昂贵，尤其是很难生产出大尺寸的单晶。

金刚石在以下四方面的应用具有无可替代的地位：

① 作为多色谱光学材料，用作多种模式的控制窗口；

② 用作高速飞行器探测系统中的光学元件；

③ 用作大功率 CO_2 激光器的窗口；

④ 用作低介电损耗元件。

2. 按照光学晶体的功能分类

(1) 紫外、红外晶体

紫外、红外晶体是指利用晶体紫外、红外透过特性制造的紫外、红外光学仪器上的分光棱镜和透镜等元件。

常用的紫外、红外晶体有氟化锂(LiF)、萤石(CaF_2)、岩盐(NaCl)、溴化钾(KBr)、水晶(SiO_2)、硅(Si)、锗(Ge)、三硫化二砷(As_2S_3)等，可用作紫外、红外光谱仪上的分光棱镜和透镜。

(2) 偏振晶体

偏振晶体是指利用晶体各向异性产生的双折射特性，产生偏光，而制作的偏振元件(称为偏光镜或偏振片)。常用的偏振晶体有方解石($CaCO_3$)、水晶(SiO_2)、硝石($NaNO_3$)、硫酸钾(K_2SO_4)、电气石($NaMg_3Al_6((OH)_4(BO_3)_3\text{-}Si_6O_{18})$)等晶体，它们的折射率如表1.3.3所示。

表1.3.3 常用偏振晶体的折射率

名 称	分 子 式	常光折射率 n_o	非常光折射率 n_e
方解石	$CaCO_3$	1.6583	1.4864～1.6588
电气石	$NaMg_3Al_6((OH)_4(BO_3)_3\text{-}Si_6O_{18})$	1.640	1.620～1.640
硝石	$NaNO_3$	1.5854	1.3369～1.5854
水晶	SiO_2	1.5442	1.5442～1.5533
硫酸钾	K_2SO_4	1.490	1.493～1.502

方解石具有非常大的双折射性能，是偏光仪器上不可缺少的晶体材料。硝石($NaNO_3$)人工晶体的双折射比方解石大得多，常用于代替方解石制作散射型的人造偏振片。

(3) 复消色差晶体

复消色差晶体是指利用晶体的特殊色散特性制作的高级复消色差物镜。例如氟化锂(LiF)和萤石(CaF_2)单晶体在可见光波段内色散值小，可与水晶(SiO_2)或光学玻璃组合设计成复消色差镜头，在显微镜系统和摄影系统中应用，用于消除球差和二级色差。

(4) 闪烁晶体

闪烁晶体是由放射线激发产生高效发光的晶体，因此又称为荧光晶体。闪烁晶体产生的荧光经光导管送至光电倍增管，将光信号转换为放大的电脉冲，可以用电子仪器记录下来。主要在原子技术中用于计量α、β、γ和中子射线，在医学方面用于X射线层面照相。

闪烁晶体主要有两类，一类是在某些碱金属或碱土金属卤化物的光学晶体中引入杂质激活剂(多数加铊(Tl，读 ta)或铕(Eu，读 you))，主要有 Tl:NaI、Tl:CsI、Tl:LiI、Tl:NaI、Eu:LiI、Eu:BaF_2、Eu:CaF_2 等；另一类是无机盐化合物单晶，主要有钨酸铅 PWO(Nb:$PbWO_4$ 和 Mg:$PbWO_4$)、Ce:Gd_2SiO_5、Ce:YAG、硅酸镥 LSO(Ce:Lu_2SiO_3)等。

(5) 窗口晶体材料

窗口晶体材料是指用于探测仪、红外光学仪器、人造卫星、导弹、宇宙飞船和太阳能电池上的窗口式穹面罩晶体材料。

窗口晶体材料可分为两类，一类只要求具有良好的透过率，用作在室温下使用的仪器的窗口，如氟化锂(LiF)、萤石(CaF_2)、NaCl、KBr、CsI、KRS-5(TlBr-TlI 的混合物)、KRS-6(TlBr-TlCl 的混合物)等碱金属、碱土金属及铊的卤化物单晶；另一类窗口晶体材料除要求具有良好的透过率外，还需要具有一定的耐高温性、耐高压性、高稳定性、优良的热传导性、抗热振性、耐磨损性等物理、化学、机械性能，这种窗口晶体材料称为压力窗口晶体材料，主要有宝石(Al_2O_3)、方镁石(MgO)、水晶(SiO_2)、硅(Si)和锗(Ge)等半导体晶体、氧化物单晶等。

(6) 激光晶体

激光晶体是指在光或电的激励下，能够产生激光的晶体。激光晶体由基质晶体和激活离子(作为发光中心)两部分组成。激光晶体是广泛用作固体激光器的工作物质，因此除了能够提供高亮度、高单色性、高方向性的相干光源外，还要求具有热膨胀系数小、弹性模量大、热导率高、光照稳定性好、化学稳定性高等良好的物理、化学、机械性能。激光晶体制成的激光器广泛应用于测距仪、材料加工和处理、生物医学手术、激光武器、通信、信息刻录和读取等方面。

① 激光晶体的分类

激光晶体的分类方法有很多种，按照输出功率的大小，可分为大、中、小功率的激光晶体三种；按照输出激光波长的特点可分为固定波长激光晶体和可调谐激光晶体；按照激光晶体的结构类型可分为石榴石型、刚玉型、氟磷灰石型、钙钛矿型等；按照激活特征可分为稀土离子激活型、过渡金属离子激活型、放射性离子激活型及半导体激光晶体等。

② 对基质晶体的要求

基质晶体是激光晶体的主要组成部分，激光晶体的性能直接取决于基质晶体的性能，因此基质晶体必须有良好的机械强度和硬度、良好的导热性、稳定的物理化学性能和较小的光弹性。除此之外，对基质晶体还有下列要求：

a. 在输出波长上，基质晶体本身对输出激光的吸收应接近零，即有高度的透明度。基质晶体内部激活离子以外的杂质对输出波长的激光的吸收要小。

b. 应具有高度的光学均匀性及良好的热光稳定性。

c. 能制成大(尺寸)而完美的单晶体。

③ 激活离子的作用

激活离子的作用是在基质晶体中提供亚稳态能级，由光泵作用激发振荡出一定波长的激光。对激活离子的要求总是希望是四能级的，即被光泵激发到高能级上的离子，由感应激发跃迁回低能级发生激光振荡时，不直接降到基态，而是降到中间的能级，这比直接降到基态的三能级工作的激活离子效率高，振荡的阈值也低。输出激光的波长取决于激活离子的种类。

④ 激活离子的种类

激活离子可分为三类：第一类为过渡金属离子，如铬(Cr)、锰(Mn)的离子等；第二类为三价稀土离子，如钕(Nd，读 nü)、镝(Dy，读 di)的离子等；第三类为放射性元素离子如铀(U)离子。

⑤ 基质晶体的种类

基质晶体大体上可分为以下几类：

a. 金属氧化物晶体

金属氧化物晶体主要有红宝石(Al_2O_3)、氧化镁(MgO)、氧化铒(Er_2O_3)、氧化钇(Y_2O_3)等，掺入三价过渡族金属离子或三价稀土离子构成激光晶体。这类晶体的特点是熔点高，应用很广，但制取优质单晶较困难。

b. 氟化物晶体

氟化物晶体主要有氟化钙(CaF_2)、氟化钡(BaF_2)、氟化锶(SrF_2)、氟化镧(LaF_3)、氟化镁(MgF_2)、$LiYF_4$、$LiCaAlF_4$ 等。这类晶体是早期研究的激光晶体材料，常以放射性元素离子作为激活离子。其特点是熔点较低，易于生长成单晶，但是，它们大多数要在低温下才能工作，所以现在较少应用。

c. 复杂氧化物晶体

复杂氧化物晶体是较早研究的激光晶体之一，以三价过渡族金属离子或三价稀土离子为激活离子。主要有钇铝石榴石($Y_3Al_5O_{12}$)、铝酸钇($YAlO_3$)、钆(读 ga)镓石榴石($Gd_3Sc_2Ga_3O_{12}$和$Gd_3Ga_3O_{12}$)、铍酸镧($La_2Be_2O_5$)、钨酸钙($CaWO_4$)、锰酸钙($CaMnO_4$)、铌酸锂($LiNbO_3$)等。

d. 半导体晶体

半导体晶体不需要掺入激活离子就可以激发出激光,半导体激光器(又称为激光二极管)是固体激光器中很重要的一类,也是目前研究和发展最快的一类。其特点是体积小、效率较高、结构简单且坚固、运行简单且速度快、可直接调制、使用方便、价格便宜,主要缺点是单色性差。

半导体激光器的晶胞结构极为简单,它是半导体器件 p-n 结二极管,在电流正向流动时会引起激光震荡,从而产生激光。

半导体晶体输出的激光波长范围可以从近紫外线、可见光(红光、蓝光、绿光)一直到中远红外线,输出功率可以从毫瓦级到百瓦级。因此半导体激光器的开发和应用是最广泛的一类,在许多应用领域中,各种半导体激光器越来越多地取代气体和其他固体激光器,在光通信、光读取和光存储、光信息处理和光计算机、激光打印、数码显示、激光计量、准直与测距、激光雷达、激光制导、激光医疗等方面,广泛应用。

用作激光器的半导体晶体主要有砷化镓($GaAs$)、锑(读 ti)化镓($GaSb$)、硒化铅($PbSe$)、碲(读 di)化铅($PbTe$)、砷化铟($InAs$)、磷化铟(InP)、锑化铟($InSb$)等。

e. 自激活激光晶体

还有一类激光晶体,激活离子是晶体的一个组分,称为自激活激光晶体。这类激光晶体的特点是效率高、尺寸小。如 NdP_5O_{14} 晶体中含有高浓度的激活离子 Nd^{3+}。

⑥ 常用激光晶体

目前用得最广泛的激光晶体是掺钕钇铝石榴石($Y_3Al_5O_{12}$:Nd^{3+})(简写为 YAG:Nd^{3+})(注:冒号前面的分子式($Y_3Al_5O_{12}$)代表基质晶体,冒号后面的带价元素符号(Nd^{3+})代表激活离子及其价数),红宝石(Al_2O_3:Cr^{3+})作为大功率激光器的工作物质应用也很普遍。表 1.3.4 列出几种激光晶体与激光钕玻璃的性能对比。

表 1.3.4　常用激光晶体与激光钕玻璃的性能对比

工 作 物 质	常用的激光波长	相对阈值	器件效率	导热性	稳定性	荧光寿命
红宝石晶体	0.6943μm	高	0.3%	好	较好	长
钇铝石榴石晶体	1.065μm	很低	1%	较好	次之	短
激光钕玻璃	1.065μm	低	1%	不好	次之	较短

a. 红宝石激光晶体(Al_2O_3:Cr^{3+})

红宝石是世界上第一台固体激光器的工作物质,它是以蓝宝石(Al_2O_3)单晶为基质晶体,掺入激活离子 Cr^{3+} 得到的激光晶体。

红宝石激光晶体具有以下优点:

- 物理、化学、机械性能很好,硬度和抗破坏能力高,热稳定性、化学稳定性和导热性高等;
- 对泵浦光的吸收特性好,在室温下可获得 0.6943μm 的激光振荡。此激光波长属于可见光中红光波长,不但为人眼可见,而且非常适合为各种光敏元件作探测和定量。

因此，在激光全息照相、激光雷达和测距、激光基础研究以及美化生活方面得到越来越广泛的应用。

红宝石激光晶体的缺点是产生激光的阈值较高，用作脉冲激光器件比钕玻璃差，用作连续光泵器件比掺钕钇铝石榴石（$Y_3Al_5O_{12}:Nd^{3+}$）差。

b. 掺钕钇铝石榴石（$Y_3Al_5O_{12}:Nd^{3+}$（$YAG:Nd^{3+}$））

掺钕钇铝石榴石是目前应用最广的一种固体激光材料。与红宝石一样，具有良好的光学、物理、化学、机械性能，在室温下可以实现连续和脉冲等多种方式运转。但是，由于掺钕钇铝石榴石的荧光寿命较低、荧光谱线较窄、激光储能较低（与红宝石相比），以脉冲方式运转时的输出能力和峰值功率均较低，一般不作单次脉冲运转。而由于掺钕钇铝石榴石的阈值很低，导热系数很大，因此其最好的工作方式是连续运转，其重复频率达到每秒几千次，每次的输出功率已达千瓦级。

掺钕钇铝石榴石的输出波长有多个，最强也是最常用的波长是 1.065μm。

目前，掺钕钇铝石榴石已经完全取代红宝石应用于军用激光测距仪和制导激光照明器。

c. 掺镱（读 yi）钇铝石榴石（$Y_3Al_5O_{12}:Yb^{3+}$（$YAG:Yb^{3+}$））

掺镱钇铝石榴石的主要特点是 Yb^{3+} 激活离子的能级结构简单，量子效率高（约 90%），荧光寿命长（约为 Nd^{3+} 激活离子的 3 倍），能有效存储能量，很适合作高功率激光晶体的激活离子。

目前，国外已有很多机构实现了千瓦量级的全固态掺镱钇铝石榴石晶体激光器，并展现出向更高功率发展的势头。

d. 金绿宝石（$Be_3Al_2O_4:Cr^{3+}$ 或 $Be_3Al_2O_4:Ti^{3+}$）

金绿宝石是掺铬（Cr^{3+}）或掺钛（Ti^{3+}）铝酸铍晶体，其输出激光波长在 710～820nm 范围内连续可调，是最早成为商品的固体可调谐激光晶体。

e. 掺铬镁橄榄石（$Mg_3SiO_4:Cr^{3+}$）

掺铬镁橄榄石也是固体可调谐激光晶体，其可调激光波长范围（1167～1345nm）处于光导纤维具有最小散射的波段，因此在光通信方面有十分重要的应用。

f. 掺钕氟化钇铝（$YLiF_4:Nd^{3+}$）和掺钕氟化钇钆（$GdLiF_4:Nd^{3+}$）

掺钕氟化钇铝和掺钕氟化钇钆属于掺钕氟化物晶体，其折射率温度系数很小甚至为负值，升温造成的折射率减小可以部分抵消热膨胀引起的光程增大，因此热效应很小，在高光束质量的中小功率激光器应用中具有很强的竞争力。

在掺钕氟化物晶体中掺钕氟化钇铝的性能最好，它可以输出两种激光波长，分别为 1.047μm 和 1.053μm，其中 1.047μm 波长可以产生线偏振光。掺钕氟化钇铝的优点是荧光谱线宽、荧光寿命长、热效应小、阈值极低、综合效率非常高、比掺钕钇铝石榴石（$Y_3Al_5O_{12}:Nd^{3+}$）（$YAG:Nd^{3+}$）更适合于连续运行，因此在单模、高稳定状态工作和超快脉冲系统中应用前景广阔。掺钕氟化钇铝的缺点是随着浓度的增加，晶体容易开裂，且存在亚晶界缺陷，为此发展了掺钕氟化钇钆晶体。

掺钕氟化钇钆晶体的光谱和激光性能与掺钕氟化钇铝非常相似，克服了掺钕氟化钇铝易开裂的缺点，而且生长容易。

(7) 非线性光学晶体

非线性光学晶体是指在强光作用下能产生非线性光学效应的晶体。广泛应用的非线性

光学晶体有 $NH_4H_2PO_4$（ADP）、KH_2PO_4（KDP）、CsH_2AsO_4（CDA）、$KNbO_3$（KN）、$Ba_2NaNb_5O_{15}$（BNN）、BaB_2O_4（BBO）、LiB_3O_5（LBO）、$Ba(NO_3)_2$、GaAs、InSb、InAs、ZnS 等。

(8) 光折变晶体

光折变晶体是指在外来光作用下折射率产生变化的晶体。主要有 $LiNbO_3$（LN）、$KNbO_3$（KN）、$Ba_2NaNb_5O_{15}$（BNN）、$Bi_{12}SiO_{120}$（BSO）、$Bi_{12}GaO_{20}$（BGO）、$Bi_{12}TiO_{20}$、GaAs、InP、CdSe、CdTe、CdS 等。

1.4 光学塑料

光学材料可分为无机光学材料（光学玻璃和光学晶体）和有机光学材料（光学塑料）两大类。

无机光学材料具有高强度、高硬度、高刚性等优良的机械性能，以及较高的折射率、较大的阿贝常数、良好的透明性等优良的光学性能，而且性能稳定，因此得到最广泛的应用。其缺点是加工成形较为困难，价格较高。

塑料是一种无定型有机高分子聚合物，光学塑料是指可以用来代替光学玻璃的塑料。光学塑料由于具有质轻、抗冲击、可染色、价廉、易于成型、不易破碎和生产效率高以及光学性能优异等诸多优点，近年来已经在中、低档的光学仪器中逐步取代光学玻璃，如在光盘、眼镜片、照相机和摄像机镜头、精密透镜、非球面透镜等材料上得到广泛的应用。

光学塑料的主要缺点是表面硬度低、耐磨性差、吸水率大、耐热性差、热膨胀系数大、折射率变化范围小、折射率的温度系数大等，因此限制了它的应用。但是，通过对光学塑料进行改性、从分子合成阶段进行设计加工以及无机/有机复合等措施，已经研制出许多性能更加优异的光学材料以满足人们对光学材料高性能和高精密化的要求。

1.4.1 光学塑料的特点及发展趋势

就目前常用的光学塑料来讲，其综合物理、化学、机械性能及光学性能还与光学玻璃存在差距。表 1.4.1 列出了光学塑料和光学玻璃的性能对比。

表 1.4.1 光学塑料和光学玻璃的性能对比

性能	光学塑料	光学玻璃	性能	光学塑料	光学玻璃
密度/(g/cm^3)	0.83～1.46	2.27～6.26	折射率 n_d	1.47～1.60	1.44～1.94
弹性模量/MPa	$(2\sim4)\times10^3$	$(5\sim9)\times10^4$	色散系数 ν_d	30～50	20～91
最高使用温度/℃	≤150	≤600	折射率温度系数/$℃^{-1}$	$(-1\sim-2)\times10^{-4}$	$(2\sim4)\times10^{-6}$
线膨胀系数/$℃^{-1}$	$(7\sim10)\times10^{-5}$	$(5\sim10)\times10^{-6}$	折射率均匀性	$\leqslant\pm5\times10^{-4}$	$\leqslant\pm1\times10^{-5}$
热导率/(W/m·K)	0.14～0.23	0.5～1.5	双折射系数	$\leqslant1\times10^{-2}$	$\leqslant3\times10^{-3}$

1. 光学塑料的优点

(1) 密度小,重量轻

光学塑料的密度在 0.83～1.46g/cm^3 之间,而光学玻璃的密度在 2.27～6.26g/cm^3 之间。可见光学塑料的密度仅为光学玻璃的 1/2～1/3。密度小有利于减轻光学元件的重量,从而可以减轻整个仪器的重量,这尤其对复杂光学系统更加重要。

(2) 耐冲击

光学塑料的耐冲击强度高,可达 25kJ/m,比光学玻璃大 10 倍,经得起撞击和跌落,不易破碎。

(3) 抗温度骤变能力强

光学塑料尽管耐热性比光学玻璃差,但抗温度骤变能力比光学玻璃强得多。在温度低于光学塑料的软化温度时,不管温度如何急剧变化,光学性能也不会有多大改变。

(4) 透光性好

在可见光波段,光学塑料的透过率约为 92%,与光学玻璃相近;而在紫外和红外区,光学塑料的透过率则高于光学玻璃。

(5) 工艺性好,成本低

① 光学塑料的原料丰富,且价格便宜。

② 光学塑料的成型性能非常好,如可以采用挤出成型、注射成型(注塑)、铸造成型、压缩模塑、热成型和放射线成型等热成型方法,制成各种复杂形状的光学零件,多数情况下无须研磨、抛光就可以直接在光学系统上使用,而且可以成批大量生产。因此光学塑料零件的一致性很好。

③ 对于光学玻璃或光学晶体零件来说,很难研磨合抛光出球面和平面以外的形状。对这些光学玻璃和光学晶体不能制造或难以制造的光学器件,采用光学塑料可以很经济、方便地制造像菲涅耳透镜、非球面透镜等形状复杂的零件。

④ 光学塑料能把透镜、垫圈和镜框制成一个整体部件,从而使光学系统的成本大大降低。

⑤ 光学玻璃和光学晶体只能用磨削、研磨合抛光加工,不能进行车削和铣削加工。而光学塑料可以直接进行车削、铣削加工。

⑥ 光学塑料用挤出成型、注射成型(注塑)、铸造成型、压缩模塑、热成型和放射线成型等热成型方法成型时,可以同时加工出光学表面和安装基准面。因此,可以减少装配工作量,提高装配重复精度,降低光学系统的成本。

因此,光学塑料的工艺性好,成本低。一般来说,单个光学塑料零件的成本只有光学玻璃零件的 1/10～1/30。

2. 光学塑料的缺点

(1) 硬度低,易划伤

光学塑料的硬度远远低于光学玻璃和光学晶体,因此耐磨性差,易划伤。

(2) 导热性差

光学塑料的导热性差,其热导率为 0.14～0.23W/m·K,约为光学玻璃热导率(0.5～

1.5 W/m·K)的1/5。

(3) 耐高温性能差

光学塑料的耐热性极差,使用温度一般不能超过150℃。易变形,加热时会变色和分解。

(4) 热膨胀系数大

光学塑料的热膨胀系数大,约为光学玻璃的10～100倍。在设计光学系统时,胶合光学塑料元件必须选择两种膨胀系数相同的元件胶合在一起,否则在温度变化时就会脱胶,或者引起很大应力,产生应力双折射,甚至使元件炸裂。

(5) 抗有机溶剂腐蚀能力差

光学塑料在受到有机溶剂侵蚀时,容易产生溶剂裂纹,因此光学塑料抗有机溶剂腐蚀能力差。

(6) 易产生静电

光学塑料在脱模及进行各种加工处理时,往往会带上静电,从而吸附许多灰尘。解决方法是在制作光学塑料元件过程中镀上抗静电膜,或者用电离气体将静电中和。

(7) 光学常数范围较窄

光学塑料的品种较少,折射率在1.47～1.60之间,色散系数在30～50之间,均比光学玻璃范围窄,因此难以满足光学设计的要求。

(8) 折射率温度系数大

光学塑料的折射率温度系数为$-1\times10^{-4}\sim2\times10^{-4}$℃$^{-1}$,是光学玻璃的100倍,这对于光学系统来说是特别不利的。

(9) 折射率均匀性较差

光学塑料的折射率均匀性也不如光学玻璃。

(10) 容易产生应力双折射

用热成型方法生产的光学塑料元件以及后续机械加工过程都会产生残余应力,可能会使光学塑料零件产生不同程度的应力双折射。因此使用中需要特种退火处理,以消除应力双折射。

3. 光学塑料的发展趋势

由于光学塑料存在以上所述的诸多缺点,因此增加光学塑料的品种,制造高性能的光学塑料,是目前光学塑料研究的主要方向。归纳起来,有以下发展趋势。

(1) 高折射率光学塑料;

(2) 特低折射率光学塑料;

(3) 耐热光学塑料;

(4) 防辐射光学塑料;

(5) 高表面硬度光学塑料;

(6) 低双折射光学塑料。

1.4.2 传统光学塑料

塑料作为一种光学材料在光学工业中应用尚不广泛,主要用于制备一些批量较大的光学仪器、各种光学基板和眼镜。现有的光学塑料有上百种，而且还在不断研制新的品种。

1. 光学塑料的分类

光学塑料按照其性质可分为热塑性光学塑料和热固性光学塑料两类。

(1) 热塑型光学塑料

这类塑料主要有链状的线型结构，受热软化，可以反复塑制。

较普遍用作光介质材料的热塑性光学塑料有聚甲基丙烯酸甲酯(PMMA，即有机玻璃)、聚碳酸酯(PC)、聚苯乙烯(PS)、苯乙烯-丙烯腈共聚物(SAN)、苯乙烯和丙烯酸酯共聚物(NAS)、聚4-甲基戊烯-1(TPX)等，是大量使用的光学塑料。

(2) 热固型光学塑料

这类塑料热成型后具有网状的体型结构，受热不软化，不能反复塑制。

较普遍用作光介质材料的热固性光学塑料有聚双烯丙基二甘醇二碳酸酯(ADC，CR-39)等，品种较少。

2. 常用传统光学塑料

表1.4.2列出了常用传统光学塑料的性能。目前应用最广泛的是聚甲基丙烯酸甲酯(PMMA，即有机玻璃)、聚苯乙烯(PS)及聚双烯丙基二甘醇二碳酸酯(ADC，CR-39)。

表1.4.2 常用传统光学塑料的性能

性 能	PMMA	PS	NAS	SAN	PC	TPX	CR-39
折射率 n_d	1.492	1.592	1.562	1.569	1.584	1.467	1.504
色散系数 ν_d	57.2	30.9	34.9	35.3	29.9	56.2	57.8
光透过率/%	92	90	90	90	89	90	91
折射率温度系数/(10^{-4}℃$^{-1}$)	−1.25	−1.20	−1.40	−1.40	−1.40	—	−1.40
饱和吸水率/%	2.0	0.2	1.0	0.8	0.4	0.1	1.0
密度/(g/cm^3)	1.19	1.06	1.09	1.07	1.20	0.87	1.32
线膨胀系数/(10^{-5}℃$^{-1}$)	6.7	8.0	6.8	6.7	7.0	8.0	8.0
最高使用温度/℃	100	90	103	94	135	90	150
热导率/(W/m·K)	0.21	0.12	0.19	0.12	0.19	0.17	—

(1) 聚甲基丙烯酸甲酯(PMMA，即有机玻璃)

PMMA是一种最重要、用途最广泛的热塑性光学塑料，目前使用的光学塑料零件中有90%是用它制造的。PMMA之所以用途如此广泛，是由于它具有以下优良的性能：

① 光学性能优良

a. PMMA具有良好的透光性。对可见光的透过率高达92%；能透过大于270nm波长的紫外线，透过率可达73%。

b. PMMA的折射率 $n_d=1.492$，色散系数 $\nu_d=57.2$，与冕牌玻璃相近，故称为王冕塑料。

c. PMMA具有优良的耐气候性和耐紫外线性，在热带气候下曝晒多年，其透光性和色泽变化很小。

② 其他优良性能

a. PMMA 可以大批生产，工艺简单，易于热成型和机械加工，成本低廉。

b. PMMA 的耐稀无机酸、油脂和弱碱性好。

c. PMMA 的使用范围为−56～100℃，硬度较大，冲击强度较高，物理机械性能均衡。

d. PMMA 虽然热膨胀系数大，但从高温冷却时的还原能力比光学玻璃好，即零件可以恢复到原有尺寸，而对光学零件的光学性能影响不大。

但是，PMMA 的耐热性差（最高使用温度为 100℃），热膨胀系数大（6.7×10^{-5}℃$^{-1}$），折射率温度系数大（-1.25×10^{-4}℃$^{-1}$），热导率小（0.21W/m・K），吸水性大（饱和吸水率为 2.0%），耐强碱和有机溶剂（如醇、酮、芳烃等）能力差，耐磨性差等，限制了它的应用范围。

PMMA 作为最常用的光学塑料，常用于制作照相机、摄像机、非球面透镜和反射镜、菲涅耳透镜、微小透镜阵列、隐形眼镜、人工晶体、光纤、光盘基板等零件。

(2) 聚苯乙烯(PS)

PS 是一种透明热塑性塑料，光透过率为 90%，比 PMMA 稍差。折射率高（$n_d=1.592$），色散系数小（$\nu_d=30.9$），与火石玻璃相近，故称为火石塑料。因此，可以和 PMMA 组合成消色差透镜，效果较好。

PS 的一个突出特点是耐辐射性能好，是最耐辐射的光学塑料之一，可以耐高剂量的辐射。此外，PS 还具有吸水性小（饱和吸水率为 0.2%，仅为 PMMA 的 1/10）、无毒无味、不产生霉菌、镜片尺寸稳定性好、易着色、成型性和加工性好、价格便宜、能耐某些矿物油、有机酸碱盐、低级醇及其水溶液等优点。

PS 的缺点是硬度低、耐磨性差、脆性大、容易产生裂纹、耐热性差（最高使用温度为 90℃）、热膨胀系数大（8.0×10^{-5}℃$^{-1}$）、双折射较大、折射率温度系数大（-1.20×10^{-4}℃$^{-1}$）、热导率小（0.12W/m・K）、耐有机溶剂（如大多酮类、高级脂肪酸、芳烃等）能力差、受光照和长期存放容易变浊发黄等，应用范围受到限制。

PS 主要用于制造眼镜片及照相机物镜等。

通常应用的 PS 产品是改性后的共聚物，如 NAS 和 SAN 等。改性后的 PS 具有较好的性能。

(3) 苯乙烯和丙烯酸酯共聚物(NAS)

NAS 是 70%苯乙烯和 30%丙烯酸酯的共聚物。其特点是双折射小、韧性好、冲击强度高，是一种很有发展前途的光学塑料。NAS 的缺点是容易变黄。

(4) 苯乙烯和丙烯腈共聚物(SAN)

SAN 保留了聚苯乙烯(PS)的光学特性，其突出特点是机械性能比聚苯乙烯有很大提高，如冲击强度、抗弯强度、拉伸弹性模量在光学塑料中都属于较高的，而且较 PS 在使用温度、耐化学腐蚀、耐气候性和耐应力开裂等性能上都有所改善。其缺点是与 PS 一样容易变黄。目前主要用作反射型元件及窗口。

(5) 聚碳酸酯(PC)

PC 是一种综合性能优良的热塑性塑料。它具有良好的耐热（可在 135℃下长期使用）和耐寒性能，并在较宽的温度范围内（−137～120℃）保持较高的机械强度。此外，PC 还具有冲击强度高、尺寸稳定性好、吸水性低、透光性良好等特点。PC 与 PS 的光学常数相近，可以与 PMMA 组合成消色差透镜。PC 的缺点是表面硬度低(易产生划痕，而且材料较软不易机械加工和抛光)、耐磨性差、耐紫外线和射线辐射能力差(会变黄)、热成型较困难、价格较高等。

PC 适合于制作在高冲击载荷、温差大条件下工作的精密光学零件。此外，PC 还用于制作计算机软盘、光盘、唱片及光纤等，尤其是激光唱片和 DVD 光盘。

(6) 聚 4-甲基戊烯-1(TPX)

TPX 是一种热塑性塑料，是光学塑料中唯一的一种结晶型聚合物。其特点是可见光和红外线透光性好、重量轻(密度仅为 $0.87g/cm^3$)、吸水率极低(饱和吸水率只有 0.1%)、耐化学腐蚀能力强等，缺点是热成型收缩率高(达 15%～30%)，因此不适合制作高精度透镜。目前主要用于制作红外光学系统中的零件。

(7) 聚双烯丙基二甘醇二碳酸酯(ADC，CR-39)

CR-39 是目前唯一使用的热固性光学塑料。其最突出的优点是具有很高的硬度(表面硬度是 PMMA 的 40 倍，是现有光学塑料中最高的)和很好的耐磨性，从而解决了光学塑料的实用性问题。另外，它还具有较好的耐冲击强度、优良的透光性(91%)、很强的化学稳定性和良好的耐高温性能(可以在 100℃温度下连续工作，短期使用温度可达 150℃)、良好的抗辐射和防紫外线性能、容易染色等特点，因此 CR-39 是目前发展最快的光学塑料。它的最大缺点是热成型收缩率大(可达 14%)、投资大、价格昂贵，因此不适合透镜的精密成型。目前 CR-39 被广泛用于制造塑料眼镜片。

1.4.3 新型光学塑料

由于传统光学塑料的性能远远不能满足人们对光学元件高性能、高精密度的要求，因此，近年来陆续开发出了一些新型光学塑料。

1. OZ-1000 光学塑料

OZ-1000 光学塑料是具有特殊脂环基的丙烯酸树脂塑料，由日本日立化成公司研制生产。其透光性可与 PMMA 相媲美，而且在吸水性(只有 PMMA 的 1/10)、色散性、双折射性、耐热性等性能方面均优于 PMMA。适合于高精密透镜的精密成型，已经在激光读出装置和照相机镜头上应用。

2. KT-153 光学塑料

KT-153 光学塑料是一种螺烷树脂塑料，由日本东海光学公司研制生产。其特点是透光性好、无双折射、着色性好、刚而韧、薄而轻等。

3. ARTON 光学塑料

ARTON 光学塑料是一种聚烯烃类塑料，由日本合成橡胶公司研制生产。ARTON 光学塑料具有非常好的耐热、机械、物理、光学性能，其密度极小，是目前热塑性塑料中最小的。适合于制作非球面透镜。

4. MR 系光学塑料

MR 系光学塑料是带有芳环的硫代氨基甲酸树脂塑料，由日本三井化学公司研制生产。其突出优点是折射率高，如 MR-7 的折射率高达 1.660。

5. APO 光学塑料

APO 光学塑料是由乙烯和环状烯烃共聚而成，是由日本三井石油公司研制生产的一种光盘基板材料。其特点是透光性非常好(透光率为 93%，大于 PMMA)、双折射小、吸水率很低(小于 0.1%)、使用温度高(可达 150℃)、热成型收缩率小(仅为 0.5%)、耐溶剂腐蚀能力强等，而且它的物理机械性能与 PC 相当。因此，APO 是一种非常理想的塑料基板材料。

6. TS26 光学塑料

TS26 光学塑料是由苯乙烯、甲基丙烯酸乙酯和三溴苯乙烯共聚而成，是一种高折射率光学塑料。它具有高折射率(n_d=1.592)、无双折射、强而韧、表面耐磨、薄而轻等特点。适合于制作高度近视患者佩戴的超薄、超轻近视眼镜片，如与同样度数的 CR-39 镜片相比，厚度可减少 15%，重量可减轻 10%。

此外，还有 COC 光学塑料、MH 光学塑料、E818 光学塑料、COP 光学塑料、EYAS 光学塑料等，而且新品种正在不断出现。

1.4.4 光学塑料的应用

光学塑料尽管在许多性能上不如光学玻璃，但它具有质轻、耐破损、价格便宜、易于加工成型等优点，因此近年来得到了广泛的应用。

光学塑料的应用可以分为两个方面：一是光学塑料的一般应用，即作为光学玻璃或光学晶体也可以胜任的，但光学塑料有其自身优势的光学元件；二是光学塑料的特殊应用，即作为光学玻璃或光学晶体难以胜任或不能胜任的，只有光学塑料才能制造的光学元件。

1. 光学塑料的一般应用

由于光学塑料具有诸多优良的特性，因此光学塑料已可以在许多应用领域替代光学玻璃或光学晶体，归纳如下：

(1) 在光学仪器中的应用

在光学仪器中应用的光学塑料材料主要有 PMMA、PC、CR-39、OZ-1000 等，应用于望远镜、瞄准望远镜、测距仪、航空照相机、放大镜、幻灯仪、示波器、地震仪、照相机、摄像机等光学仪器上，制作具有反射、透射、折射、聚焦、散射等性能的光学元件，如透镜、反射镜、棱镜、窗口、偏振片、滤光片等。

(2) 用作镜片材料

光学塑料由于其重量轻、安全性高(光学塑料耐冲击，不易破碎，而且即使破碎也不会像玻璃镜片那样容易产生碎片飞散而损伤眼睛)的特点，使得它逐渐代替光学玻璃和光学晶体，成为镜片材料的主要来源，目前光学塑料在镜片上的普及率已达 70%～90%，且正在逐年增长。

眼镜片可分为视力矫正镜片和保护性镜片两类。

视力矫正镜片包括近视镜片、远视镜片、老花镜片、弱视镜片、双焦点镜片、渐变光镜片、散光镜片、治疗镜片等，其中用量最大的是近视镜片和老花镜片。视力矫正镜片主要采用PMMA、PC、CR-39等光学塑料，且以CR-39为主。

保护性镜片包括劳保镜片、风镜、太阳镜等，主要采用PC和CR-39光学塑料。

(3) 用作光盘材料

最早使用的光盘材料是光学玻璃，其优点是吸水性小、尺寸稳定、不易变形、误码率低、信噪比高，其缺点是传热速度快、成型困难、重量大、易碎。光学塑料由于具有密度小、不碎、易于加工成型、成本低等特点，已逐步取代光学玻璃成为制作光盘的理想材料。目前用于制作光盘的光学塑料主要有PMMA、PC、TPX、APO及环氧树脂等。

(4) 在交通运输上的应用

在交通运输上，光学塑料主要用作机动车反光镜、交通安全标志、信号灯、灯具、风挡玻璃等，主要材料为PMMA和PC。

(5) 用作塑料光纤

与石英光纤相比，塑料光纤的优点是数值孔径大、耦合效率高、传输功率大、价格便宜、加工简便等；缺点是损耗大、耐热性差，不适合远距离传输。目前用作光纤材料的光学塑料主要有PMMA、PC、PS及有机聚硅氧烷等。

(6) 用作梯度折射率光学塑料

梯度折射率光学材料是一种用于微型光学系统和光纤通信中的新型光学材料。与光学玻璃和光学晶体等无机梯度折射率材料相比，梯度折射率光学塑料具有工艺简单、质轻、柔性好、成本低、梯度深度和梯度差较大等优点，因此受到广泛关注。其缺点是红外、紫外透过率和化学稳定性较差、硬度低、耐热性差等。梯度折射率光学塑料的制造方法是将两种折射率不同的单体，相互扩散并同时进行共聚反应，形成梯度折射率光学塑料。目前，梯度折射率光学塑料主要用于制作通信光纤的连接和转换器件、光波导元件、医用内窥镜、复印机镜头的棒透镜阵列等。

2. 光学塑料的特殊应用

(1) 制作非球面透镜

在光学系统中采用非球面透镜有改善像质、简化系统、减小系统的外形尺寸、减小重量等优点。如果用光学玻璃加工非球面透镜，一般非常困难。而采用注塑成型技术可以生产出高精度的塑料非球面透镜，不仅成本低、重量轻，而且还简化了系统的结构，提高了成像质量。

(2) 制作菲涅耳透镜

菲涅耳透镜是一种形状非常复杂的光学元件，如果用光学玻璃制作，不仅成本高，研磨合抛光强度大，而且生产的菲涅耳透镜质量较差。采用精密模压注射技术成型的菲涅耳透镜的出现，极大地推动了菲涅耳透镜的应用。光学塑料菲涅耳透镜最突出的优点是质轻、光程小、可节约材料和空间，它主要用于投影灯、探照灯和信号灯上，射出平行光，用于看书、看报的菲涅耳放大镜只有传统的光学玻璃放大镜厚度的1/50、重量的1/40。

(3) 制作复杂的塑料复制光学元件

利用塑料的可铸性,可以生产出各种各样复杂的塑料复制光学元件,尤其是采用塑料复制光栅技术制作的光学塑料光栅的出现,使得光栅得到了极为广泛的应用。例如,分光光度计用的塑料光栅已经全部替代了原来使用的狭缝分光。塑料复制光学元件还用于制作光学分析仪中复杂的光学元件以及在飞行模拟装置、大型画面的电影投视系统、太阳能捕集器、激光系统、卫星通信等装置中大型质轻的光学塑料复制反射镜。

(4) 制作与人体接触透镜

接触透镜与眼镜片不同,它直接与人体接触,是一种装在眼睑内,贴在眼球膜上的微型透明镜片。它包括用于视力矫正和白内障手术后使用的软性隐形眼镜、有色透镜、二重焦点透镜、人工水晶眼球、假眼球等。

要求接触透镜所用材料必须对人体无毒无害、无过敏性、可透氧,而且在人眼中长期使用不变质、高透光。对于软性隐形眼镜、软性有色透镜等,还要求有良好的吸水性、吸水后变软但不改变曲率、透水透氧等。

自从PMMA工业化以来,光学塑料就完全取代光学玻璃制作接触透镜。光学塑料接触透镜可分为硬接触透镜和软接触透镜。硬接触透镜采用PMMA制造,软接触透镜采用乙烯基吡咯(读bige)烷酮等单体与聚甲基丙烯酸羟乙酯共聚而成的吸水性交联树脂制造,吸水率可高达30%～80%,而且透光性仍旧很理想。

1.5 光学薄膜

1.5.1 概述

1. 光学薄膜的概念及其重要性

光学薄膜是指应用物理气相沉积(PVD)、化学气相沉积(CVD)和溶液成膜法等镀膜技术,在光学零件表面形成的一层或多层很薄的光学透明介质(或金属)膜层。

可以说,没有光学薄膜,大部分现代光学系统便无法发挥其效能,甚至失去作用。无论在增加或减少反射率、吸收率与透射率方面,还是在光束的分开或合并方面、在彩色的分离、合成和还原方面、在调制光束的偏振和位相状态方面以及在使某光谱带通过或阻滞方面等,光学薄膜均起着至关重要的作用。此外,光学薄膜在光波导器件上更是起着不可缺少的作用。

例如,当一束白光由空气垂直入射到折射率$n=1.52$的冕牌光学玻璃透镜表面上时,其表面反射率约等于4.2%;当光束垂直通过由3片这种透镜组成的复合透镜时,其光能损失会很大(大于20%)。一些复杂的光学系统通常要有十几片甚至几十片光学透镜组成,那么由各个透镜表面反射引起的光能损失将会十分严重,不仅使得成像的亮度降低,而且表面反射光经过多次反射或漫射,有一部分成为杂散光,最后也达到像平面,影响系统的成像质量,甚至造成系统无法工作。因此,必须采取有效的方法减少或消除反射光,最有效甚至唯一的有效措施是在光学透镜表面镀光学薄膜(增透膜)。

2. 光学薄膜的发展史

薄膜的光学现象早在17世纪就为人们所注意。1813年夫琅和裴制成了世界上第一批单层减反膜。1873年麦克斯韦的《论电与磁》问世，将光的电磁理论与波动理论相结合，并导出了两介质界面上入射光与反射光、透射光之间的振幅、能量和位相关系，从此分析薄膜光学问题所需的全部基本理论始告完成。

20世纪30年代中期，由于电子工业的需要促进了真空技术的发展，真空蒸发设备日趋完善，为各种薄膜的制造提供了条件。在1937～1947年间，减反射和增反射膜以及干涉单色滤光片等多层膜理论相继完成。

20世纪50年代以来，在光学技术、彩色摄影、彩色电视、激光和空间技术发展的推动下，光学薄膜技术得到飞速发展。目前，光学薄膜的生产已逐步走向系列化、程序化和专业化。

3. 光学薄膜的分类

光学薄膜是现代应用光学技术中一类重要的光学组件，在现代光学仪器上使用的光学元器件几乎都镀有光学薄膜。

最简单的光学薄膜模型是表面光滑、各向同性、均匀的平行面固体薄膜。这种模型便于理论处理。实际薄膜都多少偏离理想模型，它们一般是由几层、几十层组成，以达到更高的使用要求。

(1) 按功能分类

光学薄膜按照其功能可分为增透膜(减反射膜)、增反膜、干涉滤光膜、分光膜、保护膜以及特殊膜(如太阳能薄膜、真空紫外反射膜)等。

(2) 按薄膜的材料分类

① 金属膜

金属膜用作增反膜，主要有铝(Al)、银(Ag)、金(Au)、铜(Cu)、铑(Rh)、铬(Cr)、锗(Ge)、铂(Pt)等。

② 电介质膜

电介质膜应用最广，在所有功能的光学薄膜中都有使用。表1.5.1列出了常用几种电介质膜材料的特性。

表1.5.1 常用几种电介质膜材料的特性

材料名称	分子式	折射率	透明区/μm	硬度
冰晶石	Na_3AlF_6	1.35(550nm)	0.2～14	软
氟化镁	MgF_2	1.38(550nm)	0.11～6	极硬
氟化钍	ThF_6	1.50(550nm)	0.2～15	中
氟化锂	LiF	1.36(550nm)	0.11～7	软
硫化锌	ZnS	2.35(550nm)	0.4～14	中
三氧化二铝	Al_2O_3	1.54(550nm)	0.2～8	极硬
二氧化铈	CeO_2	2.20(550nm)	0.4～12	极硬
二氧化硅	SiO_2	1.45(550nm)	0.2～9	极硬

续表

材料名称	分子式	折射率	透明区/μm	硬度
一氧化硅	SiO	1.65(550nm)	0.4～9	极硬
二氧化锆	ZrO_2	1.97(550nm)	0.3～12	极硬
二氧化钛	TiO_2	1.90(550nm)	0.4～10	极硬
三氧化二镧	La_2O_3	1.88(550nm)	0.3～2	极硬
三氧化二铬	Cr_2O_3	2.10(630nm)	—	硬
五氧化二钽	Ta_2O_5	2.16(550nm)	0.35～10	硬

③ 有机薄膜

有机薄膜主要用作集成光学和光学元件的保护膜。主要品种有氟塑料(如聚四氟乙烯、聚氯三氟乙烯、聚全氟乙烯等)、有机玻璃(PMMA)、二甲基二乙氧基硅烷、甲基乙基二乙氧基硅烷等。

1.5.2 光学薄膜分析

1. 单层光学薄膜分析

当光线从折射率为 n_0 的大气,经界面垂直入射到折射率为 n_G 的光学零件表面时,根据菲涅耳公式可得界面反射率 ρ_0 的计算公式为

$$\rho_0=\left(\frac{n_0-n_G}{n_0+n_G}\right)^2 \tag{1.5.1}$$

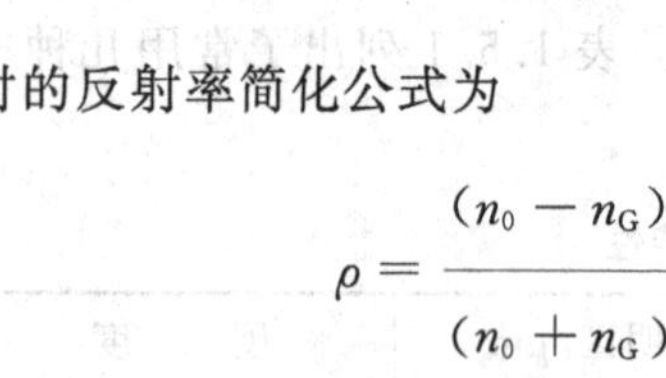

图 1.5.1 单层光学薄膜的反射

如图 1.5.1 所示,如果在折射率为 n_G 的光学零件表面镀上一层厚度为 δ、折射率为 n 的光学薄膜。当有一束波长为 λ 的单色光 I_0 从折射率为 n_0 的大气垂直入射到光学薄膜表面上时,会在空气与光学薄膜界面产生反射(即第一束反射光 I_1)和折射,折射光到达光学薄膜与光学零件界面又会产生反射和折射,形成第二束反射光 I_2。经过简化和推导,可以得到波长为 λ 的单色光垂直入射到光学薄膜表面时的反射率简化公式为

$$\rho=\frac{(n_0-n_G)^2\cos^2\left(\frac{\pi}{2}\cdot\frac{n\delta}{\lambda}\right)+\left(\frac{n_0n_G}{n}-n\right)^2\sin^2\left(\frac{\pi}{2}\cdot\frac{n\delta}{\lambda}\right)}{(n_0+n_G)^2\cos^2\left(\frac{\pi}{2}\cdot\frac{n\delta}{\lambda}\right)+\left(\frac{n_0n_G}{n}+n\right)^2\sin^2\left(\frac{\pi}{2}\cdot\frac{n\delta}{\lambda}\right)} \tag{1.5.2}$$

由式(1.5.2)可以得出以下结论:

(1) 光学薄膜折射率 n 对反射率 ρ 的影响

① 低折射率膜(即 $n_0<n<n_G$)

低折射率膜是指光学薄膜的折射率 n 小于光学零件材料的折射率 n_G。只有 $n_0<n<n_G$,即采用低折射率膜,才有可能降低光学零件的反射率,起到增透的效果,这种膜称为增透膜或减反射膜。此时,镀光学薄膜后的反射率 $0<\rho<\rho_0$(ρ_0 是 $n=n_0$ 或 $n=n_G$时的反射率,相当于没有镀光学薄膜时光学零件的反射率)。

② 高折射率膜(即 $n>n_G$)

高折射率膜是指光学薄膜的折射率 n 大于光学零件材料的折射率 n_G。只有 $n>n_G$,即采用高折射率膜,才有可能提高光学零件的反射率,起到增加反射的效果,这种膜称为增反膜。此时,镀光学薄膜后的反射率 $\rho>\rho_0$。

例如,通过在折射率 $n_G=1.52$ 的冕牌光学玻璃透镜表面镀高折射率的光学薄膜硫化锌(ZnS,$n=2.35$),可使反射率从 $\rho_0=4.2\%$ 提高到 $\rho=33.9\%$。

(2) 光学薄膜光学厚度 $n\delta$ 对反射率 ρ 的影响

$n\delta$ 称为光学薄膜的光学厚度,它主要影响第一束反射光 I_1 和第二束反射光 I_2 之间的相位差。随着 $n\delta$ 的增加,反射率 ρ 会在以下两种情况下出现极大值和极小值。

① 当 $n\delta=\frac{\lambda}{4},\frac{3\lambda}{4},\frac{5\lambda}{4},\cdots$(即光学薄膜的光学厚度 $n\delta$ 为入射光 1/4 波长的奇数倍,称为 $\lambda/4$ 光学薄膜)时,反射率 ρ 存在极大值和极小值,由式(1.5.2)可以得出反射率的极值表达式

$$\rho=\left(\frac{n_0 n_G-n^2}{n_0 n_G+n^2}\right)^2 \tag{1.5.3}$$

a. 对于低折射率膜(即 $n_0<n<n_G$),当 $n=\sqrt{n_0 n_G}$ 时,反射率 ρ 有极小值($\rho=0$)。因此最佳单层增透条件是:$n=\sqrt{n_0 n_G}$,$n\delta=\frac{\lambda}{4},\frac{3\lambda}{4},\frac{5\lambda}{4},\cdots$。

但是,由于能够用作光学薄膜的光学材料牌号有限,从中很难找到折射率值正好等于最佳单层增透条件理论计算值的牌号,因此单层增透膜不可能达到很好的增透效果。

b. 对于高折射率膜(即 $n>n_G$),反射率 ρ 有极大值,即最佳单层增反条件是:$n>n_G$,$n\delta=\frac{\lambda}{4},\frac{3\lambda}{4},\frac{5\lambda}{4},\cdots$。

同样,单层增反膜也不可能达到很好的增反效果。

② 当 $n\delta=\frac{\lambda}{2},\frac{3\lambda}{2},\frac{5\lambda}{2},\cdots$(即光学薄膜的光学厚度 $n\delta$ 为入射光 1/2 波长的奇数倍)时,反射率 ρ 也存在极大值和极小值,由式(1.5.2)可以得出反射率的极值表达式

$$\rho=\left(\frac{n_0-n_G}{n_0+n_G}\right)^2=\rho_0 \tag{1.5.4}$$

可见,表达式中不存在光学薄膜的折射率 n,反射率等于没有镀光学薄膜时的反射率。即当光学薄膜的光学厚度 $n\delta$ 为入射光 1/2 波长的奇数倍时,镀膜没有任何作用。

(3) 入射光波长 λ 对反射率 ρ 的影响

光学材料的折射率 n_G 随入射光波波长 λ 的不同而改变,因此对于不同波长 λ 的光,其最佳光学薄膜的光学厚度 $n\delta$ 和折射率 n 也会不同。即对于给定光学厚度 $n\delta$ 和折射率 n 的光学薄膜来说,反射率 ρ 仅对一个波长有最大透过率或最大反射率,而对其他波长的光,反射率 ρ 不具有极值。

通常,除了激光外,入射光波波长在一个光谱范围内变化。一般取其中心工作波长来计算光学薄膜的光学厚度。当光谱范围较小时,可以忽略波长的影响,但如果光谱范围较大,则不可忽略。

对于白光入射的光学仪器,一般选用可见光的中间波长(即 $\lambda=550\text{nm}$ 的黄绿光)来计

算单层增透膜的光学厚度 $n\delta$ 和折射率 n。但由于光谱范围较宽，因此位于光谱两端的红光和紫光的单层增透效果较差。这就是用镀有单层增透膜的镜头观察白光时经常会看到镜面呈蓝色或紫红色的原因。

(4) 入射光入射角 I 对反射率 ρ 的影响

式(1.5.2)是垂直入射($I=0°$)时反射率 ρ 的表达式，如果考虑入射角 I，则表达式为

$$\rho=\frac{(n_0-n_G)^2\cos^2\left(\frac{\pi}{2}\cdot\frac{n\delta}{\lambda}\cdot\cos I\right)+\left(\frac{n_0n_G}{n}-n\right)^2\sin^2\left(\frac{\pi}{2}\cdot\frac{n\delta}{\lambda}\cdot\cos I\right)}{(n_0+n_G)^2\cos^2\left(\frac{\pi}{2}\cdot\frac{n\delta}{\lambda}\cdot\cos I\right)+\left(\frac{n_0n_G}{n}+n\right)^2\sin^2\left(\frac{\pi}{2}\cdot\frac{n\delta}{\lambda}\cdot\cos I\right)} \tag{1.5.5}$$

显然，在入射光斜入射情况下，光学薄膜的光学厚度 $n\delta$ 要比垂直入射时大，才能达到最佳效果。

单层光学薄膜制作工艺简单，应用广泛。但是，由于单层光学薄膜不仅难以达到很好的增透或增反效果，而且对于光谱范围较大的入射光(如白光等)，或者孔径比较大的透镜(入射角变化较大)难以达到很好的效果。因此单层光学薄膜只能用于对增透或增反要求较低的场合(如眼镜片通常只镀一层增透膜)，而对于更高的要求，必须镀多层光学薄膜。

2. 多层光学薄膜分析

(1) 多层 1/4 波长($\lambda/4$)光学薄膜

光学厚度 $n\delta=\lambda/4$ 的多层光学薄膜应用最多，因此为了方便书写，将光的入射端大气层用 A 表示，将光学零件用 G 表示，而将光学厚度 $n\delta=\lambda/4$ 的光学薄膜分为两种：一种是高折射率 $\lambda/4$ 光学薄膜，用 H 表示，其折射率用 n_H 表示；另一种是低折射率 $\lambda/4$ 光学薄膜，用 L 表示，其折射率用 n_L 表示。对于其他光学厚度的薄膜则在 H 或 L 前面乘以相应的系数，如 $n\delta=\lambda/2$ 的光学薄膜表示为 2H 或 2L，$n\delta=\lambda/8$ 的光学薄膜表示为 0.5H 或 0.5L 等。

① 等效折射率

前面讨论了镀单层 $\lambda/4$ 光学薄膜后的反射率可以用式(1.5.3)表示，如果设

$$n'_G=\frac{n^2}{n_G} \tag{1.5.6}$$

则式(1.5.3)可化简为

$$\rho=\left(\frac{n_0-n'_G}{n_0+n'_G}\right)^2 \tag{1.5.7}$$

式(1.5.7)与没有镀光学薄膜时反射率计算公式(1.5.1)非常相似，所不同的是用 n'_G 替代了光学零件的折射率 n_G，我们把 n'_G 称为镀膜后的等效折射率。等效折射率 n'_G 相当于在折射率为 n_G 的光学零件材料上镀一层折射率为 n 的 $\lambda/4$ 光学薄膜后，组合成一个折射率为 n'_G 的新材料。这样就可以根据没有镀光学薄膜时反射率计算公式(1.5.1)很容易计算出镀膜后的反射率。

② 多层 $\lambda/4$ 光学薄膜

等效折射率的概念可以推广到如图 1.5.2 所示的多层 $\lambda/4$ 光学薄膜系统。如果设所镀的 m 层 $\lambda/4$ 光学薄膜的折射率分别为 $n_1,n_2,n_3,\cdots,n_m$，则

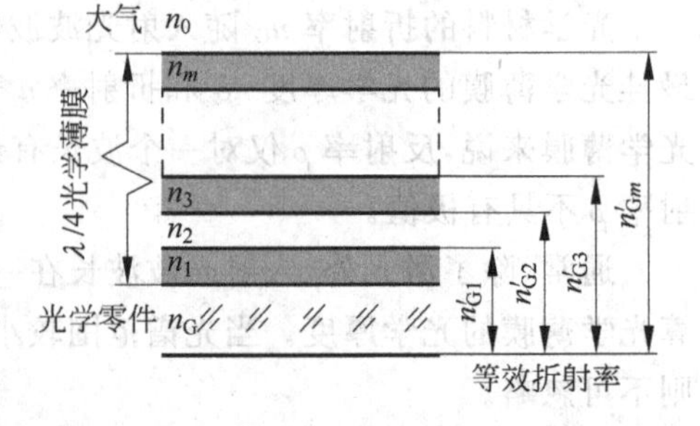

图 1.5.2 多层 $\lambda/4$ 光学薄膜

镀第一层 $\lambda/4$ 光学薄膜后的等效折射率为

$$n'_{G1}=\frac{n_1^2}{n_G} \tag{1.5.8}$$

镀第二层 $\lambda/4$ 光学薄膜后的等效折射率为

$$n'_{G2}=\frac{n_2^2}{n'_{G1}}=\frac{n_2^2}{n_1^2}\cdot n_G \tag{1.5.9}$$

镀第三层 $\lambda/4$ 光学薄膜后的等效折射率为

$$n'_{G3}=\frac{n_3^2}{n'_{G2}}=\frac{n_3^2 n_1^2}{n_2^2 n_G} \tag{1.5.10}$$

依此类推,可以推导出镀第 m 层 $\lambda/4$ 光学薄膜后的等效折射率 n'_{Gm},代入式(1.5.7)可得反射率计算公式

$$\rho_m=\left(\frac{n_0-n'_{Gm}}{n_0+n'_{Gm}}\right)^2 \tag{1.5.11}$$

由式(1.5.11)可以得出以下结论:

镀 m 层 $\lambda/4$ 光学薄膜后的等效折射率 n'_{Gm} 越接近空气折射率 n_0,即 n'_{Gm} 越接近 1,则 ρ_m 越接近 0,且当 $n'_{Gm}=1$ 时,$\rho_m=0$。即等效折射率 n'_{Gm} 越小,反射率 ρ_m 越小,增透效果就越好。

与增透相反,等效折射率 n'_{Gm} 越大,反射率 ρ_m 越大,增反效果就越好。

(2) 其他多层光学薄膜

多层 $\lambda/4$ 光学薄膜的计算和制作工艺已经比较成熟,并得到广泛的应用。其缺点是需要很多层才能达到较好的增透或增反效果,质量控制较为困难。此外,制作的增透膜仅在中心波长周围很窄的光谱范围内有较高的透过率,其他波段的增透效果较差。

因此,除增反膜常采用多层 $\lambda/4$ 光学薄膜外,增透膜较少采用厚度全部是 $\lambda/4$ 的光学薄膜,而是采用诸如 $\lambda/4$—$\lambda/2$、$\lambda/4$—$\lambda/2$—$\lambda/4$、$\lambda/4$—$\lambda/2$—$\lambda/2$、$\lambda/4$—$\lambda/2$—$3\lambda/4$,甚至是非 $\lambda/4$ 光学薄膜,均能达到较好的效果。

1.5.3 增透膜

增透膜又称减反射膜,它的主要功能是减少或消除透镜、棱镜、平面镜等光学表面上的反射光,从而增加这些组件的透光量,减少或消除光学系统中的杂散光。

1. 单层增透膜

光学玻璃的折射率 $n_G=1.44$~1.94,光学塑料的折射率 $n_G=1.47$~1.60,由最佳单层增透条件 $n=\sqrt{n_0 n_G}$ 可以求出单层增透膜材料的折射率 $n=\sqrt{n_0 n_G}=1.2$~1.39。可见理想的增透膜材料的折射率很低,至今能利用的薄膜材料是氟化镁(MgF_2),它的折射率 $n=1.38$。经计算,折射率 $n_G=1.52$ 的冕牌玻璃(K10)镀上单层 $\lambda/4$ 氟化镁增透膜后,中心波长的反射率可由 4.2%降至 1.2%,透过率由 95.8%提高到 98.8%。

可见,镀单层 $\lambda/4$ 氟化镁增透膜后光学零件的透过率有较大的提高,且单层增透膜制作工艺简单。但是,镀单层 $\lambda/4$ 氟化镁增透膜后光学零件的透过率还不够高,更主要的是其较高透过率的光谱范围窄,不能满足精密光学零件的要求。此外,由于氟化镁与光学塑料的亲

和力较差，膜层不够牢固。因此，单层 $\lambda/4$ 氟化镁增透膜仅适用于精度要求不高的光学零件，如眼镜片通常只镀单层增透膜。而对于精密光学零件，特别是暴露在空气中的表面，为了得到更好的增透效果，往往采用双层、三层甚至更多层的增透膜。

2. 双层增透膜

(1) $\lambda/4(n_H)-\lambda/4(n_L)$双层增透膜

由前面单层 $\lambda/4$ 增透膜计算可知，折射率 $n=1.38$ 的氟化镁增透膜对于大多数光学材料来说，折射率偏大，即氟化镁增透膜适合于更大折射率的光学材料。为此，我们可以先在光学零件表面镀一层高折射率的光学薄膜，使得镀第一层光学薄膜后的等效折射率有较大的提高，然后再镀第二层低折射率的光学薄膜，则会获得比单层增透膜更好的效果。

例如，对于最常用的折射率 $n_G=1.52$ 的冕牌玻璃(K10)零件，第一层 $\lambda/4$ 增透膜采用 $n_1=1.65$ 的一氧化硅(SiO)高折射率膜，第二层 $\lambda/4$ 增透膜采用 $n_2=1.38$ 的氟化镁(MgF_2)低折射率膜，由式(1.5.9)可以求出等效折射率 n'_{G2} 为

$$n'_{G2}=\frac{n_2^2}{n'_{G1}}=\frac{n_2^2}{n_1^2}\cdot n_G=\frac{1.38^2}{1.65^2}\times 1.52=1.06$$

代入式(1.5.11)可以求出镀双层增透膜后反射率 ρ_2 为

$$\rho_2=\left(\frac{n_0-n'_{Gm}}{n_0+n'_{Gm}}\right)^2=\left(\frac{1-1.06}{1+1.06}\right)^2=0.085\%$$

可见，反射率已经非常低，接近于 0，即中心波长透过率接近 100%。但这种 $\lambda/4(n_H)$—$\lambda/4(n_L)$双层增透膜存在与单层 $\lambda/4$ 增透膜相同的缺点，即较高透过率的光谱范围窄。

(2) $\lambda/4(n_L)$—$\lambda/2$ 双层增透膜

$\lambda/4(n_L)$—$\lambda/2$ 双层增透膜的第一层增透膜采用单层 $\lambda/4$ 增透膜的计算方法，其光学厚度 $n_1\delta_1=\lambda/4$，折射率 $n_1=\sqrt{n_0 n_G}$；第二层则采用 $\lambda/2$ 光学薄膜，其光学厚度 $n_2\delta_2=\lambda/2$。在这种双层增透膜中，第二层 $\lambda/2$ 光学薄膜对中心波长 λ 如同不存在一样，整个镀膜系统的反射率仅取决于第一层 $\lambda/4$ 增透膜，显然透过率不算太高。第二层 $\lambda/2$ 光学薄膜虽然对中心波长 λ 的反射率没有影响，但是可以降低中心波长两侧一定波长范围内光谱的反射率。

$\lambda/2$—$\lambda/4(n_L)$双层增透膜的效果与 $\lambda/4(n_L)$—$\lambda/2$ 双层增透膜相同，在此不再赘述。

3. 三层增透膜

三层增透膜的形式主要有 $\lambda/4$—$\lambda/4$—$\lambda/4$、$\lambda/4$—$\lambda/2$—$\lambda/4$、$\lambda/4$—$\lambda/2$—$\lambda/2$ 和 $\lambda/4$—$\lambda/2$—$3\lambda/4$，常用的是 $\lambda/4$—$\lambda/2$—$\lambda/4$ 和 $\lambda/4$—$\lambda/2$—$\lambda/2$ 两种。

(1) $\lambda/4(n_H)$—$\lambda/2$—$\lambda/4(n_L)$三层增透膜

$\lambda/4(n_H)$—$\lambda/2$—$\lambda/4(n_L)$三层增透膜在中心波长处的反射率与 $\lambda/4(n_H)$—$\lambda/4(n_L)$双层增透膜相同，中间层 $\lambda/2$ 光学薄膜对中心波长 λ 的反射率没有影响，但是可以降低中心波长两侧一定波长范围内光谱的反射率。

这种膜系适用于折射率 $n_G<1.62$ 的光学零件，采用 $\lambda/4(SiO)$—$\lambda/2$—$\lambda/4(MgF_2)$膜系时，在整个可见光光谱范围内的反射率都很低。

(2) $\lambda/4(n_L)$—$\lambda/2$—$\lambda/2$ 三层增透膜

$\lambda/4(n_L)$—$\lambda/2$—$\lambda/2$ 三层增透膜在中心波长处的反射率与 $\lambda/4(n_L)$单层增透膜相同，两

层$\lambda/2$光学薄膜对中心波长λ的反射率没有影响，但是可以降低中心波长两侧一定波长范围内光谱的反射率。

这种膜系适用于折射率$n_G=1.62\sim1.94$的光学零件，采用$\lambda/4(MgF_2)—\lambda/2—\lambda/2$膜系时，在整个可见光光谱范围内的反射率都很低。

图1.5.3画出了白光垂直入射到折射率$n_G=1.52$的冕牌玻璃(K10)上，镀不同增透膜时的反射率曲线。其中，曲线1是未镀增透膜时的反射率；曲线2是镀单层$\lambda/4(MgF_2)$增透膜时的反射率；曲线3是镀$\lambda/4(SiO)—\lambda/4(MgF_2)$双层增透膜时的反射率；曲线4是镀$\lambda/4(MgF_2)—\lambda/2$双层增透膜时的反射率；曲线5是镀$\lambda/4(SiO)—\lambda/2—\lambda/4(MgF_2)$三层增透膜时的反射率。

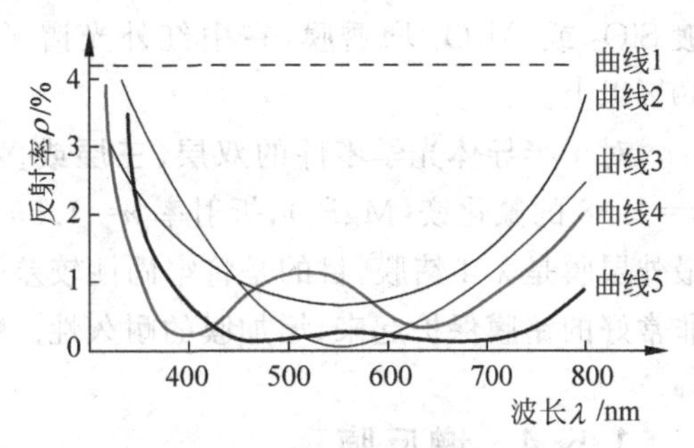

图1.5.3 镀不同光学薄膜后的反射率

由图1.5.3可见，增透膜的层数越多，增透效果越好，且光谱越宽，对透过率要求较高的光学系统，宜采用多层增透膜。例如，在380～760nm可见光光谱范围内，镀$\lambda/4(SiO)—\lambda/2—\lambda/4(MgF_2)$三层增透膜后，光学零件的反射率都很低，即增透效果很好。因此，这种膜系常在变焦镜头和彩色摄影镜头等要求较高的光学系统上使用。

4. 四层及四层以上增透膜

四层及四层以上增透膜由于工艺复杂，因此应用不多。

四层增透膜可选用二氧化铈(CeO_2)、三氧化二铝(Al_2O_3)、二氧化硅(SiO_2)、一氧化硅(SiO)、二氧化锆(ZrO_2)、三氧化二镧(La_2O_3)、二氧化钛(TiO_2)、五氧化二钽(Ta_2O_5)、三氧化二铬(Cr_2O_3)等氧化物材料，例如SiO_2和ZrO_2、TiO_2、Cr_2O_3或SiO_2和ZrO_2、TiO_2、Ta_2O_5所组成的四层$\lambda/4$膜系，或者SiO_2和TiO_2组成的四层或更多层膜系。镀多层膜的光学透镜在很宽的光谱范围内的反射损失可减少到0.5%～1%。

5. 高折射率光学零件的增透膜

以上介绍的是光学玻璃和光学塑料表面的增透膜，其折射率$n_G<1.94$，主要应用于波长$\lambda=380\sim760$nm可见光光谱区。对于更大波长的红外线光谱区，其透过率较低，甚至在波长$\lambda>3\mu$m以后就不再透明了。因此，在红外线光谱区主要采用某些特种光学玻璃或光学晶体。有些光学晶体的折射率很大($n>2$)，尤其是半导体晶体，有很高的折射率，例如锗(Ge)的折射率$n\approx4$，硅(Si)的折射率$n\approx3.5$。半导体晶体的共同特点是红外波段的反射损失较大(如锗的反射损失大于50%，硅的反射损失大于45%)。因此，它们在使用时必须镀增透膜，否则就不可能得到广泛应用。

透红外线光学零件镀增透膜的要求与透可见光光学零件不同。对于透可见光光学零件，要求镀增透膜后必须将大约4%的反射损失降低到千分之几。而对于透红外线光学零件，要求较低，镀增透膜后允许有百分之几的反射损失，即只要将很大的反射损失(一般大于30%)降低到百分之几即可。因此，低折射率的光学材料如特种光学玻璃和大部分光学晶体很少镀增透膜。

前面讨论的光学薄膜分析同样适用于高折射率光学零件。锗(Ge)、硅(Si)、砷化镓(GaAs)、砷化铟(InAs)、锑化铟(InSb)等半导体光学零件都可用单层硫化锌(ZnS)、二氧化铈(CeO_2)、三氧化二铝(Al_2O_3)、二氧化硅(SiO_2)、一氧化硅(SiO)有效地增透。例如，锗在近红外光谱区一般镀 SiO_2 增透膜，在中红外光谱区镀 ZnS 增透膜；硅在近红外光谱区一般镀 SiO_2 或 Al_2O_3 增透膜，在中红外光谱区镀 ZnS 增透膜。镀单层增透膜后透过率可达90%以上。

对于半导体光学零件的双层、三层或多层增透膜，常采用折射率 $n\approx4$ 的锗与折射率 $n=1.38$ 的氟化镁(MgF_2)、折射率 $n=1.59$ 的氟化铈(CeF)按照 1/4 波长组合而成。其中最外层膜是 $\lambda/4$ 锗膜，目的是将牢固性较差的低折射率膜层(如氟化镁、氟化铈膜)用牢固性非常好的锗膜保护起来，增加膜的耐久性。

1.5.4 增反膜

增反膜的功能是增加光学表面的反射率，在光学薄膜中，它们和增透膜同样重要。

在光学零件上应用的增反膜有三类：金属增反膜、金属-电介质增反膜和电介质增反膜。

1. 金属增反膜

作为增反膜的金属材料要求其具有很大的消光系数(金属的消光系数越大，当光束由空气入射到金属表面时，进入金属内部的光振幅衰减越快，进入金属内部的光强越小，反射率越高)和很好的光学稳定性。

当光线从折射率为 $n_0=1$ 的大气，垂直入射到折射率为 n 的金属增反膜表面时，反射率 ρ 可用下式计算

$$\rho=\left(\frac{1-(n-\mathrm{i}k)}{1+(n-\mathrm{i}k)}\right)^2=\frac{(1-n)^2+k^2}{(1+n)^2+k^2} \tag{1.5.12}$$

式中，k 为金属材料的消光系数；$n-\mathrm{i}k$ 为金属的复数折射率。金属的复数折射率主要取决于其电子结构和入射光的波长。

可用作光学增透膜的金属材料主要有铝(Al)、银(Ag)、金(Au)、铜(Cu)、铑(Rh)、铬(Cr)、锗(Ge)、铂(Pt)等，其中以铝(Al)、银(Ag)、金(Au)三种金属应用最为广泛，它们用作单层增反膜的反射率曲线如图 1.5.4 所示。

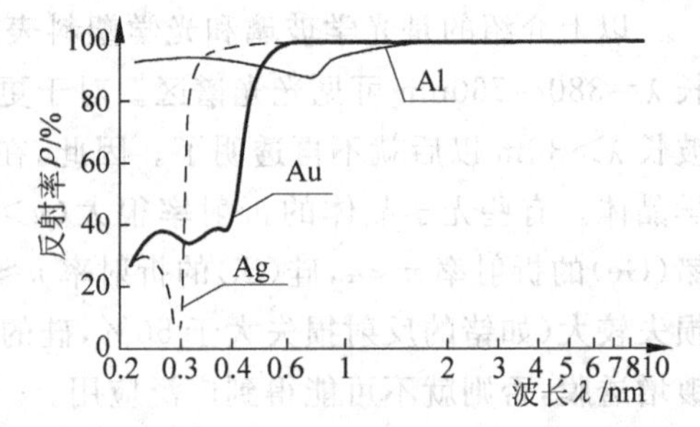

图 1.5.4 单层金属增反膜的反射率曲线

(1) 铝(Al)增反膜

铝是唯一从波长为 200nm 的紫外线到波长为 30μm 的红外线都具有很高反射率的金属材料。铝膜表面在大气中能生成极薄的三氧化二铝(Al_2O_3)膜，故化学稳定性很好，而且铝对光学玻璃和光学塑料的附着力均较强，因此铝作为增反膜应用非常广泛。但是三氧化二铝(Al_2O_3)膜的存在会使铝增反膜的反射率有所下降，而且铝膜较软，容易划伤，因此常在铝膜外加镀一层保护膜。

(2) 银(Ag)增反膜

银在紫外线光谱区的反射率很低,不能用作紫外线增反膜。它在可见光和红外线光谱区的反射率是所有金属中最高的,可达95%~99%。银膜对光学玻璃和光学塑料的附着力均较差,而且机械强度和化学稳定性也较差,用作增反膜时必须在其外加镀保护膜。

(3) 金(Au)增反膜

金在紫外线和可见光光谱区的反射率低,在红外线光谱区的反射率很高,与银相当,但它的机械强度和化学稳定性比银好。

总体来讲,金属增反膜的强度较低,需要在其外加镀一层保护膜。常用的保护膜材料有氟化镁(MgF_2)、氟化锂(LiF)、三氧化二铝(Al_2O_3)、二氧化硅(SiO_2)、一氧化硅(SiO)等。其中,氟化镁和氟化锂是很好的紫外保护膜材料,氟化镁镀层非常牢固,最为常用,而氟化锂则强度较差;一氧化硅和氧化铝由于在紫外区有显著的吸收,不能用作紫外保护膜。

对于光学仪器中的反射镜来说,单独的金属增反膜已可满足要求。但是,在一些复杂的光学系统中,经常会有许多反射零件串置在一起,系统的总透过率等于各个反射零件反射率的乘积。这样即使每个镀有金属增反膜的反射零件具有极高的反射率,它们的乘积即系统的总透过率也还是较低的。对于波长范围要求较窄的情况,可以在纯金属膜上镀一对或几对折射率高低交替的电介质薄膜,即金属-电介质反射膜,以提高反射率;而对于波长范围要求较宽的情况,如工作在近紫外直到红外区的分光光度计,则必须采用具有最大反射率和最小吸收率的多层全介质反射膜。

2. 金属-电介质增反膜

金属-电介质增反膜是在纯金属增反膜上再加镀一对或两对折射率高低交替的电介质薄膜,其中低折射率薄膜L紧贴金属增反膜,如图1.5.5所示。加镀电介质膜有两个作用,一是保护作用,用于保护金属增反膜不受大气侵蚀及划伤;另一个是增反作用,用于减小金属增反膜的吸收,增大其反射率。

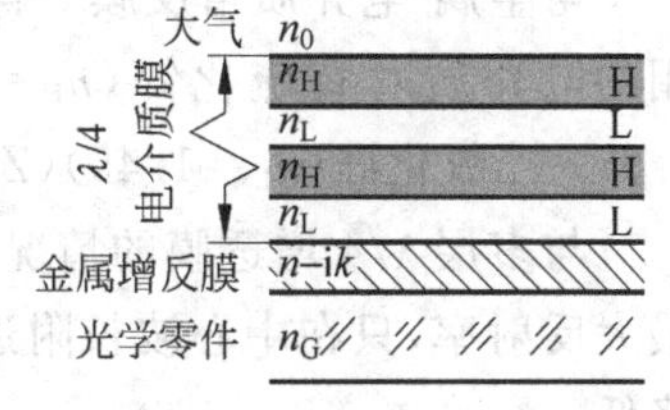

图1.5.5　金属-电介质增反膜

如果在金属(复数折射率为$n-ik$)增反膜上镀一对LH电介质膜,则当光线从大气垂直入射到电介质膜上时,增反膜的反射率可用下式表示

$$\rho=\left(\frac{1-(n_H/n_L)^2(n-ik)}{1+(n_H/n_L)^2(n-ik)}\right)^2=\frac{[1-(n_H/n_L)^2n]^2+(n_H/n_L)^4k^2}{[1+(n_H/n_L)^2n]^2+(n_H/n_L)^4k^2}\quad(1.5.13)$$

由于$n_H/n_L>1$,因此加镀一对LH电介质膜后的反射率要大于单独金属增反膜的反射率,而且n_H/n_L越大,反射率增加越多。如果在金属增反膜上镀两对LH电介质膜(记为$(LH)^2$),增反效果更好。但是,金属-电介质膜的反射率只在特定的较窄光谱区内增大,在这个区之外,反射率比纯金属增反膜还要低。

电介质对应选用折射率相差较大(n_H/n_L大)的材料,常用的电介质对有氟化镁($n_L=1.38$)-硫化锌($n_H=2.35$)(MgF_2-ZnS)和氟化镁($n_L=1.38$)-二氧化铈($n_H=2.2$)(MgF_2-CeO_2)。

例如铝增反膜在$\lambda=550$nm处的复数折射率为$n-ik=0.82-5.99i$,代入公式(1.5.12)

得反射率 $\rho=91.6\%$；在铝增反膜上镀一对 $\lambda/4(MgF_2)-\lambda/4(ZnS)$ 电介质膜后，由公式(1.5.13)可计算出其反射率 $\rho=96.9\%$；如果继续镀第二对 $\lambda/4(MgF_2)-\lambda/4(ZnS)$ 电介质膜，则可使反射率进一步增大到 $\rho=99\%$。

3. 多层电介质高反膜

(1) $\lambda/4$ 多层电介质高反膜

由前面分析可知，在光学零件上镀单层 $\lambda/4$ 高折射率膜(H)可以提高反射率，但是提高的幅度有限；只有镀多层 $\lambda/4$ 电介质膜，才可能得到很高的反射率。$\lambda/4$ 多层电介质高反膜通常采用两种光学厚度为 $\lambda/4$ 的电介质材料，在光学零件上交替镀上高折射率电介质膜(H)和低折射率电介质膜(L)。其中高折射率电介质膜(H)紧贴光学零件表面，总层数是奇数 $(2m+1)$，最外层也是高折射率电介质膜(H)，如图 1.5.6 所示。

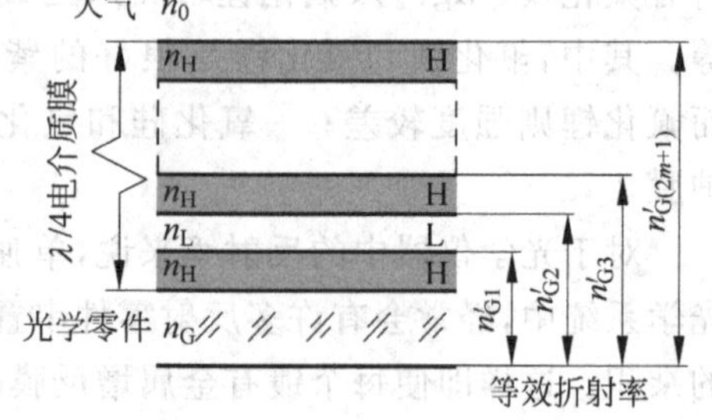

图 1.5.6 $\lambda/4$ 多层电介质高反膜

$2m+1$ 层 $\lambda/4$ 电介质高反膜的等效折射率为

$$n'_{G(2m+1)}=(n_H^2/n_G)(n_H/n_L)^{2m} \tag{1.5.14}$$

由于 $n_H/n_L>1$，因此等效折射率随膜层数的增加迅速增加，在理论上反射率可以无限接近100%。但是，由于光学薄膜材料多少会对光波产生散射和吸收，造成光波损耗，从而限制了反射率的提高。目前优质激光反射膜的反射率已超过99.99%。而且 n_H/n_L 越大，等效折射率增加越快，其总反射率为

$$\rho=\left(\frac{n_0-n'_{G(2m+1)}}{n_0+n'_{G(2m+1)}}\right)^2=\left(\frac{n_0-(n_H^2/n_G)(n_H/n_L)^{2m}}{n_0+(n_H^2/n_G)(n_H/n_L)^{2m}}\right)^2 \tag{1.5.15}$$

与金属-电介质增反膜一样，两种电介质应选用折射率相差较大(n_H/n_L 大)的材料，常用的电介质对有硫化锌($n_H=2.35$)-氟化镁($n_L=1.38$)(ZnS-MgF_2)和二氧化锆($n_H=1.97$)-二氧化硅($n_L=1.45$)(ZrO_2-SiO_2)。

与多层 $\lambda/4$ 增透膜的情况相同，多层 $\lambda/4$ 电介质高反膜只对某一固定的中心波长才有最大反射率，只在中心波长附近有限光谱区内有很高的反射率，离开此光谱区反射率将迅速降低。

(2) 其他多层电介质高反膜

为了克服多层 $\lambda/4$ 电介质高反膜高反射率光谱区窄的缺点，发展了一些展宽高反射光谱区的方法。

一种方法是使膜系相继各层的厚度参差不齐，按一定规律递增或递减，以确保对较宽光谱区内的任何波长都有足够多的膜层，其光学厚度接近 $\lambda/4$。

另一种方法是在 $\lambda/4$ 多层膜上，叠加另一个或几个中心波长的 $\lambda/4$ 多层膜。

1.5.5 分光膜

在许多光学仪器和光学系统的应用中，需要使用分光镜把一束光按一定要求和一定方式分成两部分，以满足不同的使用要求，这些功能是靠镀光学薄膜来实现的。

常用的分光镜有两种：分光镜片和分光棱镜，如图 1.5.7 所示。分光镜片是在平板光学材料上镀光学薄膜制成的，特点是制作简单；分光棱镜是由两块直角棱镜和分光膜组成，首先在一块直角棱镜的斜面上镀分光膜，然后将两块直角棱镜沿斜面黏结在一起，第二块直角棱镜起保护作用，特点是分光膜不易损坏。

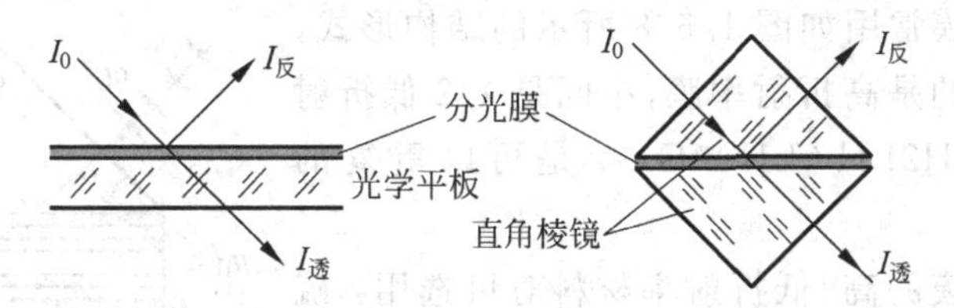

图 1.5.7 分光镜片和分光棱镜

按照分光膜的功能特点可分为光强分光膜、光谱分光膜、偏振分光膜、干涉滤光膜等。

1. 光强分光膜

光强分光膜是将入射光束按照一定的光强比（透过率与反射率之比）把光束分成两部分的分光膜。这种薄膜有时仅考虑某一波长时称为单色分光膜；有时需要考虑一个光谱区域，称为宽带分光膜；用于可见光区的宽带分光膜，称为中性分光膜，透过率与反射率之比等于 50∶50 的中性分光膜最为常用。

光强分光膜的材料可分为两类：金属分光膜和电介质分光膜。

金属分光膜主要有铝（Al）膜和铬（Cr）膜，其中铬膜最为常用。它们的特点是在整个可见光光谱区的反射率平坦，机械强度和化学稳定性很好；缺点是对光波的吸收损失较大，一般反射率和透过率均在 33%左右。

电介质分光膜通常采用 GHLHLA 四层膜系，如交替镀两次 $\lambda/4$(ZnS)—$\lambda/4$(MgF_2)膜，获得的透过率和反射率都接近 50%。这种光强分光膜的光谱范围不够理想，可以用 G2LHLHLA，即在光学零件与 $\lambda/4$ 膜系之间增加一层 $\lambda/2$ 低折射率膜的方法加以改善。

2. 偏振分光膜

偏振分光膜是利用光学薄膜在光线斜入射时的偏振效应，将一束自然光或混合有两种正交状态的偏振光，分成两束互为正交状态的偏振光的分光膜。偏振分光膜可分为平板偏振分光膜和棱镜偏振分光膜两类。

(1) 平板偏振分光膜

平板偏振分光膜是利用光线斜入射到多层电介质分光膜时，薄膜材料对两个偏振分量的有效折射率不相等制成的。这种偏振分光膜的入射角一般选择在光学平板材料的布鲁斯特角 θ_B（对于最常用的折射率 $n=1.52$ 的平板光学玻璃，由 $\tan\theta_B=n$，可以求出其布鲁斯特角 $\theta_B=57°$）附近。由于平板偏振分光膜大都用来作为偏振器，故反射光的方向不重要。平板偏振分光膜的工作波长区域较窄，但可以做得尺寸很大，并且其抗激光功率较高，所以常在高功率激光装置中使用。用于激光装置中的平板偏振分光膜的材料要与激光反射镜或激光透镜上的电介质膜材料相同。

平板偏振分光膜常用的结构是：$G(0.5HL0.5H)^mA$，m 是可以重复的次数，以 $m=7$ 最常用；$GH(LH)^mA$，以 $m=6$ 最常用。

(2) 棱镜偏振分光膜

棱镜偏振分光膜结构如图 1.5.8 所示。当自然光或混合有两种正交状态的偏振光以布鲁斯特角 θ_B 入射到分光膜上时，就可以达到良好的分光效果。

棱镜偏振分光膜常用如图 1.5.8 所示的结构形式，紧贴直角棱镜斜边的是高折射率膜，中间是 $\lambda/2$ 低折射率膜，即 $G(HL)^mH2LH(LH)^mG$，m 是可以重复的次数。

棱镜偏振分光膜的高、低折射率材料对可选用：硫化锌($n_H=2.35$)-氟化镁($n_L=1.38$)(ZnS-MgF_2)、二氧化锆($n_H=1.97$)-二氧化硅($n_L=1.45$)(ZrO_2-SiO_2)、硫化锌($n_H=2.35$)-氟化钍($n_L=1.5$)(ZnS-ThF_6)和硫化锌($n_H=2.35$)-冰晶石($n_L=1.35$)(ZnS-Na_3AlF_6)。

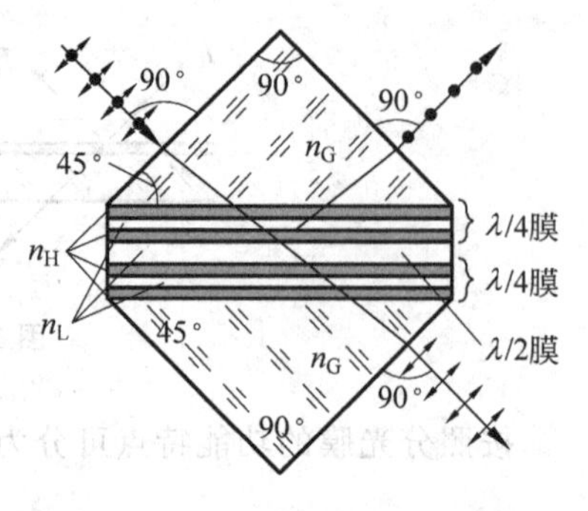

图 1.5.8 棱镜偏振分光膜

3. 干涉滤光膜

干涉滤光膜实际上就是光谱分光膜，它的主要功能是分割入射光的光谱带，即只允许某波段的光通过，而其他波长的光则不允许通过。干涉滤光膜的种类很多，常用的有以下几种。

(1) 干涉截止滤光膜

干涉截止滤光膜可把入射光谱带分成两部分，即某一波长范围内的光束高透射，而偏离这一波长范围的光束则表现为高反射(称为抑制)。干涉截止滤光膜又可分为长波通滤光膜和短波通滤光膜两种。

最常用的截止滤光膜结构为周期性对称膜系，主要有两种：

① $G(0.5HL0.5H)^mA$ 膜系，可以获得长波通特性，如图 1.5.9(a)所示；

② $G(0.5LH0.5L)^mA$ 膜系，可以获得短波通特性，如图 1.5.9(b)所示。

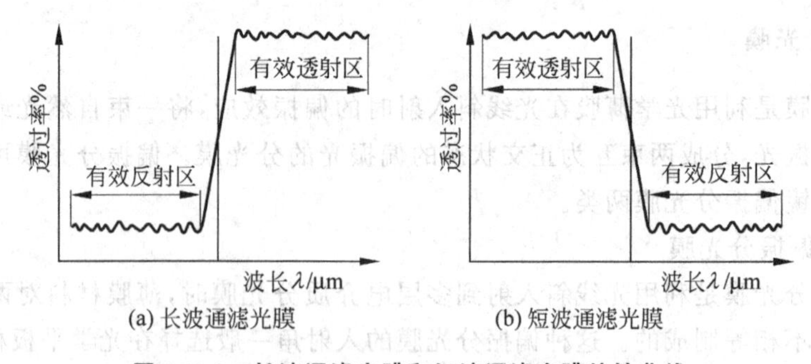

图 1.5.9 长波通滤光膜和短波通滤光膜特性曲线

要求截止滤光膜用高、低折射率电介质材料的折射率之比(n_H/n_L)应尽量大，使得截止滤光膜的有效反射区宽度和反射率都最大。

最常用的截止滤光膜高、低折射率电介质对是硫化锌($n_H=2.35$)-氟化镁($n_L=1.38$)(ZnS-MgF_2)。

(2) 带通滤光膜

带通滤光膜是只允许入射光谱带中的一段通过，而其他部分则全部过滤(抑制)，其特性曲线如图 1.5.10 所示。通常是从自然光中过滤出波段很窄的单色光。最常用的带通滤光膜是法布里-珀罗干涉滤光膜，其结构形式有以下两种：

① 金属-电介质法布里-珀罗干涉滤光膜

这种带通滤光膜的结构形式是 G-金属膜-k·L-金属膜-A，k 为电介质膜光学厚度与 $\lambda/4$ 低折射率膜光学厚度之比。通过调整 k 值，可以使金属-电介质法布里-珀罗干涉滤光膜在不同波长处出现透过峰值。在可见光和红外区，采用银与冰晶石的组合(即 G-Ag-Na_3AlF_6-Ag-A)最佳；而在紫外区，则用铝与氟化镁或冰晶石的组合(即 G-Al-MgF_2-Al-A 或 G-Al-Na_3AlF_6-Al-A)最好。

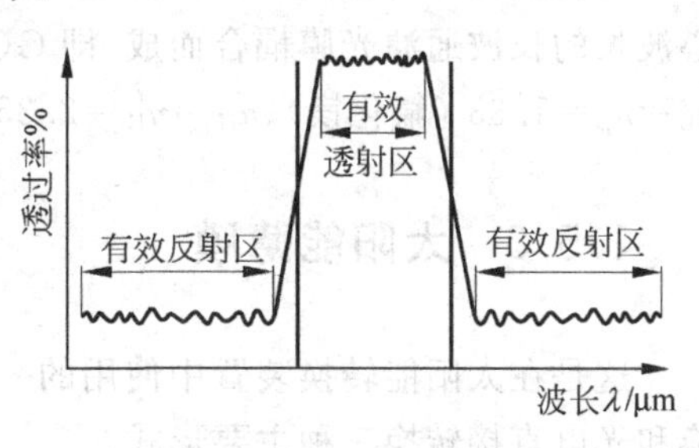

图 1.5.10　带通滤光膜特性曲线

② 全电介质法布里-珀罗干涉滤光膜

由于金属反射膜的吸收较大，因此限制了金属-电介质法布里-珀罗干涉滤光膜性能的提高。采用多层电介质反射膜代替金属反射膜，则可大大提高法布里-珀罗干涉滤光膜的性能。

全电介质法布里-珀罗干涉滤光膜的结构形式与图 1.5.8 所示的棱镜偏振分光膜结构类似，即 $G(HL)^m H2LH(LH)^m G$ 膜系。

全电介质法布里-珀罗干涉滤光膜所用电介质材料与金属-电介质法布里-珀罗干涉滤光膜相同。

(3) 彩色分光膜

在彩色印刷技术、彩色电视、彩色扩放、纺织品检验等彩色技术中，都要用到彩色分光膜。彩色分光膜的作用是将白光分离为红、绿和蓝三种原色，实现方法是在平板或棱镜上镀彩色分光膜。

反红透蓝绿分光膜的结构为 $G(0.5LH0.5L)^7A$ 膜系，中心波长 $\lambda=700$nm；反蓝透红绿分光膜的结构为 $G(0.5HL0.5H)^7A$ 膜系，中心波长 $\lambda=420$nm。高、低折射率电介质膜选用硫化锌($n_H=2.35$)和氟化镁($n_L=1.38$)。

(4) 反热膜和冷光膜

在投影仪、电影放映机、舞台、摄影棚、探照灯及某些光学仪器中，使用的照明光源功率很大，光源辐射的能量包括两部分，一部分是有用的可见光，其能量仅占总能量的一小部分；另一部分是占大部分能量的红外线，它在仪器中没有用，但产生大量热量，会引起胶片烧毁、人员出汗、设备发热运行不正常等不良后果。反热膜和冷光膜的作用就是减少这些无用的能量。

① 反热膜

反热膜是一种短波(可见光)通滤光膜，它抑制红外光，透过可见光。常用的是金属-电介质膜，主要有：

a. TiO_2-Ag-TiO_2 组合薄膜，包括 G-21.7nmTiO_2-12.5nmAg-30.5nmTiO_2-A 单面光学玻璃膜系和 G-18nmTiO_2-18nmAg-18nmTiO_2-A 双面光学玻璃膜系。

b. G-360nm($In_2O_3+SnO_2$)-100nmMgF_2-A，其中三氧化二铟和二氧化铅的折射率都为2.0，二者所占比例分别为90%～95%和5%～10%，二者的混合物折射率仍然为2.0。

② 冷光膜

冷光膜是一种长波(红外线)通高反射(可见光)干涉截止滤光膜，其膜系是两个不同中心波长的长波通滤光膜耦合而成，即$G(0.5HL0.5H)^6(0.5H'L'0.5H')^6A$，式中$n_G=1.52$、$n_L=n_L'=1.38$(氟化镁)、$n_H=n_H'=2.35$(硫化锌)、$\lambda=\lambda'=630nm$。

1.5.6 太阳能薄膜

这是在太阳能转换装置中使用的一类光学薄膜。太阳能利用包括光热转换、光热电转换和光电直接转换三种主要形式。

前两种形式都要求有一个选择性吸收表面，使之对太阳辐射有最高的吸收，而表面的热辐射损失又最小。在红外区，若在高反射率的金属(如铝、镍等)上淀积一薄半导体层(如锗、硫化铅等)和一简单的减反射膜(如一氧化硅)，这样组成的膜系便能满足要求。半导体层增加了太阳辐射的吸收率，但它对红外区是透明的，也就是膜有低的红外辐射率。由于半导体的折射率较高，表面对太阳辐射有可观的反射损失，因此要用覆盖一简单的减反射膜来减少反射损失。利用真空蒸发技术已制成很好的选择性吸收体。实际用于从低密度的太阳光中收集热量的光学薄膜需要大的面积，如何以低成本生产这类薄膜是当前薄膜研究的一个重要课题。

这类组合膜系的另一个成功的应用是制备人造卫星温度控制层。轨道卫星的温度控制是通过表面向外辐射热量以平衡所吸收的太阳能的方法来实现的。对于不同形状和尺寸的卫星，都是镀上铝和一氧化硅，使其温度控制在10～40℃的范围。

对于太阳能的利用，最有吸引力的是直接光电转换。薄膜太阳能电池是这种很有前途的转换装置。硅薄膜太阳能电池、砷化镓薄膜太阳能电池以及以硫化镉为中心的薄膜太阳能电池都处于迅速发展之中。

总之，光学薄膜在太阳能转换装置中有广阔的前景，关键是要在大规模而低成本的薄膜制备技术上有所突破。

1.6 光学纤维

光学纤维又称光导纤维，通常是指普通阶跃折射率光学纤维，是利用全反射规律而使光线沿着纤维的弯曲形状为路径传播的一种导光元件，用玻璃、石英或透明塑料制成。单根纤维的直径约为几微米到几十微米，分内外两层，内层材料(称为芯料)的折射率高于表面层(称为包层或涂层)材料。这样，当光线由内层射到两层界面时，可由全反射折回内层，并经过多次全反射使光线由纤维的一端传播到另一端。图1.6.1给出了光线在普通阶跃折射率光学纤维中传导的情况。

还有一种变折射率光学纤维，又称径向梯度折射率光学纤维或渐变折射率光学纤维，其芯料的折射率从中心轴按径向向外梯度减小。图1.6.2是光线在其中传播的情形。

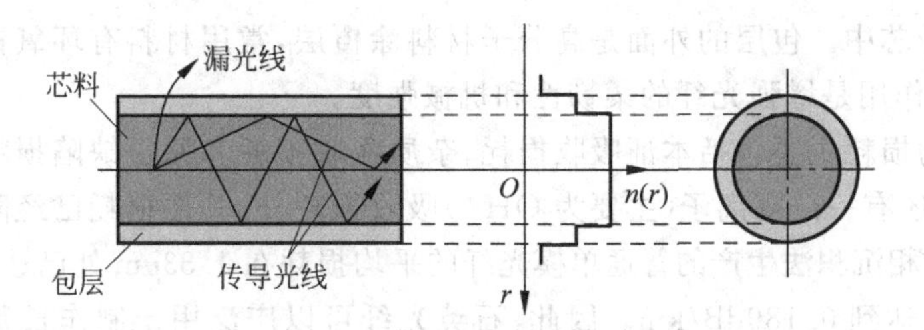

图 1.6.1 普通阶跃折射率光学纤维

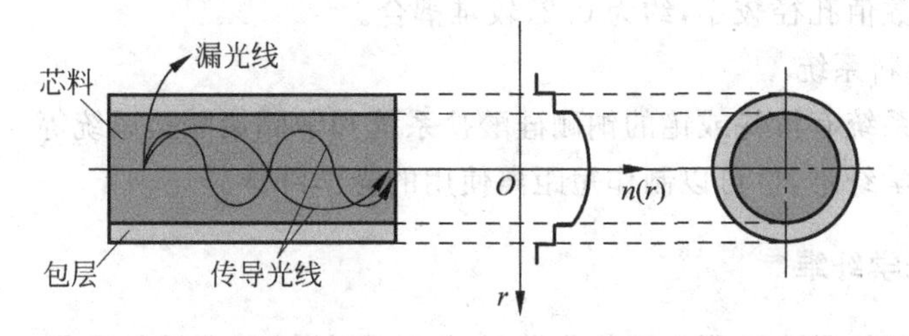

图 1.6.2 变折射率光学纤维

1.6.1 光学纤维的分类

作为一种新的通信介质,光学纤维波导近年来发展较快,从而对光学纤维提出了许多特殊要求,因此出现了许多不同类型、不同性能的光学纤维。按材料区分,有玻璃光学纤维、高聚物光学纤维和液芯光学纤维三种。按使用波段区分,除了在可见光波段使用的光学纤维外,还有红外光学纤维和紫外光学纤维。按传输模的数目区分,有单模光学纤维和多模光学纤维两种。此外,还有激活光学纤维、发光光学纤维和耐辐射光学纤维等特殊品种。

1. 玻璃光学纤维

玻璃光学纤维的芯料和包层全由光学玻璃构成,是一种性能良好、应用广泛的光学纤维。玻璃光学纤维的强度很高,当它的单丝直径为几个微米时,其抗拉强度可达4000～5000MPa,为普通钢的10～12倍,超细玻璃纤维的抗拉强度高达10 000MPa,纤维越细,含碱量越低,表面缺陷越少,其强度越高。

光学玻璃材料选择的主要依据是要有合适的折射率、透过率以及热胀系数。对于长光学纤维,透过率是主要参数。玻璃光学纤维所采用的材料系统主要有高硅玻璃系统和多组分材料系统。

1）高硅玻璃系统

高硅玻璃系统以熔融石英为基质材料,因此也称为石英光纤。纤芯的主要成分是二氧化硅(SiO_2),其密度为2.2g/cm^3,熔点为1700℃,纯度要求达99.999%,其余成分为极少量的掺杂材料,如二氧化锗(GeO_2)。掺杂材料的作用是为了提高纤芯的折射率。纤芯的直径一般在5～50μm范围内。包层的外径为125μm,所用材料也是二氧化硅,纯度较纤芯低一些。为了降低包层的折射率,一般在二氧化硅中掺入少量折射率比石英低的磷、氟等杂质,以保证包层的折射率比纤芯低百分之几,其作用是形成芯料和包层材料之间的折射率之差,把光线限制在纤芯中。包层的外面是高分子材料涂覆层，常用材料有环氧树脂、硅橡胶等，外径 250μm，其作用是增强光纤的柔韧性和机械强度。

石英光纤的损耗主要包括本证吸收损耗、杂质吸收损耗和原子缺陷损耗。经过多年的努力改进，除了还有一点阴离子(主要为 OH^-)吸收损耗外，其他损耗已经降到很低。如美国康宁公司用气相沉积法生产的普通单模光纤的平均损耗在 1.33μm 处已达到 0.33dB/km，在 1.55μm 处已达到 0.189dB/km。因此，石英光纤可以广泛用于制作长距离使用的光学纤维。

石英光纤的数值孔径较小，约为 0.2，较难耦合。

2) 多组分材料系统

多组分材料系统有掺铊或铯的钠硼硅酸盐系统和钠硼锗酸盐系统等。这类材料可用来制作变折射率光学纤维，也可以制作短距离使用的光学纤维。

2. 高聚物光学纤维

高聚物光学纤维是以透明高聚物为芯材，以比芯材折射率低的高聚物为包层材料所组成的光学纤维。现在广泛使用的是塑料光纤，正在研究的还有橡胶光纤，故统称为高聚物光纤。

塑料光纤的纤芯材料主要有聚甲基丙烯酸甲脂(俗称有机玻璃，PMMA)、聚苯乙烯(PS)和聚碳酸酯(PC)等。如果纤芯采用折射率为 1.49 的 PMMA，包层材料则采用折射率为 1.40 左右的含氟塑料；如果纤芯采用折射率为 1.58 的 PS，包层材料则采用折射率为 1.49 的 PMMA。塑料光纤的纤芯直径一般在 250～2000μm 范围内，典型数值孔径为 0.5，损耗大，一般为 200dB/m 左右，非常适合于短距离数据通信。

塑料光纤既可制成阶跃折射率式的，也可制成变折射率式的。其优点在于质量轻、柔软性好、自由弯曲范围大、抗冲击力强，有良好的电气绝缘性，而且成本低，工艺简单、接续容易。其缺点是损耗大、带宽小、耐热性差、抗化学腐蚀和表面耐磨性比玻璃光纤差。

3. 液芯光学纤维

这种光学纤维的结构是在空心圆柱状的玻璃(或石英)管中充满折射率比玻璃管高的液体，如四氯化碳。这种结构很适合制作发光纤维。由于管的内径不可能做得很小，因而这种纤维的柔软性差，使用不太方便。

4. 红外光学纤维和紫外光学纤维

这类光学纤维可以在红外或紫外波段使用。

1) 红外光纤

红外光纤是透光范围在红外波段的光纤材料。除超长距离通信外，红外光纤在医学、军事、工业和非线性光学等领域都有重要的应用，如激光手术刀、能量传输、红外遥感和探测等。目前研究的红外光纤主要有重金属氧化物玻璃、卤化物玻璃、硫化物玻璃和卤化物晶体等，其中氟化物光纤和硫化物光纤已成为红外光纤研究的两大主流方向。

溴化铊-碘化铊材料制作的红外光学纤维波导，在 10μm 时的损耗可以降到 10^{-2}～10^{-3}dB/km。比较好的石英光学纤维波导损耗还可降低几个数量级，很有发展前途。

(1) 氟化物光纤

氟化物光纤是20世纪70年代开始发展起来的新型光学纤维材料,是当前最有前途、研究得最多、最有希望用于超长距离通信的媒质材料体系。理论上氟化物光纤在2.5μm附近的损耗约为0.001dB/km,比石英系光学纤维的最低理论损耗低2~3个数量级,而且红外波长区可以延伸到4~6μm。如果按照当前石英光纤无中继距离100km的水平计算,氟化物无中继距离可达10^6km以上。

目前,氟化物光纤只要有以氟化铍为主要组分的氟铍酸盐玻璃、以氟化锆为主要组分的氟锆酸盐玻璃、以氟化铪为主要组分的氟铪酸盐玻璃、以氟化铝为主要组分的氟铝酸盐玻璃和以氟化钍和稀土氟化物为基础的玻璃等。

(2) 硫化物光纤

硫化物光纤具有独特的光学和机械性能,是目前唯一具备光子能量低、非辐射衰减速率低、红外透过光谱区宽的光纤材料。其主要特点是:折射率高,一般为2.4;光谱区宽,从可见光延伸到20μm;受工艺限制,目前损耗较大;具有大的非线性系数,比石英材料高两个数量级;在光通信谱区具有非常大的负色散;在可见光光谱区有光敏性。

就硫化物光纤而言,大的非线性系数可以显著降低光开关的阈值,光开关速率可达100GHz;大的负色散特性又可作为色散补偿器件;可见光区的光敏特性可以将光纤光栅技术引入硫系光纤器件中。

2) 紫外光纤

紫外光纤是透光范围在紫外波段的光纤材料。

能通过紫外线的玻璃材料非常有限,考虑到透过性能,可用于制造紫外光学纤维的只有石英玻璃。但石英的熔点很高,折射率又低(约为1.46),不适于作包层材料。一般用碳氟树脂作为包层,或在石英纤维上蒸镀一层氟化镁。由于包层材料问题,直径小于75μm的紫外光学纤维很难制造,目前的商品大多是粗纤维。

5. 激活光学纤维

激活光学纤维的芯料是含钕的磷酸玻璃,每根纤维就是一个激光谐振腔,在光泵的作用下,可以发射激光,可以制成几千米长的光路而不需要光经过材料的多次反射。

6. 耐辐射光学纤维

这种光学纤维的芯料和包层材料都采用耐辐射光学玻璃制作,可以在强辐射环境中使用。

1.6.2 光学纤维元件的制作

光学纤维元件(光学纤维传光束、传像束、低损耗光学纤维、变折射率光学纤维以及棒透镜、光纤面板、光纤传感器等)的制作工艺正处于迅速发展阶段,常用的有以下几种方法。

(1) 棒管组合法

把高折率的玻璃芯棒放入低折射率的玻璃包管中,再把这种组合加热拉制,即可制成普通光学纤维。

(2) 双坩埚法

把芯料放入内坩埚,包层材料放入外坩埚,可以连续拉制出光学纤维。

(3) 化学汽相淀积法

将芯料(或包层材料)的蒸汽淀积在包层管的内壁(或芯料的外表面),最后把淀积好的中空包管烧塌成实芯棒。

(4) 离子交换法

这是制作变折射率光学纤维常用的方法,是将芯棒浸泡在掺有杂质离子的溶液中,使二者中的离子发生交换,致使芯棒中的组分从轴心到周边按一定的梯度变化,因而其折射率也发生类似的变化。

(5) 中子辐射法

用中于辐照材料,使其折射率发生变化。

(6) 扩散共聚法

这种方法和离子交换法不同之处在于它不是母体离子与杂质离子的扩散交换,而是杂质单体向体内扩散并和母体的单体发生共聚。

利用光学纤维元件的透过性能良好,直径可大可小,柔软可弯曲等特性制成的各种规格的传光束和传像束,可以改变光传输方向,移动光源位置,改变图像形状、大小和亮度,还可解决光通量从发射源到接收器之间的复杂传输通道问题。利用光学纤维面板可以传递图像、移动图像等特点,可以用作电子光学器件中的端窗和极板间耦合元件,以改善系统性能。

第2章

机械结构材料

2.1 机械结构材料的分类和性能

2.1.1 机械结构材料的分类

不论是组成光学仪器或光学设备，还是直接使用的光学器件，都不可避免地要进行安装、支撑、夹持、保护、调整、密封、防尘、黏接、保温、保湿等工作，才能充分发挥其功能，这就需要合适的机械结构材料来实现。

机械结构材料包括金属材料、陶瓷材料、高分子材料、复合材料四大类，如图 2.1.1 所示。

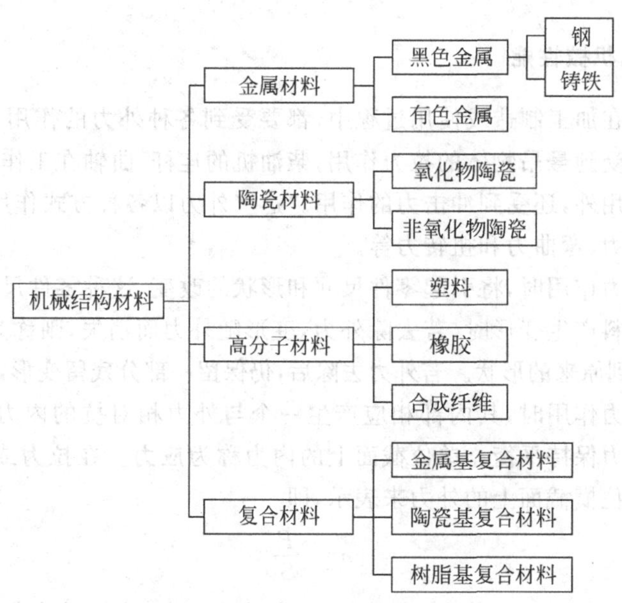

图 2.1.1　机械结构材料的分类

陶瓷材料硬而脆、耐高温、耐蚀。因此,可用于制造耐高温、耐蚀、耐磨的零件及切削刀具。

高分子材料的强度、弹性模量、疲劳抗力以及韧性都比较低,但它的减振性好,可用于制造不承受高载荷的减振零件;又由于它的密度很小,适于制造要求重量轻和受力小的构件;它与其他材料组成的摩擦副,其摩擦系数低,且有减摩作用,因此耐磨性好;高分子材料可以产生相当大的弹性变形,是很好的密封材料。因此,高分子材料在工程中常用于制造轻载传动的齿轮、轴承和密封垫圈等。

复合材料区别于单一材料的显著特征是材料性能的可设计性,即可以根据工程结构的载荷分布、环境条件和使用要求,选择相应的基体、增强材料和它们各自所占的比例,以及选用不同的复合工艺,设计各种排列方向、层数以满足构件的强度、刚度、耐蚀、耐热等要求,为结构的最佳化设计提供广阔的前景。虽然复合材料具有许多优良的性能,但目前因其价格昂贵,除在航天、航空结构上应用较多外,在一般的工业中应用有限。

相比之下,金属材料具有优良的综合机械性能,强度高、韧性好、疲劳抗力高、工艺性好,可用于制造重要的机器零件和工程结构件。所以,至今金属材料特别是钢铁材料仍然是最主要的结构材料。

2.1.2 机械结构材料的性能

机械结构材料的性能包含两类:

一是使用性能。它是指各个零件或构件在正常工作时材料应具备的性能,它决定了材料的应用范围,使用的可靠性和寿命。使用性能包括材料的物理性能、化学性能和机械性能(力学性能)。

二是工艺性能。它是指机械结构材料在冷、热加工过程中应具备的性能。它决定了材料的加工方法。

1. 结构材料的机械性能

机械结构零件在加工制造或使用过程中,都要受到各种外力的作用(又称**载荷**、**负荷**),如起重机的钢丝绳受到悬吊物体的拉力作用,柴油机的连杆、曲轴在工作时除受到周期性变化的拉力和压力作用外,还受到冲击力的作用。这些外力以各种方式作用在结构零件上,如拉力、压缩力、剪切力、弯曲力和扭转力等。

当材料受到外力作用时,将引起零件尺寸和形状的改变,这种零件尺寸和形状改变的现象称为**变形**。当材料产生变形时,若去除外力,变形随外力而消失,则称为**弹性变形**,如弹簧受拉或受压后恢复到原来的形状。若外力去除后,仍保留一部分残留变形,则称为**塑性变形**。

当材料受到外力作用时,其内部相应产生一个与外力相对抗的内力,它与外力大小相等,方向相反,和外力保持平衡。单位截面上的内力称为**应力**。在拉力或压缩力作用时,其应力的大小可用单位横截面上的外力来表示,即

$$\sigma = \frac{P}{S} \tag{2.1.1}$$

式中 σ 为应力,单位为 Pa;P 为拉力(或压缩力),单位为 N;S 为材料的横截面积,单位为 m^2。

应力(强度)的单位帕斯卡,简称帕,用符号 Pa 来表示,1 帕斯卡(Pa)=1 牛/米^2(N/m^2)。

我国过去采用的应力(强度)单位是公斤力/毫米^2(用符号 kgf/mm^2 来表示)。1kgf/mm^2 = 10^7Pa=10MPa。

当材料受外力作用时,它对材料有破坏作用。因此,要求结构材料具有一定抵抗外力作用而不被破坏的性能,这种性能称为机械性能,或称力学性能。机械性能是衡量材料质量的最主要的指标。

材料的机械性能主要有弹性、塑性、强度、硬度、冲击韧性和疲劳强度等。它们都是在专门的试验机上通过实验测定出来的。

(1) 强度

材料抵抗变形和断裂的能力称为强度。按作用方式的不同,强度可分为抗拉强度(σ_b)、抗压强度(σ_{bc})、抗弯强度(σ_{bb})、抗扭强度(τ_t)和抗剪强度(τ_b)等几种。其中以抗拉强度最为常用。

抗拉强度(σ_b)是通过静拉伸试验来测定的。首先根据 GB 228—1987 将被测材料制成拉伸试样,如图 2.1.2(a)所示。将拉伸试样装在拉伸试验机上,缓慢地对试样施加轴向拉力 P,并引起试样沿轴向产生伸长 $\Delta L(=L_1-L_0)$,直到试样断裂为止。将拉力 P 除以试样的原始截面积 S_0 为纵坐标(即拉应力 σ),将 ΔL 除以试样原始长度 L_0 为横坐标(即应变 ε),则可画出应力-应变曲线,如图 2.1.2(b)所示。

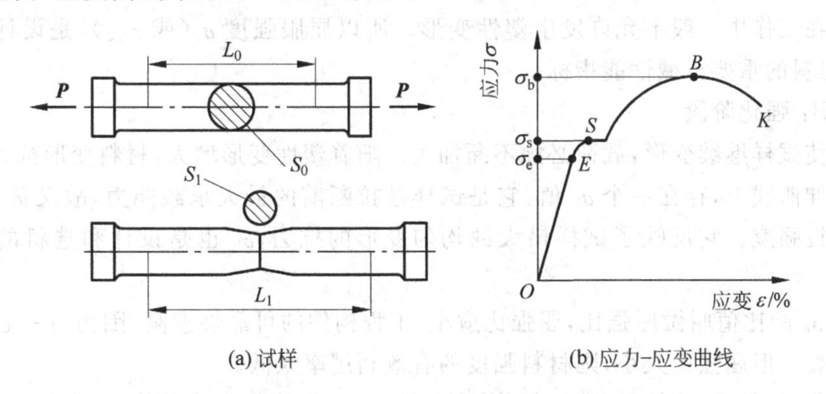

图 2.1.2　拉伸试样及低碳钢的拉伸应力-应变曲线

从图 2.1.2 的拉伸曲线可以明显看出曲线包括以下几个变形阶段。

① OE:弹性变形阶段

此阶段是直线段,表示应力与应变成正比。当加载后应力不超过 σ_e 时,若卸载,试样能即刻恢复原状,这种不产生永久变形的性能,称为**弹性**。σ_e 为不产生永久变形的最大应力,称为**弹性极限**。弹性极限 σ_e 表示材料保持弹性变形,不产生永久变形的最大应力,是设计弹性零件的依据。

OE 的斜率称为试样材料的弹性模量,即

$$E=\frac{\sigma}{\varepsilon} \tag{2.1.2}$$

弹性模量 E 是衡量材料产生弹性变形难易程度的指标。E 愈大,则使材料产生变形的应力也愈大。因此,工程上把它叫做材料的**刚度**。刚度是表征材料在受力时抵抗弹性变形的能力。

弹性模量 E 主要取决于材料本身，是材料最稳定的性能之一，合金化、热处理、冷热加工对它的影响很小，因此同一类材料中弹性模量的大小差别不大。例如，钢和铸铁的弹性模量 E 大都在 190 000～220 000N/mm^2(或 MPa)之间，基本一样。弹性模量随温度的升高而逐渐降低。

需要指出的是，相同材料制成的两个不同截面尺寸的零件，尽管其弹性模量相同，但是截面尺寸大的零件不易发生弹性变形，而截面尺寸小的零件则容易发生弹性变形。因此，考虑零件刚度问题时，不仅要看材料的弹性模量，还要注意零件的形状和尺寸。

② ES：屈服阶段

此阶段不仅有弹性变形，还发生了塑性变形。当加载后应力大于 σ_e 而小于 σ_s 时，若卸载，试样只恢复一部分变形，还有一部分变形不能恢复。这种不能恢复的残余变形，叫做**塑性变形**。

在 S 点(称**屈服点**)出现一水平线段，这表示拉力虽然不再增加，但变形仍在进行。σ_s 即表示材料在外力作用下开始产生明显塑性变形的最低应力，表示材料抵抗微量塑性变形的能力。σ_s 称为**屈服强度**。但是，有些材料(如铸铁)没有明显的屈服现象，即拉伸曲线上没有水平线段，也就找不出 σ_s，则用条件屈服极限来表示。规定试样产生 0.2%残余应变时的应力值为该材料的**条件屈服强度**，以 $\sigma_{0.2}$ 表示。

零件在工作中一般不允许发生塑性变形。所以屈服强度 σ_s(或 $\sigma_{0.2}$)，是设计时的主要参数，是材料的重要机械性能指标。

③ SB：强化阶段

为了使试样继续变形，载荷必须不断加大。随着塑性变形增大，材料变形抗力也逐渐增加。在拉伸曲线上，存在一个 σ_b 值，它是试样被拉断前的最大承载能力，故又称**强度极限**，也叫做**抗拉强度**。它反映了试样最大的均匀变形的抗力，σ_b 也是设计和选材的主要参数之一。

σ_s 与 σ_b 的比值叫做屈强比，屈强比愈小，工程构件的可靠性愈高，因为万一超载也不至于马上断裂。但屈强比太小，则材料强度的有效利用率太低。

合金化、热处理、冷热加工对材料的 σ_s、$\sigma_{0.2}$ 和 σ_b 数值会发生很大的影响。σ_s、$\sigma_{0.2}$ 和 σ_b 是机械零件和构件设计选材的主要依据。

④ BK：缩颈阶段

当载荷达到最大值后，试样的直径开始发生局部收缩，称为“缩颈”。此时变形所需的载荷反而不断降低。

⑤ K 点：试样断裂点

试样拉伸到一定程度，在 K 点发生断裂，这一点的应力叫做断裂强度，用 σ_k 表示。它是拉断试样的真实应力，它表征材料对断裂的抗力。对塑性材料来说，它在工程上没有意义，因为产生缩颈，试样所承受的应力不但不增加，反而减小。对于脆性材料，一般不产生缩颈，实际上 $\sigma_k=\sigma_b$，因此抗拉强度 σ_s 就是断裂强度 σ_k。

(2) 塑性

材料在外力作用下，产生塑性变形而不断裂的性能称为塑性。塑性用其受外力破坏后的塑性变形的大小来表示。工程上常用材料拉伸时的伸长率(或称延伸率) δ 及断面收缩率 ψ 两个指标来表示，即

$$\delta = \frac{L_1 - L_0}{L_0} \times 100\%, \quad \psi = \frac{S_0 - S_1}{S_0} \times 100\% \tag{2.1.3}$$

式中，L_1 为试样拉断后的长度；L_0 为试样原始长度；S_1 为试样拉断处的横截面积；S_0 为试样原始截面积。

同一材料，若试样长度不同，测得的延伸率 δ 也有差异，故一般规定 $L_0=5d_0$ 或 $L_0=10d_0$（d_0 为试样原始直径），分别以 δ_5 或 δ_{10} 表示两种不同长度的试样测得的伸长率。同一材料测得的 δ_5 一般比 δ_{10} 要大些。

δ、ψ 愈大，表示材料的塑性愈好。工程上，一般把 $\delta>5\%$ 的材料称为塑性材料，如低碳钢；把 $\delta<5\%$ 的材料称为脆性材料，如灰铸铁。塑性好的材料一方面由于可以产生大量的塑性变形而不被破坏，所以能通过压力加工获得复杂形状的零件，还可以顺利地进行焊接；另一方面受力过大时，会首先产生塑性变形而不致突然断裂，所以安全可靠。

(3) 硬度

硬度是衡量材料软硬程度的一个指标，它表征了材料抵抗其他硬物压入其内的能力。它是材料性能的一个综合物理量，表示材料在一个小的体积范围内对局部塑性变形的抗力。

硬度的试验方法多种多样，所以硬度有许多种表示方式。工程上最常用的有布氏硬度和洛氏硬度。

① 布氏硬度

布氏硬度试验通常是将直径为 D(单位 mm)的淬火钢球(或硬质合金球)在一定载荷 P(单位 N)作用下，压入试样材料表面，经过规定的保持载荷时间后，卸除载荷，即得到一直径为 d(单位 mm)的压痕，见图 2.1.3，载荷除以压痕表面积所得的值即为布氏硬度，以 HBS(当使用淬火钢球时)或 HBW(当使用硬质合金球时)来表示。

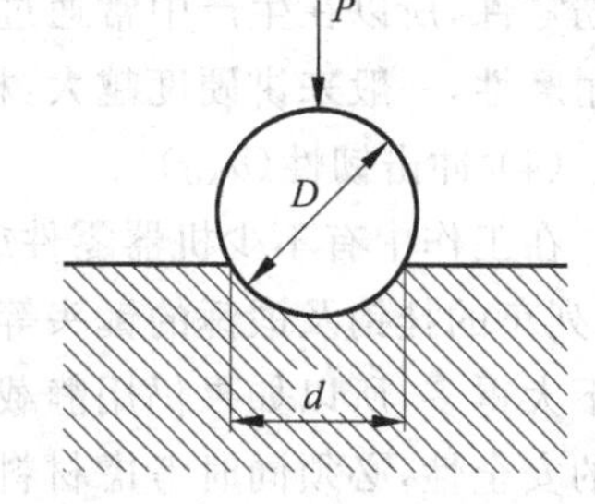

图 2.1.3 布氏硬度试验原理图

从几何关系可求得

$$\text{HBS(HBW)} = 0.102 \times \frac{2P}{\pi D(D-\sqrt{D^2-d^2})} \tag{2.1.4}$$

上式中只有 d 为变量，因此，只要在试验后测出压痕平均直径 d，即可求得布氏硬度值。

布氏硬度记为 200HBS10/1000/30，表示用直径为 10mm 的淬火钢球，在 9800N(1000kgf)的载荷作用下，保持 30s 测得的布氏硬度值为 200。

布氏硬度试验因其压痕面积较大，硬度值的代表性比较全面，而且试验数据的重复性好，数据准确，因此应用广泛。但是，由于淬火钢球(或硬质合金球)一般硬度较低，在压入较硬材料时容易变形，所以不适宜测试太硬的材料，一般大于 450HBS 的材料就不能使用，也不能用于太薄的零件。此外由于压痕较大，成品检验一般也不采用布氏硬度试验。布氏硬度试验主要用于各种退火状态下的钢材、铸铁和有色金属等，也用于调质处理的机械零件。

② 洛氏硬度

洛氏硬度试验的原理是用金刚石圆锥压头或钢球，在规定的预载荷和总载荷作用下，压入被测材料的表面，卸载荷后，根据压痕的深度来度量材料的软硬，压痕愈深，硬度愈低。

根据压头的型式和载荷大小的不同洛氏硬度分为 HRA、HRB、HRC 和 HRD 四种。最常用的是 HRC,它是在采用顶角为 120°的金刚石圆锥压头,总载荷为 1470N 下测得的洛氏硬度。

洛氏硬度试验测量简单、迅速。因其压头硬度大,所以可测量从软到硬的各种不同材料;因其压痕很小,几乎不损伤工件表面,所以在成品检验尤其是钢件热处理质量检验中应用广泛,也可以测量薄的试样;由于其压痕很小,所以不如布氏硬度法准确,主要用于硬度较大的材料。

此外,材料的硬度还可以用维氏硬度试验方法和显微硬度试验方法等测定。

不同方法测得的硬度值之间没有固定的换算关系,但硬度值之间可以通过查表的方法进行互换。例如,61HRC=82HRA=627HBW=803HV30。

常用金属材料的硬度如下:铝合金的硬度一般低于 150HBS;铜合金的硬度一般在 70～200HBS 范围内;退火状态下的低碳钢、中碳钢和高碳钢的硬度一般分别在 120～180HBS、180～250HBS 和 250～350HBS 范围内;中碳钢淬火后的硬度一般在 50～58HRC 范围内;高碳钢淬火后的硬度可达 60～65HRC。

硬度和强度一样,都反映了材料对塑性变形的抗力,而硬度试验方法较简单,又基本不损伤零件,所以在生产中常通过测量材料的硬度来估算其抗拉强度 σ_b。硬度直接影响材料的耐磨性,一般来讲硬度越大,材料越耐磨。

(4) 冲击韧性(a_{KU})

在工作中有不少机器零件或工具,会承受冲击载荷,例如冲床的冲头、柴油机的曲轴、冲模,列车的挂钩及锻锤的锤头等。由于瞬时的外力冲击作用所引起的应力和变形要比静载荷下大得多,所以如果仍用静载荷下的强度指标来进行设计计算,就不能保证这些零件工作时的安全性,必须同时考虑材料的冲击韧性。

材料抵抗冲击载荷作用的能力称为冲击韧性 a_{KU}(或冲击值)。目前常用摆锤冲击试验来测定材料的冲击韧性,其试验示意图如图 2.1.4 所示。其测试方法是按 GB 229—1984 制成带有 U 型缺口(或 V 型缺口)的标准试样,将具有质量 G(kg)的摆锤举至高度为 H_1(m),使之自由落下,将试样冲断后,摆锤升至高度 H_2(m)。如试样断口处的截面积为 S_0(m^2),则冲击韧性 a_{KU}(或 a_{KV})为

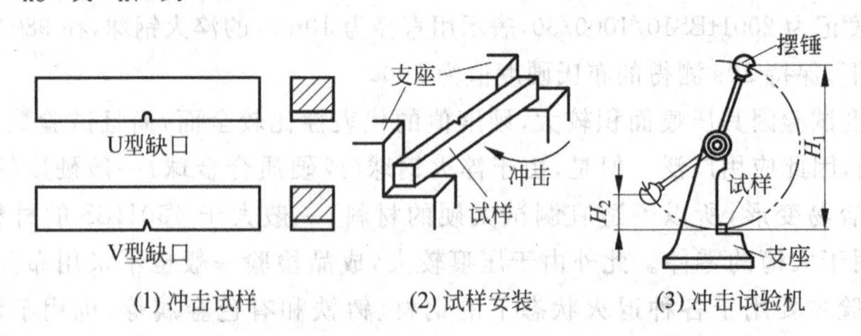

图 2.1.4 冲击试验示意图

$$a_{KU} \text{ 或 } a_{KV} = \frac{GH_1 - GH_2}{S_0} \times 9.8 (\text{J/m}^2) \tag{2.1.5}$$

对于脆性材料(如铸铁和工具钢等),由于开缺口测得的冲击韧性值太小,难以比较不同材料

冲击性能的差别，所以冲击试验时，试样一般不开缺口。

冲击韧性 a_{KU}（或 a_{KV}）值越大，材料的韧性越好。影响冲击韧性大小的因素很多，除试样形状、表面粗糙度、内部组织等外，还受环境温度、试样大小、缺口形状等因素影响。因此，冲击韧性值一般只作为选择材料的参考，不直接用于强度计算。

（5）疲劳强度

许多零件，如曲轴、连杆、弹簧、叶片、齿轮等，在工作时承受随时间做周期性变化的载荷的作用，其各点的应力也是周期性变化的，这种随时间做周期性变化的载荷（应力）称为交变载荷（交变应力）。某些零件在交变应力的作用下，虽然零件所承受的应力远低于该材料的屈服强度 σ_s，但经过长时间的工作，发生断裂的现象称为疲劳，这种破坏称为疲劳断裂。不管是脆性材料还是塑性材料，发生疲劳断裂时都不产生明显的塑性变形，所以危害性极大。据统计，约有80%的零件断裂是由于疲劳断裂造成的，因此，提高零件抗疲劳能力对增长零件的使用寿命非常重要。

材料能承受的交变应力 σ 与断裂前交变应力的循环次数 N 之间的关系可用图2.1.5所示的疲劳曲线来表示。

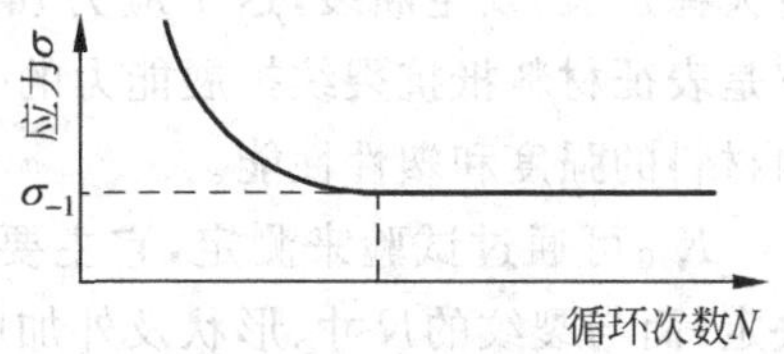

图2.1.5　疲劳曲线

由图可知，材料承受的交变应力 σ 越大，断裂时的应力循环次数 N 越少；当交变应力 σ 低于某一值时，曲线与横坐标平行，表示材料可经无限次循环而不断裂，这一应力称为疲劳强度或疲劳极限。当交变应力为对称循环时，疲劳强度用 σ_{-1} 表示。

工程上，疲劳强度是指在一定的循环次数下不发生断裂的最大应力，一般规定钢铁材料的循环次数为 10^7，有色金属为 10^8。

一般认为，发生疲劳断裂的原因，是由于材料内部存在杂质或缺陷，或者零件在切削加工过程中表面有刀痕，以及零件局部应力集中等原因，零件在交变应力的作用下，会产生微裂纹等。这些微裂纹又会随交变应力循环次数的增加而逐渐扩展长大，导致零件不能承受所加载荷而突然断裂。

疲劳强度表征了材料在交变应力作用下对疲劳破坏的抗力，它主要受材料的内在质量、表面状况、承载形式及零件结构形式的影响。为了提高零件的疲劳抗力，可采用以下几个方面的措施：

① 采用组织均匀、晶粒细小、内部无缺陷的材料制造零件；

② 改善零件的结构形状，避免局部应力集中；

③ 降低零件表面粗糙度；

④ 进行必要的热处理，以消除残余应力；

⑤ 对零件表面进行表面强化处理，如喷丸处理和表面淬火。

（6）断裂韧性

由前面分析可知，当零件在该材料的屈服强度 σ_s 以下工作时，如果载荷为非交变载荷，则零件就不会发生塑性变形，更不会断裂。而事实是，在工程中有许多零件或构件，如转炉的耳轴、大型轧辊、桥梁和船舶等，尽管在设计时保证了足够的延伸率、韧性和屈服强度 σ_s，但仍发生了低应力断裂。其原因是实际使用的零件或构件的材料内部，不可避免地存在着一定的宏观缺陷，也有可能在加工过程中或是在使用过程中产生了宏观缺陷，例如裂纹、夹杂物、气孔等。它们破坏了材料的连续性，就像材料中存在着裂纹一样，如图 2.1.6 所示。当材料受载荷作用时，这些裂纹的尖端附近会出现应力集中，应力不断增大，导致裂纹扩大，最终断裂。

设有一无限大的板材，内有一长度为 $2a$(单位 m)的张开裂纹，当受到垂直于裂纹面的外加载荷 σ(单位 MPa)拉伸时(图 2.1.6)，根据断裂力学分析，其大小可用**应力强度因子** K_1 来描述，K_1 可表达为

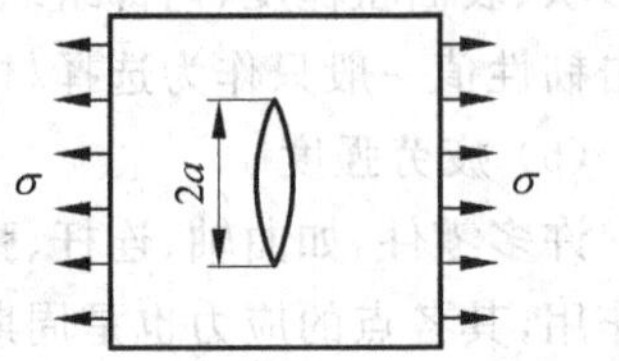

$$K_1 = Y\sigma\sqrt{a}\,(\mathrm{MN/m^{3/2}}) \tag{2.1.6}$$

图 2.1.6　断裂韧性试验原理图

式中，Y 为与试样和裂纹几何尺寸有关的量(无量纲)。

拉伸时，Y 值是一定的，当拉应力 σ 逐渐增大时，裂纹尖端的应力强度因子 K_1 也逐步增大，当 K_1 增大到某一值时，就能使裂纹前沿的内应力大到足以使材料分离，从而使裂纹产生失稳扩展，发生断裂，这个应力强度因子的临界值，即为断裂韧性 K_{1C}(单位 $\mathrm{MN/m^{3/2}}$)。它是表征材料抵抗裂纹扩展能力的一种力学性能指标，它反映了裂纹尖端很小一部分体积内材料的强度和塑性性能。

K_{1C}可通过试验来测定，它主要取决于材料本身的特性，由材料的成分、组织及结构等决定，而与裂纹的尺寸、形状及外加应力的大小无关。因此，可以通过调整成分和热处理等手段提高材料的断裂韧性。

断裂韧性是安全设计的一个重要力学性能指标。常用材料的断裂韧性值为：铝合金 22～43$\mathrm{MN/m^{3/2}}$，钛合金 50～118$\mathrm{MN/m^{3/2}}$，硬质合金 12～16$\mathrm{MN/m^{3/2}}$，铸铁 6～19$\mathrm{MN/m^{3/2}}$，高碳工具钢～19$\mathrm{MN/m^{3/2}}$，中碳钢～50$\mathrm{MN/m^{3/2}}$，低碳钢～140$\mathrm{MN/m^{3/2}}$，碳纤维复合材料31～43$\mathrm{MN/m^{3/2}}$，有机玻璃 0.9～1.4$\mathrm{MN/m^{3/2}}$，聚乙烯 0.9～1.9$\mathrm{MN/m^{3/2}}$，Al_2O_3 陶瓷 2.8～4.7$\mathrm{MN/m^{3/2}}$，钠玻璃 0.6～0.8$\mathrm{MN/m^{3/2}}$。

(7) 高温下的力学性能

零件在高温下工作时，在室温下测定的性能指标中，弹性模量 E、屈服强度 σ_s、硬度等值将随着温度的升高而降低，塑性指标如延伸率和断面收缩率将随着温度的升高而增加，所以不能用室温性能指标代替高温性能。

材料在高温下的力学性能指标包括蠕变极限、持久强度和松弛稳定性。

① 蠕变极限

蠕变是指材料在高温长时间应力作用下，即使所加应力小于该温度下的屈服强度，也会逐渐产生明显的塑性变形直至断裂的现象。蠕变极限表示材料在高温长期受应力作用时塑性变形的抗力。

② 持久强度

持久强度是材料在给定温度下经过规定时间后产生断裂的最大应力。

③ 松弛稳定性

材料在高温下工作抵抗应力松弛的能力称为松弛稳定性。

有机高分子材料，即使在室温下也会发生蠕变现象和应力松弛。

2. 结构材料的物理性能

结构材料的物理性能是指不发生化学反应就能表现出来的一些性能，如密度、熔点、导

电性、导热性、磁性和热膨胀性等。

结构材料的物理性能对于热加工工艺有一定的影响。例如，铸钢、铸铁和铸造铝合金的熔点各不相同，因此它们的熔炼工艺有很大的差别。在热加工和热处理时，必须考虑材料的导热性和热膨胀性，防止材料在加热和冷却过程中产生过大的内应力，造成零件变形和开裂，如导热性差的高速钢在锻造时应采用很低的加热速度，以免产生裂纹。

不同用途的零件要求材料具有不同的物理性能。例如，航空、航天、导弹、人造卫星需要选用比强度(抗拉强度/密度)大的铝合金和钛合金来制造，这对减轻结构质量、提高飞行速度具有极大的优越性；在火箭、导弹、燃气轮机和喷气飞机上，采用熔点高的难熔金属钨、钼、钒等制造耐高温零件；用导热性好的金属材料如铜、铝制造散热器、热交换器等零件；轴和轴瓦之间要根据其膨胀系数来控制其间隙尺寸等。

3. 结构材料的化学性能

结构材料的化学性能是指发生化学反应时才能表现出来的性能，它是材料在室温或高温条件下抵抗各种介质化学作用的能力。材料的化学性能包括抗氧化性和耐腐蚀性等。

在腐蚀介质中或高温条件下工作的零件，比在空气中或室温下的腐蚀更为强烈。在设计这类零件时，应该特别注意材料的化学性能。

(1) 耐腐蚀性

材料在常温下抵抗氧、水蒸气及其他化学介质(包括酸性、碱性介质)腐蚀破坏作用的能力称为耐腐蚀性。如碳钢、铸铁的耐腐蚀性差，铝合金、铜合金、钛合金和不锈钢的耐腐蚀性好。因此，在化工设备、医疗器械和食品工业中不锈钢是主要材料。

(2) 抗氧化性

材料在加热时抵抗氧化作用的能力称为抗氧化性。镍铬钢和镍基耐热合金具有高温抗氧化能力强和高温强度大的特点，常用于制造燃气涡轮叶片等。

4. 结构材料的工艺性能

结构材料的工艺性能是指结构材料适应加工工艺要求的性能。由于工艺性能直接影响零件加工后的质量，在设计零件和选择其加工方法时，都要考虑结构材料的工艺性能。

按照工艺方法的不同，工艺性能又可分为铸造性能、可锻性、可焊性和切削加工性等。结构材料的工艺性能往往是材料的物理性能、化学性能和机械性能的综合反映，只有系统地了解了各种结构材料的工艺性能特点，才能更有效地利用它们。例如，灰铸铁具有优良的铸造性能和切削加工性能。但是它的塑性很差，不能进行锻造，焊接性也较差。所以灰铸铁常用铸造方法生产零件，尤其是铸造形状复杂的零件。

(1) 铸造性能

铸造性能是指材料铸造成形获得铸件的能力，一般用流动性、收缩性和偏析来衡量。

(2) 可锻性

可锻性是指材料用锻压加工方法成形获得锻件的能力，它主要取决于材料的塑性和抗变形能力。塑性越好，抗变形能力越小，材料的可锻性越好。

(3) 可焊性

可焊性是指材料对焊接加工方法成形获得焊接件的能力，即在一定焊接工艺条件下，获得优质焊接接头的难易程度。

(4) 切削加工性

切削加工性一般用切削后的表面质量和刀具的使用寿命来表示。影响切削加工性的因素主要有材料的化学成分、组织结构、硬度、韧性、导热性及加工硬化等。

2.2 金属材料

在工业生产中,金属材料是最重要的机械结构材料,一般将金属材料分为黑色金属和有色金属两大类。通常,把钢铁材料称为黑色金属,包括钢和铸铁;把铝、镁、铜、锌、钛等黑色金属以外的所有金属及其合金称为有色金属。在金属材料中,由于黑色金属性能比较优越,价格比较便宜,因此应用最广,常用金属材料零件中约有95%为黑色金属制成。

钢和铸铁是现代机械制造工业生产中应用最广泛的黑色金属材料,它们都是铁和碳两个基本组元组成的铁碳合金。由于钢和铸铁的成分不同,因此组织和性能也不相同,应用也不一样。

与黑色金属相比,有色金属的产量和使用量都很低,价格也昂贵。但由于它们具有某些特殊性能,因而成为现代工业中不可缺少的材料。

2.2.1 钢

含碳量在0.04%~2.11%的铁碳合金称为钢。

1. 钢的分类

钢的种类繁多,如按化学成分来分类,可概括为碳素钢和合金钢两大类,如图2.2.1所示。

碳素钢易于冶炼,切削加工性好,价格便宜,性能也能基本满足一般构件的要求,因此应用十分广泛,约占钢总产量的70%~80%;合金钢则有更高的机械、物理和化学性能。

此外,还可按用途划分为结构钢、工具钢和特殊性能钢三类;或按质量划分为普通钢、优质钢和高级优质钢三类。

2. 碳钢

含碳量小于2.11%并含有少量Si、Mn、S、P、H、O、N等杂质元素的铁碳合金,称为碳素钢,简称碳钢,这些杂质元素对钢的性能和质量的影响很大,应该严格控制其含量。

(1) 化学成分对碳钢机械性能的影响

① 碳的影响

碳是钢中不可缺少的元素,它是影响钢的组织和性能的主要元素。在钢中碳主要以渗碳体的形式存在。当钢的含碳量小于等于1.0%时,随着含碳量的增加,钢的强度和硬度不断提高,而塑性和韧性则不断下降。这是因为在以铁素体为基体的钢中,层片状渗碳体起着强化作用,钢中碳的含量愈多,层片状渗碳体就愈多,强度和硬度也就愈高。但是,当钢中含

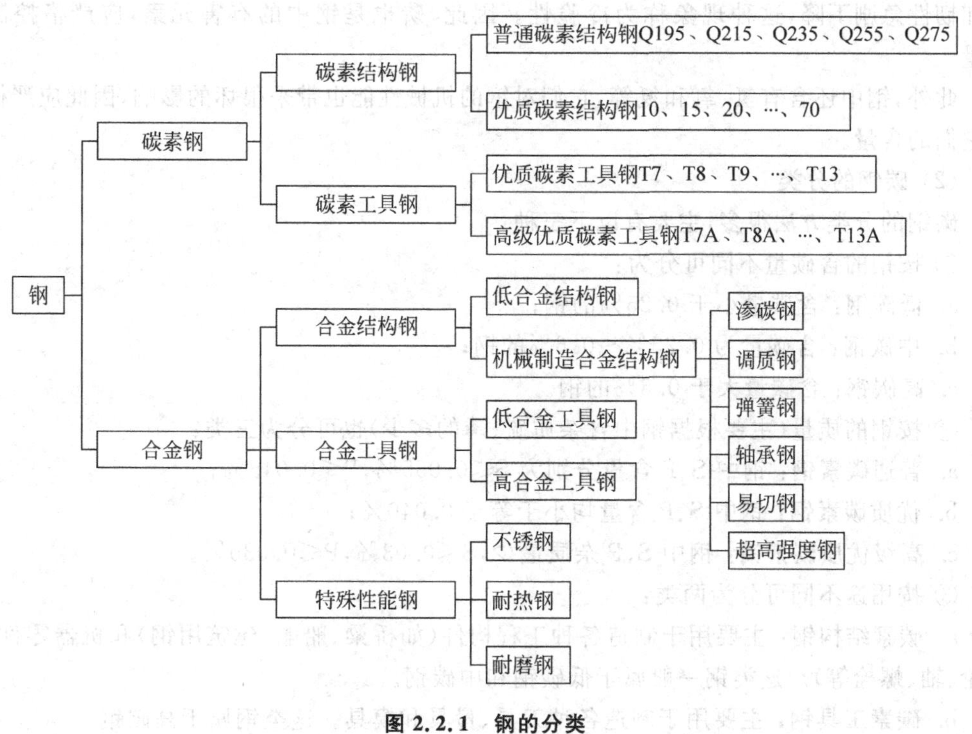

图 2.2.1 钢的分类

碳量大于1.0%以后,钢中将出现网状渗碳体,这时钢的硬度虽然随着含碳量的增加而不断提高,却导致钢的强度下降。钢中含碳量愈多,渗碳体网愈严重,网的厚度也越大。所以高碳钢的性能硬而脆,仅做工具用。

② 硅的影响

硅是炼钢时用硅铁脱氧而残留在钢中的一种有益元素。一方面它可以消除氧的不良影响,另一方面它溶于铁素体中形成固溶体,可以提高钢的强度和硬度,而使塑性和韧性有所下降。但在钢中硅的含量较少,一般在0.10%~0.40%之间,因此对钢的性能影响不显著。

③ 锰的影响

锰和硅一样也是炼钢时用锰铁脱氧而残留在钢中的一种有益元素。一方面它可以消除氧的不良影响,另一方面它溶于铁素体中形成固溶体,可以提高钢的强度和硬度,而使塑性和韧性有所下降。此外,锰和硫化合成MnS,可以减轻硫对钢的危害。在钢中锰的含量在0.25%~0.80%之间。

④ 硫的影响

硫是在炼钢时从矿石和燃料中带入的元素,它不溶于铁,常以FeS形式存在。FeS与铁形成低熔点共晶(熔点985℃),当钢材在轧制或锻造时(加热温度为800~1250℃),沿着晶界分布的低熔点共晶已呈熔融状态,它削弱了晶粒之间的连接,会造成钢材开裂,这种现象叫热脆性。因此硫是钢中的有害元素,应严格控制其含量。

⑤ 磷的影响

磷是炼钢时从矿石中带入的元素。它常溶解在铁素体内形成固溶体,使钢的强度和硬度提高,而塑性和韧性下降。但是,磷在结晶时易形成脆性很大的Fe_3P,使钢在室温下的塑性和韧性急剧下降，这种现象称为冷脆性。因此，磷也是钢中的有害元素，应严格控制其含量。

此外，钢中还含有氢、氧和氮等，它们对钢的机械性能也带来很坏的影响，因此应严格控制它们的含量。

(2) 碳钢的分类

碳钢的分类方法很多，主要有以下三种：

① 按钢的含碳量不同可分为：

a. 低碳钢：含碳量小于0.25%的钢；

b. 中碳钢：含碳量为0.25%～0.6%的钢；

c. 高碳钢：含碳量大于0.6%的钢。

② 按钢的质量(主要根据钢中含杂质硫、磷的多少)也可分为三类：

a. 普通碳素钢：钢中S、P含量分别为S≤0.055%，P≤0.045%；

b. 优质碳素钢：钢中S、P含量均小于等于0.040%；

c. 高级优质碳素钢：钢中S、P杂质最少，S≤0.03%，P≤0.035%。

③ 按用途不同可分为两类：

a. 碳素结构钢：主要用于制造各种工程构件(如桥梁、船舶、建筑用钢)和机器零件(如齿轮、轴、螺栓等)。这类钢一般属于低碳钢和中碳钢。

b. 碳素工具钢：主要用于制造各种刀具、量具和模具。这类钢属于高碳钢。

(3) 碳钢的编号和用途

碳钢的编号是以钢的质量和用途为基础编制的，采用汉字和字母同时并用的原则。

① 碳素结构钢的编号和用途

a. 新国标GB 700—1988

根据新国家标准GB 700—1988规定，将碳素结构钢分为Q195、Q215、Q235、Q255、Q275五类。碳素结构钢的牌号、化学成分和用途如表2.2.1所示，其机械性能如表2.2.2所示。

表2.2.1 碳素结构钢的牌号、化学成分和用途(GB 700—1988)

牌号	等级	化学成分/%					用途
		C	Mn	Si	S	P	
					不大于		
Q195	—	0.06～0.12	0.25～0.50	0.30	0.050	0.045	薄板、钢丝、钢管、钢丝网、烟筒、炉撑、地脚螺丝、铆钉、螺钉、轴套、开口销、冲压零件、拉杆等
Q215	A	0.09～0.15	0.25～0.55	0.30	0.050	0.045	
	B				0.045		
Q235	A	0.14～0.22	0.30～0.65	0.30	0.050	0.045	钢结构用的各种型钢及条钢、中厚板、薄板、钢筋、铆钉、道钉、套环、轴、连杆、拉杆、摇杆、吊钩、螺栓等
	B	0.12～0.20	0.30～0.70		0.045		
	C	≤0.18	0.35～0.89		0.040	0.040	
	D	≤0.17			0.035	0.035	
Q255	A	0.18～0.28	0.40～0.70	0.30	0.050	0.045	钢结构用的各种型钢和条钢、转轴、链、心轴、拉杆、摇杆、工具钢等
	B				0.045		
Q275	—	0.28～0.38	0.50～0.80	0.35	0.050	0.045	鱼尾板、农业机械用钢、工具钢

表 2.2.2 碳素结构钢的机械性能(GB 700—1988)

牌号	拉伸试验												
	屈服强度 σ_s/MPa						抗拉强度 σ_b/MPa	伸长率 δ_5/%					
	钢材厚度(直径)/mm							钢材厚度(直径)/mm					
	≤16	16~40	40~60	60~100	100~150	>150		≤16	16~40	40~60	60~100	100~150	>150
	不小于							不小于					
Q195	(195)	(185)	—	—	—	—	315~390	33	32	—	—	—	—
Q215	215	205	195	185	175	165	335~410	31	30	29	28	27	26
Q235	235	225	215	205	195	185	375~460	26	25	24	23	22	21
Q255	255	245	235	225	215	205	410~510	24	23	22	21	20	19
Q275	275	265	255	245	235	225	490~610	20	19	18	17	16	15

这类钢主要保证钢的机械性能,符号用Q+数字表示,其中"Q"表示屈服点,为"屈"字的汉语拼音字首,数字表示屈服强度 σ_s 的数值。例如,Q235 表示屈服强度 $\sigma_s=235$MPa 的碳素结构钢。若牌号后面加上 A、B、C、D,则表示碳素结构钢的质量等级不同,即 S、P 的含量不同,其中 A 级碳素结构钢的 S、P 的含量最高,A、B、C、D 级表示碳素结构钢的质量依次增高,D 级碳素结构钢的 S、P 的含量最低。

b. 旧国标 GB 700—1979

由于旧国标 GB 700—1979 仍在使用,因此对旧国标 GB 700—1979 做简单介绍。

旧国标 GB 700—1979 将碳素结构钢分为甲、乙、特(或 A、B、C)三类。

甲类钢是按机械性能供应的钢。其牌号以"甲"或"A"字加上阿拉伯数字表示,有甲 1、甲 2、…、甲 7(或 A1、A2、…、A7)共七种。数字愈大,其抗拉强度(σ_b)愈高,但塑性下降。甲类钢一般都轧制成各种型钢(如圆钢、扁钢、工字钢等)或板材,不经热处理可直接用来制造不重要的机器零件或各种构件。甲类钢的机械性能如表 2.2.3 所示。

表 2.2.3 甲类钢的机械性能和用途

牌号	σ_b/MPa	δ_5/%	δ_{10}/%	用途
A1	320~400	33	28	延伸率高,用来制造炉掌、地脚螺钉、钉、梨板
A2	340~420	31	26	
A3	380~470	27~25	23~21	较高的强度、硬度和延伸率,是制造一般机械零件的主要材料,如轴、连杆、销子、拉杆、螺栓等,以及钢结构用的各种型钢、条钢和钢板
A4	420~500	25~20	21~19	
A5	600~620	21~19	17~15	抗拉强度高、耐磨性好,用来制造农业机械零件等
A6	600~720	16~14	13~11	
A7	≥700	11~10	9~8	

乙类钢是按化学成分供应的钢。其牌号以"乙"或"B"字加上阿拉伯数字表示,例如乙 1、乙 2、…、乙 7(或 B1、B2、…、B7)共七种。数字愈大,表示其含碳量愈高。其具体成分见表 2.2.4。

乙类钢的用途与相同数字的甲类钢相同。由于乙类钢的化学成分是已知的,所以可通过适当的热处理来改善其性能。

表 2.2.4　乙类钢的化学成分

牌　　号	元素含量/%				
	C	Mn	Si	S	P
B1	0.06～0.12	0.25～0.50	0.12～0.30	≤0.055	≤0.045
B2	0.09～0.15				
B3	0.14～0.22	0.40～0.65			
B4	0.18～0.27	0.40～0.70			
B5	0.28～0.37	0.50～0.80	0.15～0.35		
B6	0.38～0.49				
B7	0.50～0.62				

特类钢是同时按化学成分和机械性能供应的钢，其牌号以“特”或“C”字加上阿拉伯数字表示。这类钢实际上已很少使用。

② 优质碳素结构钢的编号和用途

优质碳素结构钢中有害杂质 S、P 含量较少，供应时，既要严格控制其化学成分，又要保证其机械性能，使用时一般均须热处理以提高其机械性能。此类钢常用来制造比较重要的零件。

优质碳素结构钢的牌号以两位数字表示，数字代表该碳素结构钢平均含碳量的万分之几，例如 35 钢，表示平均含碳量约为 0.35% 的优质碳素结构钢（实际含碳量为 0.32%～0.40%）。优质碳素结构钢的牌号、含碳量和用途见表 2.2.5，其机械性能如表 2.2.6 所示。

表 2.2.5　优质碳素结构钢的成分和性能

牌号	化学成分/%					用　　途
	C	Mn	Si	S	P	
08F	0.05～0.11	<0.40	≤0.03	<0.040		强度低，韧性和塑性好，可制造冷冲压零件
10	0.07～0.14	0.35～0.65	0.17～0.37			强度不高，韧性和塑性好，冷冲压性和焊接性好，可制造冲压和焊接零件
20	0.17～0.24					
35	0.32～0.40	0.50～0.80				经热处理后具有较高的综合机械性能（强度、塑性和韧性均较好），可制造受力的齿轮、轴类、套筒、键、重要的螺栓等
40	0.37～0.45					
45	0.42～0.50					
50	0.47～0.55					
60	0.57～0.65					经热处理后，具有高的强度、硬度和弹性，主要用于制造弹簧
65	0.62～0.70					

表 2.2.6　优质碳素结构钢的机械性能

牌　　号	含碳量/%	机械性能(不小于)			
		σ_b/MPa	σ_s/MPa	δ_5/%	ψ/%
08F	0.05～0.11	295	175	35	60
10	0.07～0.14	335	205	31	55
20	0.17～0.24	410	245	25	55
35	0.32～0.40	530	315	20	45
40	0.37～0.45	570	335	19	45
45	0.42～0.50	600	355	16	40
50	0.47～0.55	630	375	14	40
60	0.57～0.65	675	400	12	35
65	0.62～0.70	695	420	10	30

③ 碳素工具钢的编号和用途

这类钢用来制造低速的切削刀具、量具和冲压或冷拉模具。因此，必须具有高的硬度和耐磨性，这只有在含碳量足够高的钢经淬火后才能获得，故碳素工具钢都是高碳钢，其含碳量在0.65%～1.35%之间。碳素工具钢均为优质钢，要求S、P杂质含量为：S≤0.03%，P≤0.035%；高级优质碳素工具钢要求S、P杂质含量为：S≤0.020%，P≤0.030%。

碳素工具钢的牌号由汉字"碳"或汉字拼音字母"T"和数字组成，数字表示平均含碳量的千分之几。例如碳8(T8)表示平均含碳量为0.8%的碳素工具钢。高级优质碳素工具钢在牌号后面再附以汉字"高"或字母"A"，如T10A，即表示平均含碳量为1.0%的高级优质碳素工具钢。

碳素工具钢的热硬性(高温时仍能保持较高硬度的性能)差，当温度高于200℃时，钢的硬度就大大降低，因此只能用作低速切削的工具。

碳素工具钢的牌号、化学成分、硬度及应用见表2.2.7。

表2.2.7 碳素工具钢的牌号、化学成分、硬度及应用

牌号	含碳量 C/%	硬度(不大于)		用途
		供应状态(HBS)	淬火后(HRC)	
T7 T7A	0.65～0.74	187	62	可制造高韧性、硬度不太高的工具，如凿子、锤子、锻模、手钳、螺丝刀、木工工具等
T8 T8A	0.75～0.84	187		可制造韧性较好、硬度较高的工具，如中心钻、剪刀、锻造工具、风动工具等
T9 T9A	0.85～0.94	192		可制造要求硬度高、略具韧性的工具，如冲头、中心钻等
T10 T10A	0.95～1.04	197		可制造不受剧烈冲击、刀刃上有足够韧性的工具，如丝锥、板牙、绞刀、手锯条、刨刀等
T11 T11A	1.05～1.14	207		
T12 T12A	1.15～1.24	207		可制造不受冲击、有很高硬度的工具，如锯条、锉刀、刮刀、拉丝模、剃刀等刃具，以及量规、样套等量具
T13 T13A	1.25～1.35	217		

注：所有牌号Si≤0.35%，Mn≤0.40%。优质S≤0.030%，P≤0.035%；高级优质S≤0.020%，P≤0.030%。

3. 合金钢

(1) 概述

合金钢是为了改善钢的组织与性能，有意识地在碳钢的基础上加入某些合金元素所获得的钢种，这些合金元素有锰(Mn)、硅(Si)、铬(Cr)、钼(Mo)、钨(W)、钒(V)、钛(Ti)、铌(Nb)、锆(Zr)、镍(Ni)、稀土(RE)等元素。

碳钢由于价格低廉、生产和加工容易，并且通过改变碳的含量和采取相应的热处理，可以改善碳钢的性能以满足使用要求，因此碳钢在生产中应用非常广泛。但是，随着科学技术的发展，对材料的要求越来越高，如强度、硬度更大，耐高温、耐高压、耐低温、耐腐蚀、耐磨及

其他物理、化学性能的要求更高,碳钢就不能完全满足这些要求。概括地讲,碳钢存在以下几个方面的缺点,限制了它的使用。

① 碳钢的淬透性低

碳钢的淬透性比较低,如淬透深度较大的水淬一般也不超高 10mm。因此,淬火后很难保证大尺寸零件整个截面性能分布均匀一致,也不能保证形状复杂零件的几何形状不变。

合金钢的淬透性则高很多。

② 碳钢的强度和屈强比比合金钢低

强度低的材料,在制造承受高负荷的零件时,就要增大尺寸,致使设备变得庞大、笨重。如 20 钢的抗拉强度 σ_b 为 410MPa,而低合金钢 16Mn 仅在 16 钢的基础上加入了少量的 Mn,抗拉强度 σ_b 就提高为 520MPa。

屈强比 σ_s/σ_b 低说明材料强度的有效利用率低。如 40 钢的屈强比 σ_s/σ_b 为 0.43,而合金钢 35CrNi3Mo 的屈强比 σ_s/σ_b 则高达 0.74。

③ 碳钢的综合机械性能低

由于回火稳定性差,碳钢在进行调质处理时,低温回火具有较高的强度,但韧性较低;高温回火具有较好的韧性,但强度较差。总之碳钢的综合机械性能差。

④ 碳钢难以满足某些特殊性能要求

合金钢还具有一些碳钢不能具备的特殊性能,如耐高温、抗氧化、耐腐蚀、耐低温、高耐磨性等性能。

(2) 合金钢的分类

合金钢种类繁多,分类方法也较多。例如,按合金元素含量分为低合金钢(合金总含量低于 5%)、中合金钢(合金总含量在 5%~10%之间)和高合金钢(合金总含量高于 10%)。一般我国采用按用途分类的方法,可分为合金结构钢、合金工具钢和特殊性能钢三类。

(3) 合金结构钢

合金结构钢是用于制造重要工程结构件和机器零件的钢种,在合金钢中应用最广。

我国合金结构钢的牌号采用"两位数字+元素符号+数字"来表示。前面两位数字代表钢中平均含碳量的万分之几,元素符号代表钢中所含的合金元素,元素后面的数字代表该元素的平均含量的百分之几。当合金元素含量小于 1.5%时,牌号中只标明元素符号,不标明数字。倘若平均含量等于或大于 1.5%、2.5%、3.5%,则相应地以 2、3、4 来表示。若为高级优质钢,则在钢号最后加"A"字。例如 40Cr 钢,表示平均含碳量 0.4%、平均含铬量小于 1.5%的合金钢;又如 09MnNb 钢,表示平均含碳量 0.09%、平均含锰量和铌量均小于 1.5%的合金钢;再如 18Cr2Ni4WA,表示平均含碳量 0.18%、平均含铬量 2%、平均含镍量 4%、平均含钨量小于 1.5%的高级优质合金钢。

合金结构钢又可分为低合金结构钢、渗碳钢、调质钢、弹簧钢、滚动轴承钢、易切钢和超高强度钢七类。表 2.2.8 列出了各种常用合金结构钢的牌号、性能及用途。

① 低合金结构钢(又称为普通低合金钢)

低合金结构钢是为了适应大型工程构件(如大型桥梁、大型压力容器及船舶等)的生产,减轻结构重量,提高使用的可靠性、长寿命及节约钢材的需要而发展起来的。它主要用于替代碳钢,制造桥梁、船舶、车辆、锅炉、高压容器、输油输气管道、大型钢结构等。

表 2.2.8 常用合金结构钢的牌号、性能及用途

类别	牌号	机械性能(不小于)			用途
		σ_b/MPa	σ_s/MPa	δ_5/%	
低合金结构钢	09MnNb	490～640	>355	21	桥梁、车辆、容器、油罐、油槽等
	16Mn	510～660	>345	22	桥梁、车辆、船舶、压力容器、建筑等
	18MnMoNb	580～720	>460	17	锅炉、化工、石油高压厚壁容器等
渗碳钢	20Cr	≥850	≥550	10	小齿轮、小轴、活塞销等
	20CrMnTi	≥1100	≥850	10	汽车、拖拉机上的变速箱齿轮等
	20Cr2Ni4A	≥1200	≥1100	10	大型渗碳齿轮和轴类件等
调质钢	40Cr	≥1000	≥800	9	轴、齿轮、连杆、螺栓、涡杆、进气阀等
	35CrMo	≥1000	≥850	12	连杆、曲轴等
	40CrNiMoA	≥1000	≥850	12	航空发动机轴、高强度耐磨齿轮等
弹簧钢	65Mn	≥1000	≥800	8	截面小于等于 25mm 的弹簧
	50CrVA	≥1300	≥1100	10	截面小于等于 30mm 的重要弹簧
	60CrMnBA	≥1300	≥1100	9	推土机、船舶用超大型弹簧
易切钢	Y12	390～540		22	
	Y30	510～655		15	
	Y45Ca	600～745		12	
超高强度钢	30CrMnSiNi2A	≥1700	≥1530	13.5	飞机结构用钢
	40Cr5MoVSi	≥2000	≥1550	10	
	Ni25Ti2AlNb	≥2000	≥1900	13	
滚动轴承钢	GCr9	回火后硬度 HRC62～66			直径小于 20mm 的滚珠
	GCr15	回火后硬度 HRC62～66			直径小于 50mm 的滚珠、中小型轴承套圈
	GCr15SiMn	回火后硬度 HRC>62			大型或超大型轴承套圈、滚珠

低合金结构钢的特点是：含碳量小于 0.20%；采用我国资源丰富的锰(Mn)为主合金元素；另外加入少量的铌(Nb)、钛(Ti)或钒(V)等辅助元素，合金总含量小于 3%，使得低合金结构钢具有高强度、高韧性、良好的焊接性能和冷成型性能、低的冷脆转变温度和良好的耐蚀性。

② 渗碳钢

渗碳钢是指低碳钢或低碳合金钢表面渗碳后经淬火和回火处理使用的钢种。

渗碳钢的特点是：

a. 渗碳钢的含碳量一般在 0.10%～0.20%范围，因此心部具有较高的塑性和韧性，而心部的强度也不太低。

b. 渗碳钢常加入铬(Cr)、镍(Ni)、锰(Mn)、硼(P)等合金元素，用于提高钢的淬透性，从而使得淬火后的合金渗碳钢心部具有高的强度和韧性。

c. 渗碳钢同时还加入少量的钛(Ti)、钼(Mo)、钨(W)、钒(V)等合金元素，可以增加渗碳层的硬度，提高表层的耐磨性和疲劳抗力。

可见，渗碳钢的淬透性好，心部具有高的韧性和足够的强度，表层具有高的硬度、优异的耐磨性及高的疲劳抗力的同时，还有适当的塑性和韧性。因此渗碳钢主要用于制造那些在工作中承受很大摩擦和交变载荷(或冲击载荷)的零件，如汽车、拖拉机、机床的变速齿轮、齿

轮轴、内燃机凸轮轴、活塞销、涡杆以及航空发动机和高速柴油机上的重载荷耐磨零件等。

③ 调质钢

调质钢是指经过调质处理后使用的中碳钢或中碳合金钢。

调质钢制造的零件在工作时大多承受工作载荷的作用，载荷经常变动，有时还要受冲击作用，因此要求调质钢既要有高的强度，又要有良好的塑性和韧性，即具有高的综合机械性能。

调质钢的特点是：

a. 含碳量一般在 0.30%～0.50%范围，且以 0.40%最多，属于中碳钢。因此具有适中的强度和韧性指标。含碳量低，则淬透性差，强度不够；含碳量高则塑性和韧性不足。

b. 在碳钢的基础上经常单独加入或多元复合加入提高淬透性的合金元素，如锰(Mn)、硅(Si)、铬(Cr)、钼(Mo)、镍(Ni)、硼(P)等，使得调质处理后的调质钢具有高的强度、高的韧性和良好的耐磨性。

调质钢广泛用于制造一些重要的机器零件，如机床主轴、汽车和拖拉机后桥半轴、柴油机曲轴、连杆、齿轮、螺栓、套筒、销子等。

④ 弹簧钢

弹簧钢是用于制造各种弹簧或弹性元件的钢种，它有两种作用：一种作用是利用弹性变形来吸收冲击能量，以减轻机械振动和冲击，如车辆上的板簧等；另一种作用是利用弹簧的弹性储存能量，使机器零件完成事先规定的动作，如高速柴油机上的气门弹簧等。

弹簧钢的两种作用要求弹簧钢应具有高的弹性极限和疲劳强度、足够的塑性和韧性、良好的表面质量和淬透性以及较低的脱碳敏感性。

弹簧钢的特点是：

a. 含碳量一般在 0.45%～0.90%范围，属于中、高碳钢。因此具有高的弹性极限和疲劳强度。含碳量过低，则强度不够；含碳量过高则塑性和韧性不足，疲劳抗力也下降。

b. 主合金元素为锰(Mn)和硅(Si)，用于提高淬透性、强化基体和提高回火稳定性。辅助合金元素是少量的铬(Cr)、钼(Mo)、钨(W)、钒(V)等碳化物形成元素，作用是进一步提高淬透性、防止表面脱碳及提高耐热性。

弹簧钢除了用于制造各种弹簧和弹性元件外，还可用于制造弹性零件，如弹性轴、耐冲击的模具等。

⑤ 滚动轴承钢

滚动轴承钢是主要用于制造滚动轴承的滚动体(包括滚珠、滚柱和滚针)、内外套圈等的钢种。

由于滚动轴承钢在工作时承受的交变载荷复杂而苛刻，因此要求滚动轴承钢应具备高的接触疲劳强度和屈服强度、高而均匀的硬度和耐磨性、足够的韧性和耐蚀性。

滚动轴承钢的特点是：

a. 高的含碳量，一般在 0.95%～1.15%范围，以保证获得高淬透性、高硬度、高强度和高耐磨性。

b. 基本合金元素为铬(Cr)，用于提高淬透性、耐磨性和疲劳强度。辅助合金元素是锰(Mn)、硅(Si)、钒(V)等，作用是进一步提高淬透性、回火稳定性、耐磨性及防止过热，便于制造大型轴承。

滚动轴承钢除了用于制造滚珠、滚柱、滚针及内外套圈等外，还用于制造多种工具和耐磨件。

滚动轴承钢的牌号是在钢号前面加“滚”字汉语拼音首字字母“G”，合金元素铬(Cr)的含量用平均含量的千分之几表示，其他合金元素仍然用平均含量的百分之几表示。

⑥ 易切钢

钢中加入一定量的硫(S)、铅(Pb)、磷(P)、钙(Ca)、硒(Se)等元素，可改善钢的切削加工性，这类钢种称为易切钢。

易切钢应用于大批大量生产中，目的是改善材料的切削加工性，从而提高生产率。显然，添加其他元素，改善材料的切削加工性势必会牺牲材料的一些机械性能，因此添加元素的含量应适量，不宜过多。

易切钢的牌号是在钢号前面加“易”字汉语拼音首字字母“Y”，碳(C)和其他添加元素的含量仍然遵循合金结构钢的规律。

⑦ 超高强度钢

超高强度钢是用于航空、火箭、导弹行业的新钢种，它是指抗拉强度 $\sigma_b > 1500$MPa，并兼有适当的塑性和韧性的钢种。此外，此类钢还应有良好的切削加工性、冷变形和焊接性。

超高强度钢目前主要用于制造飞机、火箭的壳体。

(4) 合金工具钢

合金工具钢是用于制造各种工具的钢种。工具钢应具有高硬度、高耐磨性、足够的韧性及小的变形量，在使用过程中还应有良好的耐热、耐冲击性能和较长的使用寿命。常用工具钢按照其工作性质可分为刃具钢、模具钢和量具钢。表 2.2.9 是常用合金工具钢的牌号、热处理硬度及应用。

表 2.2.9 常用合金工具钢的牌号、热处理硬度及应用

类别		牌号	硬度/HRC	应用
合金工具钢	低合金刃具钢	9SiCr	60～62	丝锥、板牙、铰刀、钻头、搓丝板、冷冲模、冷轧辊等
		Cr	61～63	车刀、铣刀、插刀、铰刀、量具、样板、冷轧辊等
		CrWMn	62～65	板牙、拉刀、量规、高精度冷冲模等
	高速钢	W18Cr4V	63～66	高速切削车刀、刨刀、钻头、铣刀等
		W6Mo5Cr4V3	>65	形状复杂的拉刀、铣刀等
		9W18Cr4V	67～68	切削不锈钢及硬韧材料的刀具等
合金模具钢	冷作模具钢	9Mn2V	60～62	滚丝模、冷冲模、冷压模、塑料模等
		Cr12MoV	55～63	冷冲模、压印模、冷镦模等
		4CrW2Si	53～56	剪刀、切片冲头等
	热作模具钢	5CrMnMo	30～47	中型锻模
		4Cr2W8V	50～54	压铸模、精锻模、热挤压模
		5Cr4W5Mo2V	50～56	热镦模、热挤压模

合金工具钢的编号方法和合金结构钢相似，只是碳含量的表示方法不同，当平均含量大于或等于 1.0%时碳量不标出，平均含碳量小于 1.0%时，一般以千分之几表示。例如 9CrSi，其平均含碳量为 0.9%，铬和硅的含量均在 1.5%以下。

① 刃具钢

刃具钢是指用于制造刃具的钢种。刃具的种类很多，包括手用和机用各种切削刀具，如丝锥、板牙、钻头、车刀、铣刀、刨刀、滚刀等。刃具在切削加工工件时,刀刃本身将承受弯曲、扭转、剪切应力和冲击震动等载荷,同时还要受工件和切屑强烈的摩擦,从而使刃具的温度升高,有时温度可达500~600℃。因此对刃具钢提出了以下几个方面的要求。

a. 高硬度

刃具的硬度只有高于被加工材料时,才可以进行切削加工。一般刃具钢的硬度应大于HRC60,这主要取决于刃具钢的含碳量,刃具钢的含碳量较高,一般在0.65%~1.50%范围内。

b. 高耐磨性

高耐磨性才能有高的使用寿命。刃具钢的高耐磨性除了取决于其硬度外,更主要的影响因素是刃具钢中硬化物(主要是碳化物,如Fe_3C)的性质、数量、大小和分布。

c. 高的热硬性

在切削时产生的切削热会使刃具处于高温状态,在高温下刃具保持其高硬度的能力称为热硬性,又叫做红硬性。刃具的热硬性主要取决于刃具钢的回火稳定性及特殊碳化物的弥散析出,可以通过加入适当的合金元素提高刃具钢的热硬性。

d. 足够的强度和韧性

刃具钢还要有足够的强度和韧性,以防止刃具在承受冲击和振动载荷时突然断裂和蹦刃。

刃具钢包括碳素工具钢、低合金刃具钢和高速钢三种。

a. 碳素工具钢

前面已经介绍过,碳素工具钢的优点是生产成本低、冷热加工工艺性好、热处理工艺简单、热处理后能达到高硬度、低速切削耐磨性较好,缺点是淬透性低、热硬性差(温度高于200℃,硬度明显下降)、高速切削耐磨性不够(无高硬度的合金碳化物)。因此只能用作低速切削的工具,如凿子、锤子、木工工具、锯条、丝锥、板牙、刮刀、锉刀、车刀等。

b. 低合金刃具钢

为了弥补碳素工具钢的不足,一般是在碳素工具钢基础上加入一种或多种合金元素,如锰(Mn)、硅(Si)、铬(Cr)、钼(Mo)、钨(W)、钒(V)等元素,就形成不同成分和性能的合金工具钢。

低合金刃具钢含碳量较高,一般在0.75%~1.50%范围内,可以保证其高硬度和高耐磨性。合金元素锰(Mn)、硅(Si)、铬(Cr)、钨(W)、钒(V)的总含量在5%以下,主要用于提高其淬透性、强度、硬度、回火稳定性和热硬性,其使用温度最高不超过300℃。

c. 高速钢

高速钢是由大量铬(Cr)、钼(Mo)、钨(W)、钒(V)等合金元素组成的高碳高合金钢。

高速钢的含碳量大于0.70%,高的含碳量一方面保证有一定数量的碳溶入马氏体中,提高马氏体的硬度和耐磨性;另一方面保证能与铬(Cr)、钨(W)、钒(V)等合金元素形成大量的特殊碳化物,进一步提高硬度和耐磨性。

高速钢中的铬(Cr)、钼(Mo)、钨(W)、钒(V)等合金元素的作用是提高淬透性、热硬性、形成高温稳定的合金碳化物等。

高速钢在使用温度达600℃时硬度仍无明显下降,仍保持良好的切削加工性能。

② 模具钢

模具钢是用于制造模具的钢种。按照用途，模具钢一般分为冷作模具钢和热作模具钢两类。

a. 冷作模具钢

冷作模具钢是指在常温下使金属材料变形的模具用钢。它主要用于制造各种冷冲模、冷镦模、冷挤压模等。

冷作模具钢是在常温下使坯料变形，坯料的变形抗力很大，所以模具的工作部分会承受强烈的挤压、摩擦和冲击。冷作模具钢的使用温度一般不超过200～300℃。

冷作模具正常的失效形式是磨损，为了使其不变形、耐磨损、不开裂，冷作模具钢应具有高强度、高硬度、高耐磨性及足够的韧性和疲劳抗力。与刃具钢相比，冷作模具钢对其热硬性要求不高，但强度要求更高。

冷作模具钢可以用碳素工具钢、低合金刃具钢和高速钢等刃具钢制造，也可以用高铬和中铬模具钢制造。高铬和中铬模具钢相对于碳素工具钢和低合金刃具钢而言，含碳量更高，一般大于1.0%，有的甚至达2.0%，以保证其高硬度、高强度及高耐磨性。高铬和中铬模具钢含铬(Cr)量高，除铬(Cr)以外，还加入钼(Mo)、钨(W)、钒(V)等合金元素，从而使得冷作模具钢具有更高的耐磨性和淬透性，而且淬火变形小，广泛应用于制造载荷大、生产批量大、耐磨性要求高、热处理变形要求小、形状复杂的冷作模具。

b. 热作模具钢

热作模具钢是指使热态金属或液态金属成型的模具用钢。它主要用于制造热锻模、热压模、热挤压模和压铸模等。

热作模具在工作时与加热后的金属接触，模具表面的温度很高，如热锻模可达300～400℃，热挤压模可达500～800℃，压铸模可达近千度。可见，热作模具除承受巨大机械应力和强烈摩擦外，还承受炽热金属和冷却介质交替作用而引起的很大的热应力。热作模具常见的失效形式是变形、磨损、开裂和热疲劳等，因此要求热作模具钢应具有高的热强度、高的热稳定性、高的热疲劳抗力、高的高温耐磨性、良好的韧性、良好的抗氧化能力、高的耐蚀性、高的淬透性及高的导热性等。

热作模具钢一般是中碳钢，含碳量在0.30%～0.60%之间，以保证其具有高强度、高韧性、较高的硬度和较高的热疲劳抗力。热作模具钢中常加入铬(Cr)、硅(Si)、镍(Ni)、钼(Mo)、钨(W)、钒(V)等合金元素，以提高其高温强度、高温硬度、回火稳定性、高温抗变形能力、高温抗磨损能力、热疲劳抗力及韧性。

③ 量具钢

量具钢是指用于制造各种测量或计量工具的钢种。这些测量或计量工具有卡尺、千分尺、螺旋测微仪、量规、块规、塞规等。

量具在使用和存放过程中须保持其尺寸精度不变，因此要求量具钢应具备以下性能。

a. 高的硬度和耐磨性

量具使用时常与被测工件接触，容易被磨损而使其尺寸发生改变，所以量具钢应具有高的硬度，一般硬度值在HRC58～64之间。

b. 高的尺寸稳定性

量具钢热处理后的组织是马氏体和残余奥氏体，量具在使用和存放过程中为保持其尺寸精度稳定,就要求量具钢的热处理变形要小,精密量具还要求尽量减少不稳定组织和降低内应力,以减少尺寸变化。

c. 材质纯净且组织致密

块规等高精度量具在使用时需要彼此紧密接触和贴合,因此要求块规有很低的表面粗糙度,即要求量具钢纯净且组织致密。

d. 耐蚀性要好

在腐蚀条件下工作的量具,还应有很好的耐蚀性。

量具钢没有专用钢,可以根据量具的种类和精度选用不同的钢种制造。

a. 最常用的量具钢是低合金刃具钢,如CrWMn、GCr15等,主要用于制造高精度量具,如块规、量规、螺纹塞头等;

b. 尺寸小、形状简单、精度较低的量具,如一般卡尺、样板、量规、块规等,选用碳素工具钢(如T10A、T11A、T12A等)制造;

c. 在使用中易受冲击、精度要求不高的量具,如简单平样板、卡规、直尺等,选用渗碳钢(如15、20、15Cr、20Cr等)或中碳钢(如50、55、60、65等)制造;

d. 对于硬度、耐磨性和尺寸稳定性要求特别高的量具,可选用渗氮钢(如38CrMoAl)或冷作模具钢(如Cr12MoV)制造;

e. 在腐蚀条件下使用的量具可选用不锈钢(如4Cr13、9Cr18等)制造。

(5) 特殊性能钢

特殊性能钢是指具有特殊物理、化学性能的合金钢。它包括不锈钢、耐热钢和耐磨钢三类。

特殊性能钢的编号方法和合金工具钢相同,但当最前面的数字为0时,表示其平均含碳量小于0.1%。例如0Cr18Ni9Ti,表示平均含碳量小于0.1%,铬、镍和钛的平均含量分别为18%、9%和小于1.5%。

① 不锈钢

不锈钢是指在自然环境或一定介质中具有耐腐蚀性能的钢种的统称。不锈钢并非绝对不腐蚀,而是腐蚀速度慢一些。同一种不锈钢,在不同介质中的耐腐蚀能力不相同,不同种类的不锈钢,在同一种介质中的耐腐蚀能力也不相同。介质对材料的腐蚀分为化学腐蚀和电化学腐蚀两种。

目前,不锈钢主要应用于宇航、航空、国防工业、海洋开发、石油、化工、原子能、医学及日常生活中,用于制造在各种腐蚀介质中工作的,具有较高耐腐蚀能力的零件或结构。例如化工装置中的各种管道、阀门和泵体,医疗手术器械、防锈量具和刃具、餐具和食品加工设备、不锈钢螺栓、不锈钢滚珠丝杠和轴承等。

对不锈钢性能的要求最主要的是其耐蚀性。此外,用于制造工具时,要求不锈钢具有高的硬度和高的耐磨性;用于制造重要零件时,要求有高的强度;对于需要切削加工的不锈钢要求有良好的切削加工性;对于需要焊接的不锈钢构件,要求具有良好的可焊性,等等。

大多数不锈钢的含碳量较低,在0.10%～0.20%之间。耐蚀性要求越高,不锈钢的含碳量应越低。

不锈钢中最主要的合金元素是铬(Cr),其作用是铬在氧化性介质(如酸、海水、大气等)

中极易生成致密的氧化膜，使不锈钢的耐蚀性大大提高。实际应用的不锈钢含铬量不小于13%。

不锈钢中的其他合金元素还有镍(Ni)、钼(Mo)、铜(Cu)、钛(Ti)、铌(Nd)、锰(Mn)、氮(N)等。

常用不锈钢的牌号有1Cr13、2Cr13、3Cr13、4Cr13；1Cr17、1Cr17Ti；0Cr18Ni9、1Cr18Ni9、0Cr18Ni9Ti、1Cr18Ni9Ti；1Cr21Ni5Ti、1Cr18Mn10Ni5Mo3N等。

② 耐热钢

在高温下工作，具有一定高温强度和高温抗氧化、耐腐蚀能力的特殊钢种称为耐热钢，它主要用于制造锅炉管道；燃气轮机转子、叶轮、叶片、隔板、耐热螺栓、法兰盘、阀门；航空、船舶、载重汽车发动机、柴油机的进气阀、排气阀、管道等。

耐热钢的含碳量较低，以保证耐热钢的塑性、韧性、抗氧化性、可焊性等。耐热钢中不可缺少的合金元素是铬(Cr)、硅(Si)或铝(Al)，尤其是铬(Cr)。这些合金元素的加入可以提高钢的抗氧化性，铬(Cr)还有利于提高热强性(高温强度)。此外，耐热钢中还会加入钼(Mo)、钨(W)、钛(Ti)、钒(V)等合金元素，它们在钢中形成细小弥散的碳化物，提高耐热钢的室温和高温强度。

常用耐热钢的牌号有15CrMo、12CrMoV；1Cr11MoV、1Cr12WMoV、1Cr13、2Cr13；1Cr18Ni9Ti；3Cr18Ni25Si2、3Cr18Mn12Si2Ni等。

③ 耐磨钢

耐磨钢主要用于使用过程中承受严重磨损和强烈冲击的零件，如钢轨道岔、挖掘机铲头、破碎机颚板及磨球、坦克、拖拉机履带等。

耐磨钢要求具有很高的耐磨性和韧性，高锰钢是目前最主要的耐磨钢。

高锰钢含碳量高，在0.9%～1.4%之间，以保证钢具有足够的耐磨性和强度。但含碳量应不大于1.4%，否则钢的韧性将太低。高锰钢含锰量在10%～15%之间，锰与碳配合，以提高钢的加工硬化率和良好的韧性。高锰钢中常加入一定量的硅(Si)，以改善钢水的流动性。

高锰钢由于机械加工困难，因此大都在铸态下使用，其牌号为ZGMn13(ZG表示铸钢)。

2.2.2 铸铁

含碳量大于2.11%的铁碳合金称为铸铁，工业上常用铸铁的含碳量一般在2.5%～4.0%之间。铸铁作为最常用的金属材料之一，其鲜明的优点是铸造性能优良、生产设备简单、工艺操作简便、生产成本低廉，此外还具有优良的减震性、耐磨性和切削加工性，因此铸铁广泛应用于机械制造、冶金矿山、石油化工、交通运输和国防工业等领域。

1. 铸铁的化学成分

与钢相比，铸铁中碳(C)、硅(Si)、锰(Mn)、磷(P)、硫(S)的含量较多。铸铁的化学成分大致为：2.5%～4.0%C，1.0%～3.0%Si，0.5%～1.4%Mn，0.01%～0.5%P，0.02%～0.20%S。此外，铸铁有时还含有一定量的合金元素，如铬(Cr)、钨(W)、钼(Mo)、钒(V)、铜(Cu)、铝(Al)、镍(Ni)、钴(Co)和稀土(RE)等。

2. 铸铁的石墨化

在铁碳合金中,碳的存在形态有三种:①溶于铁中形成固溶体;②与铁形成化合物渗碳体(Fe_3C);③以游离石墨存在。在钢及其合金中,碳是以前二者的形态存在。而在铸铁中,由于碳(C)、硅(Si)含量高,大部分的碳以游离石墨形态存在。

石墨是碳的一种结晶形态,具有六方晶格,如图2.2.2所示。石墨的碳原子分层排列,各层上的碳原子成正六角形分布,同一层上碳原子之间以共价键结合,原子间距为1.42Å,结合力强,所以石墨沿着层面的生长速度较快。而层与层之间的距离为3.40Å,原子间呈分子键结合,结合力较弱,所以石墨沿着垂直于层面的生长速度较慢。因此,石墨结晶形态常易发展为片状,其强度、硬度、塑性都极低。石墨的这些特性很大程度地影响着铸铁的性能。

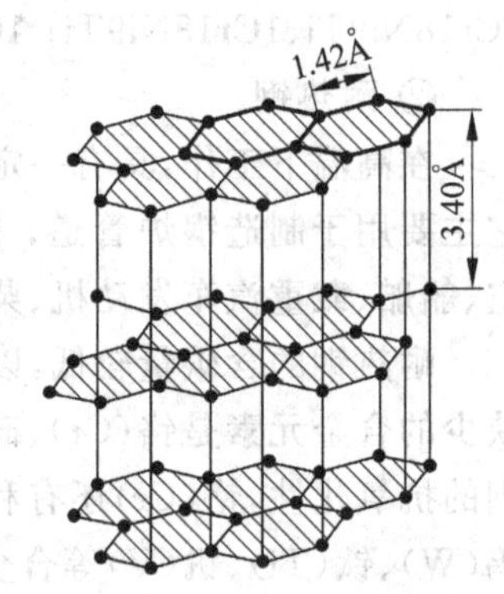

图2.2.2 石墨的晶格结构

影响铸铁石墨化的主要因素是合金元素和冷却速度。

铸铁中促进石墨化的元素是:碳(C)、硅(Si)、磷(P)、铜(Cu)、铝(Al)、镍(Ni)、钴(Co)和稀土(RE)等,其中碳(C)和硅(Si)是强烈促进石墨化的元素,因此可以通过调整碳和硅的含量来控制铸铁的组织和性能。铸铁中阻碍石墨化的元素是:锰(Mn)、硫(S)、铬(Cr)、钨(W)、钼(Mo)、钒(V)等。

铸铁的冷却速度越缓慢,碳原子越能充分扩散,越有利于石墨的形成。因此,铸件壁厚越大、铁水浇注温度越高则冷却速度降低,有利于石墨化,通过采用砂型及加热型腔等措施也可以降低冷却速度,促进石墨化。

3. 铸铁的组织性能特点及应用

最常用的铸铁包括灰铸铁和球墨铸铁。

1) 灰铸铁的组织性能特点及应用

灰铸铁的组织可看作是钢的基体上加片状石墨,其显微组织如图2.2.3所示。

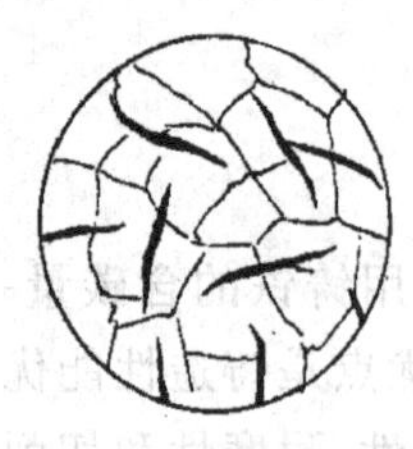
(1) 铁素体基体

(2) 铁素体-珠光体基体

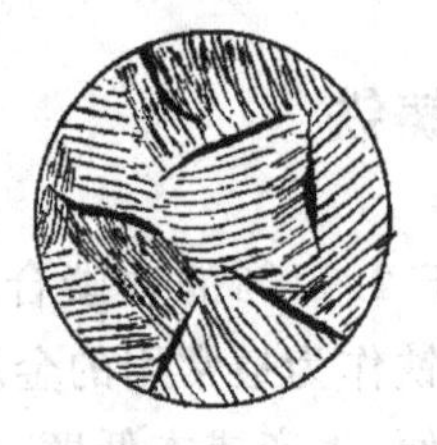
(3) 珠光体基体

图2.2.3 灰铸铁的显微组织

(1) 灰铸铁的机械性能特点

① 抗拉强度、塑性和韧性

由于灰铸铁中的石墨呈片状,石墨的强度和韧性极低,故可把石墨片看作是钢基体上的一些微裂纹,把灰铸铁看作是含有许多微裂纹的钢。这些裂纹一方面减小基体的有效截面积,另一方面分割金属基体,在石墨片尖端处还会产生应力集中。所以灰铸铁的抗拉强度、塑性和韧性比钢差。石墨片的数量愈多、石墨片愈粗大、两端愈尖锐，其影响也愈大。灰铸铁的抗拉强度一般为 100～400MPa。

② 抗压强度和硬度

灰铸铁中石墨片的存在，对灰铸铁的抗压强度和硬度影响不如抗拉强度大，其抗压强度显著大于抗拉强度。灰铸铁的硬度一般为 130～270HBS，抗压强度为抗拉强度的 2.5～4.0 倍。

③ 延伸率和冲击韧性

灰铸铁属于脆性材料，其延伸率很小，一般仅为 0.2%～0.7%。其冲击韧性很差，对缺口试样，其冲击韧性值为 $2\sim8J/cm^2$。而且石墨片的数量愈多、石墨片愈粗大，延伸率和冲击韧性越低。

④ 耐磨性

灰铸铁具有良好的耐磨性，这是因为灰铸铁在受到摩擦时，石墨会脱落，起到减摩作用：

脱落的石墨可以作为润滑剂起减摩作用；

石墨从基体中掉落后所遗留下的孔洞能够储存润滑油，起到减摩作用；

石墨从基体中掉落后所遗留下的孔洞还可以收容材料磨损所产生的微小颗粒。

⑤ 消振性

由于灰铸铁存在大量的石墨，它起到了割裂基体，阻止振动传播的作用，而石墨组织松软，能吸收振动，因此灰铸铁具有良好的消振性。

⑥ 缺口敏感性

在灰铸铁中，大量石墨片本身相当于许多微裂纹，对基体起到割裂作用，即使再增加裂纹等缺口也不会使灰铸铁的强度降低太多，因此灰铸铁具有很低的缺口敏感性。

(2) 工艺性能特点

① 铸造性能

灰铸铁的化学成分接近共晶成分，具有熔点低、流动性好、填充型腔能力好的优点，在凝固时析出的石墨产生膨胀会减少铸件的收缩，降低铸件的内应力。因此灰铸铁的铸造性能非常好。

② 切削加工性

灰铸铁在切削加工时，由于大量石墨片的存在，一方面石墨片分割了金属基体，从而使灰铸铁的切屑容易脆断；另一方面石墨片还对刀具起到润滑减摩作用。因此灰铸铁具有良好的切削加工性。

③ 可焊性和可锻性

由于灰铸铁的强度、塑性和韧性均很差，因此其可焊性和可锻性很差，不能进行焊接和锻造。

(3) 灰铸铁的应用

由于灰铸铁具有以上一系列特点，而且生产设备简单、工艺操作简便、生产成本低廉等，因此广泛地用来制造各种承受压力、要求消振性好及承受摩擦的零件。如一般机床底座、机床床身、车床卡盘、机架、工作台、箱体、壳体、泵体、导轨、缸体、活塞环、轴承座、齿轮、齿条、凸轮、手轮等。

2) 球墨铸铁的组织性能特点及应用

球墨铸铁是石墨呈球状的铸铁，可以看作是钢的基体上加球状石墨，其显微组织如图 2.2.4 所示。

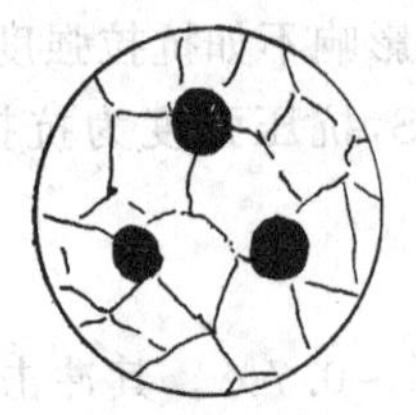
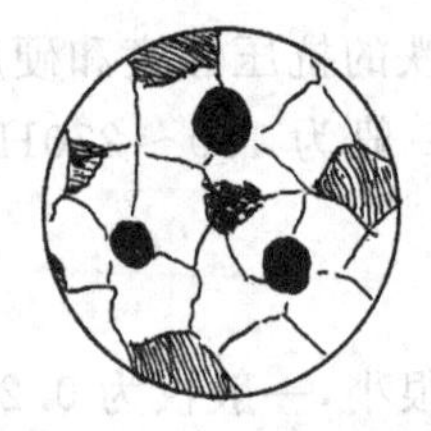
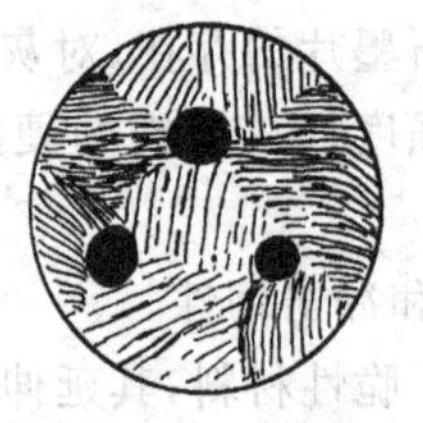
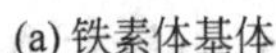

(a) 铁素体基体　(b) 珠光体-铁素体基体　(c) 珠光体基体

图 2.2.4　球墨铸铁的显微组织

球墨铸铁是向铁水中加入一定量的球化剂(如 Mg、稀土元素等)进行球化处理，并加入少量的孕育剂(硅铁)而制得的铸铁。

球墨铸铁的性能特点如下：

① 由于碳也是以游离石墨的形态存在，因此同样具有灰铸铁的一系列优点，如良好的耐磨性和减振性，低的缺口敏感性，良好的铸造性能和切削加工性，以及生产设备简单、工艺操作简便、生产成本低廉等优点，也具有与灰铸铁相同的可焊性和可锻性差的缺点。

② 球墨铸铁的组织特点是其石墨呈球状，因而石墨分割金属基体的作用、引起应力集中的作用大为减小。因此球墨铸铁的抗拉强度、塑性、韧性、延伸率和冲击韧性均高于灰铸铁，而且球状石墨的数量愈少，愈细小，分布愈均匀，这些机械性能便愈高。

③ 相比钢，球墨铸铁的突出特点是屈强比($\sigma_{0.2}/\sigma_b$)高，为 0.7～0.8，而钢一般只有 0.3～0.5，可见对于承受静载荷的零件，使用球墨铸铁比钢还要节省材料，重量更轻。球墨铸铁的疲劳强度大致与中碳钢相似，耐磨性甚至还优于表面淬火钢。

④ 相比灰铸铁，球墨铸铁在凝固时的收缩较大，对原铁水的成分要求较严格，因而对熔炼和铸造工艺的要求较高。此外，它的消振能力比不上灰铸铁。

球墨铸铁常用于制造一些比较重要的零件，例如曲轴、连杆、齿轮、凸轮轴、机床主轴、气缸、摇臂、缸套、活塞、压阀、机座、汽车后桥壳等。

4. 常用铸铁的牌号

(1) 灰铸铁的牌号

灰铸铁有七个牌号：HT100、HT150、HT200、HT250、HT300、HT350 和 HT400。“HT”表示“灰铁”汉语拼音字首，后续数字表示最低抗拉强度(MPa)的值。

(2) 球墨铸铁的牌号

球墨铸铁有八个牌号：QT400—18、QT400—15、QT450—10、QT500—7、QT600—3、QT700—2、QT800—2、QT900—2。QT 代表球墨铸铁，后续的两组数字，分别表示最低抗拉强度(MPa)及最低延伸率值(%)。

2.2.3　铝及其合金

铝(Al)及其合金在工业生产中的应用量仅次于钢铁，居有色金属之首，广泛应用于飞机制造业，也是宇航、航空及航天工业的主要原材料，还广泛用于机械、建筑、运输、电力、电器等民用工业领域。

1. 铝及其合金的特点

铝及其合金在工业中是仅次于钢铁的一种重要金属材料，这是由于铝及其合金具有如下的特点。

(1) 质量轻，比强度和比刚度高

铝及其合金的最大特点是质量轻、比强度和比刚度高。纯铝的密度为 $2.7g/cm^3$（铁的密度为 $7.8g/cm^3$，是铝的 2.9 倍），铝合金的密度也很小，通过必要的强化措施，铝合金的强度可以接近低合金结构钢，因此其比强度和比刚度要比碳素结构钢和低合金结构钢高得多。

(2) 具有优良的导电、导热性

铝及其合金的导电性好，仅次于银(Ag)、铜(Cu)和金(Au)，在室温下铝的电导率为铜的 64%，因此是良好的导电材料。

铝及其合金的导热性好，是良好的导热材料，如经常做散热片。

(3) 耐蚀性好

铝化学性质活泼，在大气中极易和氧结合，在铝及其合金表面形成一层薄而致密的三氧化二铝(Al_2O_3)薄膜，可以防止铝及其合金进一步氧化，因此铝及其合金的耐腐蚀性好。

(4) 工艺性好

铝及其合金的塑性很好，可以通过冷变形加工和强化。铸造铝合金的铸造性能良好。所有铝合金的切削加工性良好。

(5) 资源丰富，价格低廉

2. 纯铝

纯铝中含有许多杂质，主要有铁(Fe)和硅(Si)，还有铜(Cu)、锌(Zn)、镁(Mg)、锰(Mn)、镍(Ni)和钛(Ti)等。随着杂质含量的增加，纯铝的强度增高，导电性、导热性、耐蚀性和塑性下降。

纯铝按照材料的纯度分为工业纯铝和高纯铝两类。工业纯铝是指铝纯度小于 99.93% 的纯铝，牌号有 L1、L2、L3、…、L7。“L”是铝字的汉语拼音字首，后边的数字表示纯度，数字愈大纯度愈低。工业纯铝主要用于制作电线、电缆、器皿、铝箔及做冶炼铝合金的原料等。高纯铝是指铝纯度大于 99.93% 的纯铝，牌号有 LG1、LG2、LG3、LG4、LG5 五种，其数字愈大纯度愈高。如 LG5 的纯度高达 99.99%。高纯铝主要用于科学研究和制作电容器等。

3. 铝的合金化

纯铝的强度和硬度都很低，不能制造承受载荷的结构零件，因此难以做工程材料使用。为了提高其强度，通常加入一定量的合金元素制成铝合金，这些合金元素对纯铝具有强化作用，使得形成的铝合金具有较高的强度，然后再经过冷变形或热处理等方法，可以大幅度提高强度，从而使其在工程结构中使用。

4. 铝合金的分类

根据加工工艺和性能特点的不同，可将铝合金分为变形铝合金和铸造铝合金两类。

变形铝合金要求铝合金具有良好的塑性变形能力，变形铝合金熔铸成铸锭后，要经过压力加工制成型材使用。

铸造铝合金要求铝合金具有良好的铸造性能，用于直接铸成各种形状复杂的零件，不能进行压力加工。

5. 变形铝合金

变形铝合金包括防锈铝合金、硬铝、超硬铝和锻造铝合金四种。

(1) 防锈铝合金

防锈铝合金的主要合金元素是锰(Mn)和镁(Mg)，分别形成 Al-Mn 系合金和 Al-Mg 系合金。锰的主要作用是提高铝合金的抗腐蚀能力，同时起强化作用。镁的主要作用是强化和降低密度。

防锈铝合金的代号“LF”是“铝防”的汉语拼音字首，常用牌号有 LF21 和 LF5 等，主要用于制作焊接件、容器、管道、铆钉及承受中、低载荷的零件。

LF21 属于 Al-Mn 系合金，它的抗腐蚀能力强，塑性和可焊性良好，但太软不利于切削加工。

LF5 属于 Al-Mg 系合金，它的抗腐蚀能力强，塑性和可焊性良好，密度小于纯铝，强度比 LF21 高，但切削加工性差。

(2) 硬铝

硬铝合金属于 Al-Cu-Mg 系合金，另外还含有少量的锰(Mn)。硬铝有很高的强度和硬度，因此应用很广。硬铝广泛用于航空工业和仪表制造业，主要用于制作飞机蒙皮、框架、铆钉、航空模锻件、重要的销、轴、螺旋桨叶片等。

硬铝的代号“LY”是“铝硬”的汉语拼音字首。硬铝分为三类：

① 标准硬铝，如 LY11，它含有中等数量的合金元素，强度和塑性属于中等水平。

② 高强度硬铝，如 LY12 和 LY6，含 Cu，Mg 的量较多，具有更高的强度和硬度，但塑性较差。

③ 低强度硬铝，如 LY1 和 LY10，含 Cu，Mg 量较少，强度低、塑性好，故常用于做铆钉，又称铆钉硬铝。

硬铝在使用和加工时应切实注意两方面的问题：一是硬铝的抗蚀性差，在海水中尤甚。常采用包纯铝的办法进行保护，但包铝的硬铝强度要低些。二是硬铝的热处理强化温度范围很窄，需要严格控制。

(3) 超硬铝

超硬铝属于 Al-Cu-Mg-Zn 系合金，是目前强度最高的变形铝合金，其抗拉强度可达 600～700MPa。但它的抗蚀性差，主要用于航空、宇航工业中制造受力较大、形状复杂、密度要求小的结构件，如飞机蒙皮、大梁、框架和起落架等。

超硬铝的代号“LC”是“铝超”的汉语拼音字首。常用的有 LC4、LC6 等。

(4) 锻造铝合金

锻造铝合金具有良好的热塑性，适合于锻造生产。它有两类，即普通锻造铝合金(Al-Mg-Si 系、Al-Mg-Si-Cu 系)和耐热锻造铝合金(Al-Cu-Mg-Fe-Ni 系)。

锻造铝合金代号“LD”是“铝锻”的汉语拼音字首。

① Al-Mg-Si 系锻造铝合金

该类锻造铝合金(如应用最广的 LD31)具有优良的挤压性能,极易氧化着色,因此在建筑型材等方面应用广泛。

② Al-Mg-Si-Cu 系锻造铝合金

该类锻造铝合金(如 LD5、LD6、LD10 等)适合于锻造、挤压和轧制等工艺,可用于制造叶轮、框架、支杆等要求中等强度、较高塑性及抗腐蚀能力的零件。

③ Al-Cu-Mg-Fe-Ni 系耐热锻造铝合金

该类锻造铝合金主要特点是具有很高的耐热性,牌号主要有 LD7、LD8、LD9,主要用于制造压气机和鼓风机的涡轮叶片等耐热零件。

6. 铸造铝合金

铸造铝合金具有良好的铸造性能、抗腐蚀性能和切削加工性能,冶炼工艺及设备比较简单,成本低。但铸造铝合金比变形铝合金的强度低、塑性差。常用于制造各种形状复杂的铝合金零件。

铸造铝合金的品种很多,可分为 Al-Si 系、Al-Cu 系、Al-Mg 系、Al-Zn 系四大类,应用最广泛的是 Al-Si 系合金。铸造铝合金的代号“ZL”是“铸铝”的汉语拼音字首。

7. 新一代铝合金——Al-Li 系铝合金

Al-Li 系铝合金是近年来引起人们广泛关注的一种新型超轻结构材料。其合金元素锂(Li)是一种化学性质极为活泼且密度极小的化学元素,其密度只有 0.533g/cm^3,仅为铝的 1/5,并且锂在地球和海水中的存储量都较丰富。

锂的作用是降低铝合金的密度,改善铝合金的机械性能。Al-Li 系铝合金具有密度小、比强度高、比刚度大、疲劳性能良好、耐蚀性好及耐热性好等优点,其缺点是塑性和韧性差、缺口敏感性大、材料加工困难。因此 Al-Li 系铝合金是一种在航空、航天领域有很高竞争力的一种超轻结构材料。

2.2.4 钛及其合金

钛(Ti)及其合金是 20 世纪 40 年代才发展起来的一类新型结构材料,它不仅具有重量轻、比强度高、耐腐蚀、耐高温、低温韧性好等特点,还具有超导、记忆、储氢等特殊性能,因此日益广泛应用于航空、化工、电力、医疗等领域。尤其在尖端科技方面的应用,具有强大的生命力,例如在战斗机机体结构及先进飞机发动机结构中,主要用于制作压气机和风扇的盘件及叶片、压气机机匣、起落架轴承壳体及支撑梁等。

1. 钛及其合金的特点

(1) 质量轻,比强度和比刚度高

钛及其合金的质量轻、比强度和比刚度高。纯钛的密度为 4.5g/cm^3(比铁轻,是铝的 1.7 倍),钛合金的密度也较小,合金化后,钛合金的抗拉强度最高可以达到 1400MPa,高于一般合金结构钢,达到超高强度钢的水平。因此其比强度和比刚度非常高,高于铝合金。

(2) 屈强比($\sigma_{0.2}/\sigma_b$)高适合于冷变形强化

钛及其合金的屈强比高，为0.7～0.95，而钢一般只有0.3～0.5，约为钢的2倍。因此对于承受静载荷的零件，使用钛及其合金更节省材料，重量更轻。

(3) 耐蚀性非常好

钛的钝化能力强，在钛的表面极易形成稳定的钝化薄膜，这种薄膜在大气及许多侵蚀性介质中非常稳定，对钛和钛合金具有保护作用，因此钛及其合金的耐腐蚀性非常好。实际上，钛在潮湿的大气、海水、氯化物水溶液、氢氧化钠、氧化性酸(如硫酸、硝酸、盐酸等)及大多数有机酸中的耐蚀性甚至超过不锈钢。

(4) 耐高温，低温韧性好

(5) 工艺性差，成本较昂贵

① 钛的熔点高，为1680℃；

② 钛在室温下较稳定，但在高温下会与卤素、硫、氧、碳、氮等元素发生强烈的化学反应，因此钛需要在真空或惰性气氛下熔炼；

③ 钛的化学活性极强，在熔化状态能与大多数坩埚或造型材料发生反应，因此坩埚或造型材料应严格筛选；

④ 钛合金的变形抗力大、屈强比高、回弹大、对缺口敏感，进行冷变形加工比较困难，一般采用热压加工成型。

因此，钛及其合金的加工条件复杂，成本高，在很大程度上限制了它们的应用。

2. 纯钛

纯钛的特点是密度小，为4.5g/cm^3，是铝的1.7倍，比铁轻，相当于铁的60%；钛的熔点高，为1680℃；导电导热性较低，无磁性；塑性好、强度低，易于冷变形加工成型，可制成细丝和薄片；耐腐蚀性好。除以上特点外，还有以下两种特性。

(1) 可以作超导材料

当温度低于0.49K(t(℃)$=T$(K)-273.15)时，钛呈现超导特性，经过适当合金化，超导转变温度可以提高到9～10K。

(2) 在固体下发生同素异构转变

钛在固态下有两种结构，温度低于882.5℃时，钛是密排六方晶格的$\alpha-$Ti；温度在882.5℃以上直到熔点，钛是体心立方晶格的$\beta-$Ti。其同素异构转变温度为882.5℃，即

$$\alpha-\mathrm{Ti} \xrightleftharpoons{882.5℃} \beta-\mathrm{Ti}$$

这一固态同素异构相变具有α、β或$\alpha+\beta$的显微组织，它对强化有很重要的意义。

工业纯钛中含有氧(O)、氮(N)、碳(C)、氢(H)、铁(Fe)、硅(Si)等杂质元素，杂质的存在对其性能影响很大，少量杂质可以使强度、硬度显著增加，而韧性、塑性明显下降，因此应控制杂质的含量。

工业纯钛的牌号以“TA”+数字表示，“T”为钛的汉语拼音字首，数字越大其杂质越多，则强度升高，塑性下降。其牌号有TA1、TA2、TA3三种。

工业纯钛可加工成各种规格的板、管、棒、线及带材等半成品，可制造工作温度低于350℃、强度要求不高的各种零件。

3. 钛的合金化

工业用钛的合金元素主要有铝(Al)、锆(Zr)、钒(V)、钼(Mo)、锰(Mn)、铁(Fe)、铬(Cr)、铜(Cu)、硅(Si)等。合金元素对钛主要起强化作用,可以使钛的抗拉强度从450MPa 提高到 1200~1500MPa,但同时会降低钛的塑性和韧性指标。

4. 钛合金的分类

钛合金根据使用状态的组织不同,可分为三类:α 型钛合金、β 型钛合金和 α+β 型钛合金。

(1) α 型钛合金

α 型钛合金中的主要合金元素为铝(Al)、锆(Zr)和锡(Sn),作用是稳定 α 相。

α 型钛合金的室温强度低于 β 型钛合金和 α+β 型钛合金,但 500~600℃高温下的强度则比 β 型钛合金和 α+β 型钛合金高,并且组织稳定,抗氧化性能、抗蠕变性能和焊接性能也很好。因此多用于制造在 500℃以下工作的零件,如导弹的燃料罐、飞机的蒙皮及涡轮机匣等。

α 型钛合金的牌号为"TA"+数字表示,如 TA1、TA2、TA3、…、TA8,其中 TA1、TA2、TA3 为工业纯钛。最典型的 α 型钛合金是 TA7,其成分为 Ti-5Al-2.5Sn。

(2) β 型钛合金

β 型钛合金中的主要合金元素为钒(V)、钼(Mo)、铬(Cr),作用是稳定 β 相。

β 型钛合金具有较高的强度和优良的塑性,适合于冷变形加工。但 β 相稳定元素多为稀有金属,价格昂贵,因此应用受到限制。

β 型钛合金多用于制造在 350℃以下工作的零件、压气机叶片、轮盘、轴等重载荷旋转件和飞机构件等。

β 型钛合金的牌号为"TB"+数字表示,如 TB1 和 TB2。最典型的 β 型钛合金是 TB1,其成分为 Ti-3Al-13V-11Cr。

(3) α+β 型钛合金

α+β 型钛合金中主要的合金元素为 β 稳定元素钒(V)、钼(Mo)、铁(Fe)、铬(Cr)等,以及少量的 α 稳定元素铝(Al)和中性元素锡(Sn)。

α+β 型钛合金塑性好,具有良好的成型性,可进行锻造、压延和冲压。但其热稳定性和热强度差,焊接性不如 α 型钛合金。主要用于制造在 400℃以下工作的零件、有一定高温强度的发动机零件及低温下使用的火箭、导弹的液氢燃料箱等。

α+β 型钛合金的牌号为"TC"+数字表示,如 TC1、TC2、…、TC10。最典型的 α+β 型钛合金是 TC4,其成分为 Ti-6Al-4V。

TC4 的强度高,塑性好,并且具有良好的焊接性能,可用于制造火箭发动机外壳、航空发动机压气机盘和叶片等。

2.2.5 铜及其合金

铜(Cu)及其合金是人类最早使用、至今也是应用最广泛的金属材料之一,是电力、化工、航空、交通和矿山不可缺少的贵重材料。

1. 铜及其合金的特点

(1) 具有优异的导电、导热性和抗磁性

纯铜的导电、导热性极佳，在所有金属中仅略逊于银(Ag)，其合金的导电和导热性也很好。因此是良好的导电、导热材料。铜还是良好的抗磁性物质。

(2) 耐蚀性好

铜及其合金对大气和水的抗腐蚀能力很强。

(3) 具有良好的加工工艺性

铜及其合金具有良好的铸造性能、焊接性能、冷热压力加工成形性能及切削加工性能。

2. 纯铜

纯铜呈紫红色，因此又称为紫铜或红铜，密度为 8.96g/cm^3，熔点为 1083℃。

纯铜的耐蚀性好，在常温、干燥的空气中几乎不氧化，但在含有二氧化碳(CO_2)的潮湿空气中，表面会生成碱性碳酸盐的绿色薄膜，对铜起到保护作用，使铜在氧化性酸(如硫酸、硝酸、盐酸等)及各种盐类(如碳酸盐、氯化物、氨盐等)溶液中不被腐蚀。

纯铜的强度低，性能受杂质影响很大。它含的杂质主要有铅(Pb)、铋(Bi)、氧(O)、硫(S)和磷(P)等。其中，铅(Pb)和铋(Bi)与铜(Cu)在晶界上形成低熔点共晶体。当铜加热时，低熔点共晶首先熔化造成脆性断裂，即所谓"热脆性"。氧(O)和硫(S)与铜(Cu)形成 Cu_2O 与 Cu_2S 脆性化合物，在冷加工时产生破裂，即所谓"冷脆性"。因此，在纯铜中必须严格控制这些杂质的含量。

纯铜按照含氧量和生产方法不同分为工业纯铜、无氧铜和脱氧铜三类。

工业纯铜的含氧量为 0.02%～0.10%，按含杂质的量可分为四种：T1、T2、T3、T4。"T"为铜的汉语拼音字首，其后的数字越大，纯度越低。如 T1 的含铜(Cu)量为 99.95%，而 T4 的含铜(Cu)量为 99.50%，其余为杂质含量。工业纯铜主要用于制造导电、导热、耐腐蚀器材及高质量合金，如电线、电缆、电气开关、铆钉、油管、电机、印刷电路、集成电路、蒸发器等。工业纯铜由于强度低，故不宜做结构材料。

无氧铜的含氧量小于 0.003%，牌号有 TU1 和 TU2，主要用于制作电真空器件和耐热、高导电性导线。

脱氧铜的含氧量小于 0.01%，主要用于制作水、汽油、气体的输送管及冷凝管。

3. 铜的合金化及分类

纯铜的强度较低，通过合金化处理，可以获得较高的强度和硬度，并具有很好的塑性和韧性。纯铜的主要合金元素有锌(Zn)、铝(Al)、锡(Sn)、镍(Ni)、铍(Be)、钛(Ti)、锆(Zr)、铬(Cr)等。

根据化学成分的特点，铜合金分为黄铜、青铜和白铜三大类。

4. 黄铜

黄铜是以锌(Zn)为主要合金元素的铜合金，呈金黄色而得名。根据化学成分不同，黄铜又分为普通黄铜和特殊黄铜。

(1) 普通黄铜

普通黄铜是Cu-Zn二元合金。普通黄铜的机械性能受其含Zn量的影响很大。当Zn＜32%时，随着含Zn量的增加，普通黄铜的强度、塑性和延伸率都提高；当32%＜Zn＜45%时，普通黄铜的强度仍然较高、塑性则开始下降；当Zn＞45%以后，普通黄铜的强度与塑性急剧下降。

普通黄铜的色泽美观，强度不高但塑性较好，不仅具有良好的切削加工性能和变形加工性能，而且铸造性能优良。

普通黄铜耐海水和大气腐蚀性比钢、铁及许多合金钢好。但当Zn＞7%(特别是Zn＞20%)时，普通黄铜经冷加工后，由于存在残余应力，在潮湿的大气或海水中，尤其在含有氨的环境中，容易产生腐蚀开裂，即“应力腐蚀开裂”现象，这种现象称为“自裂”。防止普通黄铜自裂的方法一是经过低温去应力退火，以消除残余应力；方法二是在普通黄铜中加入1.0%～1.5%的硅(Si)，以降低普通黄铜自裂的敏感性。

常用的普通黄铜有H62、H68、H80等。“H”为“黄”的汉语拼音字首，数字表示平均含Cu量。铸造黄铜是在牌号前加“Z”。

普通黄铜的塑性好，因此适合于制作冷轧板材、冷拉线材、管材及形状复杂的零件。其中H62被誉为“商业黄铜”，广泛应用于制作水管、油管、散热器垫片及螺丝等。

(2) 特殊黄铜

为了获得更高的强度、抗腐蚀性和铸造性能，在普通黄铜中加入铝(Al)、硅(Si)、锡(Sn)、镍(Ni)、锰(Mn)、铁(Fe)、铅(Pb)等合金元素，形成铝黄铜、铅黄铜、锡黄铜、锰黄铜、硅黄铜等特殊黄铜。这些合金元素可以提高黄铜的强度。另外，铝、锡、锰、硅、镍可提高黄铜的抗腐蚀性和耐磨性；铅可提高切削加工性和耐磨性；锰可提高耐热性；硅可改善铸造性能。

5. 青铜

青铜原指人类应用最早的一种铜锡(Cu-Sn)合金，即锡青铜，现在，把除锌以外的其他元素的铜合金都称为青铜，所以青铜包含有锡青铜、铝青铜、铍青铜和硅青铜等。青铜还可分为压力加工青铜和铸造青铜。青铜的牌号表示方法为：Q＋主加合金元素含量＋其他合金元素含量，“Q”为“青”的汉语拼音字首。铸造青铜是在牌号前加“Z”。例如QAl9-4表示含Al约为9%、含其他合金4%、其余为Cu的铝青铜。

(1) 锡青铜

锡青铜是以锡(Sn)为主要合金元素的铜合金，是最古老的金属材料。我国古代的钟、鼎、镜、剑等就是这种合金制成的，至今已有几千年的历史，仍完好无损。

锡青铜的机械性能受到含Sn量的影响很大。当Sn＜6%时，随着含Sn量的增加，锡青铜的强度和塑性都增加；当6%＜Sn＜20%时，随着含Sn量的增加，锡青铜的强度继续增高，但塑性急剧下降；当Sn＞20%时，随着含Sn量的增加，锡青铜的强度反而显著下降，合金变得很脆。所以工业用锡青铜的含Sn量一般在3%～14%之间。当Sn＜5%时，锡青铜具有良好的塑性，适合于冷变形加工；当5%＜Sn＜7%时，锡青铜适合于热变形加工；当Sn＞10%时，锡青铜塑性差只适合于铸造生产。

锡青铜铸造时的突出优点是凝固时体积收缩小，热裂倾向小，能获得复合型腔形状的铸件，故适用于铸造对外形尺寸要求较严格、形状复杂、花纹清晰的铸件。缺点是铸件的致密性差。

锡青铜对大气、蒸汽、淡水、海水等的抗蚀性比纯铜、黄铜都高。但对酸类及氨水的抗蚀性差。此外，锡青铜的耐磨性高，它无磁性，无冷脆现象。

因此锡青铜多用于制造轴瓦、轴套、轴承内衬等耐磨零件。

(2) 铝青铜

铝青铜是以铝(Al)为主要合金元素的铜合金，其强度、硬度、耐磨性及在大气、海水、碳酸及多数有机酸溶液中的耐蚀性均高于黄铜和锡青铜。

当 Al<5%时，铝青铜的强度很低，但塑性高；当 Al>7%时，随着含 Al 量的增加，铝青铜的强度上升很快，塑性显著下降；当 Al 在 10%左右时，铝青铜的强度最高；当 Al>12%时，铝青铜的塑性很差。因此，实际应用的铝青铜含 Al 量一般在 5%～12%范围内。

铝青铜有良好的流动性，易获得致密的铸件。

工业上常用的铝青铜还经常加入适量的锰(Mn)、铁(Fe)、镍(Ni)等合金元素，以显著提高铝青铜的强度、耐磨性和抗腐蚀性。因此，铝青铜常用于制作在复杂条件下工作的高强度抗磨零件，如齿轮、轴套、涡轮等。

(3) 铍青铜

铍青铜是以铍(Be)为主要合金元素的铜合金，铍的含量很低，为 1.7%～2.5%。

铍青铜是铜合金中性能最好的一种，它具有很高的强度、硬度、疲劳极限、弹性极限、耐磨性及耐低温等性能，而且铍青铜的导电、导热性能优良，无磁性，受冲击时无火化产生。因此铍青铜常用于制作重要弹簧、膜片、膜盒等弹性元件，高速、高温、高压下工作的轴承、衬套、齿轮等耐磨零件，以及电焊机电极、换向开关、防爆工具、航海罗盘、电接触器等。但由于铍青铜成本高，应用受到一定限制。

(4) 硅青铜

硅青铜是以硅(Si)为主要合金元素的铜合金，其机械性能优于锡青铜。

硅青铜的导电性、耐蚀性和耐热性都很高，因此广泛应用于航空工业中，制作弹簧、齿轮、涡轮涡杆等耐蚀、耐磨零件。

6. 白铜

白铜是以镍(Ni)为主要合金元素的铜合金，镍的含量低于 50%。白铜又分为简单白铜和特殊白铜，简单白铜是 Cu-Ni 二元合金，它具有较高的耐蚀性和抗腐蚀疲劳性能，主要用于制造在蒸汽和海水环境中工作的精密仪器、仪表零件、冷凝器和热交换器。特殊白铜是在简单白铜的基础上添加其他合金元素(如锌和锰等)的铜镍合金，其中锰白铜具有高电阻和小的电阻温度系数，用于制作低温热电偶和变阻器等。

2.2.6 镁及其合金

镁是地壳中储量仅次于铁和铝的金属元素，近年来，镁及其合金的应用日益广泛。

1. 镁及其合金的特点及应用

(1) 美观,质轻,比强度和比刚度高

纯镁呈美观的银白色,其密度非常小,仅为 1.74g/cm³,比铝还要轻许多,是目前常用金属结构材料中最轻的。

镁合金的比强度和比刚度都比较高,而且耐冲击,还具有优良的可切削加工性,作为结构材料已越来越发挥重要的作用。

(2) 熔点和沸点低

纯镁的熔点为(650±1)℃,沸点为(1100±10)℃,都很低。

(3) 耐蚀性较差

纯镁的电极电位很低,因此抗蚀性较差,在潮湿大气、淡水、海水及绝大多数酸、盐溶液中易受腐蚀。但是,镁对碱、汽油及矿物油具有化学稳定性,因而可用作输油管道。

2. 镁的合金化、分类及牌号

由于纯镁的机械性能较低,为了提高其机械性能、耐腐蚀性能和耐热性能,常在纯镁中加入一些合金元素,制成镁合金。镁的主要合金元素有铝(Al)、锌(Zn)、锰(Mn)、锆(Zr)和稀土(RE)等。

工业镁合金分为铸造镁合金和变形镁合金两类,铸造镁合金用“ZM”+序号表示,常用的牌号包括 ZM1、ZM2、ZM3 和 ZM5 等;变形镁合金用“MB”+序号表示,常用的牌号包括 MB1、MB2、MB8 和 MB15 等。

ZM5 是高强度铸造镁合金,它是应用最广泛的镁合金之一,其特点是强度较高,塑性良好,易于铸造,主要用于制造机舱隔框、增压机匣等高载荷铸造零件。

MB1 和 MB8 是 Mg-Mn 系变形镁合金,它们工艺性能好,抗蚀性高,主要用于制造飞机蒙皮、模锻件和要求耐蚀的管件。

MB2 是 Mg-Al-Zn 系变形镁合金,塑性较好,主要用于加工成各种板、棒、型材及锻件等。

MB15 是 Mg-Zn-Zr 系变形镁合金,它具有较高的强度,耐蚀性良好,且无应力腐蚀破裂倾向,可以制造形状复杂的大型锻件。

2.3 陶瓷

2.3.1 概述

陶瓷是一类最古老的无机非金属材料,它是人类生活和生产中不可缺少的材料。陶瓷分为传统陶瓷和现代陶瓷。

1. 陶瓷的概念

传统陶瓷主要指传统意义上的陶器和瓷器,还包括玻璃、搪瓷、耐火材料、砖瓦等。传统陶瓷是以黏土、石灰石、长石、石英等天然硅酸盐类矿物质为原料制成的。因此,传统陶瓷都是硅酸盐类陶瓷。

现代陶瓷是由传统陶瓷发展起来的具有与传统陶瓷不同性能特点的一类陶瓷,现代陶瓷的原料已经远远超出了硅酸盐的范畴,在性能上有了重大突破,在应用上也已渗透到各个领域,成为现代工业中不可缺少的材料之一。所以,一般认为,陶瓷是指各种无机非金属材料的通称。

2. 陶瓷的制备工艺

不管是传统陶瓷还是现代陶瓷都用粉末冶金法制备,常用的工艺是:原料的制备→坯料的成型→制品的烧成或烧结。

原料的制备是将陶瓷的主要原料经拣选、粉碎后进行配料,然后经混合、磨细等工艺,得到所要求的坯料。现代陶瓷原料的粉碎分为机械研磨粉碎法和化学粉碎法两种,传统陶瓷只有机械粉碎法一种。

坯料的成型是将制备好的坯料直接或间接地加工成具有一定形状和强度的成型体的过程。根据坯料类型的不同,有三种相应的成型方法:对于在坯料中加水或塑化剂而形成的塑性泥料,可用手工或机加工方法成型,这叫可塑成型,如传统陶瓷的生产;对于浆料型的坯料可采用浇注到一定模中的注浆成型法,如形状复杂、精度要求高的现代陶瓷制品的生产;对于大多数现代陶瓷,一般是将粉状坯料加少量水或塑化剂,然后在金属模中加以较高压力而成型,这叫压制成型。

烧成或烧结是将成型后的坯体加热到高温(有时需要加压)并保持一定时间,使其进行一系列的物理、化学变化,而消除孔隙,使其致密化,形成特定组织结构的工艺过程,此过程也称为瓷化。瓷化后的制品,开口气孔率较高,致密度较低时,称为烧成,如传统陶瓷的制备;烧结则是指瓷化后的制品开口气孔率极低、致密度很高的瓷化过程,如现代陶瓷都是烧结而成。

陶瓷的性能取决于原料成分和具体的生产工艺,具体衡量指标有原料的纯度和细度、坯料混合的均匀性、成型密度及均匀性、烧成或烧结温度、炉内气氛、升降温速度等。

3. 现代陶瓷与传统陶瓷的区别

(1) 材料的组成

现代陶瓷材料的组成已经远远超出了硅酸盐的范畴,材料的主要成分为氧化物、碳化物、氮化物、硼化物等,许多现代陶瓷已经不含传统陶瓷的主要成分二氧化硅(SiO_2)及其化合物。

传统陶瓷是天然矿物质复合而成的多组元化合物,而现代陶瓷则是经过人工提纯或合成的高纯度化合物。

(2) 组织结构

从组织结构看,传统陶瓷属于多孔体,组织松散,表面经常需要上釉;现代陶瓷则致密无孔,不需要上釉。

(3) 制造工艺

在制造工艺方面,现代陶瓷制造工艺比传统陶瓷要求严格得多,现代陶瓷原料的纯度、粒度、尺寸分布及粉碎方法都有严格要求,常采用干压成型和烧结制造产品。现代陶瓷的烧结温度一般大于1300℃,而传统陶瓷烧成温度小于1300℃。

(4) 机械性能

现代陶瓷的机械性能远远超过传统陶瓷,一般传统陶瓷的强度韧性低,现代陶瓷则强度韧性高。

(5) 用途

传统陶瓷主要利用其强度性能,用作结构材料来使用;现代陶瓷不仅具有很高的机械性能,可用作结构材料,还大量利用其电、光、声、磁、热等之间的相互耦合效应,作功能材料使用。

2.3.2 陶瓷的分类

陶瓷的种类越来越多,可以有不同的分类方法,有时把玻璃也看作是一种特殊陶瓷。

1. 按照用途分类

按照用途,陶瓷可以分为结构陶瓷(又称为工程陶瓷)和功能陶瓷两大类。

(1) 结构陶瓷(工程陶瓷)

结构陶瓷(工程陶瓷)作为结构材料主要利用其强度、硬度、韧性、刚度(弹性模量)、耐磨性、耐高温性能(如高温强度、热硬性、高温耐蚀性、高温耐磨性、抗热震性、耐烧蚀性、高温抗蠕变性等)等机械性能,制造结构零部件。

(2) 功能陶瓷

功能陶瓷是指利用其电、光、声、磁、热等及它们之间的相互耦合效应,制作功能材料的陶瓷。例如,用于制造电磁元件的铁氧体和铁电陶瓷;用于制造电容器的介电陶瓷;用于制造压电传感器的压电陶瓷;用于制造人工牙齿和人工骨骼的生物陶瓷;以及超导陶瓷和光导显微陶瓷等。

2. 按照化学成分分类

按照化学成分,陶瓷可以分为传统陶瓷和现代陶瓷。

(1) 传统陶瓷

传统陶瓷又称为普通陶瓷,指的是黏土(又称为高岭土)陶瓷,它以高岭土($Al_2O_3 \cdot 2SiO_2 \cdot 2H_2O$)、长石(有钾长石($K_2O \cdot Al_2O_3 \cdot 6SiO_2$)和钠长石($Na_2O \cdot Al_2O_3 \cdot 6SiO_2$)两种)及石英($SiO_2$)为原料配制而成的。三种原料的纯度、粒度及配比不同,所制成的陶瓷的性能也有所差异。

传统陶瓷的优点是质地坚硬、耐腐蚀和绝缘性极好、制造工艺简单、成本低、能耐一定的高温,因此是用量最大的一类陶瓷。但是,传统陶瓷具有结构疏松、脆性大、强度低、耐高温性能差(使用温度一般为1200℃左右)等缺点。

传统陶瓷主要用于日用器皿、日用电气、化工、建筑等部门,如装饰瓷、卫生间装置、餐具、茶具、工艺美术制品、绝缘用瓷、耐蚀容器、实验器皿、管道设备等。

(2) 现代陶瓷

现代陶瓷又称为特种陶瓷,包括氧化物陶瓷、碳化物陶瓷、氮化物陶瓷、硼化物陶瓷等,其最重要的性能是高温下具有优异的物理、化学和机械性能,因此其应用日益广泛,尤其是在现代科技及现代国防工业中有着十分重要的作用。

利用现代结构陶瓷的耐高温、耐腐蚀、耐磨损、耐冲刷、高强度、高硬度等一系列优异性能,现代陶瓷在航空航天、能源、冶金等领域常在高温下使用,可以承受金属材料和高分子材料难以胜任的工作环境。例如,内燃机的火花塞要耐高温并具有较好的绝缘性及耐腐蚀性,火箭、宇航工业要求能耐5000～10 000℃的高温材料,要满足这些性能,显然金属材料或高分子材料是无能为力的,而现代陶瓷却可满足这种要求。此外,现代陶瓷常用于制造航天飞机外蒙皮、各种高温陶瓷散热器、核能发电机包套等。

2.3.3 陶瓷的基本性能

现代陶瓷作为一类无机非金属材料,具有与金属和有机高分子材料不同的性能特点,概括起来有如下几个方面。

1. 陶瓷的制备工艺

陶瓷的制备工艺与金属和有机高分子材料具有很大的不同,陶瓷的制备是采用粉末冶金工艺,即是由陶瓷的原料(粉料)经过加压成型后直接在固相或大部分固相状态下烧结而成,其材料的制备和零件的制造同时完成。

2. 陶瓷的物理、化学、机械性能

金属材料由金属正离子和充满其间的电子组成,金属的化学键是金属键,金属键没有方向性,因此金属材料具有良好的塑性。而陶瓷属于无机非金属化合物,其化学键是离子键和共价键,它们具有很强的方向性和很高的结合力,因此陶瓷具有以下物理、化学、机械性能。

(1) 陶瓷具有良好的耐热性

由于陶瓷的离子键和共价键强有力的结合,使得外层电子结构状态非常稳定。因此陶瓷的熔点高,比高温金属材料有更高的耐热性能。

(2) 陶瓷具有良好的绝缘性

由于陶瓷属于离子晶体,不存在自由电子,因此大多数陶瓷是良好的绝缘体,可用于制作绝缘陶瓷瓶、套管和绝缘子等。但也研制出具有电性能的陶瓷,如氧化物半导体等。

(3) 陶瓷具有优异的化学稳定性

由于在陶瓷中金属原子被包围在非金属原子的间隙中,形成稳定的化学结构,不能再与介质中的氧发生氧化反应,即使在高温1000℃也不氧化,因此陶瓷的组织结构非常稳定,对酸、碱、盐等都有极好的抗腐蚀能力。

(4) 陶瓷的致命缺点——脆性大

由于陶瓷的化学键是离子键和共价键,它们具有很强的方向性和很高的结合力,其滑移系很少,而且受载荷时同号离子相接近会使斥力增大,加之陶瓷存在大量气孔,因此,陶瓷的塑性变形能力很低(常温下承受载荷时,几乎不产生塑性变形就脆性断裂),脆性很大,冲击

强度低。这是陶瓷的致命缺点。

(5) 陶瓷的硬度极高,耐磨性很好,热硬性很好

正是由于陶瓷强大的离子键和共价键,使得陶瓷具有极高的常温硬度和高温硬度及很好的耐热性能,因此陶瓷具有优异的耐磨性及热硬性。如氮化硼陶瓷的硬度接近金刚石,在温度1925℃以下不会氧化,所以可用作金刚石的代用品,用于耐磨切削刀具、高温模具和磨料等。

陶瓷的硬度比金属高得多,尤其硬度极高的金刚石,其维氏硬度HV>6000,可刻划蓝宝石(即氧化铝,维氏硬度HV1500左右)。

(6) 陶瓷具有较高的抗压强度

由于陶瓷内存在气孔,使得它的抗拉强度降低,但是对它的抗压强度影响较小,因此陶瓷的抗压强度较高,且受压时不会使裂纹扩展。

(7) 陶瓷具有较高的刚性

陶瓷受力后可以产生一定的弹性变形,其弹性模量一般为$10^3 \sim 10^5$MN/m^2,多数陶瓷的弹性模量高于金属。

2.3.4 常用现代结构陶瓷

1. 氧化物陶瓷

常用的氧化物陶瓷主要有Al_2O_3、ZrO_2、MgO、CaO、BeO、ThO_2和UO_2等,它们的熔点大多在2000℃以上,在1000℃以下可保持较高的强度,随温度变化不大,都是很好的高耐火度结构材料。

(1) 氧化铝(Al_2O_3)陶瓷(俗称刚玉)

在自然界中,纯氧化铝中杂质(少量Cr、Fe和Ti)含量不同时可呈不同的颜色,如红宝石呈红色,蓝宝石呈蓝色。

氧化铝的熔点高达2050℃,抗氧化性好。氧化铝陶瓷的性能特点是:

① 具有很高的耐火度、优良的室温和高温强度,是很好的高温耐火结构材料,因此常用于制作耐火砖、炉衬、坩埚、电炉炉管、热电偶套管等;

② 具有很高的绝缘强度(大于10kV/mm)和电阻率(室温下约为$10^{14}\Omega\cdot cm$)、很低的导热率,是很好的电绝缘材料和绝热材料,因此常用于制作内燃机火花塞、空压机泵零件等;

③ 具有极高硬度(为莫氏硬度9)、较高的强度及耐磨性、热硬性达1200℃,是优良的刀具材料,因此常用于制造高要求的各类工具,如切削淬火钢刀具、金属拔丝模等。

(2) 氧化锆(ZrO_2)陶瓷

氧化锆陶瓷具有优异的机械性能和高温性能。

氧化锆陶瓷的最大特点是其断裂韧性(与铸铁和硬质合金相当)和抗弯强度非常高,是目前具有最高断裂韧性的陶瓷材料,因此常称为氧化锆增韧陶瓷。因此,氧化锆增韧陶瓷可替代金属制造模具、量具、刀具、无润滑轴承、冲压模、挤压模、拉丝模、弹簧、各种喷嘴、陶瓷阀门、无磁改锥及各种剪刀等。氧化锆增韧陶瓷制成的剪刀既不生锈,也不导电。

氧化锆陶瓷的耐磨性和耐蚀性较好,热传导系数小,隔热性很好,且热膨胀系数比较大,

比较容易与金属零件匹配，因此可用于制造陶瓷发动机中的气缸内壁、活塞顶、缸盖、气门座和气门杆等零件。

氧化锆陶瓷的熔点在2700℃以上，能耐2300℃的高温，其使用温度高达2000～2200℃。同时它还能抗熔融金属的侵蚀，所以常用作铂、锗等金属的冶炼坩埚和1800℃以上的发热体及炉子、反应堆绝热材料等。

2. 氮化物陶瓷

(1) 氮化硅(Si_3N_4)陶瓷

氮化硅陶瓷具有一系列独特优异的常温和高温机械、化学性能，其突出特点是硬度高、摩擦系数低，且有自润滑作用，是优良的耐磨减摩材料；此外，它还具有常温和高温强度高、抗热震性能好、热膨胀系数小、高温蠕变小、耐高温、耐腐蚀、抗氧化、耐磨损、绝缘性好及密度低等优点。因此，常用作刀具材料，如制作切削淬火钢或冷硬铸铁的切削刀具等；也用作耐磨减摩材料，如制作转子发动机的刮片、高温轴承、转子叶片、砂轮机磨球、陶瓷密封环等。

此外，氮化硅陶瓷还是最有希望应用于热机的陶瓷材料，可用于制作燃汽轮机的陶瓷部件，如电热塞、涡流室镶块、摇臂镶块、增压器转子及喷射器连杆等。

(2) 氮化硼(BN)陶瓷

氮化硼具有石墨类型的六方晶体结构，因而也称为“白色石墨”。

氮化硼陶瓷的最特殊的特点是硬度较低，与石墨一样有自润滑性并可进行各种切削加工，主要用于制作高温耐磨材料、电绝缘材料和耐火润滑剂等。

氮化硼陶瓷的另一重要特点是在高压和1360℃时，六方氮化硼会转化为立方氮化硼(β-BN)，其硬度会提高到接近金刚石的硬度，是第二高硬度材料，而且在1925℃以下不会氧化，因此可用作金刚石的代用品，制作耐磨切削刀具、高温模具和磨料等。

3. 碳化物陶瓷

碳化物陶瓷主要有碳化硅、碳化硼、碳化钸、碳化钼、碳化铌、碳化钛、碳化钨、碳化钽、碳化钒、碳化锆、碳化铪等。该类陶瓷的突出优点是具有接近于金刚石的高硬度，缺点是抗高温氧化能力较差(900℃～1000℃)、脆性极大。

(1) 碳化硅(SiC)陶瓷

碳化硅陶瓷在碳化物陶瓷中应用最广泛。其硬度极高，莫氏硬度高达9.2～9.5(高于氧化物陶瓷中硬度最高的刚玉和氧化铍)，是仅次于金刚石和立方氮化硼的第三高硬度材料。

碳化硅陶瓷由于具有优良的耐磨性及高硬度和高强度，因此适合于制造高PV值(高压和高转速)条件下工作的零件，是国际上公认的继金属材料、氧化铝陶瓷和硬质合金之后的第四种密封材料，广泛用于制造酸、碱工况条件下工作的机械密封件和高温高速条件下工作的轧钢用导轮等高强度、耐磨损、高PV值零件。

碳化硅陶瓷作为结构材料，用途很广，主要用于制作火箭喷嘴、燃汽轮机叶片、轴承、热电偶套管、炉管、拉丝模等高温零件。

(2) 碳化硼(B_4C)陶瓷

碳化硼陶瓷的硬度极高，抗磨损能力很强。其主要用于做磨料，有时用于制作超硬质工具材料。

4. 硼化物陶瓷

最常见的硼化物陶瓷包括硼化铬、硼化钼、硼化钛、硼化钨和硼化锆等，主要用于制作高温轴承、内燃机喷嘴、各种高温器件等。

2.4 高分子材料

高分子材料又称为高聚物，它是以有机高分子化合物为基本成分，有时添加一些添加剂，经适当工艺加工而成的材料。高分子的含义是指材料的相对分子质量很大，正是很大的分子质量使得高分子材料具有许多优良性能并得到广泛应用，如利用其密度小、耐磨、减摩、自润滑、耐腐蚀并具有一定的强度等性能用作结构材料，利用其电绝缘性能制作电绝缘材料，利用其高弹性制作轮胎，以及利用其高黏性制成胶黏剂等。

高分子材料根据其来源可分为天然高分子材料和人工合成高分子材料两大类。天然高分子材料有淀粉、蛋白质、羊毛、蚕丝、天然橡胶等。工程上应用的高分子材料大多数是人工合成高分子材料，它的品种繁多，结构复杂，性能各异，通常根据其机械性能及使用状态分为塑料、橡胶、合成纤维、涂料及胶黏剂五大类。

2.4.1 高聚物的基础知识

1. 高聚物的相对分子质量

对于高聚物来说，只有其相对分子质量达到很高程度时，才具有足够的强度、塑性和弹性等机械性能以满足结构件的使用性能要求，才有工程价值。如果相对分子质量不够大，则称为低聚物。实际上高聚物和低聚物之间并没有严格的界限，高聚物相对分子质量通常在 $10^4 \sim 10^6$ 之间，低聚物的相对分子质量一般小于 10^4。

2. 高聚物的单体、链节和聚合度

高聚物虽然有很高相对分子质量，但其化学组成并不复杂。实际上，高聚物的大分子都是由一种或几种简单的低分子化合物重复连接而成的。

例如，高聚物聚乙烯是由低分子化合物的乙烯“$CH_2=CH_2$”单体组成的。其反应式为

$$\underset{\text{乙烯}}{n(CH_2=CH_2)} \xrightleftharpoons{\text{聚合}} \underset{\text{聚乙烯}}{\left[CH_2-CH_2 \right]_n}$$

这种组成高分子化合物的低分子化合物“$CH_2=CH_2$”称为单体，可见单体是高聚物的原料。

由反应式可以看出，尽管高聚物的相对分子质量很大，但其结构很有规律，这些结构主要呈长链形，称为大分子链，是由相同的结构单元“$-CH_2-CH_2-$”重复连接而成，这种重复单元称为链节，链节的重复次数 n 称为聚合度。

3. 高聚物相对分子质量的多分散性

高聚物是由大量大分子链组成的，各大分子链的链节数不相同，分子的长短也不一，即

相对分子质量不相等,所以高聚物是相对分子质量不等的同系物的混合物。这种相对分子质量的不均一性,称为高聚物相对分子质量的多分散性。这是高聚物与低分子化合物不同的一大特点。

由于高聚物相对分子质量的多分散性,其相对分子质量只是一个平均值,直观的表示方法是相对分子质量的分布函数,多数情况下直接测定其平均相对分子质量。由于平均相对分子质量有各种不同的统计方法,因而平均相对分子质量具有各种不同的数值。

4. 高聚物的合成——聚合反应

高聚物是由一种或几种单体合成的,称为聚合反应,常用的聚合反应有加成聚合反应和缩合聚合反应,简称加聚反应和缩聚反应。

(1) 加聚反应

由一种或几种单体聚合而成高聚物的反应,称为加聚反应。这种高聚物链节的化学结构与单体的化学结构相同。根据单体种类的不同,可分为均聚和共聚两种。

① 由一种单体聚合而成高聚物的反应称为均聚。例如,聚乙烯是由乙烯均聚而成,其反应式为

$$\underset{\text{乙烯}}{n(CH_2=CH_2)} \xrightleftharpoons{\text{均聚}} \underset{\text{聚乙烯}}{[CH_2-CH_2]_n}$$

② 由几种不同类型的单体聚合而成高聚物的反应称为共聚。例如,乙丙橡胶是由乙烯和丙烯共聚而成,其反应式为

$$\underset{\text{乙烯}}{x(CH_2=CH_2)} + \underset{\text{丙烯}}{y(CH_2=\underset{|\atop CH_3}{CH})} \xrightleftharpoons{\text{共聚}} \underset{\text{乙丙橡胶}}{[CH_2-CH_2]_x[CH_2-\underset{|\atop CH_3}{CH}]_y}$$

(2) 缩聚反应

缩聚反应也是由一种或几种单体聚合而成高聚物的反应,但在生成高聚物的同时还产生 H_2O、HX 等低分子副产物,而高聚物的链节结构与单体不同。根据单体种类的不同,缩聚反应也分为均缩聚和共缩聚:

① 由一种单体进行的缩聚反应称为均缩聚。例如,氨基己酸合成尼龙 6 的缩聚反应就是均缩聚,其副产物是水,反应式为

$$\underset{\text{氨基己酸}}{nNH(CH_2)_5COOH} \xrightleftharpoons{\text{均缩聚}} \underset{\text{尼龙 6}}{H[NH(CH_2)_5CO]_nOH} + (n-1)H_2O$$

② 由两种或两种以上单体进行的缩聚反应称为共缩聚。例如,尼龙 66 是由己二胺和己二酸经共缩聚而成,副产物是水,其反应式为

$$\underset{\text{己二胺}}{nH_2N(CH_2)_6NH_2} + \underset{\text{己二酸}}{nHOOC(CH_2)_4COOH}$$

$$\xrightleftharpoons{\text{共缩聚}} \underset{\text{尼龙 66}}{H[NH(CH_2)_6NHCO(CH_2)_4CO]_nOH} + (2n-1)H_2O$$

5. 大分子链的结构形态

高聚物的大分子链是由许多链节构成的长链,这些大分子长链可根据其结构形态不同

分为线型、支链型和体型三种结构形态，如图 2.4.1 所示。

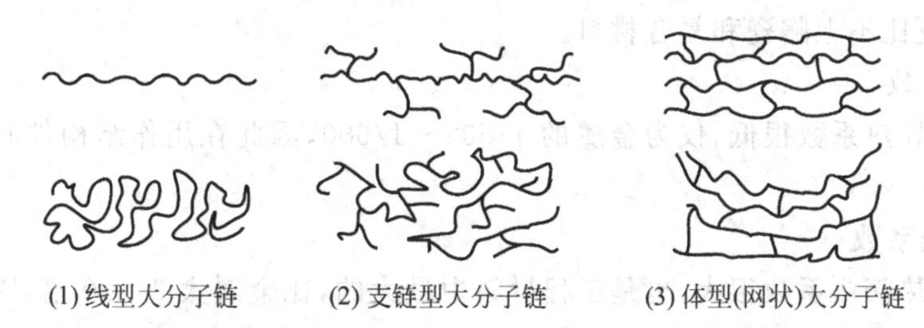

图 2.4.1 大分子链结构示意图

线型大分子链如图 2.4.1(1)所示，大分子链像一根细长的铁丝，或蜷曲或成直线。线型大分子链的直径与长度之比可达 1∶1000 左右，如此长而细的结构，在无外力拉直的情况下，是不可能成为直线状态的。这些长链常常蜷曲成不规则的线团状，而且长链的蜷曲状态时而收缩，时而伸长，非常柔顺，因此线型高聚物具有良好的弹性和塑性。

支链型大分子链如图 2.4.1(2)所示，它是在线型大分子主链上有一些长、短不等的支链，整个大分子链呈树枝状。支链高聚物的性能与线型高聚物相似，同样具有良好的弹性和塑性。

线型和支链型高聚物易于加工成型，并可重复使用。如聚乙烯、聚氯乙烯等热塑性塑料就属于这类结构。

体型大分子链如图 2.4.1(3)所示，它是将线型和支链型大分子链用许多支链交联成三维空间网状结构的大分子，也称为网状结构。体型结构高聚物的柔顺性差，稳定性极高，其优点是不溶于任何溶剂，加热也不熔融(即不溶不熔性)，耐热性好，强度较好；其缺点是脆性大，弹性、塑性低，只能在形成网状结构前进行一次成型，不能重复使用。热固性塑料就是这种结构，如酚醛树脂等。

2.4.2 高聚物的性能

1. 高聚物的物理性能

(1) 密度

高聚物最突出的一个特点就是其重量轻，它是工程材料中最轻的一类材料，比金属、陶瓷和复合材料都轻。高聚物的密度一般在 0.83～2.2g/cm^3 范围，仅为铝的一半，而聚烯烃类塑料的密度更小，均小于 1g/cm^3。因此作为结构材料使用可以减轻重量。

(2) 热性能

① 耐热、耐寒性

材料的耐热、耐寒性是指在高温或低温下承受一定载荷时材料的物理、机械性能保持不变的能力。通常作为结构材料使用的金属材料的耐热、耐寒性较好，温度变化基本不影响其性能。陶瓷和复合材料由于常在高温下使用，因此要求其耐热性优良。对于高聚物来说，由于大多数在高温下受载荷时会变软或产生变形，因此必须测定其耐热性，以便确定其允许使用温度范围；而高聚物在低温下容易变脆，低温冲击韧性低，因此也要测定其耐寒性。大致上讲，除聚四氟乙烯的耐热、耐寒性能与金属材料相当外，其他高聚物的耐热、耐寒性能均较金属材料差，更比不上陶瓷和复合材料。

② 导热系数

高聚物的导热系数很低，仅为金属的 1/500～1/600，因此在用作结构件时必须考虑其影响。

③ 热膨胀系数

高聚物的热膨胀系数很大，也是工程材料中最大的，比金属大 3～10 倍，因此与金属材料结合的塑料制品，常会因为膨胀系数相差过大而造成塑料开裂或金属件脱落、松动等现象。

(3) 吸水性

高聚物的吸水性较金属和陶瓷大。高聚物的吸水性取决于其化学结构，对于聚酰胺、聚酯、聚醚等主链或侧链含有亲水基团的高聚物有较大的吸水性，如尼龙 6 的吸水率在 2%左右；而对于聚乙烯、聚四氟乙烯等主链为“—C—C—”的非极性高聚物的吸水性小，如聚乙烯的吸水率为 0.01%，聚四氟乙烯的吸水率只有 0.0005%。

(4) 电性能

高聚物内部没有自由电子和可移动的离子，不具有导电能力，因此高聚物都是良好的电绝缘材料。如聚四氟乙烯、酚醛塑料以及橡胶等的电绝缘性可与陶瓷媲美。

2. 高聚物耐腐蚀性能

材料的耐腐蚀性能是指其抵抗电化学腐蚀和化学介质腐蚀的能力，也称为电化学稳定性和化学稳定性。

高聚物是电绝缘体，不会发生电化学反应，因此不存在电化学腐蚀。

高聚物的化学稳定性都很高，它们对化学介质酸、碱、水、有机溶剂及大气均有良好的耐腐蚀能力。

3. 高聚物的老化

高聚物在长期存放和使用过程中，在光、热、氧、化学介质等各种因素的综合作用下，大分子链的结构将随着时间的推移产生降解或交联，因此高聚物的性能会不断降低，逐渐产生发黏、发软或失去弹性、变色、变硬、变脆甚至断裂等现象。这种现象在工程上称为高聚物的老化，它是高聚物的一种主要缺点。

防止高聚物老化或提高高聚物抗老化能力的措施有以下三种。

(1) 在高聚物中添加防老化辅料

防老化辅料品种很多，可以根据高聚物的使用和存放条件有针对性的选择，主要的防老化辅料有抗氧化剂、热稳定剂、紫外线吸收剂、防霉剂等。

(2) 对高聚物进行改性

通过对高聚物改性处理，可以减少高聚物结构上的缺陷，提高其稳定性，达到防止高聚物老化或提高高聚物抗老化能力的目的。

(3) 表面涂、镀防护层

4. 高聚物的机械性能

与金属材料相比，高聚物最大的机械性能特点是具有高弹性、黏弹性及自润滑性。

(1) 摩擦、磨损性能

高聚物中最大量使用的塑料的硬度尽管比金属低，但由于大多数塑料具有较低的摩擦系数和自润滑性，因此塑料的摩擦、磨损性能都远优于金属，是制造耐磨件的好材料，而且更适合制造在干摩擦条件下工作的耐磨件。例如常用聚四氟乙烯制作密封圈，尼龙或聚甲醛等制造齿轮、凸轮、轴承等。

(2) 高弹性

与金属相比，高聚物具有高弹性，即弹性模量小，弹性变形大。大部分高聚物的弹性模量只有金属的1/1000。橡胶的弹性变形量最大，可达100%～1000%，而金属的弹性变形不超过1%。

高聚物之所以具有高弹性，是因为其大分子链具有很大的柔顺性。柔顺性愈好的大分子链，弹性愈高。大分子链的柔顺性受大分子链结构的影响很大，线型结构的大分子链柔顺性最好，因此弹性最高，如橡胶；而体型结构的大分子链则柔顺性最差，因此弹性最低，如热固性塑料。

(3) 黏弹性

理想的弹性材料在受到外加载荷作用时，产生弹性变形，这种形变是在瞬间达到的，与时间无关，当外加载荷消除后能迅速恢复原状；理想的黏性材料在受到外加载荷作用时，产生塑性变形，这种形变不是在瞬间达到的，而是随时间线性发展，即形变与时间成正比，当外加载荷消除后不能恢复原状；高聚物是介于理想弹性材料和黏性材料之间的一类材料，在受到外加载荷作用时，同样也会产生形变，其中既有弹性变形也有塑性变形，形变随时间而增加，但形变与时间不成正比，这种性能称为黏弹性。

高聚物的黏弹性的具体表现有蠕变、应力松弛、滞后和内耗。

① 蠕变

蠕变是指材料在受到外加载荷长期作用时，产生不可恢复的塑性变形，且变形随时间无限发展的现象。例如悬挂的塑料棒在自身质量的作用下，会逐渐变细，而且变细的过程将不停地发展下去。实际上，任何材料都会发生蠕变，只不过有的明显有的不明显而已。金属材料在高温时会产生蠕变；高聚物即使在室温下受载也会产生蠕变，当载荷大时，甚至会发生蠕变断裂。

高聚物是否容易产生蠕变主要取决于其大分子链的柔顺性，柔顺性越大，越容易产生蠕变。之所以产生蠕变，是由于在外力长时间作用下，高聚物大分子链逐渐发生位置的变化而造成的。因此，线型结构的高聚物容易产生蠕变，体型(网状)结构的高聚物抗蠕变能力较强。对于橡胶来说，必须进行适当的硫化处理，使其线型大分子链适度交联，以保持其高弹性。

② 应力松弛

应力松弛是指在恒温和恒定变形下，材料的内部应力随时间延长而逐渐衰减的现象。与蠕变一样，应力松弛也是高聚物的一种常见现象。例如，连接管道法兰盘的橡胶密封圈，经过较长时间工作后，橡胶回弹力减小，发生渗漏现象，就是橡胶应力松弛的结果。

图 2.4.2 形象地示意出了高聚物大分子链在外加载荷长期作用下，逐渐改变大分子链结构产生应力松弛的过程。图 2.4.2(a)为自由蜷曲的大分子链；图 2.4.2(b)为受应力 σ 后大分子链被拉长；图 2.4.2(c)为具有恒定变形的大分子链在外加载荷长期作用下，大分子链结构逐步调整，重新趋于自然卷曲的稳定状态，此时大分子链缠结点松动，应力消失。

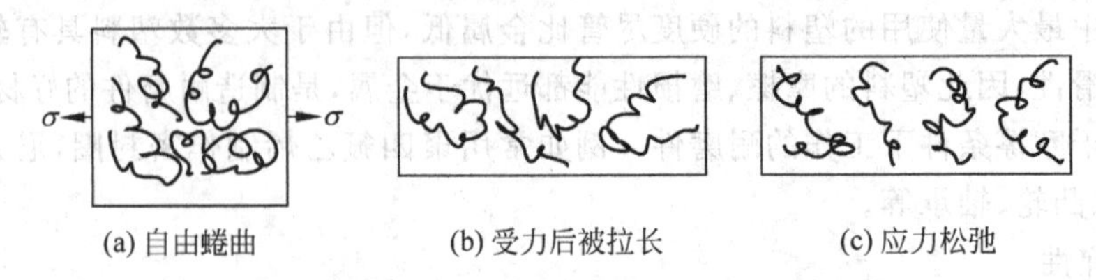

图 2.4.2 应力松弛过程示意图

蠕变和应力松弛是一个问题的两个方面，是从不同侧面反映了高聚物的静态力学的松弛本质。一个是在恒定应力下变形随时间的发展过程，另一个是在恒定变形下应力随时间的衰减过程。产生蠕变和应力松弛都意味着高聚物制品的尺寸稳定性差，选材时应特别注意。

③ 滞后与内耗

在静态应力作用下，高聚物的力学松弛过程表现为蠕变和应力松弛现象。在动态应力(如交变载荷)作用下，高聚物的力学松弛过程则表现为滞后和内耗现象。

滞后现象是指高聚物在交变载荷作用下，应变落后于应力变化的现象。如图 2.4.3 所示是橡胶在拉伸-回缩过程中的应力-应变曲线。由图可见，拉伸时应力与应变沿 acb 线变化，外力对橡胶变形所做功(形变功)的量为 acb 曲线与水平轴包围的面积；回缩时，沿着 bda 线变化，橡胶对外界所释放的功(恢复功)为 bda 曲线与水平轴包围的面积。显然，形变功大于恢复功，差值为 $acbda$ 所包围的面积，它代表了橡胶在一次拉伸-回缩循环中实际接受的能量。该能量消耗于分子的内摩擦，转化为热能，导致材料的温度升高，称为内耗。这就是在交变载荷作用下高聚物发热，并过早老化的原因。例如以时速 60km/h 行驶的汽车，相当于承受 100 次/s 的交变应力，由于滞后而产生内耗，可使轮胎的温度升高至 100℃左右，因此加速了轮胎的老化。

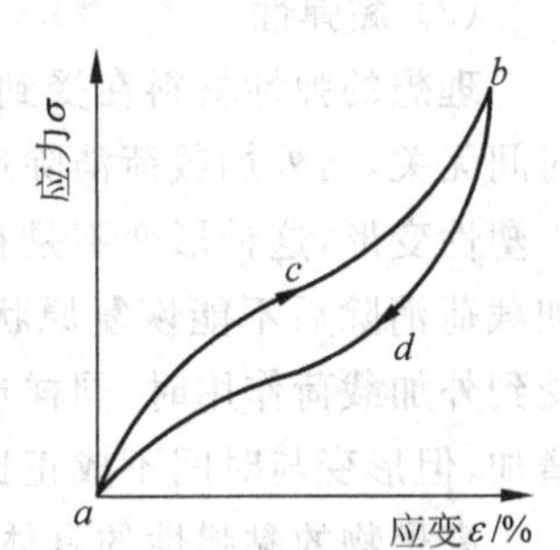

图 2.4.3 拉伸-回缩过程的应力-应变曲线

滞后和内耗的大小取决于高聚物大分子链的结构，线型结构(如橡胶制品)的高聚物滞后和内耗严重，体型结构的高聚物滞后和内耗小一些。但是，在工程中也可以利用内耗较大的橡胶来吸收振动波，从而达到减振作用。

(4) 其他机械性能

高聚物的一些机械性能，如抗拉强度、冲击强度、硬度等都比较低。这些性能主要取决于高聚物分子量的大小和大分子链的结构，分子量大及具有体型(网状)结构的高聚物这些性能较高。

尽管高聚物的强度低于金属材料，但由于其密度远小于金属，因此比强度并不低，某些塑料的比强度甚至高于碳钢和铸铁。

高聚物的内在韧性较好，但其冲击韧性很低。因为只有强度、塑性和韧性都好的材料才具有较高的冲击韧性，而高聚物的强度低和塑性差(都比金属材料低很多)，因此冲击韧性很低。各种高聚物的冲击韧性有明显的差别，例如，热塑性高聚物的冲击韧性值较高，为 $2\sim15kJ/m^2$；热固性高聚物的冲击韧性值较低，为 $0.5\sim5kJ/m^2$。

2.4.3 工程塑料

塑料是以有机合成树脂为基料，加入(或不加入)添加剂，在加工过程中能流动成型的高聚物材料。合成树脂是由低分子化合物经聚合(包括加聚和缩聚)反应合成的高聚物，如聚乙烯、聚氯乙烯等，树脂受热会软化，起黏结剂作用，树脂的性能决定了塑料的性能。添加剂的作用是改善塑料的某些性能缺点，主要的添加剂有填料或增强材料、增塑剂、固化剂、润滑剂、稳定剂、着色剂、阻燃剂、发泡剂及抗静电剂等。

塑料在加热到一定温度时，具有良好的可塑流动性，从而可通过挤压成型、吹塑成型、注射成型(注塑)、模压成型及传递模塑成型等方法加工成型。

1. 塑料的分类

(1) 按使用性能分类

① 通用塑料

通用塑料的应用范围广、产量大、价格低，其产量约占塑料总产量的 3/4 以上。通用塑料在工农业生产和日用品中应用非常广泛。主要品种有聚乙烯、聚氯乙烯、聚苯乙烯、酚醛塑料及氨基塑料等。

② 工程塑料

工程塑料是在工程上用于制造工程结构件的塑料，必须具备足够的强度、刚度和韧性，才有实际应用价值。工程塑料常用于制造工程构件、机器零部件、容器等。常用的工程塑料有聚酰胺、聚甲醛、聚碳酸酯及经改性后的通用塑料等。

(2) 按树脂的热行为分类

① 热塑性塑料

热塑性塑料是在特定温度范围内能反复加热软化和冷却硬化的塑料。一般热塑性塑料具有线型或低支链结构，如聚乙烯、聚丙烯等。

热塑性塑料的优点是加工成形非常简便、塑性好、弹性好、可反复使用，缺点是强度低、硬度低、刚度小及耐热性差。

② 热固性塑料

热固性塑料加热成型后，转变成不熔不溶的网状结构，不能进行二次加工，如环氧塑料、酚醛塑料等。

热固性塑料的优点是耐热性好、强度高、硬度高、化学稳定性好，缺点是塑性差、弹性差、不能反复使用。

2. 常用热塑性工程塑料

(1) 聚乙烯(PE)

聚乙烯是目前产量最大的塑料，它的使用温度范围为－70～100℃，强度较低，可分为低密度聚乙烯和高密度聚乙烯两种。

低密度聚乙烯的分子量、结晶度低,因此质地柔韧,适宜制造薄膜,如保鲜膜、食品袋等。

高密度聚乙烯的分子量、结晶度较高,因此质地坚硬,无毒,有良好的耐磨性、耐蚀性及电绝缘性。适用于制造软管、电线电缆包皮、茶杯、奶瓶等。

(2) 聚氯乙烯(PVC)

聚氯乙烯的原料来源丰富,价格低廉,软化点低,使用温度为-15~55℃。它的强度、硬度、刚度均高于聚乙烯。聚氯乙烯也可分为硬质和软质两种类型。

硬质聚氯乙烯塑料的强度高,耐蚀性好,可用于制造离心泵、通风机、水管接头、输送管等。

软质聚氯乙烯的伸长率较高,但强度、耐蚀性和绝缘性低,易老化。可用于制作薄膜(塑料布、台布、雨衣)、人造革、软管、电线电缆包皮、垫衬、包装袋等。

(3) 聚丙烯(PP)

聚丙烯的原料来源广,价格便宜,强度、硬度和刚度都高于聚乙烯,密度仅为0.90~0.91g/cm^3,是塑料中最轻的。它的使用温度为-35~120℃,可在100~110℃下长期使用,因此常用于制作医疗用品。此外,由于其电绝缘性和耐蚀性好,常用于制造法兰、齿轮、把手、叶轮、接头、仪表盒、壳体等机械零件及化工管道、容器、电线电缆包皮等。

(4) 聚苯乙烯(PS)

聚苯乙烯无色透明,透光率仅次于有机玻璃,着色性好,几乎不吸水,使用温度低,为-30~80℃。它的耐腐蚀性和绝缘性良好,尤其高频绝缘性很好。缺点是易燃、易脆裂。因此聚苯乙烯常用于制造仪表零件、设备外壳、化工储酸槽、管道、弯头、车辆灯罩、透明窗、绝缘材料等。

聚苯乙烯泡沫塑料的密度仅为0.033g/cm^3,是极好的隔音、包装、救生材料。

(5) ABS塑料

ABS塑料是通过加入丙烯腈(A)和丁二烯(B)对聚苯乙烯(S代表苯乙烯)进行改性获得ABS共聚物。ABS塑料具有硬、韧、刚等良好的综合机械性能,因此曾经称为"塑料王"。此外,ABS塑料还具有良好的尺寸稳定性、耐热性、耐磨性、加工工艺性及低温冲击强度。

因此,ABS塑料的用途很广,在机械工业中可用于制造齿轮、叶轮、轴承、设备外壳等;在化工设备中用于制造各种容器、管道等;在电气工业中用于制造仪表壳、仪表盘;在汽车工业中用于制造挡泥板、小轿车车身等。

(6) 聚酰胺(PA)

聚酰胺在商业上称为尼龙或锦纶,主要品种有尼龙6、尼龙66和尼龙1010。尼龙具有突出的机械性能,如强度高、韧性好、耐磨损、自润滑性良好;此外,它还具有无毒、抗菌、抗霉、耐腐蚀及加工成型性能好等优点。其缺点是吸水性大、尺寸稳定性低、导热性差、成型时收缩较大及使用温度较低(小于100℃)。

因此,尼龙广泛用于制造轴承、轴套、齿轮、凸轮、叶轮、机床导轨、阀座及高压密封圈(尼龙1010)等零件。

(7) 聚甲醛(POM)

聚甲醛具有尼龙所有的优点,它的疲劳强度是热塑性塑料中最好的一种,摩擦系数很低(仅为0.15~0.5)。此外,聚甲醛吸水性极小,尺寸稳定性好,脆化温度很低(为-40℃)。

它的缺点是成型收缩率较大、耐热性较差(最高工作温度在100℃左右)。

聚甲醛主要用于制造轴承、阀杆、齿轮、凸轮、垫圈、法兰等机械零件,也用于制造仪表外壳、仪表盘、外壳、管道、配电盘、化工管道、容器等零件。

(8) 聚碳酸酯(PC)

聚碳酸酯无色透明,着色性好,有良好的耐热、耐寒性,使用温度为－100～130℃。它具有良好的综合机械性能,冲击韧性特别突出,常被誉为“透明金属”。此外,它还具有尺寸稳定性好、吸水性小、在较宽的温度范围内(0～125℃)和潮湿环境下介电常数几乎不变等优点。它的缺点是自润滑性差、疲劳性能较差、耐蚀性差等。

因此,聚碳酸酯常用于制造在高温、高负荷条件下冲击韧性和尺寸稳定性要求高的机械零件,如轻载齿轮、小模数齿轮、精密齿轮、涡轮、涡杆、齿条、心轴、凸轮等;制造垫圈、垫片、套管、电容等高级绝缘材料;制造有良好透明性的高强度信号灯灯罩、挡风玻璃、防护玻璃、座舱罩、帽盔等。

(9) 聚四氟乙烯(F-4)

聚四氟乙烯是目前名副其实的“塑料王”,它有极其优越的性能。

① 化学稳定性极优越

聚四氟乙烯几乎不受任何化学药物的腐蚀,在王水中煮沸也不起变化,优于陶瓷、不锈钢,甚至金、铂等。

② 摩擦系数极小,自润滑性极好

聚四氟乙烯的摩擦系数极小,仅为0.04,是固体材料中最低的一种,而且自润滑性极好。

③ 耐热性和耐寒性极好

聚四氟乙烯的长期使用温度范围为－180～260℃,是热塑性塑料中使用温度范围最宽的一种。

④ 有极好的电绝缘性

聚四氟乙烯有极好的电绝缘性,是目前介电常数和介电损耗最小的固体绝缘材料,且不受频率和温度的影响。

⑤ 不吸水,耐老化

聚四氟乙烯的主要缺点是强度和硬度低,加工成型性不好,价格昂贵。

聚四氟乙烯可用于制作耐蚀件、耐磨件、减摩密封件、高温、高频、潮湿条件下的绝缘件、无油自润滑件等。尤其在医学领域,由于聚四氟乙烯能进行高温消毒,且对生理过程无任何作用,因此可用于制造人工血管、人工心脏装置等。

(10) 聚砜(PSF)

聚砜具有强度高、硬度高、自润滑、耐冲击、能自熄、耐高温、耐低温、耐腐蚀及绝缘性好等优点。聚砜可在－65～150℃温度范围长期使用,常用作高温轴承材料、自润滑材料、高温绝缘材料及超低温结构材料等。

(11) 聚甲基丙烯酸甲酯(PMMA)

聚甲基丙烯酸甲酯(PMMA)俗称有机玻璃,它的光学性能很好,归纳如下:

① 透光性好,色散小、耐紫外光性好。在可见光区,有机玻璃的透过率约为92%,可与光学玻璃相媲美。

② 机械性能比无机玻璃高得多(与温度有关)。如拉伸强度为50～80MPa，冲击韧性可达1.6～27kJ/m²，比光学玻璃大10倍，经得起撞击和跌落，不易破碎。

③ 重量轻。有机玻璃的密度为1.18g/cm³，只有无机玻璃的一半。

④ 易成型，成本低，能制成一般无机玻璃不能制造和难以制造的光学器件。

⑤ 化学稳定性和耐候性好。如有机玻璃抗稀酸、稀碱、润滑油和碳轻燃料作用好，在自然条件下老化发展缓慢。

有机玻璃的缺点是硬度低、耐磨性差、易擦伤；热胀系数大，约为无机玻璃的10倍，易在表面或内部引起微裂纹(称为“银纹”)，因而比较脆；导热性和耐热性差，软化温度低(80℃)，易变形，加热时会变色和分解；吸水性强，不耐有机溶剂。

因此，有机玻璃广泛用于制作风挡、舷窗、电视和雷达的屏幕、仪表护罩、外壳、光学元件、透镜等。

3. 常用热固性工程塑料

(1) 酚醛塑料(PF)

酚醛塑料即商业上的电木粉或胶木粉，通常以粉状供应。它具有强度高、硬度大、电性能良好、耐蚀性好、耐热性好(耐热温度在100℃以上)、成型工艺简单、价格低廉等优点。

酚醛塑料除了广泛应用电信部门制作仪表外壳、仪表齿轮、开关、电话机、灯头、插头、插座等器件以外，还可用于制造刹车片、齿轮、皮带轮、轴承、壳体等。

(2) 环氧塑料(EP)

环氧树脂是很好的胶黏剂，对各种材料均有很强的黏接能力，因此称为“万能胶”。

环氧塑料的优点是强度高、韧性好、成型工艺性好、尺寸稳定性高、耐久性好、化学稳定性高、绝缘性优异、耐热耐寒(长期使用温度为－80～155℃)，缺点是有某些毒性。因此，常用于制作精密量具、塑料模具、印刷电路、电器元件的塑封等。

(3) 脲醛塑料

脲醛塑料颜色鲜艳，半透明如玉，又有良好的电绝缘性，故有电玉之称。其缺点是耐水性和耐热性差，长期使用温度在80℃以下。可制作日用装饰件和电气绝缘件，如电话机、钟表外壳、门柜把手、灯座、插头等。

(4) 三聚氰胺甲醛塑料(密胺塑料)

三聚氰胺甲醛塑料(密胺塑料)，吸水率小，耐沸水煮，表面硬度高，耐磨，无毒，可制作餐具。它的纸质片状层压塑料表面光洁、色泽鲜艳、坚硬耐磨，并具有耐油脂、耐火灼、耐弱酸碱等优点，广泛用作塑料装饰板。

2.4.4 其他高聚物

1. 橡胶

橡胶是一种具有极高弹性的高聚物，它与塑料的区别是室温下弹性模量数值相差几个数量级，通常认为，常温下弹性模量在0.02～0.8MPa范围内的为橡胶，在200MPa以上的为塑料。橡胶常用于制造弹性材料、减震防震材料、密封材料及传动材料等。

(1) 橡胶的分类

橡胶按照原料的来源分为天然橡胶和合成橡胶。工程上使用的橡胶主要是合成橡胶。

合成橡胶的种类很多，主要有丁苯橡胶、顺丁橡胶、氯丁橡胶、丁基橡胶、丁腈橡胶、乙丙橡胶、硅橡胶、氟橡胶等。

(2) 橡胶的性能特点

① 橡胶最突出特点是在很宽的温度(−40～150℃)范围内具有极高的弹性。橡胶的弹性变形量非常大，可达100%～1000%，而且回弹性好、回弹速度快。原因是橡胶是具有轻度交联的线型高聚物，细长的大分子链容易蜷曲。当施加外力时，可使部分链段拉直，使其变形；当外力去除后，又恢复蜷曲状态，变形消失，橡胶恢复原状。

② 橡胶容易发生蠕变和应力松弛，具有明显的黏弹性。

③ 橡胶在受拉伸时具有较大的内耗。

④ 橡胶具有很好的电绝缘性、不透气性和不透水性。

⑤ 橡胶在很大温度范围内具有不熔、不溶的特性。

⑥ 橡胶具有一定的机械强度和耐磨性。

(3) 常用合成橡胶

① 丁苯橡胶

丁苯橡胶是目前产量最大、应用最广的橡胶，它的突出特点是耐磨损性和耐老化性好、价格便宜，广泛用于制造轮胎、胶带、胶管及日用品等。

② 顺丁橡胶

顺丁橡胶的突出特点是弹性、耐寒性、耐磨性、耐浓碱腐蚀性好，主要用于制造耐寒输送带、轮胎、橡胶弹簧、减震器、鞋底等。

③ 氯丁橡胶

氯丁橡胶的突出特点是耐燃烧性、耐浓碱腐蚀性、耐油性和耐老化性强，主要用于制造导线、电缆包皮、胶带、胶管、输送带等。

④ 丁腈橡胶

丁腈橡胶的主要特点是耐油性和气密性好，主要用于制造油箱、耐油胶管、燃料桶、液压泵密封圈、耐油输送带等耐油制品。

⑤ 硅橡胶

硅橡胶的主要特点是耐浓碱腐蚀性、耐高温、耐低温、绝缘性好，但价格较贵，主要用于制造航空和宇航中的密封件、薄膜、胶管及耐高温的绝缘体等。

⑥ 氟橡胶

氟橡胶的主要特点是在酸、碱及各种强腐蚀性介质中的耐腐蚀能力居所有橡胶之首，同时其耐油、耐高温和抗老化性能优良，缺点是价格昂贵，主要用于制造高级密封件、高真空密封件、化工设备中的耐腐蚀衬里及耐腐蚀衣服和手套等。

2. 合成纤维

合成纤维是由那些能够被高度拉伸成纤的高聚物制成的，因此合成纤维具有线型结构。合成纤维的主要特点是强度高、密度小、弹性好、耐磨性好、耐酸碱腐蚀性好等。

合成纤维品种很多，常用的有涤纶、锦纶、腈纶、维纶、丙纶和氯纶六大纶，它们在工程上主要用于制造轮胎帘子线、渔网、降落伞、绝缘布、传动带、运输带等。此外，还有两种高性能合成纤维碳纤维和Kevlar纤维。

碳纤维的性能优良，最突出的特性是具有很高的使用温度，它在高达1500℃时强度才开始下降，在−180℃下仍然很柔软。Kevlar纤维的性能比碳纤维还高，使用温度则稍有不足，为−195～260℃。碳纤维和Kevlar纤维的缺点是价格高，主要用作纤维增强体，制作高强度的复合材料。

3. 胶黏剂

胶黏剂(又称为黏合剂、黏结剂、黏接剂，通称为胶)是一类通过黏附作用将两种材质相同或不同的材料连接在一起，并在连接处具有足够高强度的高聚物。

胶黏剂可以在被黏接的物体表面产生极牢固的黏合力，因此可替代传统的铆接、焊接和螺纹连接工艺，将各种不同材质的零件或结构件牢固地黏接在一起。不同的胶黏剂适用于不同的材质，必须按不同的材质选用适当的胶黏剂。

胶黏剂一般由基料和辅料组成。基料在胶黏剂中的作用是黏接作用，并赋予黏接层足够的机械强度。工程上常用的基料是树脂(如环氧树脂、酚醛树脂、聚酯树脂等)和橡胶(如氯丁橡胶、丁腈橡胶等)。辅料主要作用是改善基料的性能，包括固化剂、增塑剂、填料及稀释剂等。

2.5 复合材料

2.5.1 复合材料的概念和分类

复合材料是一种既古老又年轻的材料，人类使用复合材料已经有很长的历史了，如用草茎和泥土做建筑材料已经有几千年的历史了。但现代复合材料的发展只有几十年的历史，因此它是年轻的材料。随着科技的迅速发展，对材料性能的要求越来越高，单质材料越来越难以满足材料性能的综合要求，而复合材料由于其可设计性的特点日益受到各发达国家的重视，因此发展很快，已经开发出了许多先进的复合材料，有的已经成为航空、航天工业中的首要关键材料，使得复合材料成为与金属材料、陶瓷、高分子材料并列的四类重要结构材料之一。

1. 复合材料的概念

国际标准化组织把复合材料定义为："由两种以上在物理和化学上不同的物质组合起来而得到一种多相固体材料。"

可见，复合材料是由两种或两种以上不同的材料复合而成，其复合过程不是简单的机械组合，而是包含有物理、化学、力学等复杂的作用。通过各组元材料协调作用，可以在很大程度上改善和提高单一常规材料的机械性能、物理性能和化学性能，以解决在工程结构上采用常规材料无法解决的工艺问题。因此，复合材料广泛应用于航空、航天、机械制造、交通运输及医疗器械和体育用品等各个领域。

2. 复合材料的组成

典型的结构用复合材料包括基体材料、增强材料和基体与增强材料之间的界面三部分。其中,基体材料通常为连续相,主要起黏结或连接作用;增强材料多为分散相,主要用来承受载荷,也称增强体。基体和增强体各自性质、形状、数量、分布、相互作用以及界面的性质、结合力的大小共同决定着复合材料的性能。

原则上讲,复合材料可以由金属材料、陶瓷和高分子材料中任意两种或多种复合而成。

3. 复合材料的分类

复合材料的种类繁多,有各种分类方法。

(1) 按材料的功能分类

根据材料的功能不同,复合材料可分为结构复合材料和功能复合材料两大类。结构复合材料用于在工程结构中承受外加载荷,主要利用其机械性能;功能复合材料则利用其独特的物理性质,发挥其功能特性。

(2) 按基体材料分类

根据基体材料的不同,复合材料可分为树脂基(又称聚合物基)复合材料、金属基复合材料、陶瓷基复合材料和碳基复合材料等。

(3) 按增强体的种类和形态分类

根据增强体的种类和形态不同,复合材料可分为纤维增强复合材料、颗粒增强复合材料和层状增强复合材料。

2.5.2 结构复合材料中各部分的作用

1. 基体

基体作为复合材料的重要组成部分之一,其作用归纳如下:

① 基体具有黏附特性,用于固定和黏附增强体,使复合材料成型。

② 基体还负责将复合材料所受的载荷传递并合理分布到增强体上。复合材料所承受载荷的传递机制及方式与增强体的类型和性质密切相关,如在纤维增强的复合材料中,复合材料所承受的载荷大部分由纤维承担;在颗粒增强复合材料中,增强体的作用是阻碍基体分子链或位错的运动。

③ 基体对增强体的保护作用。复合材料在加工和使用过程中,基体可以保护增强体,使其免受环境因素的化学作用和物理损伤,防止诱发产生造成复合材料破坏的裂纹。

④ 基体对增强体的隔离作用。在复合材料中基体都要将增强体相互分开,目的是一旦个别增强体发生破坏断裂,裂纹也不易从一个增强体扩展到另一个增强体。

⑤ 基体具有增韧作用。在复合材料中,增强体的弹性模量总是高于基体,用于承担复合材料所受的主要载荷,要求基体具有较好的塑性和韧性,以消除或减少应力集中,不易产生微裂纹。另外,基体通过塑性变形可以使裂纹产生钝化从而减缓或防止裂纹的扩展。

因此,基体对复合材料的耐损伤和抗破坏能力、使用温度极限以及耐环境性能均起着十分重要的作用。

2. 增强体

在结构复合材料中，增强体用于承担复合材料所受的主要载荷。因此在设计复合材料时，通常要求所选择增强体具有以下性能：

① 增强体的弹性模量应比基体高。以纤维增强复合材料为例，当复合材料承受外加载荷时，如果基体与增强体应变量相同，则基体与增强体所受载荷比等于二者的弹性模量比，弹性模量高的增强体(纤维)就可以达到承受高载荷的目的。

② 增强体与基体的热膨胀系数不能相差过大；否则，会在热胀冷缩过程中自动削弱相互之间的结合强度，甚至二者脱离。

增强体的形状、大小、表面状态、体积分数及其在基体中的分布等，对复合材料的性能具有很大的影响。

3. 界面特性

基体与增强体之间的界面特性，决定着基体与增强体之间结合强度的大小。

基体与增强体之间结合强度的大小应适当高，确定原则是结合强度只要足以传递应力即可。结合强度过低，增强体和基体间的界面在外加载荷的作用下容易开裂；结合强度过高，又易使复合材料失去韧性。因此，需要根据基体和增强体的性质，来控制界面的状态，以获得适宜的界面结合强度。此外，基体与增强体之间还应具有一定的相容性，即相互之间不发生化学反应，以免造成增强体增强性能的降低。正是由于基体与增强体的这种协同作用，才赋予了复合材料良好的强度、刚度和韧性等。

2.5.3 复合材料的特点

复合材料之所以具有比组元材料优越得多的性能，可以大大改善和克服单一组元材料的弱点，是因为复合材料具有如下特点。

1. 复合材料的可设计性

复合材料区别于单一材料的显著特征是材料性能的可设计性，即可以根据工程构件的结构、载荷分布、环境条件和使用要求，合理地选择基体和增强体的材质、形状及二者所占的比例，设计增强体的层数、排列方向、分布，采取合适的制备工艺，以满足构件的强度、刚度、耐蚀、耐热等性能的要求，使复合材料构件的结构最佳化。这样生产出的复合材料构件不仅具有最佳性能，甚至可以创造出单一材料不具备的双重或多重功能，或者在不同时间或不同条件下可以发挥不同的功能。例如，汽车玻璃纤维增强树脂复合材料挡泥板，单独使用其组元材料玻璃会太脆，聚合物强度太低，而强度、韧性都不高的两种材料经过复合后得到的复合材料具有令人满意的轻质量、高强度和高韧性。

2. 复合材料的各向异性

从机械性能角度分析，复合材料的最大特点是各向异性，即沿纤维方向的强度和刚度远远高于垂直于纤维方向的强度和刚度。在实际应用中，由于工程构件的受力往往是有方向性的，我们可以根据构件受力的方向，合理配置纤维方向，使制作构件的复合材料各个方向的性能与构件的实际受力一致，因此复合材料一般都是各向异性材料。而单一材料在设计时的自由度就比较小。例如用缠绕法制造的玻璃纤维增强树脂复合材料火箭发动机壳，由于玻璃纤维的方向与发动机壳体的主应力方向一致，所以在此方向上的强度是单一树脂材料的 20 多倍，从而最大限度地发挥了材料的潜力。

3. 材料和结构的一次成形性

复合材料的另一特征是材料与结构一次成形，即在形成复合材料的同时也就得到了结构件。这一特征可以使设备中零件数目减少，避免或减少了黏、铆、焊等工艺，提高了生产率，减轻了构件质量，改善和提高了构件的耐疲劳性能和稳定性能等。例如碳纤维增强聚合物复合材料制成的具有很高比强度和比弹性模量的网球拍、滑雪板、钓鱼杆等体育器材，都是材料和构件一次成形，这些器材如果采用传统的铝合金制造，不仅性能差，而且工艺过程比较复杂，还需要用两种以上的零件组合而成。

2.5.4　结构复合材料的性能

复合材料不仅保留了单一组元材料的优点，而且各组元材料在性能上能起到调节作用，得到的复合材料具有单一材料所无法比拟的优越的综合性能，因此复合材料的应用越来越广泛。

1. 高的比强度和比模量

材料的比强度、比模量是指材料的强度或弹性模量与其密度之比。复合材料由于其本身的抗拉强度和弹性模量较其他材料高，再加上复合后的材料密度大大减小，因此具有比其他材料高得多的比强度和比模量。高的比强度和比模量使得复合材料构件的自重和体积很小。表 2.5.1 列出了几种复合材料与常用金属材料的性能比较（注：复合材料一般以“增强体/基体”的形式表示）。

表 2.5.1　常用复合材料与金属材料的性能比较

材　料	密度 ρ g/cm³	抗拉强度 σ_b MPa	弹性模量 E GPa	比强度 σ_b/ρ $\times 10^3$ m	比模量 E/ρ $\times 10^6$ m
碳/碳复合材料	1.8	2450	390	136.1	21.7
芳纶/环氧	1.4	1500	80	107.1	5.7
碳纤维/环氧	1.6	1100	240	68.8	15.0
硼纤维/环氧	2.1	1400	210	66.7	10.0
玻璃钢	2.0	1050	400	52.5	20.0
碳纤维/铝	2.2	800	230	36.4	10.5
硼纤维/铝	2.6	1000	200	38.5	7.7
钛合金	4.5	980	110	21.8	2.4
铝合金	2.8	480	74	17.1	2.6
钢	7.8	1000	210	12.8	2.7

2. 耐疲劳性能和抗断裂性能好

金属材料的疲劳破坏常常是没有明显预兆的突发性破坏，而复合材料则不同，它具有很强的耐疲劳性能和抗断裂性能，而且即使断裂也不会是突然发生。如大多数金属材料的疲劳极限相当于其抗拉强度的40%～50%，而碳纤维增强聚酯树脂的疲劳极限相当于其抗拉强度的70%～80%。原因如下：

① 复合材料内的增强体本身具有较高的耐疲劳性能和抗断裂性能。

② 复合材料中的基体的塑性和韧性较好，可以消除或减少应力集中，不易产生微裂纹。另外，基体通过塑性变形可以使裂纹产生钝化从而减缓或防止裂纹的扩展。

③ 纤维增强复合材料中纤维和基体间的界面能够有效地阻止疲劳裂纹的扩展。

④ 在纤维增强复合材料中每平方厘米截面上有成千上万根独立的增强纤维，受载后如有少量纤维断裂，载荷会由韧性好的基体迅速重新分配到未断的纤维上，使构件不会在瞬间失去承载能力而断裂，因此在破坏前有预兆。

3. 减摩、耐磨、减振性好

复合材料的摩擦系数均比单一基体材料小，如碳纤维增强高分子材料的摩擦系数比高分子材料本身低得多，因此复合材料具有良好的减摩、耐磨特性。

工程构件如果产生共振(当外加载荷的频率与构件的自振频率相同时，将产生共振)会严重威胁构件的安全运行，有时能造成灾难性事故。复合材料一方面本身的自振频率高，构件在一般状态下不易发生共振；另一方面复合材料中基体增强体界面具有很强的吸振能力，使得复合材料的阻尼特性非常好，即使产生振动，其衰减也要比其他材料快得多。因此，复合材料具有良好的减振性。图2.5.1为碳纤维复合材料与钢的振动衰减特性比较。

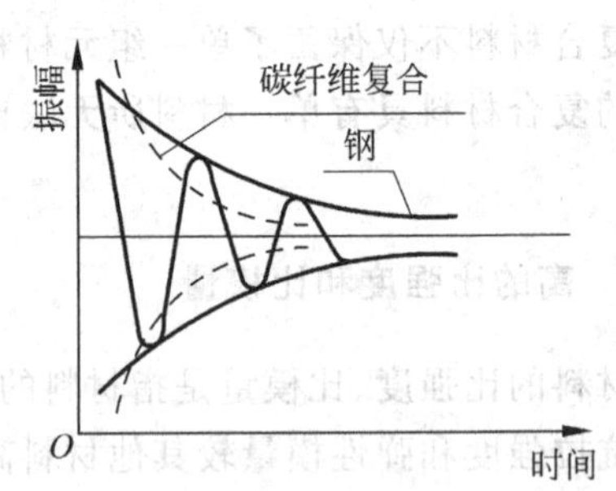

图2.5.1 两种材料的振动衰减特性比较

4. 耐高温性能好

复合材料中除玻璃纤维软化点较低外，其他复合材料均具有较高的高温强度、高温弹性模量及良好的抗蠕变性能。例如，树脂基复合材料的使用温度为100～350℃，金属基复合材料的使用温度为300～500℃，陶瓷基复合材料的使用温度可达1000℃以上，碳/碳基复合材料的高温性能更加优越，使用温度甚至达到2000℃以上。

此外，陶瓷基和碳基复合材料的抗冲刷、耐烧蚀性能特别好，可用作高温防热结构材料。

5. 韧性和抗冲击性能好

复合材料中的基体具有较好的塑性和韧性，可以通过塑性变形吸收能量，因此复合材料具有较高的韧性和抗冲击性能。

6. 密度小、质量轻、膨胀系数小

复合材料的密度都很小，有利于提高复合材料的比强度和比刚度；它的膨胀系数小，甚至在一定条件下可为零，这对于保持在诸如交变温度作用等极端环境下工作的构件的尺寸稳定性，具有特别重要的意义。

7. 化学性能

复合材料大都具有优良的化学稳定性，可用于制造耐强酸、盐、酯和某些溶剂的化工管道、泵、容器等。用玻璃纤维或碳纤维与塑料复合，还能在强碱介质中使用。

8. 工艺特性

复合材料的一次成形性，可以使设备中零件数目减少，避免或减少了多次加工工艺，提高了生产率，减轻了构件质量，改善和提高了构件的质量和安全性。可以认为，复合材料成形及加工工艺并不复杂，有时相对较简单。

9. 成本高，质量有待提高

尽管复合材料已经广泛应用，但总体来讲，复合材料由于发展历史短（尤其是先进复合材料），目前所积累的数据和经验还很不足，复合材料的质量还有待提高。其价格较高，尤其是碳纤维和硼纤维增强的高级复合材料，成本需进一步降低。

综上所述，可以认为复合材料正是现代工程技术要求的耐高温、轻质、高强度的结构材料。

2.5.5　复合材料的应用

除陶瓷基复合材料尚处于研究开发阶段，应用较少外，树脂基、金属基和碳/碳基复合材料已经广泛应用于各个领域。归纳起来主要有以下几个方面的应用。

① 在航空航天领域，碳/碳基复合材料、碳纤维和硼纤维增强树脂基复合材料及硼纤维增强铝合金基复合材料常用于制造飞机、火箭和宇宙飞船的零部件，如飞机发动机外壳、减速板、刹车装置，宇宙飞船内燃机活塞、喷嘴、机翼和尾翼等。

② 在汽车工业及交通运输领域，树脂基复合材料可用作车身、操纵杆、方向盘、客舱隔板、底盘、结构梁、发动机罩、散热器罩等部件。

③ 在机械工业领域，主要用作阀、泵、齿轮、风机、叶片、轴承及密封件等，使用的复合材料有纤维增强树脂基复合材料，如玻璃钢；碳纤维增强树脂基复合材料；陶瓷基复合材料，如SiC纤维增强 Si_3N_4 陶瓷复合材料制造的涡轮叶片的使用温度高达1500℃以上。

④ 在文体领域，玻璃钢和碳纤维增强树脂基复合材料常用作羽毛球拍、网球拍、高尔夫球杆、棒球棒、钓鱼杆、赛车赛艇、滑板、滑雪板、乐器等。

⑤ 在化工领域，玻璃钢常用于制造各种槽、罐、塔、管道、泵、阀、风机等。

⑥ 在建筑领域，玻璃钢和碳纤维增强树脂基复合材料常用作冷却塔、储水塔、卫生间浴盆浴缸、桌椅门窗、安全帽、通风设备等。

⑦ 在生物、医学领域，碳/碳基复合材料用于制造人工关节、外科植入物、牙根植入体等。

2.5.6 常用复合材料

1. 树脂基复合材料

树脂基复合材料(又称为聚合物基复合材料)是结构复合材料中发展最早、应用最广的一类。该类材料主要以纤维增强为主，包括玻璃纤维、碳纤维、聚芳酰胺纤维(芳纶)、硼纤维、氧化铝纤维、碳化硅纤维等。

(1) 玻璃纤维增强树脂复合材料

玻璃纤维增强树脂复合材料俗称玻璃钢，它是以玻璃纤维或其制品为增强材料制成的。常用的树脂有环氧树脂、酚醛树脂、有机硅树脂及聚酯树脂等热固性树脂。它们的共同特点是密度小、强度高、介电和耐蚀性能好。此外，酚醛玻璃钢价廉、耐高温，有良好的综合性能，但成型工艺性差(需高温高压成型)；环氧玻璃钢黏结牢固，收缩率小；聚酯玻璃钢的工艺性好，可在常温低压下固化成型。

玻璃钢的主要优点是成型工艺简单、密度很小、比强度高、耐蚀性和介电性好；其主要缺点是弹性模量小、刚性差、容易变形、易老化、蠕变和耐热性差等。常用于制造自重轻的汽车车身、船体、直升飞机旋翼以及免遭磁性水雷袭击的扫雷艇，化工装置、管道、容器，轴承、轴承架、齿轮，印刷电路板、隔热板等。

(2) 碳纤维增强树脂复合材料

碳纤维增强树脂复合材料是以碳纤维或其织物(布、带等)为增强材料制成的。

与玻璃钢相比，碳纤维增强树脂复合材料具有更优越的性能。

① 碳纤维增强树脂复合材料的抗拉强度和弹性模量均高于玻璃钢，其弹性模量是玻璃钢的4～6倍。

② 碳纤维增强树脂复合材料高温和低温性能好。碳纤维增强树脂复合材料在2000℃高温下的强度和弹性模量基本不变，在−180℃时脆性也不增高，在潮湿环境下工作几乎不影响其强度。而玻璃钢在300℃以上强度会逐渐下降，在潮湿环境下强度损失很大。

碳纤维增强树脂复合材料的缺点是价格高，碳纤维与树脂基体的结合力较小。

碳纤维增强树脂复合材料常用于制造人造卫星、火箭及导弹的机架、壳体、鼻锥体、喷嘴，以及齿轮、轴承、活塞、密封圈、化工容器等零部件。

2. 金属基复合材料

树脂基复合材料尽管具有比强度和比模量高、密度小、质量轻等优点，但它具有使用温度低(使用温度100～350℃)、耐磨性差、导热和导电性能差、易老化、尺寸稳定性差等缺点，难以满足更高的要求。在此基础上，应运而生了金属基复合材料。金属基复合材料除具有膨胀系数小、比强度和比模量高的优点外，它的使用温度可达300～500℃或更高，具有不易燃烧、不吸潮、导电导热性能好、可屏蔽电磁干扰、热稳定性和抗辐射性能好、在较高温度下不会释放有害气体、可机械加工及常规连接等优点，这些都是树脂基复合材料不可比拟的。

金属基复合材料的缺点是密度较大、价格高。

金属基复合材料按其基体材料的不同分为铝及其合金、钛及其合金、镁及其合金、镍基高温合金、铜合金、铅合金及金属间化合物等复合材料，按其增强体的特征不同分为长纤维增强、短纤维或晶须增强、颗粒增强等金属基复合材料。

(1) 长纤维增强金属基复合材料

长纤维增强金属基复合材料常用的长增强纤维有碳(石墨)纤维、硼纤维、陶瓷(包括氧化铝、碳化硅等)纤维及高强度金属丝等，这些复合材料的优点是密度低、强度和弹性模量高、比强度和比模量高、耐高温等，缺点是制备工艺复杂、成本高，主要用于制作航天飞机骨架、发动机叶片、尾翼、空间站结构材料，也可用作汽车构件、保险杠、活塞、连杆、自行车车架及体育运动器械。

典型的长纤维增强金属基复合材料有碳纤维/铝、硼纤维/铝、碳化硅纤维/铝、氧化铝纤维/铝；碳纤维/镁、氧化铝纤维/镁；碳化硅纤维/钛、硼纤维/钛；碳纤维/铜；碳纤维/铅；钨丝/耐热合金；碳化硅纤维/钛基金属间化合物(SiC/Ti_3Al)、氧化铝纤维/镍基金属间化合物(Al_2O_3/Ni_3Al)等。

(2) 短纤维或晶须增强金属基复合材料

短纤维或晶须增强金属基复合材料是以各种短纤维或晶须为增强体的金属基复合材料，是目前应用最广的金属基复合材料。这类复合材料常以铝、镁、钛及其合金为基体，其增强短纤维有氧化铝纤维、氮化硼纤维等；增强晶须有碳化硅晶须、氧化铝晶须、氮化硅晶须等。最典型的短纤维或晶须增强金属基复合材料是碳化硅晶须/铝。

短纤维或晶须增强金属基复合材料最主要优点是具有极高的比强度和比模量；缺点是塑性、韧性低，成本高。

短纤维或晶须增强金属基复合材料主要用于制造飞机支架、加强筋、挡板和推杆，轻质装甲、导弹飞翼，汽车发动机的活塞、活塞环、连杆，网球拍、滑雪板、钓鱼杆、自行车架等。

(3) 颗粒增强金属基复合材料

颗粒增强金属基复合材料是发展最早的一类金属基复合材料，它是由一种或多种陶瓷颗粒均匀分布在金属基体材料内所组成的复合材料，因此又称为金属陶瓷。

金属陶瓷中的陶瓷相主要有氧化物(Al_2O_3、MgO、BeO、ZrO_2 等)、碳化物(TiC、SiC、WC 等)、硼化物(TiB 等)和氮化物(TiN、BN 等)，金属相主要有铝、镁、钛及其合金及金属间化合物等。金属陶瓷以金属为主要相时，主要用作结构材料；以陶瓷为主要相时，主要用作工具材料。

金属陶瓷具有强度高、硬质高、韧性高、耐磨损、耐腐蚀、耐高温以及膨胀系数小等优点，并且具有各向同性的特点。金属陶瓷主要用于制造大功率汽车发动机、柴油发动机的活塞、活塞环、连杆、刹车片、耐蚀环规、机械密封环等，高温下工作的导弹壳体、导弹尾翼、喷嘴、热拉丝模等耐磨件，以及高速切削刀具等。

应用最广泛的金属陶瓷是碳化物金属陶瓷。碳化物金属陶瓷在做工具材料时称为硬质合金，它们是一类优异的工具材料，其中最常用的硬质合金是以碳化钨(WC)为增强体的金属陶瓷，常用作硬质合金刀具材料使用。

3. 陶瓷基复合材料

陶瓷材料具有许多优良特性，其最大缺点是韧性低、脆性大，生产陶瓷基复合材料的目的在于提高韧性、减小脆性。陶瓷基复合材料是在陶瓷材料中加入纤维、晶须或颗粒等增强体形成的具有良好韧性的陶瓷基复合材料。陶瓷基复合材料的基体包括陶瓷、玻璃和玻璃陶瓷。

陶瓷基复合材料的优点是强度高、弹性模量高、密度低、耐高温、耐磨损、耐腐蚀及韧性良好,在各类复合材料中陶瓷基复合材料的使用温度较高,使用温度可达1000℃以上。陶瓷基复合材料的缺点是价格昂贵,因此限制了它们的应用。

目前,陶瓷基复合材料尚处于发展阶段,主要用于制造高速切削刀具和高温耐磨、耐蚀零件。

常用陶瓷基复合材料有SiC纤维增韧碳化硅陶瓷、SiC纤维增韧硼硅玻璃、SiC纤维增韧锂铝硅玻璃,SiC晶须增韧氧化铝陶瓷、SiC晶须增韧氮化硅陶瓷,氧化铝颗粒增韧碳化钛陶瓷、氮化硅颗粒增韧碳化钛陶瓷,氧化锆相变增韧氧化铝陶瓷、氧化锆相变增韧氧化镁陶瓷等。例如,SiC纤维增韧碳化硅陶瓷可用作燃气轮机的燃烧室材料和航天器的防热材料,SiC晶须增韧氮化硅陶瓷可用作高温喷气涡轮发动机转子和定子叶片以及陶瓷发动机部件、刀具、拉丝模和轴承等。

4. 碳基复合材料

碳基复合材料是指以碳纤维及其织物作为增强体(骨架)的碳基体复合材料,这类复合材料由于其组成元素是单一的碳,因此具有以下特点:

① 碳基复合材料中碳的含量一般均大于90%,有的高达98%~99%,因此具有很小的密度(小于1.8g/cm^3)、较高的热导率、较低的膨胀系数、较好的吸振能力及对热冲击不敏感。

② 比强度、比刚度非常高,是复合材料中最大的。

③ 耐高温性能非常好,是复合材料中使用温度最高的,使用温度可以达到2000℃以上。

④ 断裂韧性高、抗蠕变性能好、化学稳定性高。

⑤ 耐磨性极好。

⑥ 抗烧蚀性能非常好。

目前碳基复合材料主要有以下几个方面的应用:

① 在航空航天领域,主要用作防热部件及耐磨材料,如用于制造导弹头锥和航天飞机机翼前缘,利用其抗烧蚀性能和高强度,能够承受返回大气层时高达数千度的高温和严重的空气动力载荷;也用于制造火箭和喷气飞机发动机喷管、飞机刹车盘等。

② 在生物医学领域,利用其极好的生物相容性(即与血液、软组织和骨骼能很好地相容),用于制造生物体整形植入零件,如人造牙齿、人造骨骼、人造关节等。

③ 在核工业领域,用于制造原子反应堆氦冷却反应器的热交换器。

此外,还可用于制造赛车及摩托车刹车系统、涡轮机叶片、涡轮盘的热密封件、热锻压模具等。

第3章

机械结构零件加工工艺

机器设备上使用的零件除极少数采用精密铸造或精密锻造等无屑加工方法获得以外，绝大多数零件都是靠切削加工获得的。因此，如何正确地进行切削加工，对于保证零件质量、提高劳动生产率和降低成本，有着重要的意义。

切削加工是用切削刀具从毛坯（或型材）上切去多余的材料，以获得具有所需形状、尺寸精度和表面粗糙度零件的加工方法。

3.1 切削加工基本知识

3.1.1 零件加工质量和生产率

切削加工的目的是在加工出符合零件加工质量要求的基础上，要有高的生产率，低的消耗，即生产的产品要有良好的经济性。

1. 零件的加工质量

零件加工质量的好坏直接影响着产品的使用性能和寿命。标志零件加工质量的主要指标有加工精度和表面质量两个方面。

(1) 加工精度

加工精度是指零件加工以后，其尺寸、形状、相互位置等参数的实际数值和它的理想数值相符合的程度。符合的程度愈高，加工精度就愈高。

切削加工总是有误差的，零件要做得绝对准确是不可能的。为了保证零件顺利地进行装配并满足机器使用要求，就须把零件的实际参数限制在一定的误差范围之内。若在此范围即为合格产品，否则为废品。零件实际参数的最大允许变动量，就称为公差。

同样尺寸的零件，如规定误差范围愈小，即公差愈小，则表示精度愈高。零件精度的提高，对加工要求严格，将使切削过程复杂，从而会提高零件的加工成本。因此，设计时必须根据每个零件的具体要求，合理地规定其精度。

加工精度以尺寸公差、形状公差和位置公差来表示。

尺寸公差有 20 个公差等级，即 IT01、IT0、IT1、IT2 至 IT18，详见表 3.1.1。IT 表示标

表 3.1.1　标准公差数值(GB 1800—1979)

基本尺寸 mm		等级																			
		IT01	IT0	IT1	IT2	IT3	IT4	IT5	IT6	IT7	IT8	IT9	IT10	IT11	IT12	IT13	IT14	IT15	IT16	IT17	IT18
大于	至	μm													mm						
—	3	0.3	0.5	0.8	1.2	2	3	4	6	10	14	25	40	60	0.10	0.14	0.25	0.40	0.60	1.0	1.4
3	6	0.4	0.6	1	1.5	2.5	4	5	8	12	18	30	48	75	0.12	0.18	0.30	0.48	0.75	1.2	1.8
6	10	0.4	0.6	1	1.5	2.5	4	6	9	15	22	36	58	90	0.15	0.22	0.36	0.58	0.90	1.5	2.2
10	18	0.5	0.8	1.2	2	3	5	8	11	18	27	43	70	110	0.18	0.27	0.43	0.70	1.10	1.8	2.7
18	30	0.6	1	1.5	2.5	4	6	9	13	21	33	52	84	130	0.21	0.33	0.52	0.84	1.30	2.1	3.3
30	50	0.6	1	1.5	2.5	4	7	11	16	25	39	62	100	160	0.25	0.39	0.62	1.00	1.60	2.5	3.9
50	80	0.8	1.2	2	3	5	8	13	19	30	46	74	120	190	0.30	0.46	0.74	1.20	1.90	3.0	4.6
80	120	1	1.5	2.5	4	6	10	15	22	35	54	87	140	220	0.35	0.54	0.87	1.40	2.20	3.5	5.4
120	180	1.2	2	3.5	5	8	12	18	25	40	63	100	160	250	0.40	0.63	1.00	1.60	2.50	4.0	6.3
180	250	2	3	4.5	7	10	14	20	29	46	72	115	185	290	0.46	0.72	1.15	1.85	2.90	4.6	7.2
250	315	2.5	4	6	8	12	16	23	32	52	81	130	210	320	0.52	0.81	1.30	2.10	3.20	5.2	8.1
315	400	3	5	7	9	13	18	25	36	57	89	140	230	360	0.57	0.89	1.40	2.30	3.60	5.7	8.9
400	500	4	6	8	10	15	20	27	40	63	97	155	250	400	0.63	0.97	1.55	2.50	4.00	6.3	9.7

准公差，公差等级的代号用阿拉伯数字表示。从 IT01 至 IT18，等级依次降低，公差数值依次增大。IT5～IT13 用于配合公差，IT12～IT18 用于不重要尺寸、非配合尺寸的公差或工序间公差。

形状公差有直线度、平面度、圆度、圆柱度和线轮廓度五种。

位置公差有平行度、垂直度、倾斜度、同轴度、对称度、位置度、圆跳动和全跳动八种。

一般零件通常只规定尺寸公差。对要求较高的零件，除了规定尺寸公差以外，还规定形状公差和位置公差。

(2) 表面质量

表面质量是指工件经过切削加工后的表面粗糙度、表面层加工硬化的程度和表层残余应力的性质及其大小等。它对零件的耐磨、耐腐蚀以及耐疲劳等使用寿命有着很大的影响。特别是高速、重载荷的零件，影响尤其显著。

表面质量通常是以表面粗糙度来衡量的。表面粗糙度是一种微观几何形状误差。它是指在加工过程中，由于刀具和零件表面之间的摩擦、切屑分离时零件表面层材料的塑性变形及工艺系统中的高频振动等原因，在被加工零件表面上产生的间距较小的高低不平。零件表面粗糙度的大小直接影响零件的使用性能和使用寿命，减小零件的表面粗糙度对保证零件间配合的可靠性和稳定性、减小摩擦系数、降低动力消耗、提高仪器设备的工作精度和灵敏度、减小应力集中、增加耐疲劳强度、减小设备振动和噪声等都起着很重要的作用。

表面粗糙度的评定是在取样长度 l 内(一般应包括五个以上的轮廓峰和轮廓谷)，对零件被加工表面上微观几何形状轮廓进行放大后计算得出的，如图 3.1.1 所示。规定取样长度是为了限制和削弱表面波纹度对表面粗糙度测量结果的影响。计算表面粗糙度时，首先计算出取样长度内轮廓线的基准线(作 x 轴)，基准线用轮廓的最小二乘法求出，也可以用轮廓的算术平均值近似确定。然后再计算表面粗糙度。最常用的表面粗糙度评定参数是轮廓算术平均偏差 R_a、轮廓微观不平度十点高度 R_z 和轮廓最大高度 R_y。

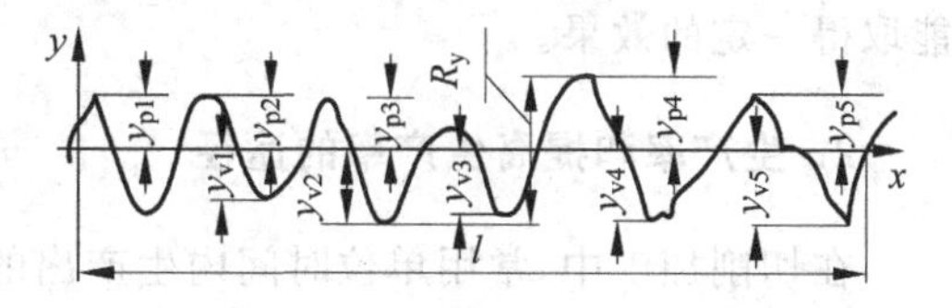

图 3.1.1 零件表面微观几何形状轮廓

① 轮廓算术平均偏差 R_a

如图 3.1.1 所示，轮廓算术平均偏差 R_a 是指在取样长度 l 内，轮廓偏距 y(相对于基准线)绝对值的算术平均值，即

$$R_a = \frac{1}{l}\int_0^l |y| \mathrm{d}x \tag{3.1.1}$$

R_a 在一定程度上反映了轮廓高度相对基准线的离散程度，因此几乎所有国家的表面粗糙度标准都把它列为最基本的评价参数。R_a 可以用触针式表面轮廓仪方便地测出，但表面太粗糙和太光滑时不宜选用此参数。

② 轮廓微观不平度十点高度 R_z

如图 3.1.1 所示，轮廓微观不平度十点高度 R_z 是指在取样长度 l 内，五个最大的轮廓峰高与五个最大的轮廓谷深的平均值之和，即

$$R_z = \frac{(y_{p1}+y_{p2}+y_{p3}+y_{p4}+y_{p5})+(y_{v1}+y_{v2}+y_{v3}+y_{v4}+y_{v5})}{5} \tag{3.1.2}$$

对于同一个表面，R_z 的离散性要比 R_a 大。R_z 只能反映轮廓的峰高，不能反映峰顶的尖锐或平钝的几何特性。R_z 尽管不太理想，但测量方法简单，更适合用精密光学仪器(如双管显微镜和干涉显微镜)测量。

③ 轮廓最大高度 R_y

轮廓最大高度 R_y 是指在取样长度 l 内，轮廓最大峰高与最大谷深绝对值的和，如图 3.1.1 所示。

R_y 只是对被测轮廓峰和谷的最大高度的单一评定，它不能客观地反映表面微观几何轮廓形状的特征，尤其是在测量均匀性较差的表面时，从理论上就有很大的误差。但由于 R_y 测量比 R_z 更为简单，同时也弥补了 R_z 不能测量极小面积表面(如刀尖、顶尖、球面、非球面等)的不足，因此仍被许多国家标准采用。R_y 和 R_z 适合于超光滑表面(如光学零件表面)的评定。

(3) 影响零件加工质量的因素

影响零件加工质量的因素很多，有机床、夹具、刀具本身的制造误差；有机床等加工系统的振动和热变形所产生的误差；有切削过程中在夹紧力、惯性力和切削力的作用下，机床、夹具、工件和刀具所产生的变形等。为了保证加工质量，在切削加工中必须善于分析各因素的主要影响，以便采取各种有效措施。如选用合适的加工机床，提高工装夹具的精度，采用合理的刀具材料与角度，采用隔振、消振措施，使用切削液以及正确选择切削用量等，都能取得一定的效果。

2. 生产率和提高生产率的途径

在切削加工中，常用单位时间内生产出的合格零件的数量来表示生产率，即

$$Q = 1/T_{单件} \tag{3.1.3}$$

式中，Q 为生产率(件/分)；$T_{单件}$ 为生产单个合格零件所需要的总时间(分/件)。

在机床上加工一个零件所用的总时间包括三部分，即

$$T_{单件} = T_{基本} + T_{辅助} + T_{其他} \tag{3.1.4}$$

式中，$T_{基本}$ 为机加工基本时间，即加工一个合格零件所需的总切削时间；$T_{辅助}$ 为辅助时间，是工人为了完成切削加工而消耗到各种辅助操作上的时间，如调整机床、装卸或刃磨刀具、空移刀具、装卸工件和检验测量等时间；$T_{其他}$ 为其他时间，即与切削加工没有直接关系的时间，如擦拭机器、清扫切屑、自然需要时间等。

所以生产率又可表示为

$$Q = \frac{1}{T_{基本} + T_{辅助} + T_{其他}} \tag{3.1.5}$$

可见，为了提高切削加工的生产率，就要设法减少零件加工的基本时间、辅助时间和其他时间。

提高切削加工生产率的途径有：

① 使用机械加工自动化生产、数控机床及其加工中心；

② 使用先进的工、夹、量具；

③ 改进车间管理，妥善安排生产调度，改善劳动条件；

④ 提高机床刚度和刀具耐用度，从而加大切削用量。

3. 经济性

切削加工的经济性要求切削加工方案应使产品在保证其使用要求(加工质量)的前提下,制造成本最低。零件切削加工的成本,包括毛坯(或原材料)成本、工时成本和刀具成本,成本的降低主要依赖于生产单个合格零件所需要的总时间 $T_{单件}$ 和刀具的耐用度。因此若要有较好的切削加工经济性除了降低毛坯(或原材料)成本和刀具成本外,还要减少生产单个合格零件所需要的总时间 $T_{单件}$,并保证刀具的耐用度。

3.1.2　切削用量的选择和材料的切削加工性

1. 切削用量的合理选择

合理地选择切削用量,对于保证零件加工质量、提高生产率、降低成本有很大的影响,而且可以充分发挥机床功率的潜力和保证刀具耐用度。

目前的机床设备的刚性和功率都足够大,一般来讲,切削用量的大小主要受刀具耐用度的限制。对刀具耐用度影响最小的是切削深度,其次是进给量,影响最大的是切削速度。

为了保证刀具耐用度、生产率和加工质量,选择切削用量的顺序为:首先选取尽可能大的切削深度 a_P,再选取尽可能大的进给量 f,最后才考虑选取尽可能大的切削速度 v,即按 $a_P \rightarrow f \rightarrow v$ 的顺序进行选取,并使三者乘积最大。

(1) 切削深度 a_P 的选择

切削深度 a_P 要尽可能取得大些,不论粗加工还是精加工,尽可能一次切完,以减少走刀次数。如果粗加工时余量较大,或者半精加工、精加工时质量要求较高,为了消除前一工序所造成的误差和消除较大的切削刀痕,可以采取多次走刀,但前几次的切削深度要大些。

(2) 进给量 f 的选择

在切削深度 a_P 选定后,应取尽可能大的进给量 f。在粗加工时,进给量 f 主要受机床系统的强度和刀具强度的限制。精加工时,进给量 f 主要是受工件尺寸精度和表面粗糙度的限制。具体数值可在"切削用量手册"等资料中查出。

(3) 切削速度 v 的选择

在选定了切削深度 a_P 和进给量 f 以后,便可以通过"切削用量手册"等资料查出切削速度 v,再按速度公式算出主轴的转速,最后在机床上选取与结果相近的实有转速。

2. 材料的切削加工性

材料的切削加工性是指材料进行切削加工成为合格零件的难易程度。材料的切削加工性对刀具耐用度和切削速度影响很大,对生产率和加工成本影响也很大。

材料的切削加工性好与坏,在粗、精加工时有不同的评定标准。粗加工时,切削加工性主要反映在生产率或刀具耐用度的高低上;精加工时,则以是否容易得到规定的加工精度和表面质量来衡量。

(1) 影响材料切削加工性的因素

影响材料切削加工性的主要因素是材料的机械性能和导热系数。

① 材料的强度和硬度

材料的强度和硬度愈高,切削力愈大,切削温度愈高,刀具的磨损也就愈快。因此,在一般情况下切削加工性随材料强度和硬度的提高而降低。如铜、铝等有色金属,切削力小,切削很轻快,切削加工性好;碳钢的切削加工性就比合金钢好;而硬度很高的陶瓷、硬质合金、金刚石、玻璃、石英等的切削加工性非常差。

② 材料的塑性

塑性好的材料,切削时的变形和摩擦都比较严重,切削力较大,切削热较多,刀具容易磨损,断屑也较困难,而且加工出的零件表面粗糙度值较大,因此切削加工性较差。脆性材料的切削加工性要好些,如切削铸铁时的切削力要比切削钢料时小1/2~1/3。但若材料太脆,容易产生崩碎切屑,切削力和切削热会集中在切削刃附近,也会导致刀具的磨损,因此材料太脆时切削加工性反而差,如有机玻璃的加工。

③ 材料的导热系数

导热系数大的材料,切削时所产生的热量大部分由切屑带走,传到工件上的热量散出也快,因此集中在工件和刀具加工区域的热量就大为减少,有利于提高刀具耐用度和减小工件的热变形,切削加工性就好;反之则差。如不锈钢1Cr18Ni9Ti的导热系数不到45钢的1/3,就属于难切削材料。

(2) 材料切削加工性分析

① 光学结构材料切削加工性分析

碳素钢的强度、硬度随含碳量的增加而提高,而塑性、韧性则降低。低碳钢的塑性和韧性较高,高碳钢的强度和硬度较高,都给切削加工带来一定困难。中碳钢的强度、硬度、塑性和韧性都居于高碳钢与低碳钢之间,故切削加工性较好。

钢中如加入铬、镍、钨、钼、钒等合金元素时,强度和硬度都提高,会使切削力增大,切削热增多;其中钨、钼、镍的加入还会使导热性下降,切削更加困难。很多合金钢,特别是耐热钢、不锈钢等加工困难的主要原因也就在这里。

灰铸铁和球墨铸铁的切削加工性由于游离石墨的存在,一般来说,属于易加工材料。

有色金属一般强度和硬度比钢低,塑性和导热性较好,它们的切削加工性主要取决于其硬度。硬度过低(如纯铝及其合金),由于不能采用磨削加工,难以保证较高的加工质量。

陶瓷材料硬度极高、脆性大且导热性差,因此属于难加工材料。

塑料尽管硬度低,但导热性差,由于不能采用磨削加工,难以保证较高的加工质量。

复合材料的可加工性由于其可设计性,一般或者一次成型,或者较易加工。

② 光学材料可加工性分析

就光学材料来说,光学玻璃及硬质光学晶体的硬度高、脆性大、导热性差,所以切削加工性差;光学塑料的硬度低,但导热性差,由于不能采用磨削加工,难以保证较高的加工质量。

(3) 改善材料切削加工性的途径

① 通过调整材料的化学成分,可以改变材料的机械性能,从而改善材料的切削加工性。

如在钢中适当添加硫、铅等元素,可以显著改善钢的切削加工性;不锈钢中添加硒,铜中添加铅,铝中添加铜、铅和铋,都可以起到改善材料切削加工性的目的。铸铁的切削加工性取决于游离石墨的多少,铸铁的化学元素中,凡能促进石墨化的元素,如硅、铝等都能改善铸铁的切削加工性;反之,凡是阻碍石墨化的元素,如锰、硫、磷等,都会降低其切削加工性。

② 通过适当的热处理可以改变材料的显微组织，从而改变材料的机械性能，达到改善材料切削加工性的目的。

例如，对低碳钢正火或不锈钢调质都可以提高材料的硬度、降低材料的塑性，从而改善其切削加工性；铸铁件在切削加工前进行退火处理，可以降低表层硬度，改善其切削加工性；高碳钢进行球化退火，可以降低硬度，改善其切削加工性。

3.1.3 刀具材料

切削过程中，直接完成切削工作的是刀具。无论哪种刀具，一般都是由工作部分和夹持部分组成的。夹持部分是用来将刀具夹持在机床上的部分，要求它能保证刀具正确的工作位置，传递所需要的运动和动力。并且夹固可靠，装卸方便。工作部分是刀具上直接参加切削工作的部分。

切削过程中，刀具的切削性能取决于刀具的几何形状和刀具切削部分材料的性能。实践表明：新型刀具材料的出现和刀具几何形状的改进，促进了劳动生产率的不断提高。

1. 刀具材料应具备的性能

(1) 高硬度

刀具切削部分的硬度，必须高于工件材料的硬度，才能切下切屑。一般其常温硬度要求在 HRC60 以上。

(2) 足够的强度和韧性

刀具在切削力作用下工作，应具有足够的抗弯强度。刀具有足够的韧性，才能承受切削时产生的冲击载荷(如断续切削产生的冲击)和振动。

(3) 高耐磨性

刀具材料应有高的抵抗磨损的能力，以保持刀刃的锋利。一般说来，材料的硬度愈高，耐磨性愈好。随着硬度的降低，耐磨性亦变差。

(4) 高的热硬性

由于切削区温度很高，因此刀具材料应有在高温下仍能保持高硬度的性能。高温时硬度高则热硬性高。热硬性是评价刀具材料切削性能的主要指标之一。

(5) 良好的工艺性

为了便于刀具的制造，材料应有良好的切削加工性和可磨削性，对于工具钢还要求热处理性能好。可磨削性一般用磨削比(磨削量与砂轮磨损体积之比)表示，磨削比大则可磨削性好。

2. 刀具材料的种类

(1) 碳素工具钢

碳素工具钢是含碳量在 0.7%～1.3%之间的优质碳钢，淬火后硬度为 HRC61～65，但热硬性差，在 200～250℃时即失去原有硬度。且淬火后易变形和开裂，不宜做复杂刀具。常用作低速、简单的手工工具，如锉刀、锯条等。常用牌号为 T10A 和 T12A。

(2) 合金工具钢

合金工具钢是在碳素工具钢中加入少量的铬、钨、锰、硅等合金元素的工具钢，以提高其热硬性和耐磨性，并减少热处理变形，耐热温度为350～400℃，用以制造形状复杂且要求淬火变形小的刀具，如铰刀、丝锥、板牙等。常用牌号有9SiCr和CrWMn。

(3) 高速钢

高速钢是在钢中加入钨、铬、钒、钼等合金元素的高合金钢。

高速钢中由于加入了较多的合金元素，既能增加回火稳定性，又能从马氏体中弥散沉淀析出合金碳化物，大大提高了它的热硬性，在600℃下仍保持其硬度，故其允许切削速度可达0.5m/s，比碳素工具钢高好几倍。高速钢的强度和韧性较高，能承受较大的载荷和冲击；刃磨性能好，磨出的切削刃比较锋利；热处理变形小。常用于制造形状复杂的成形刀具(拉刀、螺纹铣刀、各种齿轮刀具等)和精加工刀具。常用牌号有W18Cr4V和W6Mo5Cr4V2。

为适应高温合金、高强度钢等难切削材料的加工，可通过调整化学成分(如增碳)和添加其他合金元素，使高速钢的切削性能进一步提高，得到各种类型的高性能高速钢(又称超高速钢)。95W18Cr4V(高碳钨高速钢)、110W1.5Mo9.5Cr4VCo8(钴高速钢)和W6Mo5CrV2A1(铝高速钢)均属于高性能高速钢，这些钢号的常温硬度可达HRC67～70，热硬性也有提高，在生产中均取得了良好的效果。特别是铝高速钢，切削性能好，价格仅为钴高速钢的1/3～1/5，已推广使用。

(4) 硬质合金

硬质合金是由WC、TiC等高熔点的金属碳化物粉末，用Co或Ni、Mo等作黏结剂，用粉末冶金的方法烧结而成。它不仅硬度高达HRA87～92(相当于HRC70～75)，并且有很高的热硬性；当切削温度高达1000℃时，尚能保持良好的切削性能。

硬质合金刀具的切削效率5～10倍于高速钢，广泛使用硬质合金是提高切削加工经济效益的最有效的途径之一。硬质合金刀具能切削一般工具钢刀具无法切削的材料，如淬火钢之类的硬材料。它的缺点是性脆；抗弯强度和冲击韧性均比高速钢低。

硬质合金是重要的刀具材料。车刀和端铣刀大多使用硬质合金，钻头、深孔钻、铰刀、齿轮滚刀等刀具中，使用硬质合金的也日益增多。

(5) 陶瓷

用作刀具的最常用陶瓷是Al_2O_3陶瓷，其硬度、耐磨性和热硬性均比硬质合金好，适于加工高硬度的材料。硬度为HRA93～94，在1200℃的高温下仍能继续切削。陶瓷与金属的亲和力小，切削不易黏刀，不易产生积屑瘤，加工表面光洁。但陶瓷刀片性脆，抗弯强度与冲击韧性低，一般用于钢、铸铁以及高硬度材料(如淬硬钢)的半精加工和精加工。

为了提高陶瓷刀片的强度和韧性，可在矿物陶瓷中添加高熔点、高硬度的碳化物(如TiC)和一些其他金属(如镍、钼)以构成复合陶瓷。如我国陶瓷刀片(牌号AT6)就是复合陶瓷，其硬度为HRA93.5～94.5。

我国的陶瓷刀片牌号有AM、AMF、AT6、SG3、SG4、LT35、LT55等。

(6) 金刚石

有天然金刚石与人造金刚石两种。金刚石是目前已知的最硬材料，其硬度为10000HV，精车有色金属时，加工精度可达IT5，表面粗糙度Ra值为0.025～0.012μm。耐磨性好，在切削耐磨材料时，刀具耐用度通常为硬质合金的10～100倍。

金刚石的耐热性较差，一般低于 800℃，而且由于金刚石是碳的同素异形体，在高温条件下，与铁原子起反应，刀具易产生黏接磨损。因此不适于加工钢铁材料，适用于硬质合金、陶瓷、高硅铝合金等耐磨材料的加工，以及有色金属和玻璃强化塑料等的加工。用金刚石粉制成的砂轮磨削硬质合金，磨削能力大大超过了碳化硅砂轮。

金刚石刀具多用于在高速下对有色金属及其合金进行精细车削和镗削，常用于连杆、活塞、汽缸等关键零件的最终加工。

近年来，我国还制成了复合人造金刚石刀片，它是把人造或天然金刚石单晶烧结在硬质合金基体上的双层刀片，牌号为 FJ。其强度与硬质合金基体相近，耐磨性与金刚石相同，既可重磨，又可焊接，易于作成各种形状的刀片。

天然金刚石刀具在光学零件的超精密加工方面应用广泛，将在第 4 章中讲述。

(7) 立方氮化硼(CBN)

CBN 是 20 世纪 70 年代研制成功的一种新刀具材料。它的硬度仅次于金刚石(为 8000、9000HV)，但热稳定性高于金刚石，可耐 1300～1500℃的高温。且 CBN 不与铁原子起作用，因此它适于加工不能用金刚石加工的铁基合金，如高速钢、淬火钢、冷硬铸铁等，此外还适于切削钛合金和高硅铝合金。用于加工高温合金(如镍基合金)等难加工材料时，可大大提高生产率。

CBN 砂轮在磨削难加工材料时非常有效。如 W6Mo5Cr4V2 高速钢淬硬后，用白色氧化铝砂轮根本无法磨削，用绿色碳化硅砂轮磨削时，磨削比在 0.9 以下，砂轮磨损大，不能进行精密磨削。而用 CBN 砂轮磨削，磨削比为碳化硅砂轮的 850 倍，能进行精密磨削。但 CBN 价格高昂，约为 SiC 价格的 10 倍以上，选用时必须考虑其经济性。目前多用于磨削 HRC55 以上的高速钢、模具钢、铬钼钢等。

CBN 性脆，抗弯强度较差。将 CBN 烧结在硬质合金基体表面上，则构成复合立方氮化硼刀片，我国近年来已研制成功，牌号为 FD，采用复合立方氮化硼刀片对淬火钢等材料进行车削和铣削时，加工精度可达 IT6，表面粗糙度 Ra 值为 0.4～0.2μm，可实现“以车代磨，以铣代磨”，大大提高了生产率。

此外聚晶立方氮化硼(所谓聚晶就是由许多细小的 CBN 晶粒，聚合而成的大颗粒多晶 CBN 块)刀具可用金刚石砂轮磨削，比聚晶金刚石刀具磨削要容易得多。

虽然 CBN 价格高昂，但随着难加工材料的应用日益广泛，它是一种大有前途的刀具材料。

3.2 常用切削加工方法简介

各种切削加工机床和方法尽管在基本原理方面有许多共同之处，但由于所用机床和刀具各不相同，切削运动形式也各异，所以它们有各自的工艺特点及应用范围。

3.2.1 机床的类型和基本构造

目前我国机床主要是按其加工性质和所用刀具进行分类的，共分为 12 大类，它们是车床、铣床、刨插床、拉床、磨床、钻床、镗床、螺纹加工机床、齿轮加工机床、电加工机床、切断机床及其他机床。其中，车床、铣床、刨床、磨床和钻床是五种最基本的机床。尽管这些机床的构造、所用刀具和运动方式等各不相同，但由于它们的加工原理基本相同，因此它们的构造和传动方式有许多共同之处。归纳起来，它们都是由以下六个方面组成的。

① 主传动部分。主传动部分用于实现机床主运动。例如车床、铣床和钻床的主轴箱，刨床的变速箱和磨床的磨头等。

② 进给传动部分。进给传动部分用于实现机床进给运动，还用于实现机床的调整、退刀及快速运动等。例如车床的进给箱、溜板箱，刨床的进给机构，钻床、铣床的进给箱，磨床的液压传动装置等。

③ 工件安装部分。工件安装部分用于安装工件。例如普通车床的卡盘和尾架，刨床、铣床、平面磨床和钻床的工作台等。

④ 刀具安装部分。刀具安装部分用于安装刀具。例如车床、刨床的刀架，钻床、立式铣床的主轴，卧式铣床的刀轴，磨床磨头的砂轮轴等。

⑤ 支承部分。支承部分是机床的基础构件，用于支承和连接机床各零部件。例如各类机床的床身、立柱、底座、横梁等。

⑥ 动力部分。动力部分用于提供机床运动动力。

3.2.2 车削的工艺特点及其应用

车削是切削加工中应用最广的加工方法之一，它主要用于回转面和端平面的加工。

1. 车削的工艺特点

(1) 车削所用刀具简单、刀具费用低。

车削刀具(车刀)是切削用刀具中最简单的一种，它的制造、刃磨合装夹都很方便，所以车刀的制造和使用费用低。常用车刀的结构如图 3.2.1 所示，其中 γ_0 和 α_0 分别为刀具前角和后角，为了得到最佳的切削效果，加工不同的材料时应选用不同的刀具前角 γ_0 和后角 α_0。

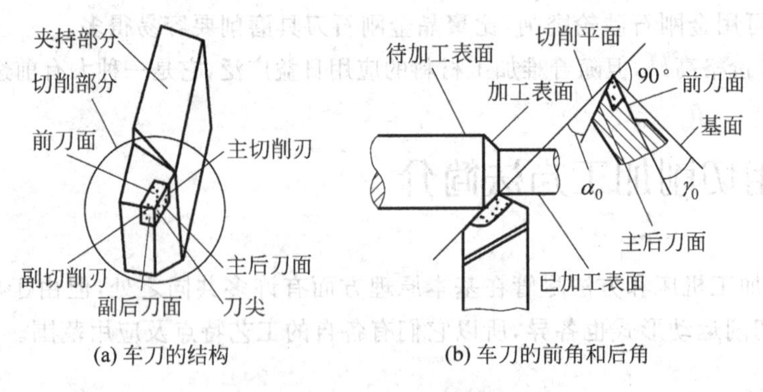

图 3.2.1 车刀的结构

(2) 车削主要用于回转面和端平面的加工，并易于保证零件各加工面之间的位置精度。

车削回转零件时，零件可以在一次装夹下加工外圆面、内圆面、端面和切槽。加工过程中，零件将绕某一固定轴线回转，各回转表面具有同一回转轴线，因此很容易保证加工面中各个回转面间的同轴度、端面与回转轴线之间的垂直度。

（3）车削的切削过程连续、平稳。

车削过程中，除了车削断续表面之外，车削的切削过程是连续进行的，切削层的截面尺寸基本保持不变，不像铣削和刨削那样，在切削过程中，刀齿有多次切入和切出，产生冲击。因此车削的切削力变化小，切削过程平稳，车削允许采用较大的切削用量，进行高速切削或强力切削，以提高加工生产率。

（4）车削适用于各种材料的粗、精加工，尤其适用于有色金属及高分子材料零件的精加工。

车削适用于各种材料的粗、精加工，如各种金属材料（如黑色金属、有色金属）和非金属材料（如高分子材料和软质晶体）。

目前机器零件所用材料主要是黑色金属，如钢材和铸铁，这些材料的车削一般要求材料的硬度值不大于 HRC30，大于此硬度值时一般采用磨削、研磨等方法加工。

对于有色金属（如铝合金、铜等）和高分子材料（如塑料、橡胶等）零件，由于材料的硬度较低、塑性好，如果用砂轮磨削，软的磨屑容易堵塞砂轮，不能得到很光洁的表面。因此，当有色金属或高分子材料零件的表面粗糙度 R_a 值要求较小时，不能磨削，只能进行车削或铣削。

近年来，采用数控金刚石刀具精密车削非球面光学零件的应用日益广泛。它可以车削的光学表面材料包括：

① 很难用光学抛光方法加工的有色金属材料，如铝、铜、铅、铂、锡、银、金、锌、镁等金属及其合金，非电解镍等；

② 很难用光学抛光方法加工的光学塑料，如 PMMA、PC、PS、NAS、SAN、CR-39、TPX 等；

③ 软质光学晶体，如锗、氯化钠、氯化钾、溴化钾、碘化铯、硫化锌、硒化锌、氟化钙、氟化镁、氟化钡、氟化锶、硅、碲化镉、碲镉汞、砷化镓、磷酸二氢钾等。

（5）加工精度和表面粗糙度高

普通车床精车精度可达 IT8～IT7，表面粗糙度可达 R_a 1.6～0.8μm。数控金刚石刀具精密车削的加工精度和表面粗糙度都已接近纳米级。

2. 车削的应用

车削主要用于加工各种回转表面，如内外圆柱面、内外圆锥面、回转成形表面、螺纹、沟槽和端面等。

车削主要加工单一轴线的零件，如轴、盘、套类零件等，也可以加工多轴线的零件，如曲轴、偏心轮、盘形凸轮等。

3.2.3　钻、扩、铰、镗的工艺特点及其应用

1. 钻削的工艺特点及应用

钻孔是孔加工的一种基本方法，它是用钻头在零件实体上加工出孔的操作。钻孔经常

在钻床和车床上进行，也可以在镗床或铣床上进行。

钻孔使用的主要刀具是麻花钻，麻花钻由切削部分、导向部分和刀柄组成，如图 3.2.2 所示。

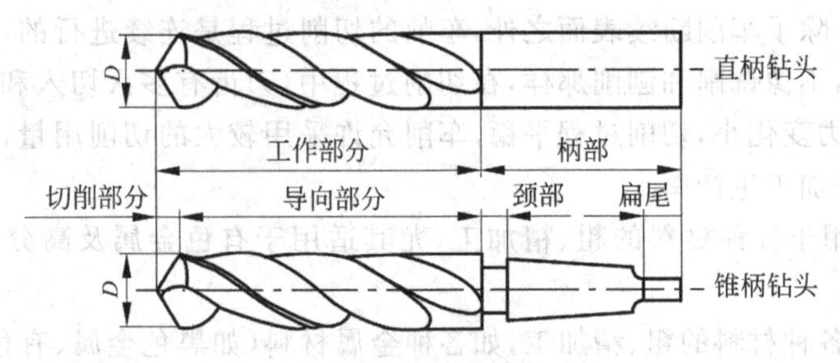

图 3.2.2　常用麻花钻的结构

切削部分有两条对称的切削刃担负切削工作，两条切削刃夹角为 118°。为了保证孔的加工精度，要求两条切削刃的长度及其与轴线的夹角相等。

导向部分的作用是引导并保持麻花钻的钻削方向，它有两条对称的螺旋槽，作为输送切削液和排屑的通道。螺旋槽的外缘有较窄的棱带，切削时，棱带与孔壁接触，以保持麻花钻钻孔方向不致偏斜，同时又能减小麻花钻与孔壁的摩擦。

刀柄用于机床对麻花钻的夹持。

(1) 钻削的工艺特点

钻孔的工作条件非常困难，其工艺特点可概括如下：

① 钻削的加工精度低

由于钻孔最常用的刀具麻花钻具有以下缺点：麻花钻的直径和长度受所加工孔的限制，一般呈细长状，刚性很差；为了形成切削刃和容纳切屑，必须制出两条较深的螺旋槽，使麻花钻心部很细，进一步削弱了钻头的刚性；为了减少导向部分与已加工孔壁的摩擦，钻头仅有两条很窄的棱边与孔壁接触，接触刚度和导向作用也很差；麻花钻的两个主切削刃，很难磨得完全对称，钻孔时会产生径向钻削力。因此，钻孔时，麻花钻在径向钻削力的作用下，刚性很差且导向性不好的钻头很容易弯曲，致使钻出的孔产生"引偏"("引偏"是指加工时由于钻头弯曲而引起的孔径扩大、孔不圆或孔的轴线歪斜等)，降低了孔的加工精度，甚至造成废品，如图 3.2.3 所示。

在实际加工中，常采用预钻锥形定心坑、用钻套为钻头导向、尽量把钻头的两个主切削刃磨得对称一致等措施来减少引偏。

钻削的加工精度一般在 IT10 以下。

② 钻削的表面粗糙度大

在钻孔时，由于切屑较宽，螺旋容屑槽尺寸又受到限制，因而，在排屑过程中，排屑困难，切屑往往与孔壁发生较大的摩擦，会挤压、拉毛和刮伤已加工表面，降低表面质量。有时切屑可能阻塞在钻头的螺旋容屑槽里，卡死钻头，甚至将钻头扭断。

改善排屑困难的方法一是在钻头上修磨出分屑槽(如图 3.2.4 所示)，将宽的切屑分成窄条，以利于排屑；方法二是在加工较深的孔时，要反复多次把钻头退出排屑。

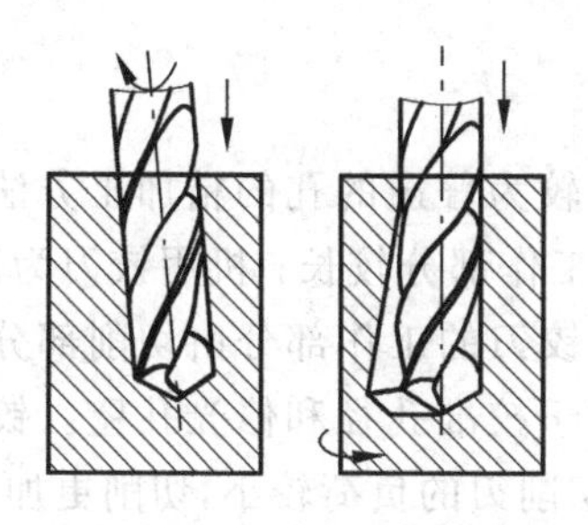
图 3.2.3 钻头“引偏”

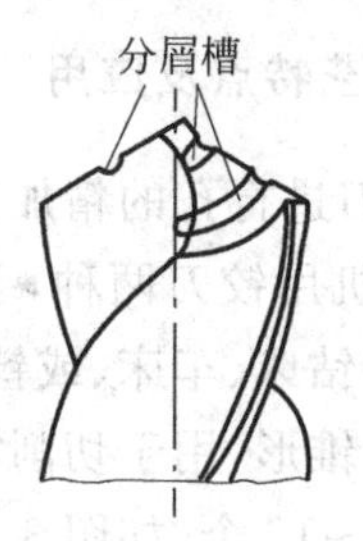

图 3.2.4 钻头的分屑槽

钻削的表面粗糙度只能达到 R_a 50～12.5μm。

③ 钻削的生产率低

由于钻削是在半封闭状态下的切削，钻削时所产生的热量多，大量高温切屑不能及时排出，而且切削液难以注入到切削部位。因此，钻削温度高，刀具磨损严重，限制了钻削速度和生产率的提高。

(2) 钻削的应用

钻削主要用于：

① 精度和粗糙度要求不高的螺钉孔、油孔等；

② 一些内螺纹在攻丝之前的钻孔；

③ 精度和粗糙度要求较高孔的预钻孔。

2. 扩孔的工艺特点及应用

扩孔是用扩孔钻对工件上已有的孔进行加工以扩大孔径，并提高孔的加工精度和降低表面粗糙度的操作。扩孔钻的结构与麻花钻的结构相似，但切削刃较多，为 3～4 个，切削部分的顶端是平的，螺旋排屑槽较浅，如图 3.2.5 所示。因此扩孔钻钻心粗大，刚性好，切削时不易变形。

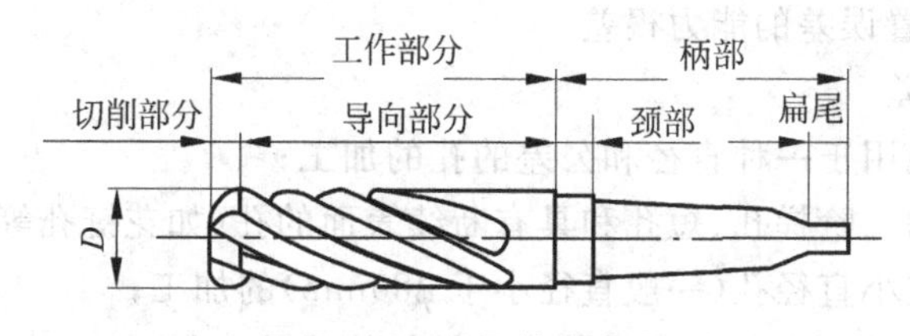

图 3.2.5 扩孔钻的结构

扩孔的工艺特点是：

① 由于扩孔钻导向性好，因此扩孔时切削平稳；

② 由于扩孔加工余量小，扩孔钻刚度好，因此生产率高；

③ 扩孔的加工精度较高(可达 IT10～IT9)，表面粗糙度较低(可达 R_a 6.3～3.2μm)，仅能部分地修正钻孔轴线的偏斜。

扩孔一般在钻床和车床上进行，也可以在镗床和铣床上进行。扩孔常作为孔的半精加工，当孔的精度和表面粗糙度要求更高时，则要采用铰孔。

3. 铰孔的工艺特点及应用

铰孔是用铰刀进行孔的精加工的操作，是应用较为普遍的孔的精加工方法之一。铰刀分为手用铰刀和机用铰刀两种，手用铰刀为直柄，工作部分较长；机用铰刀为锥柄，工作部分较短，可以装在钻床、车床、或镗床上进行铰孔。铰刀的工作部分由切削部分和校准部分组成，切削部分成锥形，用于切削零件，校准部分用于校准孔径和修光孔壁。铰刀切削刃比扩孔钻更多，为6～12个，如图3.2.6所示。因此切削刃的负荷较小，切削更加平稳。

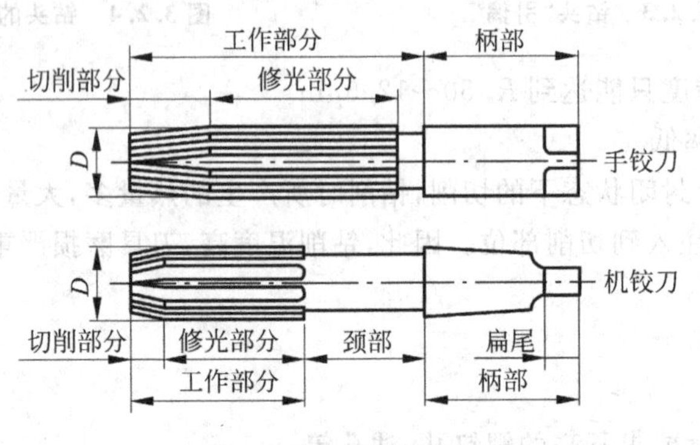

图3.2.6 铰刀的结构

(1) 铰孔的加工精度高、表面粗糙度低

由于铰刀具有校准部分，其作用是校准孔径、修光孔壁，从而进一步提高了孔的加工质量。另外铰孔的加工余量很小(粗铰只有0.15～0.35mm，精铰只有0.05～0.15mm)，切削力较小，同时铰孔时的切削速度一般较低(粗铰v=0.07～0.2m/s，精铰v=0.08～0.03m/s)，产生的切削热较少，因此工件的受力变形和受热变形比较小，加之低速切削使得铰孔质量比较高。

铰孔的加工精度可达IT8～IT7，表面粗糙度可达R_a 0.8～0.4μm。

(2) 铰孔纠正位置误差的能力很差

(3) 铰孔适应性差

① 一把铰刀只能用于一种直径和公差的孔的加工；

② 铰孔不适于加工阶梯孔、短孔和具有断续表面的孔(如花键孔等)；

③ 铰孔仅用于较小直径孔(一般直径小于ϕ80mm)的加工；

④ 可用于加工钢、铁、有色金属和高分子材料等零件，不能加工淬火钢和其他硬度过高的材料。

就钻孔、扩孔和铰孔来说，其加工刀具麻花钻、扩孔钻和铰刀都是标准件，对于直径小于80mm较精密的孔，在加工中，钻→扩→铰是经常采用的典型工艺。

钻、扩、铰仅能保证孔本身的精度，而不易保证孔与孔之间的尺寸精度及位置精度。为了解决这一问题，可以利用夹具(如钻模)进行加工，或者采用镗孔。

4. 镗孔的工艺特点及应用

用镗刀对已有的孔(如钻孔、铸造孔和锻造孔等)进行再加工，称为镗孔，也是最常用的孔加工方法之一。镗孔所用刀具是镗刀，除了车床用镗孔车刀外，还有单刃镗刀和多刃镗刀

(浮动镗刀)两种,如图 3.2.7 所示。

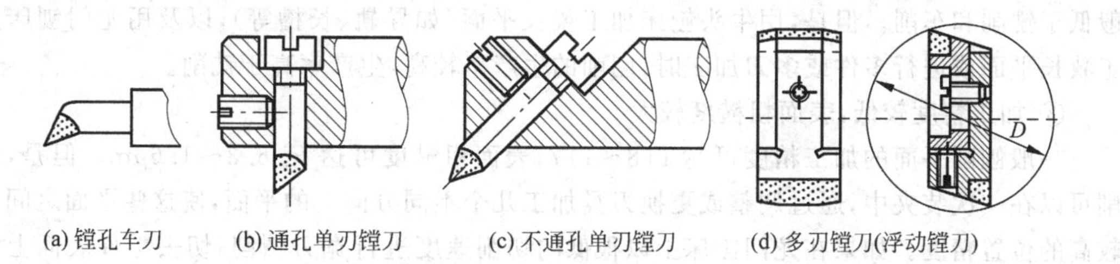

(a) 镗孔车刀　(b) 通孔单刃镗刀　(c) 不通孔单刃镗刀　(d) 多刃镗刀(浮动镗刀)

图 3.2.7　镗刀的结构

(1) 对于直径较大的孔(直径大于 ϕ80mm 的孔)、内成形面或孔内环槽等,镗孔是唯一合适的加工方法。

(2) 镗孔的加工精度较高、表面粗糙度较小

精细镗孔加工精度可达 IT7～IT6,表面粗糙度可以达到 R_a 0.2～0.1μm。数控金刚石刀具精密镗孔的加工精度和表面粗糙度都已接近纳米级。

(3) 单刃镗刀镗孔的特点

① 适应性广,灵活性大。单刃镗刀结构简单,使用方便,成本低。一把镗刀可以加工不同直径的孔,既可以进行粗加工又可以进行精加工。

② 可以校正原有孔的轴线歪斜和位置偏差。

③ 生产率低,适用于单件小批量生产。

(4) 多刃镗刀镗孔的特点

① 由于多刃镗刀具有较宽的修光刃,可以修光孔壁,因此加工精度高,表面粗糙度小。

② 不能校正原有孔的轴线歪斜和位置偏差。

③ 生产率高,适用于大批量、精加工生产。

④ 主要用于加工箱体类零件上直径较大、精度高及表面粗糙度低的孔。

镗孔可以在多种机床上进行,回转体零件上的孔,多在车床上加工;箱体、支架及机架等类大、中型复杂零件上的孔或孔系(即要求相互平行或垂直的若干个孔),常用镗床加工;箱体、支架及机架等类小型零件上的孔或孔系,则可以在铣床上镗孔。

3.2.4　刨拉的工艺特点及其应用

1. 刨削的工艺特点及其应用

刨削是平面加工的主要方法之一。常见的刨床类机床有牛头刨床、龙门刨床和插床等。

(1) 刨削的工艺特点

① 成本低,适应性较强

刨床的结构简单,使用方便,成本低,调整和操作也较简便。所用的单刃刨刀与车刀基本相同,形状简单,制造、刃磨合安装皆较方便。因此,刨削的加工成本低,适应性较强,可以加工多种结构零件。

② 生产率较低

刨削时,刀具的往复直线运动为主运动,只有工作行程进行切削,返回的行程为空行程,

不进行切削，而且刀具切入和切出时有冲击，限制了切削速度。因此，刨削的生产率较低，一般低于铣削和车削。但是，用牛头刨床加工狭长平面(如导轨、长槽等)，以及用龙门刨床加工狭长平面或进行多件或多刀加工时，刨削的生产率较高，生产率高于铣削。

③ 加工精度较低，表面粗糙度较大

一般刨削平面的加工精度可达 IT8～IT7，表面粗糙度可达 R_a 6.3～1.6μm。但是，刨削可以在一次装夹中，通过调整或更换刀具加工几个不同方向上的平面，使这些平面之间有较高的位置精度。如果在龙门刨床上以很低的切削速度进行宽刃精刨，切去零件表面上一层极薄的金属，则可以达到较高的加工精度和较低的表面粗糙度。宽刃精刨的平面度可达 0.02/1000 以下，它的表面粗糙度可达 R_a 0.8～0.4μm。

(2) 刨削的应用

刨削主要用于单件、小批量生产，主要用于加工水平面、垂直面、斜面、直角槽、燕尾槽和T型槽等，也可以用于加工齿条、齿轮、花键和母线为直线的成形面等。

插床又称立式牛头刨床，主要用于加工零件上的内表面，如键槽、花键槽、多边形孔，特别适于加工盲孔或有障碍台肩的内表面。

牛头刨床和插床用于加工中、小型工件。龙门刨床主要用来加工大型工件，或同时加工多个中、小型工件。

2. 拉削的工艺特点及应用

拉削可以认为是刨削的进一步发展。如图 3.2.8 所示，它利用多齿的拉刀，逐齿依次从零件上切下很薄的金属层，使表面达到较高的精度和粗糙度要求。拉削所用的机床，称为拉床。

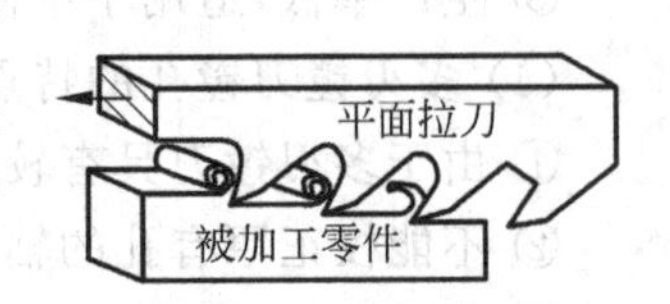

图 3.2.8 拉削

拉削加工有以下主要特点。

① 生产率较高

由于拉刀是多齿刀具，同时参加工作的刀齿数较多，总的切削宽度大；并且拉刀的一次行程，就能够完成粗加工、半精加工和精加工，基本工艺时间和辅助时间大大缩短，所以生产率较高。

② 加工范围较广

拉削不但可以加工平面和没有障碍的外表面，还可以加工各种形状的通孔。因此，拉削加工范围较广。若加工时，刀具所受的力不是拉力而是推力，则称为推削，所用刀具称为推刀。

③ 加工精度较高、表面粗糙度较小

拉刀具有切削量很小的校准部分，只切去工件材料的弹性恢复量，其作用是校准尺寸，修光表面。此外，拉削的切削速度一般较低(一般 $v<18\text{m/min}$)，每个切削齿的切削厚度较小，切削过程比较平稳。因此，拉削加工可以达到较高的精度和较小的表面粗糙度。一般拉孔的加工精度为 IT8～IT7，表面粗糙度为 R_a0.4～0.8μm。

④ 拉床简单

拉削只有一个主运动，即拉刀的直线运动。进给运动是靠拉刀的后一个刀齿高出前一个刀齿来实现的，因此拉床的结构简单，操作也方便。

⑤ 拉刀寿命长

由于拉削时切削速度较低,刀具磨损慢,刃磨一次,可以加工数以千计的工件;一把拉刀又可以重磨多次,故拉刀的寿命长。

拉削的缺点是刀具复杂,制造困难,成本高,因此仅适用于成批或大量生产。对于盲孔、深孔、阶梯孔和有障碍的外表面,不能用拉削加工。

3.2.5 铣削的工艺特点及其应用

铣削是一种具有较高生产率的平面加工方法。除了狭长平面的加工刨削具有更高的生产率外,铣削几乎可以完全取代刨削,成为平面、沟槽和成形表面加工的主要方法。铣床的种类很多,常用的是升降台卧式和立式铣床。

1. 铣削的工艺特点

(1) 加工精度较低,表面粗糙度较大

一般铣削的加工精度和表面粗糙度与刨削接近,加工质量不太高,平面的加工精度可达IT8～IT7,表面粗糙度可达 R_a 6.3～1.6μm。但是,数控金刚石刀具精密铣削的加工精度和表面粗糙度都已接近纳米级。

(2) 生产率较高

铣刀是典型的多齿刀具,铣削时几个刀齿同时参加工作,总的切削宽度较大。铣削的主运动是铣刀的旋转,有利于采用高速铣削,而且不像刨削那样返回的行程为空行程,所以铣削的生产率一般比刨削高。

(3) 机床设备和刀具费用较高

铣床的结构较刨床复杂,铣刀是典型的多齿刀具,其制造和刃磨较复杂,因此机床设备和刀具费用较刨床高。

(4) 加工范围广

铣削的方式很多,有立铣和卧铣,顺铣和逆铣,还有周铣和端铣,如图3.2.9所示。铣刀的类型也很多,而且铣床有不少附件,如分度头和回转工作台等,因此铣削的加工范围很广。

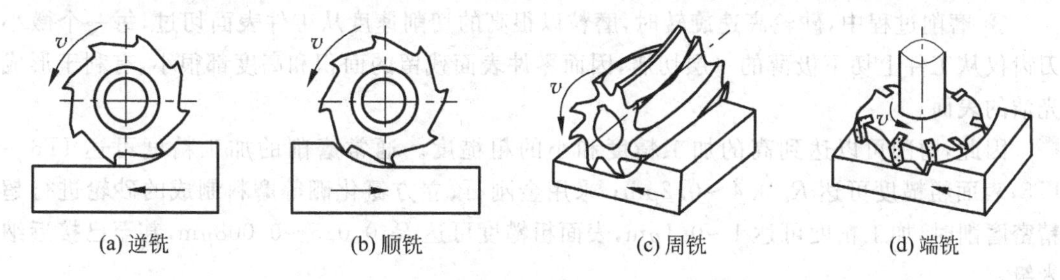

图 3.2.9 铣削方式

(5) 容易产生振动

铣刀是多齿刀具,刀齿在切削时,同时工作的刀齿数量不断变化,每个刀齿的切削厚度不断变化,刀齿切入和切出时产生冲击。因此,铣削过程不平稳,容易产生振动,而且加速刀具的磨损,甚至可能引起硬质合金刀片的碎裂。这就限制了铣削加工质量和生产率的进一步提高。

2. 铣削的应用

铣削与刨削相同,主要用于单件、小批量生产,主要用于加工水平面、垂直面、斜面、直角槽、燕尾槽和 T 型槽等,也可以用于加工齿条、齿轮、花键和母线为直线的成形面等。

此外,铣削还可以进行切断,加工各种齿轮、涡轮、涡杆等。

龙门铣床的结构与龙门刨床类似,一般在立柱和横梁上装有 3~4 个铣头,适于加工大型零件或同时加工多个中小型零件。由于它的生产率较高,广泛应用于成批和大量生产。

3.2.6 磨削的工艺特点及其应用

用砂轮或其他磨具加工零件,称为磨削,它是零件精密加工方法之一。磨床的种类很多,最常用的是外圆磨床、内圆磨床和平面磨床三种。

1. 磨削的工艺特点

(1) 加工精度高、表面粗糙度小

磨削之所以具有高的加工精度和小的表面粗糙度,是因为以下几个方面的原因:

① 磨削时,砂轮表面上的每个磨粒,可以近似地看成是一个微小刀齿,突出的磨粒尖棱,可以认为是微小的切削刃,如图 3.2.10 所示。可见,砂轮就像具有极多微小刀齿的铣刀,而且这些微小刀齿的刃口圆弧半径很小,每个微小刀齿从零件表面切下极薄(几微米)的一层切屑,这是精密加工必须具备的条件之一。

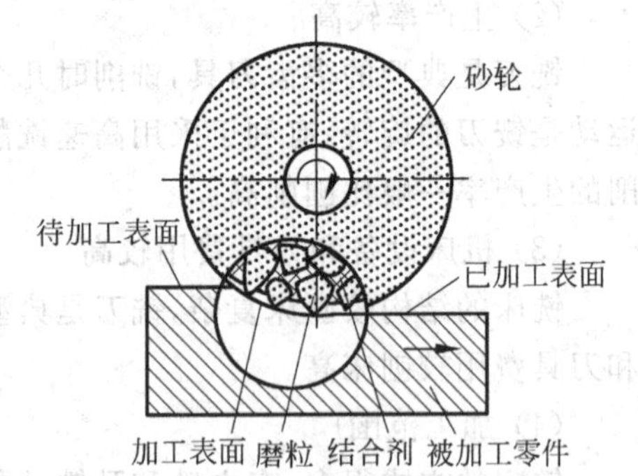

图 3.2.10 砂轮的结构及磨削示意图

② 磨床比其他机床精度高,刚性及稳定性好。磨床具有微量进给机构以精确控制砂轮的切削深度,进行微量切削,从而保证精密加工的实现。

③ 磨削过程中,砂轮高速旋转时,磨粒以很高的切削速度从工件表面切过,每一个微小刀齿仅从工件上切下极薄的一层切屑,因而零件表面残留的面积和高度都很小,有利于形成光洁的表面。

因此,磨削可以达到高的加工精度和小的粗糙度。通常磨削的加工精度可达 IT6~IT5,表面粗糙度可达 R_a 0.4~0.2μm;采用金刚石、立方氮化硼等磨料制成的砂轮进行超精密磨削时,加工精度可达 1~0.1μm,表面粗糙度可达 R_a 0.025~0.008μm,甚至已接近纳米级。

(2) 生产率高

磨削过程中,砂轮的"自锐性"是其他切削刀具所没有的。一般刀具的切削刃,如果磨钝或损坏,则切削不能继续进行,必须换刀或重磨。而砂轮由于本身的"自锐性",使得磨粒总是能够保持较锋利的刃口对零件进行切削。实际生产中,有时就利用这一原理,进行强力连续磨削,以提高磨削加工的生产效率。

另外,磨床的刚性好,砂轮转速大,也有利于提高生产率。

(3) 磨削温度高

磨削时,砂轮表面的磨粒高速切削材料,其切削加工速度为其他切削加工速度的10~20倍,产生的切削热非常多。而砂轮本身的导热系数很小,大量的磨削热量传不出去,因此在磨削区形成高达1000℃的瞬时高温。

磨削高温的后果是:①烧伤工件表面;②使淬火钢表面退火,表面硬度降低;③在零件表层产生残余应力和微裂纹,降低零件的表面质量和使用寿命;④材料变软从而堵塞砂轮,不仅降低零件的表面质量,也降低砂轮的耐用度。

因此,为了减少磨削高温对零件加工质量和砂轮耐用度的影响,在磨削过程中,应采用大量的切削液。磨削时加注大量切削液的目的是:①降低磨削时零件表面的温度;②冲洗砂轮,冲走细碎的切屑以及碎裂或脱落的磨粒,避免砂轮堵塞,从而有效地提高零件的表面质量和砂轮的耐用度。

磨削钢件时,广泛应用的切削液是苏打水或乳化液。磨削铸铁、青铜等脆性材料时,一般不加切削液,而用吸尘器清除尘屑。

(4) 磨削时,工艺系统刚性最差的径向分力大,影响磨削的加工精度和效率

磨削工艺系统由机床-夹具-工件-刀具所组成,其径向刚性最差,在径向分力作用下,工艺系统容易变形,从而降低零件的加工精度。例如纵磨细长轴外圆时,零件在径向分力的作用下会弯曲变形,磨削出的零件出现腰鼓形。因此在磨削的最后几次走刀时,采用少吃刀或不吃刀(磨削深度很小或为零)的方法,以消除变形产生的加工误差,这样显然会降低磨削加工的效率。

2. 磨削的应用

磨削加工的应用范围很广,它常用于外圆面、内孔、平面、成形面、螺纹和齿轮齿形等各种各样表面的加工,也可以刃磨各种切削刀具。

磨削可加工零件材料的范围很广,不仅可以加工铸铁、碳钢、合金钢等一般金属结构材料,更适合于加工高硬度的淬硬钢、硬质合金、陶瓷、玻璃、金刚石、晶体、半导体等难切削的材料。但是,磨削不适合于塑性较大的有色金属零件及高分子材料零件的精加工。

3.2.7 光整加工的工艺特点及其应用

光整加工是生产中常用的精密加工,它是指精加工后,从零件上不切除或仅切除极薄一层材料,主要用于降低零件表面粗糙度值或强化其表面的加工方法。光整加工可以获得比一般机械加工更高的表面质量。

光整加工后的零件表面粗糙度一般在 R_a 0.2μm 以下,其加工精度(要求达到IT6~IT5)由光整加工前的各工序来保证。

按照所用工具类型的不同进行分类,光整加工可分为以下两种:

① 固着磨料加工。加工时,微粉磨料与结合剂黏结在一起,具有一定的形状和强度(有时需要进行烧结)。固着磨料加工方法包括超级光磨合珩磨等方法。

② 散粒磨料加工。加工时,微粉磨料成游离状态,如研磨时的研磨剂,抛光时的抛光膏等。

1. 研磨的工艺特点及其应用

研磨是使用研具和散粒磨料(研磨剂)进行微量加工的工艺方法,其机理如图3.2.11所示。研磨时,研具在一定压力下与零件做复杂的相对运动,通过研磨剂的机械及化学作用,从工件表面切除一层极微薄的材料,从而达到很高的加工精度和很小的粗糙度。

(1) 研磨的工艺特点

① 研磨设备及研具简单,精度要求低,成本低

a. 研磨除在专门的研磨机上进行外,还可以在简单改装的车床、钻床上进行,设备和研具较简单,成本低。

b. 研磨不苛求设备的精度条件,可以在一定条件下以较简单的、精度较差的设备加工精度高的零件。

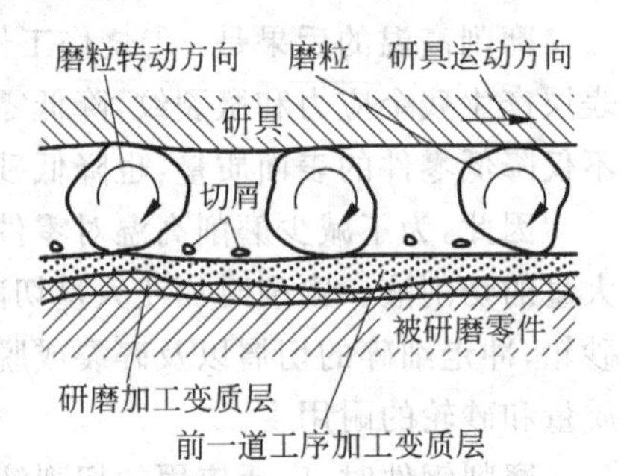

图3.2.11 研磨机理

② 对研具的要求

a. 所用研具简单,不要求具有极高的精度。

b. 研具材料的硬度应低于被加工材料,以便部分磨粒在研磨过程中嵌入研具表面,对零件表面进行擦磨。常用铸铁、软钢、红铜、塑料或硬木制造研具,最常用的是铸铁研具。

c. 研具在研磨过程中也会受到切削和磨损,因此应注意及时修整和更换。

③ 生产率较低

研磨的生产率较低,所以研磨的加工余量一般很小,手工研磨应不大于10μm,机械研磨应不大于15μm。

④ 可以获得很高的尺寸精度

a. 由于研磨是采用极细的微粉磨料进行切削,而且机床、研具、零件处于弹性浮动工作状态,可实现自动微量进给,因此研磨属于微量切削。

b. 研磨加工过程中可随时中断加工,取出零件进行测量,以便随时按照需要修正加工精度。

c. 一般经精细研磨后零件尺寸精度可达0.3～0.1μm。

⑤ 可以获得很高的形状精度和一定的位置精度

a. 研磨可以自然消除零件的形位误差。

b. 研磨加工过程中,零件基本处于自由状态,受力均匀,运动速度低而平稳,切削热小,而且切削运动精度不影响形位精度的提高。

c. 一般经精细研磨后零件形状精度可达0.3～0.1μm。

⑥ 可以获得很低的表面粗糙度

a. 研磨属于微量切削,切削深度很小,而且切削运动轨迹复杂,有利于降低零件表面粗糙度值。

b. 研磨加工过程基本不受工艺系统振动的影响。

c. 一般经精细研磨后零件表面粗糙度值可达 R_a 0.025μm以下,目前最高可达 R_a 0.008μm。

⑦ 可以改善零件表面质量

a. 研磨一般在低速度、低压力条件下进行,切削热量小,零件变质层薄,表面质量好。

b. 经过研磨的零件表面可以降低摩擦系数，提高耐磨性和表面强度，增强抗腐蚀能力，而且研磨表面不会产生显微裂纹。

(2) 研磨的应用

① 研磨既适用于单件手工研磨生产，又适用于成批机械研磨生产。

② 在现代工业中，常采用研磨作为精密零件的最终加工。它普遍应用于精密机械制造、精密工具制造、航空设备制造及光学仪器制造。例如，航空仪器和仪表、液压泵、电液伺服阀、精密块规、量规、齿轮、钢球、喷油嘴、光学镜头、光学棱镜、光学平晶、石英晶体、半导体晶体、陶瓷元件等。

③ 研磨可用于加工各种钢、铸铁、铜及其合金、铝及其合金、硬质合金等金属材料，也可用于加工玻璃、陶瓷、半导体、塑料等非金属材料。

④ 研磨可用于加工各类简单、复杂的型面或平面，如平面、内球面、外球面、内圆柱面、外圆柱面、圆锥面、内螺纹、外螺纹、齿轮及其他型面。

2. 珩磨的工艺特点及其应用

珩磨是一种以固着磨料压力进给进行切削的孔的光整加工方法，如图 3.2.12 所示。珩磨时，珩磨头上的磨条(油石)以一定压力压在被加工表面上，由机床主轴带动珩磨头旋转并沿轴向做往复运动(零件固定不动)。在相对运动的过程中，磨条从零件表面切除一层极薄的材料，加之磨条在工件表面上的切削轨迹是交叉而不重复的网纹，因此可获得很高的加工精度和很小的表面粗糙度。

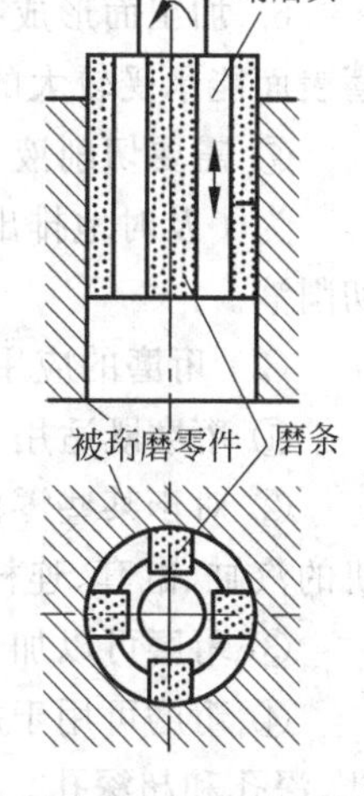

图 3.2.12 珩磨

珩磨不仅可以降低加工表面的粗糙度值，在一定条件下还可以提高加工的尺寸和形状精度，但不能提高加工表面的位置精度。

(1) 珩磨的工艺特点

① 珩磨设备简单，精度要求低，成本低

a. 珩磨机床结构简单，除在专门的珩磨机上进行外，还可以在简单改装的车床、钻床或镗床上进行，并且机床较易实现自动化。

b. 珩磨对机床的精度要求低，与加工同等精度的磨床相比，珩磨机的主要精度可以降低 1/7～1/2，动力消耗可以下降 1/4～1/2，因此可以大幅度降低成本。

② 生产率较高

a. 珩磨时，有多个磨条同时工作，并且经常连续变化切削方向，能较长时间保持磨粒锋利。

b. 在单位时间内，珩磨参加切削的磨粒数为研磨的 100～1000 倍，因此珩磨有较高的材料切除率。

c. 珩磨时珩磨头以零件孔壁为导向，进给力由中心均匀地压向孔壁，因此只需切除很少的余量，就可以完成精加工。

d. 珩磨由于生产率比研磨高，因此其加工余量一般比研磨稍大。如在成批大量生产中，珩磨铸铁、未淬火钢、淬火钢、轻金属、非金属和硬铬时的加工余量分别为：0.02～0.06mm、0.02～0.06mm、0.01～0.03mm、0.02～0.08mm、0.02～0.08mm 和 0.02～0.03mm；在单件生产中，珩磨铸铁、未淬火钢、淬火钢、轻金属、非金属和硬铬时的加工余量分别为：0.06～0.15mm、0.06～0.15mm、0.03～0.08mm、0.05～0.10mm、0.04～0.08mm 和 0.03～0.08mm。

③ 珩磨主要用于孔的光整加工

珩磨主要用于加工各类圆柱孔和圆锥孔，也可以加工各类外圆。

④ 不宜加工有色金属和高分子材料

珩磨实际上是一种磨削，为避免磨条堵塞，不宜加工塑性较大的有色金属和高分子材料零件。

⑤ 可以获得很高的尺寸精度和形状精度，但不能提高位置精度

a. 尺寸精度可达 3～1μm。

b. 加工小直径的孔时，孔的圆柱度可达 1～0.5μm，直线度可达 1μm。

c. 加工中等直径的孔时，孔的圆柱度可达 5μm。

d. 加工外圆柱面时，圆柱度最高可达 0.04μm。

e. 由于珩磨头与机床主轴是浮动连接，所以珩磨不能提高位置精度，要求珩磨前的精加工，必须保证其位置精度。

⑥ 加工表面质量好

a. 经精细珩磨后零件表面粗糙度值可达 R_a 0.025μm 以下，目前最高可达 R_a 0.01μm。

b. 加工面形成有规则、均匀而细密的交叉网纹，利于润滑油的储存和油膜保持，因此珩磨表面能承受较大的载荷，表面的润滑性能好，并具有较高的耐磨性。

⑦ 需要切削液

为了及时地排出切屑和切削热，降低切削温度和减小表面粗糙度，珩磨时要浇注充分的切削液。

(2) 珩磨的应用

① 珩磨既适用于单件手工珩磨生产，又适用于成批、大量机械珩磨生产。

② 对于某些零件的孔，珩磨已成为典型的光整加工方法，例如飞机、汽车、拖拉机发动机的汽缸、缸套、连杆以及液压油缸、炮筒等。

③ 珩磨可以加工除铅、有色金属材料之外的所有金属材料。

④ 珩磨可用于加工各类圆柱孔和圆锥孔，也可以加工各类外圆。特别适合于加工薄壁孔、深孔和超深孔。

3. 超级光磨的工艺特点及其应用

超级光磨是采用细粒度、低硬度油石(磨条)的磨头，在一定的压力和切削速度下做往复运动，对零件表面进行光整加工的方法，属于固着磨粒压力进给加工，如图 3.2.13 所示。加工过程中，零件旋转，磨条以恒力轻压于工件表面，在轴向进给的同时，做轴向低频振动，从而对工件的微观不平表面进行修磨。

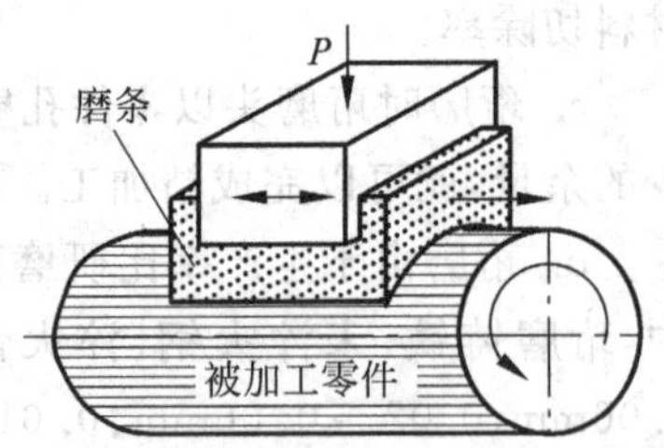

图 3.2.13 超级光磨

(1) 超级光磨的工艺特点

① 设备简单，操作方便，经济性好

超级光磨可以在专门的超级光磨机床上进行，也可以在适当改装的通用机床(如卧式车床等)上进行。一般情

况下，超级光磨设备简单，自动化程度较高，操作方便，经济性好，对工人的技术水平要求不高。

② 生产率高

a. 超级光磨过程中，磨条在进给的同时，做轴向低频往复振动，加长了每个磨粒在单位时间内的切削长度。

b. 由于加工余量极小，加工过程所需时间很短，一般为 30～60s。

③ 加工余量极小

由于超级光磨磨条的粒度极细，磨条切除金属的能力较弱，只能切削零件的轮廓峰，所以超级光磨的加工余量极小(3～10μm)。加工出的零件尺寸分散度小，合格率极高。

④ 表面质量好

a. 超级光磨运动轨迹复杂，能由切削加工过程过渡到光整抛光过程，因此表面粗糙度值很小，可以获得 R_a 0.04～0.01μm 表面粗糙度的光洁表面。

b. 超级光磨加工的零件表面可以形成复杂而细密的交叉网纹，利于润滑油的储存和油膜的保持。

c. 超级光磨加工的切削速度低，磨条压力小，所以加工时发热少，没有烧伤现象，也不会使零件产生变形。

d. 超级光磨加工时，磨条上的磨粒正反切削，形成的磨屑易于清除，不会在已加工表面形成划痕。

e. 超级光磨加工的变形层很薄(一般不大于 0.0025mm)，能形成耐磨性比珩磨更高的光洁表面。

⑤ 修整零件形状和尺寸误差的作用较差

超级光磨是一种低压力进给加工，加工余量很小，磨条切除材料的能力较弱，因此修整零件形状和尺寸误差的作用较差，必须由前道工序保证必要的精度。

(2) 超级光磨的应用

① 超级光磨的应用很广泛，如可用于加工汽车、内燃机、轴承、精密量具等零件，近年来在航空、航天、大规模集成电路、精密仪器制造中得到越来越广泛的应用。

② 超级光磨不仅能加工轴类零件的外圆柱面，而且还能加工圆锥面、孔、平面、球面及各种曲面。

③ 材料方面，超级光磨适用于加工各种材料，如钢、铸铁、铜及其合金、铝及其合金、陶瓷、玻璃、花岗岩、硅和锗等。

4. 抛光的工艺特点及其应用

抛光是用微细磨粒(磨膏)和软质工具对零件表面进行加工的光整加工方法，如图 3.2.14 所示。抛光时，在高速旋转的抛光轮上涂以磨膏，并将零件压于高速旋转的抛光轮上，在磨膏介质的作用下，金属表面会形成一层极薄的软膜，这层软膜可以用比零件材料软的磨料切除，而不会在零件表面留下划痕。同时由于抛光轮与零件表面高速摩擦，零件表面出现高温，其表层材料被挤压而发生塑性

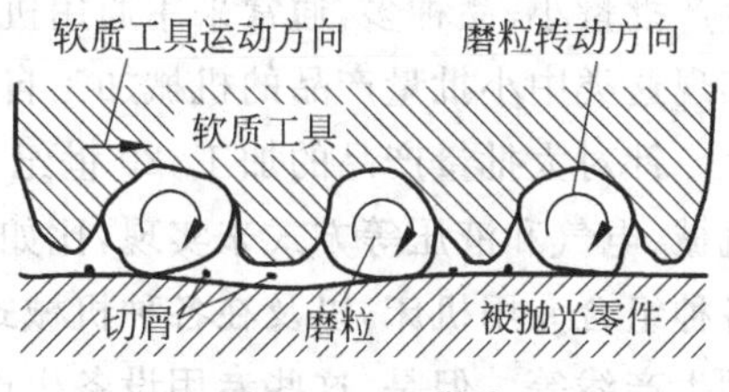

图 3.2.14　抛光

流动，这样可填平表面原来的微观不平，因而可以获得很光亮的表面(呈镜面状)。

抛光轮一般是用毛毡、橡胶、皮革、布或压制纸板做成的，磨膏由氧化铬、氧化铁等磨料和油酸、软脂等配制而成。

(1) 抛光的工艺特点

① 抛光方法简便、迅速而经济

抛光一般不用特殊设备，工具和加工方法都比较简单，成本低，因而抛光是一种简便、迅速而经济的最终光饰加工方法。

② 生产效率高

③ 只能改善表面粗糙度，不能提高零件的加工精度

a. 抛光时，由于抛光轮与零件之间没有刚性的运动联系，抛光轮又有弹性，不能保证从零件表面均匀地切除材料。抛光的目的在于去除前道工序所留下的加工痕迹(刀痕、磨纹、划印、麻点、毛刺、尖棱等)，或使零件获得光滑光亮的表面。

b. 抛光仅能提高零件的光滑光亮程度，对零件的表面粗糙度改善不大。

c. 抛光不能提高零件的尺寸精度和形状精度，更不能提高零件的位置精度。

④ 特别适合于具有凹、凸表面及曲面零件的加工

由于抛光轮是弹性的，能与凹、凸表面及曲面相吻合，因此便于对具有凹、凸表面及曲面的模具型腔进行光整加工。

⑤ 劳动条件较差

目前，抛光多为手工操作，工作繁重，飞溅的磨粒、介质、微屑等污染环境，劳动条件较差。

(2) 抛光的应用

① 抛光主要用于零件表面的装饰加工，使零件获得光滑光亮的表面，或者用抛光去除前道工序所留下的加工痕迹。

② 抛光适用于加工所有金属和非金属材料。

③ 抛光零件表面的类型不限，可以加工外圆、孔、平面及各种成形面等。

④ 为了保证电镀产品的质量，必须用抛光进行预加工；一些不锈钢、塑料、玻璃等制品，为得到好的外观质量，也要进行抛光。

3.2.8 数控技术

1. 数控技术的发展

机械加工中70%～80%是中小批量零件，它们是机械工业生产的主体。由于这些产品生产批量小、品种多，通常采用通用机床加工。通用机床生产效率低，自动化程度不高，因此实现这类中小批量产品的机械加工自动化历来是机械加工中的一大难题。

针对大批量产品的加工，20世纪40年代逐步发展成熟的机械加工自动化主要是通过机械、电气和液压等方式来实现，比如用凸轮机构或挡块等控制的专用机床、靠模仿形机床、各种组合专用机床，以及在各种机械式、电气式、液压式、自动化专用机床的基础上连成的自动生产线等。但是，这些专用设备生产周期长，产品改型困难，造成新产品的开发周期长，市

场竞争力低下。我们把这类机械加工自动化称为刚性自动化，它主要用于少品种、大批量简单零件的机械制造。

在当今技术飞跃发展的时代，机电产品日新月异，机械产品中一些关键零部件，往往都是精密复杂，加工批量小，研制开发时间短，产品更新换代频繁，显然采用通用机床和刚性自动化加工不能满足要求。为了解决这些问题，尤其是随着电子计算机技术的发展，机械加工自动化已由刚性自动化开始向柔性自动化方向发展，最典型的例子是数控机床的出现。

以数控机床为代表的柔性自动化是通过编制程序，用数字信息来自动控制机床的各个动作，进行自动切削或成形加工。它与刚性自动化机床所不同的根本点是具有广泛的适应性，也就是说对于各种不同零件的加工，只需对软件进行修改，不必变动机械结构等硬件，就能自动加工各种不同面形、尺寸的零件。所以说，它是解决多品种、中小批量机械加工自动化的根本出路。

2. 数控机床的特点

数字程序控制机床简称数控(NC)机床，经过不断发展，现在的数控机床应该称为计算机数控系统(Computer Numerical Control，CNC)，即用计算机通过数字信息自动控制机床。具体来说，它是根据零件图纸的加工要求，通过数字(代码)指令自动完成机床各个坐标的协调运动，正确地控制机床运动部件的位移量，并且按加工的动作顺序要求自动控制机床各个部件的动作(如启动、停止、主轴转速、进给速度、换刀、工件夹紧放松、工件交换、切削液开关等)。它是一种综合了计算机应用技术、自动控制、精密测量、微电子技术、机械加工技术、机床结构设计和成组工艺等各个技术领域里的最新技术而发展起来的，具有高效率、高质量和高柔性的自动化新颖机床。可以说它集中了自动(专用)机床、精密机床和万能机床三者的优点，而避免了它们的缺点，即数控机床具有专用机床的高效率、精密机床的高精度、万能机床的高柔性。

与普通机床相比，数控机床具有如下特点：

(1) 适应性强

数控机床是按照被加工零件的图纸要求编制的数控程序自动进行加工的，由于采用数字程序控制，当改变加工零件时，只要重新编制零件程序软件，不需要改变机械和控制部分的硬件，就能够实现对新零件的自动化生产。这在市场竞争中对缩短产品更新换代周期起到十分重要的作用，它为解决多品种、中小批量零件的自动化加工提供了极好的生产方式。

(2) 精度高、质量稳定

数控机床是按照预定程序自动工作的，一般情况下工作过程不需要人工干预，这就消除了操作者人为产生的误差。在设计制造机床主机时，通常采取许多措施，使数控机床的机械部分达到较高的精度，同时可以通过实时检测反馈，误差修正或补偿来获得更高的精度。因此，数控机床可以获得比机床本身精度更高的加工精度。尤其产品稳定(即零件加工的一致性)是过去任何机床所不及的，它与操作者的思想情绪和熟练程度几乎无关。由于零件加工的一致性，给下道工序的加工或总装工序的互换性都带来许多方便。

(3) 生产效率高

由于以下几个方面的原因，数控机床能够减少零件加工所需的机加工基本时间与辅助时间，因此比普通机床有高得多的生产效率。一般数控机床可提高生产率3～5倍，对于形状复杂、精度高的零件,可提高生产率5~10倍,甚至更高。

① 数控机床的主轴转速和进给量的范围比通用机床的范围大,每一道工序都能选用最佳的切削用量,良好的机械结构刚性允许数控机床进行大切削用量的强力切削,从而有效地节省了机加工基本时间。

② 数控机床移动部件在定位中均采用加速和减速措施,并可选用很高的空行程运动速度,缩短了定位和非切削时间。

③ 由于采用了自动换刀,自动交换工作台和装夹工件,并可在同一台机床(加工中心)上同时进行车、铣、镗、钻、磨等各种粗精加工,即在一台机床上实现多道工序的连续加工,不仅减少了辅助工时,而且由于集中了工序,既减少了零件周转和装夹次数,又减少了半成品零件的堆放面积,给生产调度管理带来极大的方便。另外,由于一机多用,减少了设备台数和厂房占地面积。

(4) 减轻劳动强度,改善生产条件

由于数控机床是按所编程序自动完成零件加工的,操作者一般只需装卸工件和更换刀具,按了自动循环按键后,由机床自动完成加工。因而大大减轻了操作者的劳动强度,改善了生产条件,减少了对熟练技术工人的需求,并可实现一个人管理多台机床加工。

(5) 能实现复杂零件的加工

普通机床难以实现或无法实现轨迹为二次以上的曲线或曲面的运动,如螺旋桨、汽轮机叶片之类的空间曲面。而数控机床由于采用了计算机插补技术和多坐标联动控制,可以实现几乎是任意轨迹的运动和加工任何形状的空间曲面,适用于各种复杂面形的零件加工。

(6) 有利于现代化生产管理

采用数控机床加工,能很方便地准确计算零件加工工时、生产周期和加工费用,并有效地简化了检验以及工夹具和半成品的管理工作。利用数控机床的通信接口,采用数控信息与标准代码输入,适宜于与计算机联网,实现计算机辅助设计、制造及管理一体化。

3. 数控机床的分类

数控机床的种类很多,一般可按以下几种分类方法进行分类。

(1) 按工艺用途分类

① 普通数控机床

普通数控机床一般指在加工工艺过程中的一个工序上实现数字控制的自动化机床。如数控车、铣、钻、镗及磨床等。普通数控机床在自动化程度上还不够完善,刀具的更换与零件的装夹仍需人工来完成。

② 数控加工中心

数控加工中心MC主要特点是具有自动换刀机构的刀具库,工件经一次装夹后,通过自动更换各种刀具,在同一台机床上对工件各加工面连续进行车、铣、镗、钻、铰等多工序的加工。一般分为立式加工中心、卧式加工中心和车削加工中心等,或分为车削加工中心、钻削加工中心和镗铣加工中心。加工中心由于减少了多次安装造成的定位误差,所以提高了零件各加工面的位置精度,近年来发展迅速。

③ 特种加工

主要有数控电火花线切割机、数控电火花成型机、数控火焰切割机、数控激光加工机等。

(2) 按数控系统有无检测和反馈装置分类

① 开环系统

开环数控机床采用开环进给伺服系统,图 3.2.15 所示为典型的开环进给系统。这类控制中,没有位置检测反馈装置,CNC 装置输出的指令脉冲经驱动电路的功率放大,驱动步进电机转动,再经传动机构带动工作台移动。

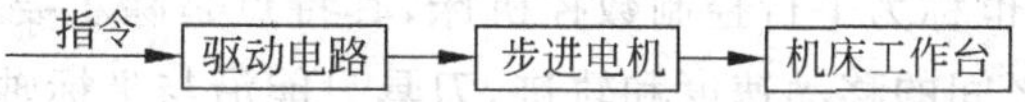

指令 → 驱动电路 → 步进电机 → 机床工作台

图 3.2.15 数控机床开环控制框图

这种系统的最大特点是控制方便、结构简单、调试维修方便、价格便宜。数控系统发出的位移指令信号流是单向的,所以不存在稳定性问题,但由于机械传动误差不经过反馈校正,定位精度一般较低,一般在中、小型经济型数控机床或旧设备的数控改造中被广泛采用。

② 半闭环系统

半闭环控制数控机床的位置检测反馈采用转角检测元件,直接安装在伺服电机的端部或传动丝杠端部,间接测量执行部件的实际位置或位移,其控制框图如图 3.2.16 所示。由于大部分机械传动环节没有包括在系统闭环回路内,因此可以获得较稳定的控制特性。丝杠等的传动误差不能通过反馈来随时校正,但可以采用软件定值补偿的方法来适当提高其精度。这种系统比开环系统精度更高,调试比较方便,因而目前大部分数控机床采用半闭环系统。

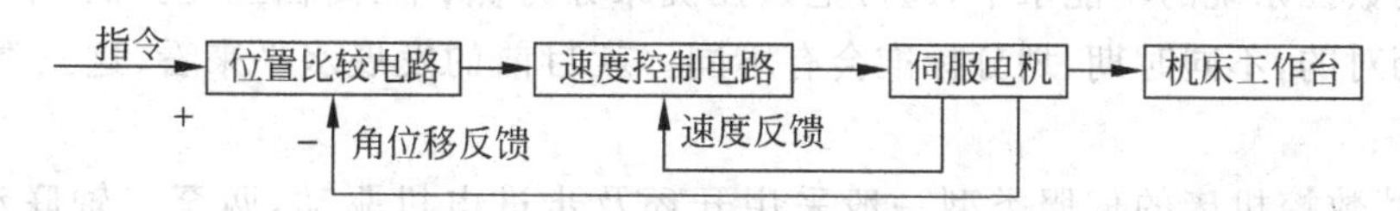

图 3.2.16 数控机床半闭环控制框图

③ 闭环系统

这类数控机床的位置反馈采用直线位移检测元件,直接将位置检测元件安装在机床工作台上,即直接检测机床坐标的直线位移量,并与 CNC 装置的指令位置进行比较,用差值进行控制,消除从电机到机床工作台整个机械传动链中的传动误差,得到很高的静态定位精度。其控制框图如图 3.2.17 所示。

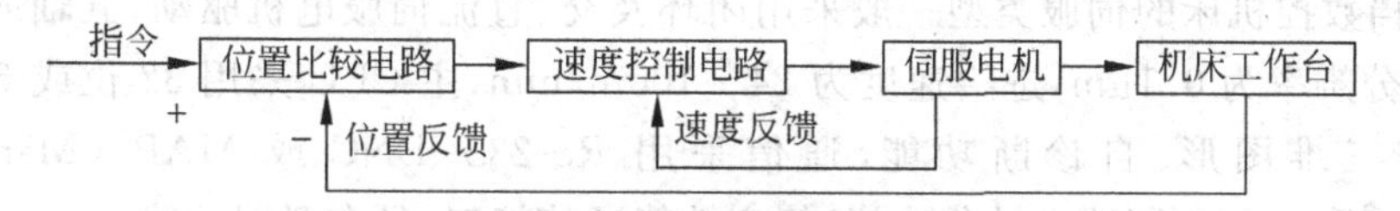

图 3.2.17 数控机床闭环控制框图

闭环控制数控机床由于采用了位置控制和速度控制两个回路,把机床工作台纳入了控制环节,可以清除包括工作台传动链在内的传动误差,因而定位精度高,速度更快。但由于系统复杂,调试和维修较困难,成本高,一般适用于精度要求高的数控机床,如数控精密镗铣床。

(3) 按机床运动的控制轨迹分类

① 点位控制数控机床

点位控制数控机床的特点是只要求控制机床移动部件从一点移动到另一点的准确定

位,在移动过程中不进行切削,并且并不严格要求两点间的移动速度和运动轨道。为了实现既快又精确的定位,两点间一般先快速移动,当接近终点位置时,再以慢速趋近定位点,以保证定位精度。

这类数控机床主要有数控钻床、数控镗床、数控冲床等。

② 直线控制数控机床

直线控制数控机床也称为平行控制数控机床,其特点是除了要控制点与点之间的准确定位外,还要控制两点之间的移动速度和轨迹,刀具只能沿与坐标轴平行的方向进行切削加工,一般只能加工矩形和台阶形零件。

这类数控机床主要有数控车床、数控磨床和数控铣床等。

③ 轮廓控制数控机床

轮廓控制数控机床又称连续控制或多坐标联动数控机床。其特点是机床的控制装置能够同时对两个或两个以上的坐标轴进行连续控制。在这种控制装置中,要求数控装置具有插补运算功能。加工时不仅要控制起点和终点,还要控制整个加工过程中每点的速度和位置。刀具对零件表面连续进行切削,可以加工各种斜线、圆弧、曲线等。

这类机床有数控车床、数控铣床、数控磨床、数控线切割机和加工中心等。

轮廓控制数控机床按控制的联动坐标数不同,又可分为二轴联动、二轴半联动、三轴联动、四轴联动和五轴联动等形式。

(4) 按所用数控系统的功能水平分类

按所用数控系统的功能水平,通常把数控机床分为低、中、高档三类。低、中、高档三类的界线是相对的,不同时期,划分标准会有不同。就目前的发展水平来看,这三类档次的数控机床如下:

① 低档数控机床的伺服类型一般采用开环及步进电机驱动,两至三轴联动控制,分辨率为 10μm,进给速度为 3～10m/min,主 CPU 采用 8 位或 16 位,数码管显示,无通信功能。

经济型数控就属于低档数控,主要用于车床、线切割机床及旧机床改造等。

② 中档数控机床的伺服类型一般采用半闭环及交、直流伺服电机驱动,两至四轴联动控制,分辨率为 1μm,进给速度为 10～24m/min,主 CPU 采用 16 位或 32 位,CRT 显示,具有图形、人机对话功能,通信采用 RS-232 或 DNC 通信接口。

③ 高档数控机床的伺服类型一般采用闭环及交、直流伺服电机驱动,五轴或五轴以上联动控制,分辨率为 0.1μm,进给速度为 24～100m/min,主 CPU 采用 32 位或 64 位,CRT 显示,具有三维图形、自诊断功能,通信采用 RS-232、DNC 或 MAP (Manufacturing Automation Protocol,制造自动化协议)等高性能通信接口,具有联网功能。

4. 数控技术的发展

随着科学技术的发展,机械产品的形状和结构不断改进,对零件加工质量的要求也越来越高。随着社会对产品多样化需求的增强,产品品种增多,产品更新换代加快,这使得数控机床在生产中得到了广泛的应用,并不断地发展。尤其是随着 FMS(柔性制造系统)和 CIMS(计算机集成制造系统)的不断成熟,对机床数控系统提出了更高的要求。随着计算机技术的发展,数控系统性能日益完善,当今数控机床正在向高速化、高精度化、高可靠性、高柔性化、网络化和智能化等方向发展。

(1) 高速化、高精度化

速度和精度是数控机床的两个重要指标，它要求在得到高精度工件的同时，具有很高的生产率。

① 为了实现更高速度的目标，主要有以下几方面的措施：

a. 采用高速运算技术、快速插补运算技术、超高速通信技术。

b. 配置高速大功率主轴和超高速切削刀具。

c. 配置高速、强功能的可编程控制器(PLC)。

② 为了实现更高的加工精度，主要有以下几方面的措施：

a. 采用前反馈控制技术。前反馈控制技术是指在原来的控制系统上加上速度指令的控制方式。这项技术将使追踪滞后误差大大减小，用于改善拐角加工精度。

b. 采用高分辨率的位置检测装置。

c. 广泛应用更合理的软件补偿方法。

d. 采用软件控制伺服系统的速度环和位置环，来满足高精度控制的要求。

(2) 高可靠性

数控机床的可靠性一直是用户最关心的主要指标，也是数控机床产品质量的一项关键性指标。衡量可靠性的重要量化指标是平均无故障工作时间。它主要取决于数控系统和各伺服驱动单元的可靠性，为了提高数控系统的可靠性，通常可采用以下措施：

① 采用超大规模集成电路，以减少元器件的数量，提高系统硬件的质量。

② 硬件结构模块化、标准化和通用化。

③ 采用人工智能专家系统和“冗余”技术，增强故障自诊断、自恢复和保护功能。

(3) 高柔性化

柔性是指机床适应加工对象变化的能力。目前，在进一步提高单机柔性自动化加工的同时，正努力向单元柔性化和系统柔性化发展。

(4) 网络化

当今数控机床都具有 RS-232C 和 RS-422 高速远距离串行接口，可以同上一级计算机进行数据交换。高档的数控系统应具有 DNC 接口，以实现几台数控机床之间的数据通信，也可以直接对几台数控机床进行控制，更进一步实现“全球制造”。

(5) 智能化

21 世纪的 CNC 系统将是一个高度智能化的系统，具体表现在以下几个方面：

① 自适应控制系统。指系统能根据切削条件(如工件加工余量不均、材料硬度不一致、刀具磨损、切削液黏度等)的变化，自动调整工作参数，如进给参数、切削用量等，使切削加工过程总能保持在最佳状态，在得到较高加工精度和较小表面粗糙度的情况下，提高生产率和减少刀具的磨损。

② 故障自诊断、自修复功能。采用人工专家诊断系统，实现故障自动诊断。

③ 刀具寿命自动检测更换。

④ 模式识别技术。应用图像识别和声控技术，使机器自己辨认图纸。

3.3 典型表面加工分析

任何复杂的机器零件，都由以下三类简单的几何表面组成：回转表面、平面和成形表面。

回转表面是以某一条线(直线或曲线)为母线，以圆为轨迹，做旋转运动时所形成的表面。例如，外圆面和内圆面(孔)即为以某一直线为母线，以圆为轨迹，做旋转运动时所形成的表面；球面即为以圆为母线，以圆为轨迹，做旋转运动时所形成的表面；螺旋面即为以曲线为母线，以螺旋线为轨迹，做旋转运动时所形成的表面。

平面是以一直线为母线，以另一直线为轨迹，做平移运动时所形成的表面。

成形面是母线和运动轨迹均为任意曲线所形成的表面。

最常用的典型表面有外圆面、内圆面(孔)、平面、一般成形面、螺纹表面和齿轮齿面等，除了要具有一定的形状和尺寸外，还要达到以下三个方面的技术要求：

① 尺寸精度，指各个尺寸要求的精度。

② 形位精度，包括形状精度和位置精度两个方面。

③ 表面质量，包括表面粗糙度、表层硬度、显微组织及残余应力等。

机器零件的加工由于被加工表面的类型和要求不同，所采用的加工方法也不一样。加工方案的选择除了应满足技术要求之外，还应该考虑零件的材料、热处理要求、零件的结构、生产类型以及现场的生产条件等因素。总的来讲，一项合理的加工方案应该是：经济而高效的达到技术要求。为此，在制定加工工艺时，都要遵循下述两项基本原则：

(1) 粗、精加工要分开

粗、精加工分开即先进行粗加工，再进行精加工，是为了在保证零件加工质量的前提下，达到提高生产效率和降低成本的目的。

粗加工主要是快速切除大部分加工余量，为半精加工和精加工打下良好的基础。粗加工由于采用大的切削深度和进给量，因而切削力大，产生的切削热多，工件有较大的变形，会破坏加工表面的精度。因此，一般在粗加工之后，还要进行精加工，才能保证零件的技术要求。同时粗、精加工分开，还可以在粗加工时及时地发现毛坯中的缺陷(如气孔、夹渣、砂眼、裂纹等)，减少由于对不合格的工件继续加工而造成的浪费。

精加工的目的是获得符合技术要求的零件表面。

(2) 各种加工方法要配合使用

对技术要求高(如尺寸精度高和表面粗糙度小)的表面进行加工，如果只采用某一种加工方法，有时经济性和效率会比较低。因此，应该根据零件表面的具体技术要求，综合考虑各种加工方法的特点，将几种加工方法配合起来，经济而高效地完成零件表面的加工。

3.3.1 外圆表面的加工

外圆表面是轴类、套筒类、圆盘类零件的主要表面或辅助表面。外圆表面零件的加工在机器零件加工中占有相当大的比例。

不同零件上的外圆表面或者同一零件上不同的外圆表面，技术要求并不相同，需要根据具体的技术要求和现场的生产条件，制定合理的加工方案。

1. 外圆表面的技术要求

① 尺寸精度：包括外圆直径和长度的尺寸精度。

② 形位精度：其中形状精度包括外圆表面的圆度、圆柱度和轴线的直线度等；位置精度包括与其他外圆表面或孔的同轴度、与端面的垂直度和径向圆跳动等。

③ 表面质量：主要指的是表面粗糙度，对于某些重要零件，还要求表层硬度、残余应力和显微组织等。

2. 外圆表面加工方案

外圆表面加工的主要方法是车削和磨削。对于外圆表面精度要求更高、粗糙度要求很小的工件，往往还要进行研磨、超级光磨等光整加工。

图 3.3.1 按照外圆表面的技术要求，给出了外圆表面的典型加工方案框图，并注明了各种工序所能达到的精度和表面粗糙度，可作为拟定加工方案的依据和参考。需要注意的是，对于零件的某一外圆表面，其加工方案能够满足其技术要求即可，不一定要走完表中所列方案的全过程。

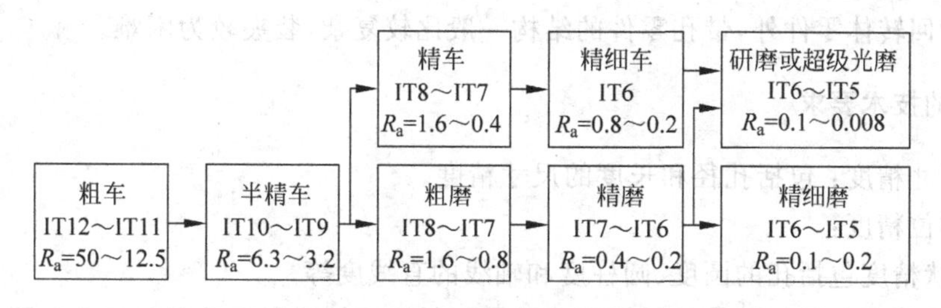

图 3.3.1　外圆表面加工方案框图（R_a 的单位为 μm）

对于外圆表面加工方案的使用，应注意以下几点：

① 当加工精度低、表面粗糙度较大的未淬硬零件外圆表面时，只进行粗车一道工序即可；当加工中等精度和表面粗糙度的未淬硬零件外圆表面时，可采用“粗车→半精车”方案；对于精度要求稍高、表面粗糙度较小、且淬硬的钢制零件外圆表面的加工，最适于使用“粗车→半精车→(淬火)→磨削(粗磨或半精磨)”的加工方案，当然也可用于加工未淬硬的钢件或铸铁件；“粗车→半精车→(淬火)→粗磨→精磨”加工方案则适用于外圆表面精度更高、表面粗糙度更小的淬硬钢制零件外圆表面的加工，加工时需将磨削分为粗磨合精磨，才能达到要求；当加工淬硬钢制零件精度很高、表面粗糙度很小时，采用“粗车→半精车→(淬火)→粗磨→精磨→研磨(或超级光磨)”的方案。

② 加工有色金属、塑料等韧性材料零件的外圆表面时，一般采用“粗车→精车→精细车”的车削方案，因为这类材料的切屑容易堵塞砂轮，所以不能进行磨削。对于要求更高的有色金属外圆表面，还要进行研磨。

3.3.2 孔的加工

孔也是组成零件的基本表面之一，与外圆表面一样，不同零件上的孔或者同一零件上不同的孔，技术要求并不相同，需要根据具体的技术要求和现场的生产条件，制定合理的加工方案。但是，由于以下几个方面的原因，制定孔的加工方案要比外圆表面复杂得多。

(1) 零件上的孔的种类很多，而且孔的功能各不相同，其孔径、孔的长径比及孔的技术要求也有较大的差别。常见的孔有以下几类：

① 紧固孔(如螺钉孔等)和其他非配合的油孔等。

② 回转体零件上的孔，如套筒、法兰盘及齿轮上的孔等。

③ 箱体、支架类零件上的孔，如床头箱箱体上的主轴和传动轴的轴承孔等。这类孔往往构成"孔系"。

④ 深孔，即长径比$L/D>5\sim10$的孔，如车床主轴上的轴向通孔等。

⑤ 圆锥孔，如车床主轴前端的锥孔以及装配用的定位销孔等。

(2) 孔是内表面，受孔径和孔深的限制，加工用刀具为细长形，刚度差，切屑的排除和冷却液的注入较为困难，因此比同样精度和表面粗糙度的外圆表面加工难度大。

(3) 孔的加工方法很多，不像外圆表面加工除了光整加工以外只有车削和磨削，孔的加工方法有钻、扩、拉、铰、镗和磨削，制定加工方案时要根据各种方法的特点合理的选用。

(4) 除回转体零件外，带孔零件的结构一般比较复杂，装夹较为困难。

1. 孔的技术要求

(1) 尺寸精度：包括孔径和长度的尺寸精度。

(2) 形位精度：

① 形状精度包括孔的圆度、圆柱度和轴线的直线度等。

② 位置精度包括与其他外圆表面或孔的同轴度；与端面的垂直度和径向圆跳动；与其他面的平行度、垂直度及角度；孔轴线与其他孔或面的位置度等。

(3) 表面质量：主要指的是表面粗糙度，对于某些重要零件，还要求表层硬度、残余应力和显微组织等。

2. 孔的加工方案

孔加工的主要方法是钻、扩、拉、铰、镗和磨削。对于孔精度要求更高、粗糙度要求很小的工件，往往还要进行珩磨、研磨、超级光磨等光整加工。

图 3.3.2 按照孔的技术要求，给出了孔的典型加工方案框图，并注明了各种工序所能达到的精度和表面粗糙度，可作为拟定加工方案的依据和参考。需要注意的是，对于零件上的孔，其加工方案能够满足其技术要求即可，不一定要走完表中所列方案的全过程。

对于孔加工方案的使用，应注意以下几点：

(1) 在实体材料上加工孔，首先必须钻孔，根据精度要求和孔径大小分为以下几种情况：

① 中、小尺寸的孔，如果精度在 IT10 以下，用一般的钻孔即可。

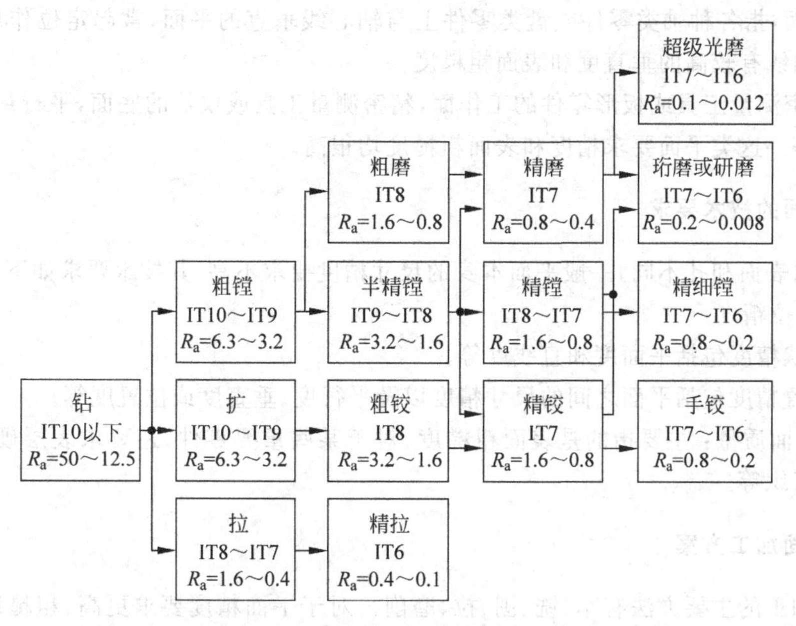

图 3.3.2　孔加工(在实体材料上)方案框图(R_a 的单位为 μm)

② 直径小于 $\phi10$ 的孔，采用"钻→粗铰→精铰"的方案；直径在 $\phi10$～$\phi20$ 之间的孔，采用"钻→扩→粗铰→精铰"的方案；直径大于 $\phi20$ 的孔，采用"钻→扩(镗)→粗铰→精铰"、"钻→粗镗→精镗→粗磨→精磨"或"钻→拉→精拉"的方案。

③ 一般只有回转体零件上的孔才需要淬火，对于这种需要淬火的钢制零件上孔的加工，采用"钻→粗镗→精镗→(淬火)→粗磨→精磨→研磨、珩磨(或超级光磨)"的方案。

(2) 对已经铸出或锻出的孔(多为中、大型孔)，可采用"扩→粗磨→精磨→研磨、珩磨(或超级光磨)"、"镗→半精镗→精镗→精细镗"或"镗→半精镗→精镗→(淬火)→粗磨→精磨→研磨、珩磨(或超级光磨)"的方案。

(3) 加工有色金属、塑料等韧性材料零件的孔面时，一般采用精镗、精细镗、精铰或手铰的方案，不宜进行磨削和珩磨。

(4) 在孔的光整加工方法中，研磨对大孔和小孔都适用，珩磨多用于直径稍大的孔。

3.3.3　平面的加工

平面是盘形和板形零件的主要表面，也是箱体类、支架类零件的主要表面之一。根据平面功能和结构的不同，大致可以分为两类：

(1) 非工作面，这类平面不与其他零件配合使用，通常没有技术要求。只是有美观或防腐性要求时，才进行加工，保证其表面粗糙度。

(2) 工作面，这是主要的加工平面，可以分为以下几种：

① 导向平面，如各类机床的导轨面等。两个零部件相互配合且有相对运动，要求导向精度高，精度和表面粗糙度要求均高。

② 固定结合面，如支架与机器底座上的结合面，零部件的安装平面等。

③ 端面，指各种轴类零件或盘类零件上与轴心线垂直的平面，常起定位作用。这类平面要求对轴线有较高的垂直度和表面粗糙度。

④ 精密测量工具或板形零件的工作面，精密测量工具或仪器的底面，平行垫铁、精密平板和块规等。这类平面要求精度和表面粗糙度均很高。

1. 平面的技术要求

与外圆表面和孔不同，一般平面本身的尺寸精度要求不高，其技术要求如下：

(1) 形位精度：

① 形状精度包括平面度和直线度等。

② 位置精度包括平面之间的尺寸精度以及平行度、垂直度或位置度等。

(2) 表面质量：主要指的是表面粗糙度，对于某些重要零件，还要求表层硬度、残余应力和显微组织等。

2. 平面加工方案

平面加工的主要方法有车、铣、刨、拉、磨削。对于平面精度要求更高、粗糙度要求很小的工件，往往还要进行刮研、研磨、超级光磨等光整加工。

图 3.3.3 按照平面的技术要求，给出了平面的典型加工方案框图，并注明了各种工序所能达到的精度和表面粗糙度，可作为拟定加工方案的依据和参考。需要注意的是，对于零件上的平面，其加工方案能够满足其技术要求即可，不一定要走完表中所列方案的全过程。

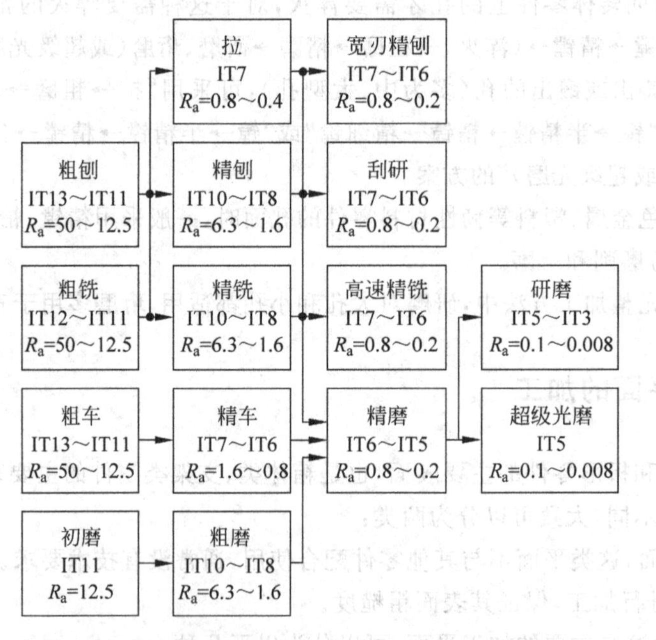

图 3.3.3 平面加工方案框图(R_a 的单位为 μm)

(1) 对于低精度的平面，例如不与其他零部件接触的非工作面，通常采用粗车、粗刨或粗铣即可。如果有美观或防腐性要求时，粗加工后还需要进行精加工或光整加工，以保证其表面粗糙度。

(2) 轴类零件或盘类零件端面的加工，通常与零件上的孔和外圆表面结合起来一起进行，一般采用“粗车→精车→(淬火)→粗磨→精磨→研磨(或超级光磨)”的方案。

(3) 导向平面常采用“粗刨→精刨→宽刃精刨(或刮研)”或“粗刨→精刨→(淬火)→磨削→研磨(或超级光磨)”的方案。

(4) 板形零件的工作面常采用“粗铣(粗刨)→精铣(精刨) →(淬火)→磨削→研磨(或超级光磨)”的方案。

(5) 对于支架与机器底座上的固定结合面，如果是窄而长的平面，采用“粗刨→精刨→磨削→研磨(或超级光磨)”的方案；如果是宽而大的平面，则采用“粗铣→精铣→磨削→研磨(或超级光磨)”的方案。

(6) 加工有色金属、塑料等韧性材料零件的平面时，由于刨削时容易扎刀，磨削时容易堵塞砂轮，所以一般采用“粗铣→精铣→高速精铣”或“粗车→精车”的方案。

3.3.4 成形面的加工

成形面属于较为复杂的表面，机器上用得也很多。随着科学技术的发展，为了满足一些特殊的使用要求和运动要求，各种复杂几何形状的成形面越来越多，而且这些成形面的加工精度和表面粗糙度的要求一般也很高。

成形面的种类很多，有的成形面是由一条曲线绕某一固定轴线旋转而成，属于回转成形面，如机床的手柄等；有的成形面是由一条直线沿某一曲线平行移动而成，如内燃机凸轮轴上的凸轮等；还有一类成形面，它的各个剖面具有不同的轮廓形状，如汽轮机的叶片等。

1. 成形面的技术要求

成形面的技术要求也包括尺寸精度、形位精度及表面质量三个方面。但是，由于成形面往往是为了满足预期的运动要求或某种特定功能而专门设计的，因此其表面形状的要求是最重要的。加工时，刀具的切削刃形状和切削运动，应首先满足表面形状的要求。

2. 成形面的加工方法

成形面的几何形状复杂，加工要比外圆表面、孔和平面复杂得多。一般，成形面的加工方法有车削、铣削、刨削、拉削、磨削及数控加工等，归纳起来有如下两种基本方式：

(1) 用成形刀具加工成形面

这种方法首先根据工件表面轮廓形状，做出与工件表面轮廓形状相符合的刀具切削刃，制成成形刀具。加工时，刀具只要求相对于工件做简单的直线进给运动，就可以直接加工出成形面。

用成形刀具加工成形面，其特点是：

① 机床的运动和结构比较简单，操作也简便。

② 成形刀具的设计、制造和刃磨比较复杂(特别是成形铣刀和拉刀)，因此费用较高。

③ 成形刀具由于切削刃较长，切削力很大，因此这种方法的应用，一方面要求机床和刀

具要有很大的刚度,而且要采用较小的进给量和较低的切削速度；另一方面,受工件成形面尺寸的限制,不宜用于加工刚性差而成形面较宽的工件。

④ 成形刀具一般可以重磨很多次,所以使用寿命较长。

⑤ 用成形刀具加工成形面,其加工质量稳定,即用同一把成形刀具加工出的各个工件上的成形面形状和尺寸的一致性很好,因此具有较强的互换性。

⑥ 由于成形刀具的切削刃较宽,同时参加切削的切削刃总长较长,一次切削就可以加工出工件的成形面,因此生产效率高。

⑦ 用成形刀具加工成形面适用于加工成形面精度较高、尺寸较小、批量较大的零件。

(2) 利用刀具和工件做特定的相对运动加工成形面

利用刀具和工件做特定的相对运动来加工成形面,刀具比较简单,并且加工成形面的尺寸范围较大。但是,机床的运动和结构都较复杂,成本也高。

① 利用手动来控制刀具与工件之间特定的相对运动加工成形面

这种方法是靠人工操作机床使刀具相对于工件做特定的成形运动加工出成形面。在加工时,可以通过在工件上预先划出成形面轮廓形状或预先按照成形面轮廓形状制作一套样板的方法进行加工。

这种方法的特点是：要求操作工人有很高的技艺。因为它不受成形面形状和大小的限制,不需要特殊的机床和刀具,加工质量低,生产率低,适用于单件小批量、加工精度要求低的零件加工。

② 利用机械靠模装置来控制刀具与工件之间特定的相对运动加工成形面

这种方法是依靠靠模的作用,使刀具与工件之间产生特定的相对运动,加工出成形面。其特点是：设备精度要求低,可以在通用机床上进行加工；靠模形状复杂,制造困难,成本高；加工精度主要取决于靠模的精度,生产率高于手动控制进给,而低于成形刀具加工；适用于大批量生产。

③ 利用仿形装置来控制刀具与工件之间特定的相对运动加工成形面

仿形装置是以发送器的触头接受靠模外形轮廓曲线的变化作为信号,通过放大装置将信号放大后,再由驱动装置控制刀具做相应的仿形运动加工出成形面。

这种方法的特点是：由于机床复杂程度高,所以设备成本高；靠模与靠模发送器触头之间的接触力小,所以靠模制造容易,成本低,精度高；适用范围较广,可以加工各种成形面。

④ 利用数控装置来控制刀具与工件之间特定的相对运动加工成形面

数控设备包括数控机床(如数控车床、数控铣床、数控磨床等)和数控特种加工机床(如线切割机床等)。它们的共同特点是：不需要复杂的靠模和刀具,加工精度高,自动化程度高；尤其适用于单件小批量生产。

3.3.5 螺纹的加工

螺纹也是零件上常见的表面之一,螺纹结合在机电设备及仪器仪表中的应用很广泛,它由相互结合的内、外螺纹组成。二者通过互相旋合及牙侧面的接触作用,实现零部件的联结和紧固、零部件间的相对位移以及密封等功能。

螺纹结合有多种形式，按用途的不同可分为紧固螺纹、传动螺纹和密封螺纹（或叫管道螺纹）；按螺纹牙型形状的不同可分为三角形螺纹、梯形螺纹、锯齿形螺纹及圆弧形螺纹等；按螺纹所在表面的形状不同可分为圆柱螺纹和圆锥螺纹；此外，还可以分为单线、双线及多线螺纹，左旋和右旋螺纹等。

(1) 紧固螺纹

紧固螺纹通过相互结合的内、外螺纹的螺牙在一侧接触产生轴向推力实现锁紧。这种螺纹用于零件间的紧固和连接，这是使用最广的一种螺纹结合，常用的紧固螺纹多为三角形牙型的普通螺纹。

紧固螺纹应具有较好的旋合性、可靠的联结强度和足够的机械强度。旋合性是指相互结合的内、外螺纹在牙型轮廓无附加干涉的条件下，能自由旋合的特性。联结强度指内、外螺纹锁紧后，可以承受不同动、静载荷的能力。

(2) 传动螺纹

传动螺纹通过相互结合的内、外螺纹的螺牙在一侧接触产生轴向推力，实现内、外螺纹间的相对位移，并传递运动与动力。如丝杠和测微螺杆的螺纹等，其牙型多为梯形或锯齿形，也可以使用矩形和圆弧形牙形。

对于传动螺纹的主要要求是应具有较好的旋合性，一定的传动精度和足够的承载能力。传动副必须有合适的牙侧间隙以保证自由回转及储存润滑油。

(3) 密封螺纹(管道螺纹)

密封螺纹(管道螺纹)用于气体、液体容器和管道的密封联结。它通过内、外螺纹牙型两侧的紧密接触实现密封。

对密封螺纹(管道螺纹)的主要要求是应具有较好的旋合性和密封性。密封螺纹常采用三角形牙型的圆柱和圆锥螺纹。

1. 螺纹的技术要求

和其他典型表面的技术要求一样，螺纹也要求保证尺寸精度、形位精度和表面质量。由于上述三种螺纹的用途不同，其各自的技术要求也不一样。

对于紧固螺纹，一般只要求中径精度。

对于传动螺纹，除要求中径精度外，还要求螺距和牙型半角的精度。为了保证传动或读数精度及耐磨性，对螺纹表面的粗糙度和硬度等，也有较高的要求。

2. 螺纹加工方法

螺纹的加工方法多种多样，可以在钻床、车床、螺纹铣床、螺纹磨床等机床上，利用相应的工具进行加工。选择螺纹的加工方法时，需要考虑的因素很多，其中主要的是工件形状、螺纹牙型、螺纹的尺寸和精度、螺纹的表面粗糙度、工件材料和硬度以及生产批量等。表 3.3.1 列出了常见螺纹加工方法所能达到的精度、表面粗糙度、生产批量及应用，可以作为选择螺纹加工方法的依据和参考。

表 3.3.1　螺纹的加工方法

螺纹类型	加工方法	精度等级	表面粗糙度 R_a/μm	生产批量	特点和应用
外螺纹	套扣	7～8	1.6～3.2	大、小批量均可	直径小于等于16mm的普通螺纹
	车削	4～8	0.4～1.6	单件、小批量	尺寸较大的螺纹，生产率低
	铣削	6～8	3.2～6.3	大批、大量	精度不高，生产率较高
	磨削	4～6	0.1～0.4	大、小批量均可	高硬度、高精度的螺纹
	滚压	4～8	0.2～1.6	大批、大量	小直径、塑性好的螺纹，螺纹精度和强度高，生产率极高，费用低
内螺纹	攻丝	6～8	1.6～6.3	大、小批量均可	直径小于等于16mm的普通螺纹
	车削	4～8	0.4～1.6	单件、小批量	尺寸较大的螺纹，生产率低
	铣削	6～8	3.2～6.3	大批、大量	精度不高，生产率较高
	拉削	7	0.8～1.6	大批、大量	矩形和梯形螺孔，精度高、生产率高
	磨削	4～6	0.1～0.4	单件、小批量	直径大于等于30mm高硬度、高精度的螺纹

3.3.6　齿轮齿形的加工

齿轮是已经标准化的传动件，齿轮齿形也是零件上常见的表面之一。齿轮传动是机械传动的基本形式之一，主要用于传递等速回转运动、传递转矩或分度等。齿轮传动具有传动平稳、承载能力强、传动效率高、使用寿命长及工作可靠等一系列优点，并且它的制造工艺相当成熟，所以在各种机器和仪器仪表中应用非常普遍。

齿轮传动的种类较多，常用的有圆柱齿轮传动、圆锥齿轮传动、齿条与齿轮传动及涡轮与涡杆传动等，圆柱齿轮又可以分为直齿齿轮、斜齿齿轮及人字齿轮等。齿轮的齿廓通常都采用渐开线，少数采用摆线和圆弧形。

1. 齿轮的技术要求

和其他典型表面的技术要求一样，齿轮也要求保证尺寸精度、形位精度和表面质量。但由于齿轮使用上的特殊性，还有一些特殊的使用要求。

齿轮传动的使用要求取决于齿轮传动在不同机器或仪器中的作用、用途及工作条件。

齿轮传动的作用主要是按给定的速比传递一定功率或转矩的等速回转运动，或者进行等速回转运动与等速直线运动之间的转换(如齿轮与齿条啮合时)。举例如下：

① 对于应用最广的变速器和机床、汽车、飞机等变速装置中的传动齿轮，因其转速较高、功率较大，要求传动中的噪声、振动或冲击等较小，即要求传动平稳；还要求有一定的承载能力，即啮合齿面上受力的分布要均匀。同时，为了使齿轮副的啮合齿面间在较高的圆周速度下能形成油膜润滑，以及补偿齿轮加工和安装误差、受力变形、摩擦热变形等，在其非工作齿面间应留有必要的侧隙，不致出现“卡死”现象。显然，圆周速度愈高，要求侧隙愈大。

② 对于转速较低、转矩较大的矿山机械、轧钢机等使用的传动齿轮，主要要求有较大的承载能力，即啮合齿面上受力的分布要均匀。显然，齿轮副非工作齿面间也应留有一定的侧隙，且承受的转矩愈大，要求的侧隙愈大。

③ 对于精密仪器、精密机床上使用的读数装置及分度机构上使用的齿轮，要求其在传动中的转角和分度要准确，即运动准确性要求较高。同时，齿轮副非工作齿面间也应留有一定的侧隙，但是侧隙应尽可能小，以免造成过大的回程误差，影响精度。

综上所述，对不同用途和不同工作条件下的齿轮传动，使用要求可归纳为以下两个方面：

(1) 齿轮精度方面的要求

① 第一公差组：传递运动的准确性

为了传递准确的等速回转运动和准确地分度，就必须要求齿轮副在啮合过程中的转角要准确，即要求齿轮每转动一周，最大的转角误差应限定在一定的范围内。

② 第二公差组：传动的平稳性

为了减小或抑制齿轮传动中的噪声、振动或冲击，保证传动的平稳性，要求安装好的齿轮副在啮合转动中瞬时速比经常反复的变化要小，即要求齿轮传动中每一转内的转角误差多次反复变化的最大幅度应不超出一定限度。

③ 第三公差组：承载的均匀性(或称为接触精度要求)

为了使齿轮传动有较高的承载能力，要求齿轮啮合时齿面接触较全面，使齿面上的载荷分布均匀。即应避免载荷集中于齿面的某一小面积上，使得接触应力过大，造成局部磨损或点蚀，影响齿轮副的使用寿命。因此，要求齿轮齿面实际接触面积占理论接触面积的百分比应不小于一定限度。

以上三方面是齿轮精度方面的要求，在圆柱齿轮传动公差标准 JB 179—1981 中，将渐开线圆柱齿轮的精度等级分为 12 等级，依次为 1，2，3，…，11，12 级。其中 1～2 级为发展远景级，3～6 级为高精度级，7～8 级为中等精度级，9～12 级为低精度级。通常情况下，齿轮副中主动和从动齿轮的精度取相同等级，但也允许取成不同等级。表 3.3.2 列出了各种机械中齿轮的精度等级范围。

表 3.3.2　各种机械中的齿轮精度等级范围

应用领域	精度等级	应用领域	精度等级	应用领域	精度等级
农业机械齿轮	8～11	载重汽车齿轮	6～9	拖拉机齿轮	6～10
起重机齿轮	7～10	轻型汽车齿轮	5～8	航空发动机齿轮	4～7
地质矿山绞车齿轮	7～10	内燃电气机车齿轮	5～7	投平齿轮	3～6
轧钢机齿轮	6～10	一般金属切削机床	5～8	测量齿轮	2～5
一般减速器齿轮	6～9	精密切削机床	3～7		

(2) 齿轮副侧隙

为了保证齿轮传动中啮合齿面间形成油膜润滑，以及补偿齿轮副在加工和安装过程中的安装误差、受力变形和发热变形，避免齿轮传动中产生“卡死”或“烧伤”，要求齿轮副的非工作齿面间有必要的侧隙。但是，其侧隙又不可过大，否则会增大噪声、反向冲击或回程误差等。

齿轮副侧隙应按照齿轮工作条件而定，与齿轮制造和安装精度等级无关。

2. 齿轮加工方法

齿轮加工的关键是加工出符合要求的齿形，目前主要是用切削加工的方法生产齿轮，也可以用铸造和轧制的方法生产。轧制法生产齿轮的生产率很高、机械性能很好，但精度较低;铸造法生产齿轮的成本低,但精度低、表面粗糙。

按齿形在切削加工过程中形成原理不同,分为两种类型:

(1) 成形法,又称为仿形法,它是用与被切削齿轮的齿槽形状相符的成形刀具,切削出齿形的加工方法,如铣齿、拉齿和成形法磨齿等即为成形法。

(2) 展成法,又称为范成法或包络法,它是利用齿轮加工刀具与被切齿轮按照齿轮副的啮合运动关系做对滚运动,切削出齿轮齿形的加工方法,如滚齿、插齿、剃齿、展成法磨齿和珩齿等即为展成法。一般来说,展成法的加工精度高于成形法。

齿轮齿形的加工方法也多种多样,可以在普通铣床、拉床、插齿机、滚齿机、剃齿机、珩齿机及磨齿机等机床上进行加工。选择齿轮齿形的加工方法时,需要考虑的因素很多,其中主要取决于齿轮精度和齿轮齿面表面粗糙度的要求,以及齿轮的结构、形状、尺寸、材料和硬度等。表 3.3.3 列出了常见齿轮齿形加工方法所能达到的精度、表面粗糙度、生产批量及应用,可以作为选择齿轮加工方法的依据和参考。

表 3.3.3 常用齿轮的加工方法

加工原理	加工方法	精度等级	表面粗糙度 $R_a/\mu m$	生产批量	特点和应用
成形法	铣齿	9	3.2~6.3	单件或维修	精度低,生产率低,成本低
	拉齿	7	0.4~1.6	大批量	齿轮拉刀制造复杂,生产率高
	磨齿	3~6	0.2~0.8	大、小批量均可	精加工已淬火齿轮
展成法	插齿	7~8	1.6~3.2	大、小批量均可	精度中等,生产率较高
	滚齿	7~8	1.6~3.2	大、小批量均可	精度中等,生产率较高,费用较高
	剃齿	6~7	0.4~0.8	大、小批量均可	精度高,生产率高
	珩齿	精度不变	0.4~0.8	大批、大量	已淬火齿轮,精度高,生产率很高
	研齿	精度不变	0.4~0.8	大批、大量	已淬火齿轮,精度高,生产率很高
	磨齿	3~6	0.2~0.8	大、小批量均可	精加工已淬火齿轮

3.4 特种加工技术

3.4.1 概述

1. 特种加工的产生

1943 年,拉扎林柯夫妇在研究开关触点遭受火花放电腐蚀损坏的现象和原因时,偶然发现电火花的瞬时高温可使局部的金属熔化、气化而被蚀除掉,从而发明了电火花加工方法。他们用铜丝在淬火钢上加工出了小孔,并发现可用软的工具加工任何硬度的金属材料,首次摆脱了传统的切削加工方法,直接利用电能和热能来去除金属,获得"以柔克刚"的效果。在电火花加工之后,陆续出现了电解加工、超声波加工等特种加工方法。

随着科学技术的飞速发展,对产品的要求越来越高,有三方面的加工问题需要解决:

(1) 由于有些产品所使用的材料愈来愈难加工,所以解决各种难切削材料的加工问题势在必行,如金刚石、钛合金、宝石、硬质合金、不锈钢、淬火钢、陶瓷、石英以及锗、硅等各种高硬度、高强度、高韧性、高脆性的金属及非金属材料的加工。

(2) 由于零件形状愈来愈复杂,解决各种特殊复杂表面的加工问题日益迫切,如喷气涡轮机叶片、整体涡轮、锻压模和注射模的立体成形表面、喷油嘴、喷丝头上的小孔、窄缝等的加工。

(3) 解决各种超精、光整或具有特殊要求的零件的加工问题,如对表面质量和精度要求很高的航天、航空陀螺仪、伺服阀,以及细长轴、薄壁零件、弹性元件等低刚度零件的加工。

要解决以上产品的加工,仅仅依靠传统的切削加工方法很难实现,甚至根本无法实现。因此人们不断探索新的加工方法,特种加工就是在这种前提下产生和发展起来的。

2. 特种加工的本质和特点

切削加工的本质和特点:一是靠刀具材料比工件材料更硬;二是靠机械能把工件上多余的材料切除。特种加工与切削加工的根本区别在于:

(1) 特种加工主要不是依靠刀具、磨料或磨具的机械能来进行切削和磨削,而是利用电能、光能、声能、热能、化学能、磁能和分子动能等其他能量加工金属和非金属材料。

(2) 特种加工中,工具硬度和强度可以低于被加工材料的硬度和强度。

(3) 特种加工过程中,工具和工件之间不存在显著的机械切削力。

正是由于特种加工具有上述特点,所以原则上,特种加工可以加工任何硬度、强度、韧性、脆性的难加工金属或非金属材料。且特种加工中工具的损耗小甚至不损耗,所以常用于加工复杂成形表面、型腔、微细表面和低刚度零件等。

3. 特种加工的分类

特种加工方法的类别很多,一般按能量来源和作用形式以及加工原理可以分为以下几类。

① 电火花加工,利用电能转换成热能进行加工,包括电火花加工和电火花线切割加工。

② 电化学加工,利用电能转换成化学能进行加工,包括电解加工、电铸加工和涂镀加工。

③ 超声加工,利用声能转换成机械能进行加工,包括超声切割、超声打孔和超声雕刻。

④ 激光加工,利用光能转换成热能进行加工,包括激光切割、激光打孔、激光焊接、激光打标、激光表面处理和表面改性等。

⑤ 电子束加工,利用电能转换成热能进行加工,包括电子束切割、电子束打孔和电子束焊接。

⑥ 离子束加工,利用电能转换成动能进行加工,包括离子束刻蚀、离子束镀覆和离子束注入。

⑦ 化学加工,利用化学能或光能转换成化学能进行加工,包括化学铣削、化学抛光和光刻加工。

⑧ 复合加工,它是将常规加工方法和特种加工方法结合在一起形成的加工方法,例如电解磨削、超声电解磨削、超声电火花电解磨削、化学机械抛光等。

4. 特种加工对材料可加工性和结构工艺性等的影响

特种加工的出现和发展及其广泛的应用,对传统机械制造工艺产生了很大的影响,具体表现在以下几个方面。

(1) 材料的可加工性要重新评估

以往用传统切削加工方法很难加工的金刚石、硬质合金、淬火钢、石英、玻璃、陶瓷等材料,用电火花、电解、激光等方法来加工很容易。材料的可加工性不再与硬度、强度、韧性、脆性等成直接、正比关系,例如用电火花、线切割加工淬火钢比未淬火钢更容易。

(2) 零件的典型工艺路线有了改变

以往传统切削加工除磨削外,其他切削加工都必须安排在淬火热处理工序之前进行。特种加工由于基本上不受工件硬度的影响,为了免除加工后再引起淬火热处理变形,一般都先淬火而后加工。

(3) 新产品试制周期大大缩短

新产品通常由于形状复杂,要求试制周期短。如果采用传统切削加工手段,需要设计和制造相应的刀、夹、量具、模具等,试制周期必然很长,有时甚至无法加工。而特种加工则可以直接加工出各种复杂零件(如非圆齿轮、非渐开线齿轮、各种特殊、复杂的二次曲面体零件),从而大大缩短了试制周期。

(4) 对产品零件的结构设计带来很大的影响

例如,各种复杂冲模如山形硅钢片冲模,过去由于不易制造,往往采用拼镶结构,采用电火花、线切割加工后,即使是硬质合金的模具或刀具,也可做成整体结构。

(5) 需要重新衡量传统的结构工艺性的好与坏

对传统切削加工方法来说,方孔、小孔、弯孔、窄缝等由于难以加工,被认为是工艺性很“坏”的典型。但是对于电火花穿孔,电火花线切割工艺来说,加工方孔和加工圆孔的难易程度是一样的。

3.4.2 电火花加工

电火花加工又称放电加工、电蚀加工或电脉冲加工。当工具电极(简称工具)与工件电极(简称工件)在绝缘液体中靠近时,极间电压将两极间的绝缘液电离击穿,形成脉冲火花放电。瞬时火花放电会产生大量的热能,使金属局部熔化甚至气化,达到蚀除金属的目的。

1. 电火花加工的基本原理

图 3.4.1 为电火花加工原理和基本设备简图。加工时,将工具(一般作阴极)和工件(一般作阳极)浸泡在工作液(常用煤油或矿物油)中,两极由直流脉冲电源提供直流脉冲,工具在自动进给调节机构的驱动下缓慢下降,当工具靠近到工件一定距离时,①两极间相对最靠近点的工作液被击穿并电离成负电子和正离子,形成放电通道;②通道间的负电子高速冲击阳极(工件),正离子高速冲击阴极(工具),电能转变成动能,动能通过碰撞又转变成热能,产生火花放电,并伴有爆炸声;③由于放电时间极短,电流密度很高,能量高度集中,在放电

区形成局部高温和真空(负高压),从而使金属熔化和汽化后被抛出,并在工作液中冷却和凝结成细小的颗粒而脱离工件,被工作液循环系统带走;④一次脉冲放电结束后,带电离子迅速减少,放电通道中的带电离子复合为中性离子,工具与工件间的工作液恢复绝缘强度,使极间工作液消电离,形成一段间隔时间的绝缘,等待第二次脉冲到来。

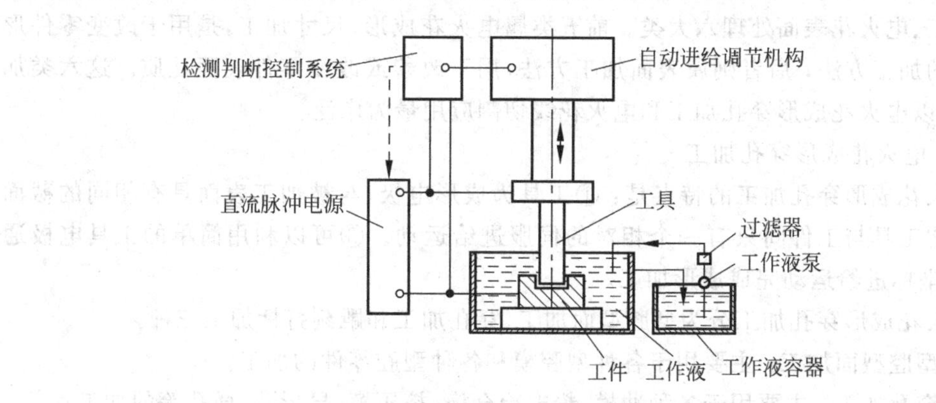

图 3.4.1 电火花加工原理

在反复进行的火花放电过程中,由于极性效应,工件的电蚀程度比工具大得多。这样工具在自动进给调节机构的驱动下不断地向工件做进给运动,就能将工具形状准确地复制在工件上,达到电火花加工的目的。

2. 电火花加工的特点及应用

(1) 电火花加工是典型的用较软的工具材料加工较硬的工件材料的方法。材料的可加工性只与其导电性和热学特性有关,而与其力学性能几乎无关,因此,电火花加工主要用于加工硬、脆、韧、软、高熔点的难加工导电材料。

(2) 由于电火花加工时无切削力,有利于小孔、窄槽的加工和各种复杂截面的型孔、曲线孔、型腔等的加工,以及薄壁易变形工件的加工,也适合于精密细微加工。

(3) 由于电火花加工时,工具与工件不接触,无作用力,因此工具材料可采用紫铜、石墨等易于加工制造的材料。

(4) 电火花加工主要用于金属导电材料的加工,加工非导电材料和半导体材料需要在特殊条件下。如采用高电压法、电解液法可以加工金刚石、立方氮化硼、红宝石、玻璃等超硬和硬脆材料。

(5) 一般加工速度较慢,因此生产效率较低。可以采用特殊水基不燃性工作液进行电火花加工,其生产率可以达到切削加工的水平。还可以通过减少加工余量的方法来提高生产率。

(6) 由于存在工具电极损耗,且工具电极损耗多集中在尖角和底面,因此影响成形精度。

(7) 目前,电火花加工尺寸精度最高可达 3μm,表面粗糙度最小可达 R_a 0.04μm;电火花线切割加工尺寸精度最高可达 2μm,表面粗糙度最小可达 R_a 0.32μm。

(8) 电火花加工后的工件被加工表面存在电蚀硬化层,硬度较高,不易去除,影响后续工序加工。

3. 电火花加工方法的分类

按工具电极的形状、工具电极和工件相对运动的方式和用途的不同，可将电火花加工分为电火花成形穿孔加工、电火花高速小孔加工、电火花线切割、电火花磨削、电火花同步共轭回转加工、电火花表面处理六大类。前五类属电火花成形、尺寸加工，是用于改变零件形状或尺寸的加工方法；后者则属表面加工方法，用于改善或改变零件表面性质。这六类加工方法中，以电火花成形穿孔加工和电火花线切割应用最为广泛。

(1) 电火花成形穿孔加工

电火花成形穿孔加工的特点是：①工具为成形电极，与被加工表面具有相同的截面和形状。②工具与工件间只有一个相对的伺服进给运动。③可以利用简单的工具电极通过3～4个坐标进给运动完成成形加工。

电火花成形穿孔加工分为型腔型面加工、穿孔加工和雕刻打标加工三种。

① 型腔型面加工：主要用于各种型腔模和各种型腔零件的加工。

② 穿孔加工：主要用于各种冲模、粉末冶金模、挤压模、异形孔、微孔等的加工。

③ 雕刻打标加工：主要用于电火花刻字、雕刻图案和打标记。

(2) 电火花高速小孔加工

电火花高速小孔加工的特点是采用内通高压水基工作液的细管状工具电极(一般直径在0.3～3mm之间)，加工时工具电极做高速旋转，加工效率很高。它主要用于线切割预穿丝孔、深径比很大的深孔(如喷嘴等)的加工。

(3) 电火花线切割

电火花线切割的工具电极为丝状，加工时工具与工件在两个水平轴方向同时有相对伺服进给运动。它主要用于切割各种冲模、具有直纹面的零件，以及用于下料、截割和窄缝切割。

(4) 电火花磨削加工

电火花磨削加工分为两种：①工具电极磨削、铣削和镗削。②线电极磨削。

工具电极磨削、铣削和镗削类似切削加工中磨削、铣削和镗削，加工时工具与工件间既有相对的旋转运动，又有径向和轴向的进给运动。它主要用于高精度低粗糙度小孔(如钻套、拉丝模、微型轴承内环和挤压模等上的孔)、外圆、小模数滚刀及平面的加工。

线电极磨削采用线状工具电极，工件在旋转的同时做径向和轴向的进给运动。

(5) 电火花同步共轭回转加工

电火花同步共轭回转加工又称为展成加工，它是利用成形工具电极和工件做展成运动实现成形加工，实际上是一种同步共轭回转加工方法。加工时，成形工具电极和工件以同角速度或倍角速度旋转，同时二者还有相对的横向和纵向进给运动。电火花同步共轭回转加工可用于高精度、低粗糙度内回转体表面和各种复杂型面零件(如齿轮、螺纹、异形齿轮、螺纹环规、涡轮涡杆等)的加工。

(6) 电火花表面处理

电火花表面处理包括电火花表面强化与镀覆。加工时工具电极与工件相对运动的同时，还在工件表面上振动。它主要用于运动导轨、刀具、量具和模具刃口表面的强化和镀覆。

3.4.3　电化学加工

1. 电化学加工原理及分类

(1) 电化学加工的基本原理

如图 3.4.2 所示，当两个金属作为阳极和阴极接上直流电源并插入电解液（如 NaCl 水溶液）中时，阳、阴极表面会发生得失电子的化学反应称为电化学反应。即阳极表面的金属原子会失去电子成为正离子进入电解液，移向阴极并在阴极上得到电子而沉积在阴极上。利用这种电化学反应对金属进行加工（阳极上为电解蚀除，阴极上为电镀沉积）的方法即电化学加工。实际上，任何两种不同的金属放入任何导电的水溶液中，在电场作用下，都会有类似的情况发生。

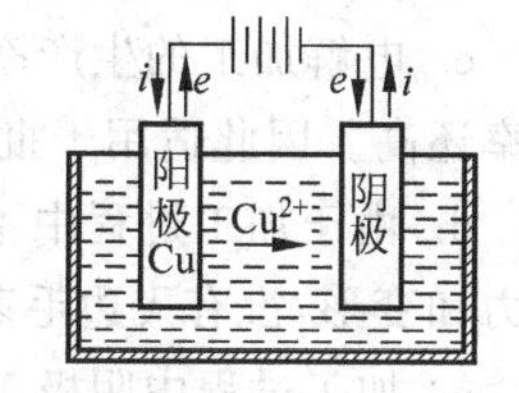

图 3.4.2　电化学加工原理

(2) 电化学加工的分类

电化学加工按其作用原理可分为三大类。

① 利用电化学阳极溶解来进行加工，主要有电解加工、电解抛光等。

② 利用电化学阴极沉积、涂覆进行加工，主要有电镀、涂镀、电铸等。

③ 利用电化学加工与其他加工方法相结合的电化学复合加工工艺，目前主要有电化学加工与机械加工相结合，如电解磨削、电解研磨、电解珩磨等。

2. 电解加工

(1) 电解加工原理

电解加工是利用金属在电解液中的电化学阳极溶解，来将工件加工成形的。

图 3.4.3(a)为电解加工过程示意图。将工件作为阳极，接直流电源的正极，用具有一定形状的工具作为阴极，接电源的负极。在阴、阳两极间流过速度为 5～50m/s、压力为 0.5～2MPa 的电解液（如氯化钠水溶液、硝酸盐水溶液等）。在阴、阳两极间加上 5～20V 的电压，通以 30～200A 的大电流。加工时，工具向工件缓慢进给，使阴、阳两极之间保持较小的间隙（0.02～1mm），这时阳极工件的金属会被逐渐电解腐蚀，并将工具形状复制到工件上，而电解产物被高速流动的电解液带走。

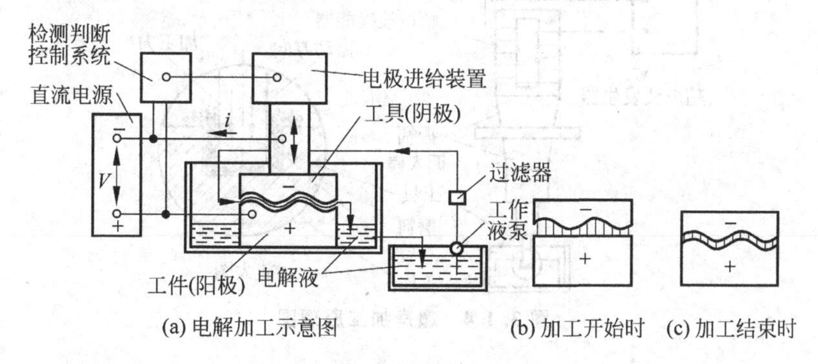

(a) 电解加工示意图　(b) 加工开始时　(c) 加工结束时

图 3.4.3　电解加工示意图

在加工刚开始时,阴极与阳极距离较近的地方由于通过的电流密度较大,电解液的流速也较高,所以阳极溶解速度也就较快,见图 3.4.3(b)。随着工具相对工件不断进给,工件表面就不断被电解,直到工具形状复制到工件上为止,如图 3.4.3(c)所示。

(2) 电解加工的特点和应用

① 电解加工有下述优点:

a. 加工范围广,适用于难加工材料的加工。例如可以加工硬质合金、淬火钢、不锈钢、钛合金、耐热合金等高硬度、高强度及韧性金属材料。

b. 适用于相对复杂形状零件的加工。例如可以加工叶片、锻模等各种复杂型面。

c. 电解加工的生产率较高,为电火花加工的 5~10 倍,在某些情况下,比切削加工的生产率还高。因此适用于批量大的零件加工。

d. 由于加工过程中不存在机械切削力和切削热,所以不会产生由切削力所引起的残余应力和变形,没有飞边毛刺。因此适宜于易变形或薄壁零件的加工。

e. 加工过程中阴极工具在理论上不会耗损,可长期使用。

② 电解加工的主要弱点和局限性为:

a. 不能加工绝缘材料,化学成分复杂的材料加工较困难。

b. 加工精度和加工稳定性不高。

c. 加工小孔和窄缝还比较困难。

d. 电极工具的设计和修正比较麻烦,因而很难适用于单件生产。

e. 电解产物需进行妥善处理,否则将污染环境。此外,工作液及其蒸气还会对机床、电源,甚至厂房造成腐蚀,也需要注意防护。

3.4.4 超声加工

1. 超声加工的基本原理

超声加工的原理是磨料在超声波振动工具端面的超声频机械冲击作用下,产生的机械撞击和抛磨作用以及超声空化作用使工件发生微细粉碎,从而加工脆硬材料的特种加工方法。其加工原理如图 3.4.4 所示。

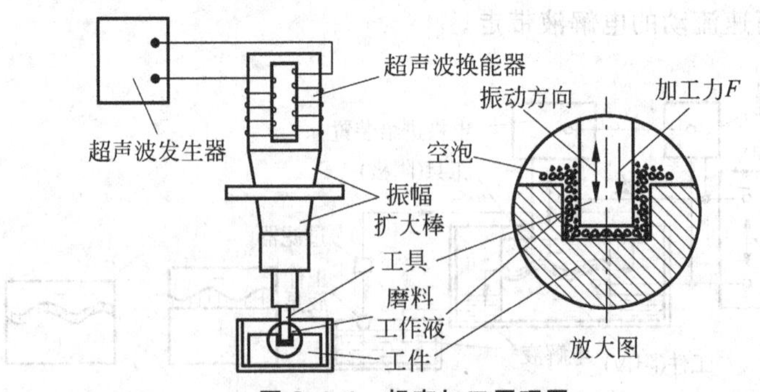

图 3.4.4 超声加工原理图

超声加工时,在工具和工件之间加入液体(一般为水或煤油等)与磨料(常用碳化硼、碳化硅和氧化铝磨料)混合的磨料工作液,并使工具以很小的力 F 轻轻压在工件上。超声波发生器发出超声频的电信号，使超声波换能器产生纵向超声频(16～30kHz)振动，并通过振幅扩大棒把振幅放大到50～150μm之间，从而驱动工具端面做超声频机械冲击振动，迫使磨料工作液中悬浮的磨粒以很大的速度和加速度不断地撞击、抛磨被加工表面，把被加工表面很薄的一层材料粉碎成很细的微粒，并从工件上打下来。另外，当工具端面以很大的加速度离开工件表面时，加工间隙内形成负压和局部真空，在工作液体内形成很多微空腔(即空泡，如图3.4.4放大图所示)，当工具端面以很大的加速度接近工件表面时，空泡受压闭合，引起极强的液压冲击波，促使工作液钻入被加工材料的微裂缝处，加剧了机械破坏作用，即产生所谓的空化作用。此外，正负交变的液压冲击还会使磨料工作液在加工间隙中强迫循环，使变钝了的磨粒及时得到更新。

2. 超声加工的特点

(1) 应用材料范围广

① 用于硬脆材料的加工。由于超声加工是超声振动工具驱使磨料冲击工件表面，引起工件表面微细破碎的过程，因此，超声加工非常适用于加工易产生微细裂纹和破碎的硬脆材料。越是脆硬的材料，受撞击作用遭受的破坏愈大，愈易加工。相反，脆性和硬度不大的韧性材料，由于它的缓冲作用而难以加工。因此超声加工适于加工石英、陶瓷、玻璃、石墨、宝石、金刚石、淬火钢、硬质合金等硬脆材料。

同理，工具材料的选择，应选择脆性和硬度不大的韧性材料，使之既能撞击磨粒，又不致使自身受到很大破坏。常用的工具材料有45钢、铜、不锈钢等。

② 超声加工过程中受力小、热影响小，加工力很小，可加工薄壁、薄片、窄缝、易变形(低刚度)等零件。

(2) 生产效率低

超声加工中每次从工件上撞击下来的材料很少，但由于撞击频率很高，因此具有一定的加工速度。超声加工的生产率比电火花、电解加工等低。

(3) 加工机床结构、操作和维修简单

由于工具材料较软，可以做成较复杂的形状，故不需要使工具和工件做比较复杂的相对运动，因此超声加工机床的结构比较简单，只需一个方向轻压进给，操作、维修方便。

需要注意的是，尽管加工力很小，但是在没有加工力时，即使工具有超声振动，也几乎不能进行加工。

(4) 加工精度高。由于超声加工是靠极细的磨料瞬时局部的撞击作用来加工工件，故工件表面的宏观切削力和切削热很小，被加工表面无残余应力，无破坏层，不会引起变形及烧伤，表面粗糙度也较好，可达 R_a 1～0.1μm，加工精度可达0.02～0.01mm。超声加工的加工精度和表面粗糙度都比电火花加工、电解加工高。

3. 超声加工的应用

超声加工主要用于加工半导体、非导体的硬脆材料如玻璃、金刚石、陶瓷(氧化铝、氮化硅等)、石英、锗、硅、玛瑙、宝石等，对于导电的硬质金属材料如淬火钢、硬质合金等，也能进行加工，但加工生产率较低。另外，电火花加工后的一些淬火钢、硬质合金冲模、拉丝模、塑料模具，最后还常用超声抛磨进行光整加工。

4. 超声加工的分类

目前，超声加工主要有以下几种加工方式：

① 型孔、型腔加工：目前，超声加工在各工业部门中主要用于对硬脆材料加工圆孔、型孔、型腔、套料、微细孔等。

② 切割加工：主要用于切割普通机械加工难以切割的硬脆材料。

③ 复合加工：在超声加工硬质合金、耐热合金等硬质金属时，由于加工速度较低，工具损耗较大。为了提高加工速度及降低工具损耗，可以把超声加工与其他加工方法相结合进行复合加工。如与电火花、电化学加工复合加工小孔或窄缝等。

④ 超声清洗：原理是基于超声频振动在液体中产生的交变冲击波和空化作用。

3.4.5 电子束及离子束加工

1. 电子束加工

(1) 电子束加工的原理

电子束加工是通过在真空中加速和聚焦的高速电子流(即电子束)冲击被加工表面，使工件受冲击点熔化、气化而被去除的过程。

电子束加工装置的基本构成如图 3.4.5 所示，在真空条件下，电子束发射系统在高压下发射电子束并加速，然后经过聚焦系统的聚焦，形成能量密度($10^6 \sim 10^9 \text{W/cm}^2$)极高的电子束，并以极高的速度(为光速的 1/3～2/3)冲击到工件表面极小面积上，在极短的时间(约为几分之一微米)内，其能量的大部分转变为热能，使被冲击部分的工件材料表面达到几千摄氏度以上的高温，从而引起材料的局部熔化和气化，被真空系统抽走。

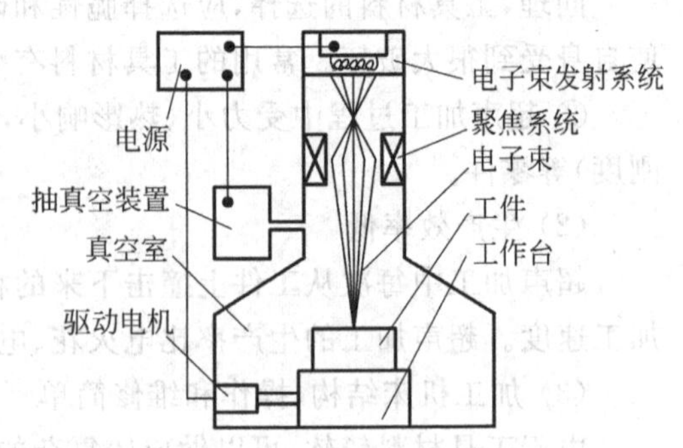

图 3.4.5 电子束加工原理

(2) 电子束加工的特点

① 电子束束径小。电子束能够极其微细地聚焦，束径可以聚焦到 100～0.1μm 范围，所以加工面积可以很小，目前可以加工的最小孔径可达 3μm，是一种精密微细的加工方法。同时，最小束径的电子束的长度却可以达到束径的几十倍，所以适于深孔加工。

② 加工范围广。由于电子束能量密度很高，其加工靠热效应，去除材料主要靠瞬时蒸发，热影响范围可以很小，是一种非接触式加工。同时由于电子束加工在真空中进行，加工处化学纯度高，所以适于加工各种硬、脆、韧性金属和非金属材料、热敏材料、易氧化金属及合金、高纯度半导体材料等。此外，由于电子束加工时工件不受机械力作用，不产生宏观应力和变形，因此适于加工易变形零件。

③ 加工速度快，生产率高。例如，每秒钟可以在 2.5mm 厚的钢板上钻 50 个直径为 0.4mm 的孔。

④ 可控性好，易于实现自动化。可以通过磁场或电场对电子束的强度、位置、束径等直接进行迅速准确的控制，所以整个加工过程便于实现自动化。例如在电子束加工中，从加工位置找准到加工图形的扫描，都可实现自动化。因此电子束加工适于加工图形、圆孔、异形孔、盲孔、锥孔、弯孔及狭孔等。

⑤ 价格昂贵。电子束加工需要一整套专用设备和真空系统，价格较贵，生产应用有一定局限性。

(3) 电子束加工的应用

通过控制电子束能量密度的大小和加工时间，电子束加工可以分为以下几种方法：

① 电子束表面改性(热处理)：采用较低电子束能量密度，使材料局部加热，就可以进行电子束表面改性(热处理)。

② 电子束焊接：提高电子束能量密度，使材料局部熔化，就可以进行电子束焊接。

③ 电子束打孔、切割、切槽：进一步提高电子束能量密度，使材料熔化和气化，就可进行打孔、切割、切槽等加工。

④ 电子束光刻加工：利用较低能量密度的电子束轰击高分子材料时产生化学变化的原理，即可进行电子束光刻加工。

2. 离子束加工

(1) 离子束加工的原理

离子束加工的原理和电子束加工基本类似，也是在真空条件下，将离子源产生的离子束经过加速聚焦，形成能量密度极高的离子束，并以极高的速度冲击到工件表面极小面积上。二者的区别是离子带正电荷，且其质量是电子质量的数千上万倍(如离子束加工常用的氩离子的质量是电子的7.2万倍)，所以一旦离子加速到较高速度时，离子束将比电子束具有大得多的撞击动能，它不是靠动能转化为热能来加工工件，而是靠微观力效应，即将离子机械撞击能量，传递到工件表面的原子上，当能量超过原子间的键结合力时，原子就从工件表面脱离，达到加工的目的。

(2) 离子束加工的特点

离子束加工是一种最有前途的精密微细加工方法，其加工精度可达原子、分子级。其加工特点可以归纳为以下几点。

① 加工精度和表面质量高。由于离子束可以通过电子光学系统进行聚焦扫描，离子束轰击材料是逐层去除原子，离子束流密度及离子能量可以精确控制。而且离子束加工是靠微观力效应，被加工表面层不产生热量，不引起机械应力和损伤，离子束斑直径可达1μm以内，加工精度可以达到纳米级。可以说，离子束加工是所有特种加工方法中最精密、最微细的加工方法，是当代纳米加工技术的基础。

② 加工范围广。由于离子束加工是靠离子轰击材料表面的原子来实现的。它是一种微观力作用，宏观压力很小，所以加工应力、热变形等极小，加工质量高，适合于对各种材料和低刚度、半导体、高分子零件的加工。而且离子束加工是在高真空中进行，所以污染少，特别适用于对易氧化的金属、合金和高纯度半导体材料的加工。

③ 可控性好，易于实现自动化。

④ 效率低，价格昂贵。离子束加工设备成本高，加工效率低，因此应用范围受到一定

限制。

(3) 离子束加工的分类和应用

离子束加工按照离子束撞击工件表面时所发生的物理效应和要达到加工目的的不同，可以分为四类，如图 3.4.6 所示。

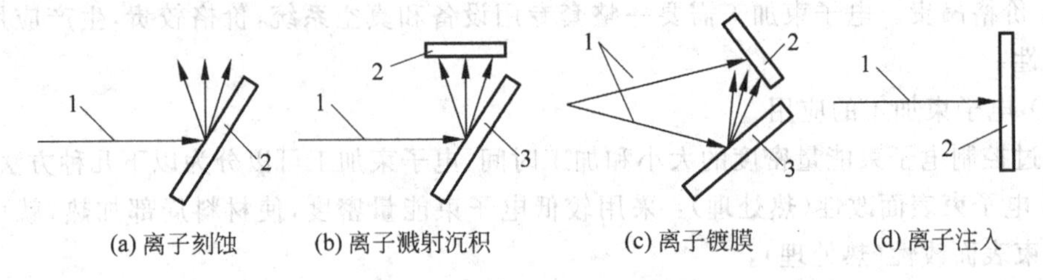

图 3.4.6　离子束加工的分类

① 离子刻蚀(又称为离子铣削)：它是利用离子的撞击效应和溅射效应。当具有一定动能的离子束斜射到工件(又称为靶材)表面时，离子的能量会传递到工件表面的原子，当能量超过原子间的键结合力时，原子就从工件表面脱离，即离子束将工件表面的原子撞击出来，这就是离子的撞击效应和溅射效应。这种离子的撞击效应和溅射效应是将工件表面的原子逐个剥离，是一种原子尺度的切削加工，所以又称离子铣削，即纳米级加工。

离子束刻蚀主要有以下的应用：

a. 加工陀螺仪空气轴承和动压马达上的沟槽。

b. 加工非球面光学透镜和反射镜。

c. 刻蚀集成电路、声表面波器件、磁泡器件、光电器件和光集成器件等微电子器件上的亚微米高精度图形。

d. 刻蚀石英晶体振荡器和压电传感器等致薄材料，如国内已经用离子束刻蚀出 40μm 厚的探测器探头，其灵敏度得到了很大的提高。

e. 轰击机械磨光的玻璃以改变其折射率分布，从而具有偏光作用；轰击玻璃纤维使其变成具有不同折射率的光导纤维；轰击太阳能电池表面使其具有非反射纹理表面。

② 离子溅射沉积：它也是利用离子束斜射到材料表面时的撞击效应和溅射效应。加工时，在靶材附近放置工件，离子束将靶材表面的原子击出，沉积在靶材附近的工件上，使工件表面镀上一层薄膜。可见溅射沉积是一种镀膜工艺。

③ 离子镀膜(又称为离子溅射辅助沉积)：在镀膜时，同时轰击靶材和工件表面，目的是为了增强镀膜与工件基材之间的结合力。

离子镀膜由于附着力强、膜层不易脱落，而且离子镀膜的可镀材料广泛，可以在金属或非金属表面上镀制金属和非金属材料，各种合金、化合物、某些合成材料、半导体材料、高熔点材料均可镀。目前主要有以下的应用：

a. 在切削刀具(如齿轮滚刀、铣刀等复杂刀具)表面镀氮化钛、碳化钛等超硬层，可以提高刀具的耐用度。

b. 离子镀膜代替常规的镀硬铬，可以减少镀铬公害。

c. 离子镀膜可用于镀制润滑膜、耐热膜、耐蚀膜、耐磨膜、装饰膜和电气膜等。

④ 离子注入：它是利用离子的注入效应。当能量足够大的离子束垂直撞击工件表面

时，由于离子能量相当大，离子就会钻进工件表面，这就是离子的注入效应。由于离子注入会改变工件表面层的化学成分，因此达到了改变工件表面层机械物理性能的目的。

一般，根据不同的目的选用不同的注入离子，如磷、硼、碳、氮等。离子注入主要有以下的应用：

a. 在机械方面，离子注入可以提高材料的耐腐蚀性能、耐磨性能、硬度，可以改善金属材料的润滑性能，还可以使机械零件的表面改性。

b. 在光学方面，离子注入可以制造光波导、改善磁泡材料性能、制造超导性材料及对光学元件表面改性。

c. 在半导体方面，离子注入可以改变导电类型(P 型或 N 型)，制造 P-N 结和大面积的集成电路。

3.4.6　激光加工

1. 激光加工原理

激光加工是利用经过透镜聚焦后在焦点上达到极高能量密度(一般可达 $10^5 \sim 10^6\ \mathrm{W/cm^2}$)的激光照射被加工工件，激光能量被工件表面吸收，光能转换为热能，引起工件表面升温，并在极短的时间($1\mu s \sim 1ms$)内出现熔融、蒸发等现象来实现工件的加工。

激光加工的基本构成如图 3.4.7 所示，包括四部分：

① 激光器电源，用于为激光器提供所需要的能量。

② 激光器，用于把电能转变成光能，产生激光束。

③ 光学系统，包括激光聚焦系统和观察瞄准系统，前者用于对激光束聚焦，后者能观察和调整激光束的焦点位置，并将加工位置显示出来。

④ 机械系统，主要包括床身、可以三维移动的工作台及机电控制系统等。随着电子技术的发展，目前多采用计算机来控制工作台的移动，实现激光加工的数控操作。

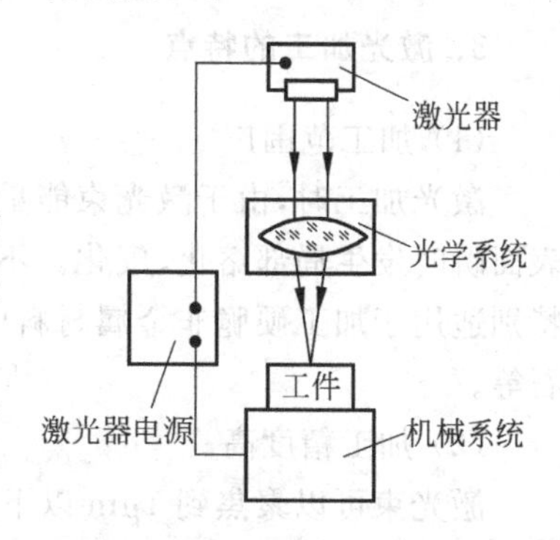

图 3.4.7　激光加工基本构成

2. 激光加工常用激光器

(1) 激光的特性

激光发射是受激辐射，所发出的光波具有相同的频率、方向、偏振态和严格的位相关系，所以激光具有以下特点：

① 强度高。由于激光可以实现光能在空间上和时间上亮度的高度集中，所以激光的亮度和强度特别高。例如一台红宝石脉冲激光器的亮度要比高压脉冲氙灯高三百七十亿倍，比太阳表面的亮度也要高二百多亿倍。

② 单色性好。

③ 相干性好。

④ 方向性好。光束的方向性用光束的发散角来表示。目前，激光束的发散角可以控制到 10^{-4} sr(sr 为球面弧度)以内。

(2) 激光加工常用的激光器

激光加工常用的激光器按激活介质的种类可以分为固体激光器和气体激光器。按激光器的工作方式可分为连续和脉冲两种输出方式。表 3.4.1 列出了激光加工常用激光器的种类和性能。

表 3.4.1 激光加工常用激光器的种类和性能

激光器的种类		波长/μm	发射角/rad	输出幅度	用途
固体激光器	红宝石	0.6943	$10^{-2}\sim10^{-8}$	脉冲 0.5mJ～400J	打孔、焊接
	钕玻璃	1.065	$10^{-2}\sim10^{-3}$	脉冲 1mJ～100J	打孔、焊接
	掺钕钇铝石榴石(YAG)	1.065	$10^{-2}\sim10^{-3}$	脉冲 0.1mJ～100J 连续 0.1W～1kW	打孔、焊接、切割、微调、刻蚀
	青紫宝石	0.73～0.78	—	脉冲～1J	打孔
气体激光器	二氧化碳(CO_2)	10.63	$10^{-2}\sim10^{-3}$	脉冲 0.2mJ～10kJ 连续 1W～20kW	打孔、焊接、切割、微调、表面改性
	氩离子(Ar^+)	0.35～0.51	—	连续 5mW～40W	光刻、腐蚀、镀膜

目前激光加工中主要应用的是掺钕钇铝石榴石(YAG)和二氧化碳(CO_2)两种激光器，它们能连续输出和高速往返，并具有较高的效率。而红宝石和钕玻璃激光器由于效率低、高速往返困难，所以一般不用于激光加工。

3. 激光加工的特点

(1) 加工范围广

激光加工时，由于激光束能量密度很大，工件材料表面吸收光能转换成热能，使得工件表面瞬时发生局部熔化、气化。不论是金属还是非金属，它的加工范围几乎包括任何材料。特别适用于加工硬脆非金属材料中的高硬度、高熔点材料，例如耐热合金、陶瓷、石英、金刚石等。

(2) 加工精度高

激光束可以聚焦到 1μm 以下，可以进行超微细加工；同时，激光加工是非接触工作方式，力、热变形非常小，输出功率也可以调节，易于保证高的加工精度。

(3) 控制容易，易于实现自动化

激光加工不需要工具，没有工具损耗问题，属于非接触加工，加工时没有明显的机械力。加工速度快、热影响区小。激光束易于控制，因此适于自动化。同时，由于激光束指向性好，不受空间和方向性的限制。另外，激光束在传播时衰减很少，远距离操作比较容易，通过控制光学系统，可以同时进行多工位或分段加工。

(4) 设备比较简单

与电子束和离子束加工比，激光加工装置比较简单，不要求复杂的抽真空装置，也不需要对 X 射线进行防护。

(5) 价格昂贵

4. 激光加工的分类及应用

激光加工的应用极广，主要有以下加工方法和应用。

(1) 金属表面的激光强化

金属工件表面通过激光强化处理,可以显著提高表面硬度、强度、耐磨性、耐蚀性和高温性能等,从而可以延长产品的使用寿命和降低成本。

① 激光淬火(激光相变硬化)

用高能量的激光束快速扫描工件,工件表面极薄一层的扫描小区域内的材料会瞬时吸收激光束能量使温度急剧上升(可达 10^5~10^6℃/s),而此时工件基体仍处于冷态。由于热传导的作用,表面热量会迅速传到工件其他部位,在瞬间进行自冷淬火(冷却速度可达 10^5~10^6℃/s,这比一般淬火速度高1000倍)。

② 激光合金化

激光合金化是指在廉价材料的表面上,利用高能激光束的辐照,将一种或多种合金元素与材料表面快速熔凝,形成新的合金层,从而具有预定的高合金性能。常用的合金元素有Cr、Ni、W、Ti、Mo等。

(2) 激光焊接、打孔、切割及半导体材料的激光加工

① 激光焊接

控制激光束强度,使激光束直接辐射材料表面,使材料局部熔化就可以实现焊接。

② 激光打孔和切割

激光打孔和切割是用极高能量密度的激光束照射被加工工件,工件表面瞬时熔融、蒸发,从而去除表层材料;同时,表层下的材料迅速达到蒸发温度以上,发生爆炸,附近的熔融区域和松散状态的部分飞散。如果工件与激光束无相对运动,就形成孔。如果工件与激光束有相对运动,则形成切缝,切缝处熔渣将被一定压力的辅助气体吹除。

激光打孔常用于加工金刚石拉丝模、红宝石轴承、熔融石英、生产化学纤维用的不锈钢喷丝板、涡轮叶片等零件上的孔。激光切割可用于半导体划片,切割生产化学纤维用的不锈钢喷丝头上的Y形、十字形孔,代替金刚石砂轮和车刀对硬脆难切割材料切割,并可以切割出复杂的形状。

③ 半导体材料的激光加工

激光束具有很好的方向性和干涉性,激光束可以聚焦至亚微米级,属于精密微细加工,可用于半导体基片或陶瓷基片的划片、打标记及电阻微调等。

(3) 激光微调

激光微调主要用于调整电路中某些元件的参数,以保证电路的技术指标。目前主要用于电阻的微调。

激光微调电阻有两种方法,一种是对电阻进行无损伤照射,使膜的结构变化,从而改变电阻的阻值;另一种是对电阻进行高能量照射,使部分电阻膜气化去除,从而减少导电膜的截面来增加阻值。目前后一种加工方法用得较多。

(4) 激光存取

激光存取是利用激光进行视频、音频、文字资料、计算机信息的存取。

3.4.7 其他特种加工技术

除了电火花加工、电化学加工、超声加工、电子束加工、离子束加工及激光加工这最常用

的六种特种加工外，还有许多种特种加工方法及复合特种加工方法，包括以下几种：

1. 化学加工

化学加工是利用酸、碱、盐等化学溶液对金属产生化学反应，使金属腐蚀溶解，改变工件尺寸和形状的一种加工方法。

化学加工分为化学成形加工和化学表面加工，前者包括化学蚀刻加工（又称为化学铣切加工）和光化学腐蚀加工；后者包括化学抛光和化学镀膜。

2. 等离子体加工

等离子体加工是利用电弧放电使气体电离成过热的等离子气体流束，使工件局部熔化及气化来去除材料的加工方法。

3. 挤压珩磨

挤压珩磨是用一种含磨料的半流动状态的黏性磨料介质、在一定压力下强迫在被加工表面上流过，依靠磨料颗粒的刮削作用去除工件表面微观不平材料的加工方法。

4. 磨料喷射加工

磨料喷射加工是将磨料细粉与压缩气体混合后经过喷嘴形成的高速束流，依靠高速磨料流对工件的高速冲击和抛磨作用来去除工件材料的加工方法。

5. 水射流加工

水射流加工是利用高压高速水流对工件的冲击作用来去除材料的加工方法。

6. 磁性磨料研磨加工和磁性磨料电解研磨加工

(1) 磁性磨料研磨加工

磁性磨料研磨加工在本质上和机械研磨相同，其加工原理是导磁磨料依靠本身磁场产生的研磨力对工件表面进行研磨的加工方法。

(2) 磁性磨料电解研磨加工

磁性磨料电解研磨加工是在磁性磨料研磨加工的基础上，与电解加工的阳极溶解作用复合，从而加速工件表面的研磨过程，提高研磨效率的加工方法。

3.5 精密和超精密加工

3.5.1 精密和超精密加工概念、范畴、特点及种类

1. 精密和超精密加工的概念

精密和超精密加工技术是指在机械加工领域，某个时期所能达到的最高加工精度的各

种精密加工方法的总称。实际上，超精密加工代表了加工精度发展的不同阶段，随着生产制造技术的不断发展，过去的超精密加工对今天来说只能是一般加工，其划分的界限是相对的，并且在具体的精度数值上没有确切的定义。

我们可以把每个时期的加工分为普通精度加工、精密加工和超精密加工。在我们所处的时期，用一般的加工机械、工具及技术水平就可以实现的加工精度称为普通精度加工；必须用较高精度的加工机械、工具及高水平的加工技术才能达到的加工精度称为精密加工；并非可以用较高制造技术就可以轻而易举达到的加工精度，必须采用最先进的制造技术，经过探讨、研究、实验之后才能达到的加工精度，而且实现这个精度尚不能普及的加工技术称为超精密加工。

目前，精密加工是指加工精度为1～0.1μm、表面粗糙度为R_a 0.1～0.01μm的加工技术；超精密加工是指加工误差小于0.1μm、表面粗糙度小于R_a 0.025μm的加工技术，又称为亚微米级加工，目前超精密加工已进入纳米级（1nm＝10^{-9}m），称为纳米加工，并逐渐接近加工精度和表面质量的极限。

另一方面，可以从被加工部位发生破坏和去除材料大小的尺寸单位来划分普通、精密和超精密加工。物质是由原子组成的，从机械破坏的角度看，最小则是以原子级为单位（原子的大小为几埃，即几Å，1Å＝0.1nm）的破坏，在加工中以原子级为单位去除被加工材料，即是加工的极限；如果去除材料的尺寸在1nm左右，表现为晶格破坏；去除材料的尺寸在0.1μm（100nm）左右，则属于位错破坏；去除材料的尺寸在10μm左右，将以龟裂的形式发生破坏。按去除尺寸单位分，可以把去除材料的尺寸在0.1～10nm范围的加工称为超精密加工，去除材料的尺寸在10nm～1μm范围的加工称为精密加工，去除材料的尺寸大于1μm的加工称为普通精度加工。

2. 精密和超精密加工的范畴

就精密和超精密加工的范畴来讲，应该包括微细尺寸加工和超微细尺寸加工、光整加工和精整加工等加工技术。

(1) 微细尺寸加工和超微细尺寸加工

微细尺寸加工和超微细尺寸加工是指制造微小尺寸零件的加工技术，它们是针对集成电路的制造要求提出的。集成电路要求在微小面积的半导体材料芯片上制造出更多的元件，一般用单元芯片上的单元逻辑门电路数、单元芯片上的电子元件数和最小线条宽度来表示集成电路集成度的高低，从而代表了集成电路的制造难度和水平。

从加工方法看，微细尺寸加工和超微细尺寸加工主要是加工微小尺寸，而精密和超精密加工既加工大尺寸，也加工小尺寸，因此，微细尺寸加工和超微细尺寸加工属于精密和超精密加工的范畴，两者区别在于加工对象的不同。

从加工机理上看，一般尺寸加工的精度用尺寸公差来表示，尺寸公差等于公差等级系数与公差单位的乘积。相同精度有相等的公差等级系数，但公差单位则随基本尺寸的不同而不同，一般按基本尺寸分成尺寸区段，每个尺寸区段取同一数值，区段内基本尺寸愈大，公差单位值愈大。而微细尺寸加工和超微细尺寸加工时，由于加工尺寸很小，精度就用尺寸的绝对值来表示。从工件的角度来看，一般加工与微细尺寸加工和超微细尺寸加工的最大区别在于切屑大小的不同。微细尺寸加工和超微细尺寸加工时切削深度a_p极小，切削是在材料的晶体内部进行，切削去除量可以达到分子级、原子级。

(2) 光整加工和精整加工

光整加工是指为了降低表面粗糙度值和提高表面层力学及机械性质的加工方法，不强调加工精度的提高。与光整加工相对应的是精整加工，它强调了加工精度和表面质量两个方面。

3. 精密和超精密加工的特点

随着科学技术突飞猛进的发展，精密和超精密加工也发展迅速，目前有以下几个特点。

(1) 形成了系统工程

在精密和超精密加工中要达到很高的精度和很高的表面质量，除了加工方法本身，还要考虑被加工材料、加工设备、检测方法、工作环境和人的技艺水平等，否则将不能达到预定的目的。可见精密和超精密加工必须将各方面的技术综合起来，才能达到很高的精度，所以精密和超精密加工是一个系统工程。

(2) 加工检测一体化

精密和超精密加工的加工精度和表面质量都非常高，必须采用在线检测和动态误差补偿技术，即采用加工检测一体化的措施，在加工的同时考虑检测及误差补偿才能达到高精度要求。

检测可分为离线检测、在位检测和在线检测三大类。离线检测是指加工完成后，在检验室检测，加工与检测是分离的，由于加工精度很高，如果产品不合格，一般很难返修。在位检测是指加工完成后，工件不卸下，在机床上进行检测，如果检测不合格，可及时返修，不会产生返修时再次装夹造成的误差，但在位检测由于检测环境的差异会对检测结果有影响。在线检测是在加工的过程中进行实时检测，随时掌握加工误差值及其发展趋势，并进行实时控制，是一种动态检测过程。

误差补偿分为静态误差补偿和动态误差补偿两大类。静态误差补偿主要用来补偿工艺系统中的系统误差。动态误差补偿是加工过程中的实时补偿，可以补偿工艺系统中的随机误差和系统误差。动态误差补偿和在线检测是密不可分的。

(3) 精密和超精密加工与自动化技术联系密切

制造自动化不仅可以提高劳动生产率、改善工作环境和工人的劳动条件，而且由于包括工艺过程优化与适应控制、检测与误差补偿、计算机控制等技术，它还是提高加工精度和表面质量、避免手工操作引起的人为误差、保证加工质量及其稳定性的重要举措。同时，制造自动化又可以快速响应市场需求、缩短生产制造周期，这都是提高和保证加工质量的自动化技术。所以，精密和超精密加工必须依靠自动化技术才能保证其高质量的加工要求。

(4) 精密和超精密加工的发展是产品需求的结果

由于精密和超精密加工在加工精度和表面粗糙度上要求非常高，加工技术上难度很大，影响因素很多且复杂，往往投资很大。因此，精密和超精密加工的发展通常都与具体的产品需求有关。例如，美国加利福尼亚大学 Lawrence Livemor 实验室和 Y-12 工厂在能源部支持下，于 1989 年联合研制成功的 DTM-3 型超精密金刚石车床，就是针对了加工激光核聚变用的各种反射镜、大型天体望远镜的天线等，反映了航天技术的需求。我国在精密和超精密加工技术的发展上也是结合了航天、航空技术上的具体需求进行的。

4. 精密和超精密加工种类及材料

（1）精密和超精密加工方法

根据不同的加工目的可以将精密和超精密加工方法归纳为以下种类：

① 用于高精度加工（包括高尺寸精度、高形位精度和低粗糙度）的方法，有精密和超精密金刚石切削、精密和超精密磨削及精密和超精密研磨合抛光。

② 用于微细尺寸加工和超微细尺寸加工的方法，主要是特种加工方法，包括物理方法加工和化学方法加工，其中物理方法有电火花加工、电子束加工、离子束加工、激光加工、超声加工、微波加工和喷射加工等；化学方法有精密电铸、光刻加工、电解加工等。

（2）精密和超精密加工材料

以前，精密和超精密加工的材料主要是钢、铁等黑色金属，随着科学技术的发展，精密和超精密加工应用的材料范围不断扩大。目前精密和超精密加工的材料分为金属和非金属两大类。

① 金属材料，包括应用于航空航天、原子能工业方面的高硬度、高强度的耐热合金和应用于光学、电子工业的非铁金属材料（如铝、钛等软质金属）。

② 非金属材料，包括应用于电子、原子能、能源工业的无机硬脆材料（如半导体、陶瓷、玻璃、石英、金刚石等），应用于航天、能源工业的复合材料，以及应用于化学、光学、电子、食品工业的高分子有机材料（如塑料等）。

（3）精密和超精密加工方法的应用

不同的材料及不同形状的产品应使用不同的精密和超精密加工方法，表 3.5.1 列出了各种不同材料及产品所适用的精密和超精密加工方法。

表 3.5.1　不同材料及产品所适用的精密和超精密加工方法

加工方法	材料		产品
精密和超精密金刚石切削	金属	软质金属	大功率激光用金属反射镜、复印机鼓筒、VTR转筒、磁盘、光学多面体
	非金属	高分子材料（如塑料）、软质光学晶体	红外线用零件、塑料零件
精密和超精密磨削	金属	耐热合金	滚动轴承、轧辊、录像及录音机轴、空气轴承、块规、金属平板、平尺、机床导轨面、钢球、螺纹、齿轮、喷嘴、空气轴承、模具、伺服阀
	非金属	复合材料、玻璃、陶瓷、半导体、石英、蓝宝石、金刚石	石英振子、宝石、硅片、平板、透镜、棱镜、平晶、蓝宝石基板、光学玻璃、金刚石刀具、金刚石、磁头
精密和超精密研磨、抛光	金属	耐热合金	块规、金属平板、平尺、机床导轨面、钢球、螺纹、齿轮、喷嘴、空气轴承、模具、伺服阀
	非金属	复合材料、玻璃、陶瓷、半导体、石英、蓝宝石、金刚石	石英振子、宝石、硅片、平板、透镜、棱镜、平晶、磁头、蓝宝石基板、金刚石、金刚石刀具
特种加工	所有材料		涡轮叶片、压气机转子叶片、炮管膛线、锻模、冲压模、挤压模、金刚石和硬质合金刀具、宝石轴承、金刚石拉丝模、化纤喷丝头、机匣

3.5.2 精密和超精密加工工艺原则

1. 进化加工原则

(1) “母性”加工原则

“母性”加工原则是指被加工零件的精度总是低于作为工作母机的机床的精度，属于“蜕化”加工，是目前加工的主要手段和思路。

随着科学技术的发展，产品的精度越来越高，对机床的精度要求也越来越高，技术难度也越来越大，投资也越来越多。如果依旧采用“母性”加工原则进行精密和超精密加工，就会产生以下几个方面的问题：

① 技术上非常困难

由于产品的精度和技术要求非常高，很难研制更高精度的工作母机进行加工。

② 投资太大，不经济

作为产品工作母机的机床的经济指标很不合理，特别是在单件小批生产情况下，每件零件的生产成本更难承受。例如，1984 年美国国防部高级研究计划局(DARPA)投资了 1300 万美元，由美国加利福尼亚大学 Lawrence Livemore 实验室和空军 Wrigh 航空研究所等单位合作研制了 LODTM 大型超精密金刚石非球面车床，用于加工大型金属反射镜。该机床采用了分辨率为 0.7nm 的双频激光干涉测量系统，进行在线测量和误差补偿；机床恒温，可达(20±0.0005)℃；机床采用 4 个空气垫支撑在防振地基上，机床主轴旋转精度为 0.025μm，定位误差小于 0.051μm，加工零件的最大尺寸为 ϕ1625×500mm，重量 1360kg。

③ 仅仅提高机床的精度，并不一定能加工出合格的产品

精密和超精密加工是一个系统工程，其组成环节很多，虽然加工设备是主要因素，但如果不能很好地解决其他问题，同样不能加工出合格的产品。较好的解决办法是充分发挥其他组成环节的影响，如借助于工艺手段和特殊工具来弥补机床的不足，以达到预期的目的。

因此，应该另辟新径，采用“创造性”加工原则，即“进化”加工原则。

(2) “进化”加工原则

“进化”加工原则是指用精度低于零件精度要求的机床设备，通过其他手段，加工出达到精度要求的零件。“进化”加工原则又可分为两种方式。

① 直接式进化加工原则

直接式进化加工原则是指在精度低于零件精度要求的机床设备上，借助其他工艺手段和专用工具等，直接加工出高于工作母机精度的零件。例如在加工精密丝杠时，精密丝杠磨床的螺距精度不能满足零件精度要求，这时可采用计算机控制的在线检测微位移补偿装置，对加工过程中的丝杠进行在线检测和实时误差补偿，使被加工丝杠的螺距精度达到要求。

直接式进化加工原则适合于单件、小批量零件的加工。

② 间接式进化加工原则

间接式进化加工原则是指用较低精度的机床和工具，通过工艺措施制造出第二代高精度工作母机(机床)，然后用第二代工作母机加工出高精度零件。

间接式进化加工原则对于中批和大批大量零件的生产是比较合适的，只要能够研制出

第二代工作母机(机床),就能保证产品的高精度。

在精密和超精密加工中由于精度高,零件的高精度和工作母机(机床)的相对低精度之间的矛盾非常突出,因此"进化"加工原则对精密和超精密加工有着非常重要意义。

实际上,"进化"加工原则对普通加工也是很重要的加工原则。例如,精密研磨、精密珩磨、超级光磨等不少加工方法本身就反映了"进化"加工原则,它们都是在较低精度的设备上,通过适当的工艺措施,加工出了高精度、低表面粗糙度的零件。

2. 微量加工理论

精密和超精密加工的关键是能够在被加工零件的表面上进行微量加工,其加工量的大小标志着精密和超精密加工的水平。目前用于微量加工的方法分为精密和超精密切削与精密特种加工两类。

精密和超精密切削主要以金刚石刀具精密和超精密车削及金刚石微粉砂轮精密和超精密磨削为代表,主要是微量切削,又称极薄切削。如果切屑的尺寸在一个纳米(1nm)左右,则其微量切削水平可达纳米级;如果切屑的尺寸在一个分子、一个原子左右,则其微量切削水平可达分子级、原子级。要达到纳米级甚至分子级、原子级微量切削水平,需要超精密车床和锋利的金刚石刀具(或超精密磨床和金刚石微粉砂轮)。其中,金刚石刀具刃口半径值和金刚石微粉砂轮的金刚石颗粒大小非常重要,对于纳米级切削,刃口半径应小于等于2nm,而金刚石微粉砂轮的金刚石颗粒大小应小于等于0.5～2μm,并应有高精度的在线砂轮修整装置。

微量切削与普通切削在加工机理上有很大差别,具体表现在:

(1) 微量切削的切削力非常大

由于微量切削的切削深度小于晶粒的大小,切削就在晶粒内进行,切削不是在晶粒之间的破坏,切削力一定要超过晶粒内部非常大的原子、分子结合力,才能从零件上切下切屑。因此刀刃上所承受的切应力非常大。如加工低碳钢,刀刃上的切应力值接近材料的抗剪强度极限,当切削厚度在1μm以下时,被切材料的切应力可达13 000MPa(20号钢的抗拉强度为410MPa)。

(2) 材料的破坏方式不同

微量加工的加工单位就是从零件上去除材料的尺寸,去除材料的尺寸不同,被加工材料的破坏方式就不同,具体表现为以下几种情况:

① 去除材料的尺寸在几Å时,破坏方式是把分子、原子一个一个地去除。

② 去除材料的尺寸在1nm左右时,破坏方式为晶格。

③ 去除材料的尺寸在0.1μm左右时,破坏方式为位错。

而普通加工的破坏方式为晶粒间破坏。

3.5.3 影响精密和超精密加工的因素

精密和超精密加工的加工精度是由工艺系统即机床、工具、零件和它们之间的相互作用所产生的加工现象等因素决定,归纳起来,可以通过优化以下几方面的影响因素,来提高精密和超精密加工的加工精度。这些影响因素主要有加工机理、被加工零件材料、零件的形状尺寸和加工精度、加工设备及其基础元部件、加工工具、检测与误差补偿、工作环境、加工工艺、夹具设计、人的技艺等，而且这些影响因素不是孤立地起作用，而是互相影响、互相制约。

1. 加工机理

加工机理是加工方法的本质，是加工方法成败、发展的关键。加工机理的研究是精密和超精密加工的理论基础和新技术产生的源泉。

近年来，出现了许多新工艺新加工方法，例如金刚石刀具超精密切削、金刚石微粉砂轮超精密磨削、特种加工(如电子束加工、离子束加工、激光束加工、微波加工、超声加工、电火花加工、电化学加工等)以及复合加工(如电解研磨、超声珩磨等)为精密和超精密加工开辟了广阔的前景。这些加工方法在加工机理上都有所创新。应该说，新加工机理的出现，作为一种技术突破的标志，往往成为新技术的生长点。

利用精度低于零件精度要求的机床设备，借助工艺手段、特殊工具、计算机技术、检测与误差补偿技术等，直接或间接加工出所需零件，这种进化加工原则将会对精密和超精密加工产生全面和长远的影响。

2. 被加工零件材料

不是所有材料都能用于精密和超精密加工，用于精密和超精密加工的材料，在化学成分、物理力学性能、加工工艺性能上均有严格要求，具体如下：

精密和超精密加工材料的材质应该质地均匀，成分准确，性能稳定、一致，无外部和内部微观缺陷。因此，应严格控制冶炼、铸造、轧辗、热处理等工艺过程。

精密和超精密加工材料的化学成分应一致，误差应达 $10^{-2} \sim 10^{-3}$ 数量级，而且还应控制其杂质含量或不含杂质。

精密和超精密加工材料的物理力学性能也应一致，如抗拉强度、硬度、伸长率、弹性模量、热导率、膨胀系数等，误差应达 $10^{-5} \sim 10^{-6}$ 数量级。

此外，不同的零件材料应选用不同的精密和超精密加工方法，才能经济、高效地加工出所需的零件。

3. 零件的形状尺寸和加工精度

零件的形状尺寸和加工精度对精密和超精密加工有着非常大的影响，零件形状越复杂，加工精度越高，则加工难度越大，应针对零件的形状、尺寸和精度选用合适的精密和超精密加工方法。

4. 加工设备及其基础元部件

(1) 精密和超精密加工用的加工设备应有以下一些要求：

① 高精度(包括静态精度和动态精度)。精密和超精密加工用的加工设备要有很高的精度，以适应精密和超精密加工的要求。加工设备的精度指标主要有几何精度、运动精度(定位精度、重复定位精度)和分辨力等，如主轴回转精度、导轨运动精度、分度精度等。

② 高刚度(包括静态刚度和动态刚度)。精密和超精密加工用的加工设备除其零部件本身的刚度外，还应注意接触刚度以及由零件、机床、刀具、夹具所组成的工艺系统刚度。

③ 高稳定性。精密和超精密加工用的加工设备应在规定的生产条件下，能长时间保持精度。具体表现是设备应具有良好的耐磨性、抗振性、热稳定性。

④ 高自动化。精密和超精密加工用的加工设备大多配有精密数控系统以实现自动控制，从而减少人为因素影响，保证加工质量。

(2) 精密和超精密加工用的加工设备上使用的基础元部件也应有与加工设备相匹配的精度。性能优良的基础元部件是优良加工设备的基础，因此只有不断开发和研究性能更加优良的基础元部件，才可以不断提高精密和超精密加工设备的水平。另外，系列化的优良基础元部件还可以快速响应市场需求，缩短精密和超精密加工设备的开发周期。

5. 加工工具

加工工具不仅指刀具和磨具等加工工具本身，还包括刀具和磨具的刃磨合修整装置。

对于超精密切削，需要解决三方面的问题：一是超硬刀具材料的选择，目前超硬刀具材料主要有金刚石、立方氮化硼和陶瓷等；二是超硬刀具刃口圆弧半径的刃磨，刃磨应在专门的研磨机上进行，还要有高超的技艺；三是切削时精确方便地对刀，这会直接影响加工精度、表面粗糙度和加工效率。

对于超精密磨削，需要解决两方面的问题，一是组成磨具(砂轮)的磨粒材料、磨粒粒度和黏结剂的选择及成型工艺，当前主要的磨具是金刚石、立方氮化硼等微粉砂轮，金刚石微粉砂轮多采用粒度为 W20～W0.5 的金刚石微粉，采用树脂、铜、纤维铸铁等黏结剂，以铜为黏结剂居多。二是磨具(砂轮)的修整，修整又分为整型和修锐两个阶段，前者是修出几何形状，后者是修出锋利刃口，实际上是突出金刚石(或立方氮化硼)颗粒。常用的修整方法有电解法、电火花法、磨削法和软弹性法等，由于微粉砂轮易堵塞，在加工时应在线修整，否则难以保证加工精度。

6. 检测与误差补偿

精密和超精密加工必须具备相应的检测技术和手段，不仅要检测零件的精度和表面粗糙度，而且要检测加工设备及基础元部件的精度。

检测包括精密检测和自动化检测两个方面，精密检测重点是检测的高精度，自动化检测包括非接触在线测量和误差补偿。误差补偿分为静态误差补偿和动态误差补偿两类，静态误差补偿是事先测出误差值，按需要的误差补偿值设计制造出补偿装置，用硬件(如校正尺等)或计算机软件建模，在加工时进行误差补偿。动态误差补偿是在在线检测的基础上通过计算机建模和反馈控制系统进行实时补偿，因此，需要建立一个闭环自适应误差补偿系统。

误差预防、误差补偿、误差预报是精密和超精密加工中提高加工精度的重要举措。误差预防是通过提高工艺系统精度、保证工作环境的条件等来减少误差的影响，具有治本性；误差补偿是通过修正来抵消或消除误差，具有治标性；而误差预报是根据误差出现的发展趋势，得出预测值，进行相应的补救措施，并可真正做到无滞后的实时补偿，具有主动性。

7. 工作环境

精密和超精密加工的工作环境对加工精度的影响很大，工作环境包括温度、湿度、净化和防振等方面的要求。

① 精密和超精密加工要求在恒温下进行。恒温误差的大小影响精密和超精密加工的加工精度，通常环境温度可根据加工要求控制在20±(1～0.02)℃之间，最高可达20±0.0005℃。

② 精密和超精密加工还要求在恒湿下进行。在恒温室内，一般湿度保持在55%～60%，以防止机器的锈蚀、石材吸水膨胀以及检测仪器如激光干涉仪的零点漂移等。

③ 精密和超精密加工还要求在净化室内进行。在超精密加工时，空气中的尘埃可能会划伤被加工表面，有时尘埃的大小可能比磨料的颗粒还要大，从而会破坏加工表面，使磨料加工不能达到预期效果，因此要进行空气的除尘、净化处理。

④ 精密和超精密加工还要求很高的防振措施。在精密和超精密加工时，振动对加工质量的影响比较大，其振源来自两个方面：一是机床等加工设备产生的振动，如由于回转零件的不平衡、零件刚度不足等都会产生振动；二是来自加工设备外部，由地基传入的振动，如邻近机床工作时产生的振动。因此，需要将加工设备安放在带防振沟和隔振器的防振地基上，同时可使用空气弹簧(垫)来隔离低频振动，灵活方便，效果良好。

此外，精密和超精密加工有时还需要一些特殊工作环境，如防磁、防静电、防电子辐射、防声波、防X射线、防原子辐射等，可根据需求进行整体环境或局部环境的处理。

8. 加工工艺

精密和超精密加工中，加工精度、生产率、成本往往受加工工艺影响非常大，加工工艺除应该遵循一般加工的原则和规律外，还应考虑以下问题：

① 进行精密和超精密加工的零件，必须严格按照粗、半精、精加工的顺序加工。原材料的材质、化学成分、物理力学性能应严格控制，各工序加工质量应严格保证精度，零件在搬运存储中不得碰伤、工作环境应清洁整齐、有条不紊。

② 选择合理的定位基准，并保证定位基准加工精度。

③ 要注意零件的夹紧变形和加工中变形，最好能做到无变形装夹。

④ 热处理工序的安排应合理。

9. 夹具设计

夹具是构成机械加工工艺系统的重要组成部分，其设计是否合理、制造质量是否能保证对零件的加工影响很大。

在精密和超精密加工中，可选用精密通用夹具，如转台、卡盘等，但多数情况下要设计精密专用夹具，并往往成为零件加工成败的关键。在设计制造夹具时应注意以下几点：

① 要按精密夹具设计的要求进行设计、制造，夹具的定位元件应有高精度和高耐磨性，夹具与机床的装夹部分也应有高的定位精度，整个夹具应有高刚度和精度保持性。

② 要注意零件的夹紧变形，即夹紧力应足够，但不得使零件产生变形，特别是对于那些刚度比较差的零件，可采用一些特殊夹紧方法或夹紧装置结构。

③ 夹具上的定位基准面要“就地加工”，即在夹具每次装夹在机床上后，利用机床进行“就地加工”，以保零件的高精度装夹。因此，在夹具要加工的表面应留出足够多次加工的余量。

10. 人的技艺

人的技艺指技术人员和操作工人操作精密和超精密加工设备的技术水平，包括知识面、经验和操作熟练程度等方面。目前，精密和超精密加工的加工精度由加工设备的精度、检测仪器的精度、人的技艺三者决定，人的技艺往往是影响精密和超精密加工质量和效率的重要因素。

第4章

光学零件加工工艺

光学零件加工工艺是针对光学材料的特点进行加工的工艺方法，它是在符合一般的加工工艺原则基础上，结合光学材料及光学零件的特点，衍生出的一种独立的加工工艺学。

4.1 光学零件的冷加工基本工艺

光学零件的冷加工基本工艺是指透镜、平面镜、反射镜、棱镜及分划板等典型光学零件，在加工过程中都需要经过的冷加工工艺。其基本工艺流程如下：

下料（切割）→粗磨（包括磨圆、磨曲率和倒角）→研磨（包括粗研、半精研和精研）→抛光（包括抛光和高速抛光）→定心磨边→清洗→镀膜（包括增反膜、增透膜、分光膜、保护膜等）→检验→涂保护膜→包装。

4.1.1 光学零件的技术要求及工艺特点

1. 光学零件的技术要求

光学零件的技术要求是保证光学零件加工精度及光学系统成像质量的依据，主要包括对光学材料质量的要求和对光学零件加工精度的要求。

（1）对光学材料质量的要求

制造光学零件的光学材料的质量对光学零件及光学系统的成像质量有很大影响。而构成光学系统的各种光学零件在光学系统中的作用不同，对光学材料的质量要求也有很大差异，应合理地选择适当质量指标的光学材料。通常，根据光学零件的加工精度和用途不同，选择相应质量指标的光学材料。表4.1.1列出了与不同加工精度和用途要求的光学零件相对应的光学玻璃质量的参考数据。

（2）对光学零件加工精度的要求

光学零件加工精度中最主要的指标是面形精度（包括平面度、球面度和曲面度）、角度精度和表面粗糙度。

表 4.1.1 光学玻璃质量选择参考数据

技术指标	物镜精度等级			目镜		分划板	棱镜
	高等级	中等级	一般等级	$2\omega>50°$	$2\omega<50°$		
Δn_d 和 $\Delta\nu_d$	1B	2C	3D	3C	3D		
均匀性	2	3	4	4	4	4	3
双折射	3	3	3	3	3	3	3
吸收系数	4	4	5	3	4	4	3
条纹度	1C	1C	1C	1B	1C	1C	1A
气泡度	3C	3C	4C	2B	3C	1C	3C

① 面形精度

与其他零件相同，经过加工的光学零件的表面形状（即面形）总是存在误差，通常用一定精度（一般要比被检光学零件精度要求高3～5倍）的光学样板来检验光学零件的面形误差。光学零件与光学样板之间的误差通常用二者表面之间空气隙产生的光圈数（干涉条纹数）N 和局部光圈数 ΔN 表示，其中光圈数 N 表示整个表面形状误差，光圈不规则程度 ΔN 表示光学零件表面局部误差。N 和 ΔN 的精度等级如表 4.1.2 所示。

表 4.1.2 N 和 ΔN 的精度等级

高精度	中等精度	一般精度	高精度	中等精度	一般精度
$N=0.1\sim2.0$	$N=2.0\sim6.0$	$N=6.0\sim15.0$	$\Delta N=0.05\sim0.5$	$\Delta N=0.5\sim2.0$	$\Delta N=2.0\sim5.0$

② 角度精度

a. 平面平行玻璃板的角度精度用平行差（两平行平面之间的楔形角 θ）表示。具有平行差的平面平行玻璃板会使通过它的光束产生光轴偏差和色差。

b. 光楔角度精度用光楔角度误差 θ 表示。

c. 反射棱镜角度精度用光学平行差表示。反射棱镜的光学平行差是指光线从反射棱镜的入射面垂直入射，光线在出射前对出射面法线的偏差。

d. 屋脊棱镜角度精度用双像差表示。屋脊棱镜的双像差是指当平行光束射入屋脊棱镜时，由于屋脊角（90°）的误差，光束经过两个屋脊反射面，成为相互间夹一定角度的两出射光束，因此在成像面上形成双像。这种由屋脊角误差引起的双相夹角值称为屋脊棱镜的双像差。

③ 表面粗糙度

光学零件的表面粗糙度主要用 R_a、R_z、R_y 三个指标表示。

除以上指标外，光学零件加工精度还包括尺寸精度、中心偏差、气泡度、表面疵病等精度指标。

2. 光学零件工艺特点

光学零件精度一般都比较高，光学材料一般都硬而脆（光学塑料除外），与机械零件加工方法相比，光学零件加工工艺有如下特点：

① 加工时对零件的装夹多采用黏结或真空吸附等方法，以免产生应力变形和划伤表面。

② 加工方法多以磨削、研磨合抛光等为主,难以进行车削和铣削等冷加工工艺。

③ 加工过程中对生产环境要求较高,如灰尘、温度、湿度、振动、通风等会严重影响高精度光学零件的表面质量。

④ 加工过程中采用的辅助材料较多,如各种磨料、模具材料、黏结材料、清洗材料、擦拭材料及保护材料等。

⑤ 加工过程中采用的装夹模具较多,如各种各样的研磨、抛光用平模、球模及夹模。

4.1.2 光学辅料

1. 磨料

(1) 磨料的种类

磨料按其来源分为天然磨料和人造磨料。天然磨料有金刚石(C)、刚玉(Al_2O_3)、石榴石(如钇铝石榴石($Y_3Al_5O_{12}$))等。人造磨料有人造金刚石(C)、人造刚玉(Al_2O_3)、碳化硅(SiC)、碳化硼(B_4C)、氮化硼(BN)、石英砂(SiO_2)等。

(2) 磨料的分级

磨料通常按照其颗粒大小分成许多级,以便加工时按合理、经济的工艺原则选择使用。

较粗磨料的分级用过筛法分选,即用一定大小的正方形网眼筛子对磨料过筛,筛出来的颗粒尺寸近似于网眼尺寸。根据单位平方厘米上网眼的数目,定义磨料的粒度,称为目,记为($^{\#}$)。用过筛法分级的颗粒尺寸一般到 40μm。这些磨料粒度按颗粒大小分为 17 个号,记作 $12^{\#}$、$14^{\#}$、$16^{\#}$、$20^{\#}$、$24^{\#}$、$30^{\#}$、$36^{\#}$、$46^{\#}$、$60^{\#}$、$70^{\#}$、$80^{\#}$、$100^{\#}$、$120^{\#}$、$150^{\#}$、$180^{\#}$、$240^{\#}$、$280^{\#}$。

较小颗粒的分级用沉降法分选,它是根据不同大小的磨料颗粒,在水中沉降速度不同的原理进行的。分级的颗粒尺寸一般从 40μm 到 0.5μm 以下。这些磨料粒度按颗粒大小分为 12 个号,记作 W40、W28、W20、W14、W10、W7、W5、W3.5、W2.5、W1.5、W1.0、W0.5,数字表示磨料粒度的微米平均值。

2. 抛光粉

常用抛光粉主要有红粉(Fe_2O_3)、氧化铈(CeO_2)、氧化锆(ZrO_2),此外还有氧化铬(Cr_2O_3)、氧化钛(TiO_2)、二氧化锡(SnO_2)、四氧化三铁(Fe_3O_4)、氧化铝(Al_2O_3)、氧化镁(MgO)、氧化锌(ZnO)等,它们可以单独使用,也可以混合使用。有时还添加其他添加剂,以提高抛光效率或改善抛光表面质量,如在红粉中添加硝酸锌($Zn(NO_3)_2$)、硫酸锌($ZnSO_4$)、氯化镍($NiCl_3$)、氯化铁($FeCl_3$)等可提高抛光效率;在红粉中添加氯化铝($AlCl_3$)、硝酸铅($Pb(NO_3)_2$)等可改善抛光表面质量;在氧化铈中添加硝酸铈铵($(NH_4)_2Ce(NO_3)_6$)、硫酸锌($ZnSO_4$)等既可提高抛光效率又可改善抛光表面质量;在氧化锆中添加四氯化锆($ZrCl_4$)、二氯氧化锆($ZrOCl_2$)等可提高抛光效率。

3. 抛光胶材料

抛光模是由抛光胶和抛光模基体两部分组成。其中抛光胶直接与光学零件接触,在抛光过程中，抛光胶除了承载抛光粉颗粒外，还参与抛光过程中的许多物理化学作用。抛光胶材料包括三类：基本材料、填料和辅助材料。

基本材料是抛光胶的主体，包括天然树脂和人造树脂。天然树脂有天然橡胶、沥青和古马隆等；人造树脂有环氧树脂、聚氨酯、尼龙、丙烯酸树脂、聚四氟乙烯、丁苯橡胶、丁睛橡胶等。

填料的作用是增强抛光胶的强度、硬度、耐磨性、耐热性，降低固化收缩率和膨胀系数。这类材料应呈中性，在抛光时不参与化学反应。常用填料有石膏粉、碳酸钙、玛瑙粉、氧化铈、碳黑、氧化锌、金刚砂、碳化硅、白垩(读 e)粉等。

辅助材料的作用是改善抛光胶的黏性、韧性、弹性及表面微孔结构。这类材料包括黏结剂、增韧剂、固化剂、发泡剂、防老化剂、热稳定剂等。常用辅助材料有乙二胺、聚氨酯、邻苯二甲酸二丁酯、亚磷酸三苯酯、发泡灵等。

通常，光学零件在抛光时，需要在抛光模与光学零件表面加入抛光粉。还有一种抛光方式是将抛光粉固着在树脂结合剂中，制成小片装在抛光模基体上。抛光时不用添加抛光粉，只需添加清水或含有某些添加剂的液体即可。这种方法称为固着磨料抛光。

4. 黏结材料

黏结材料又称为黏结胶，其主要成分包括松香、蜂蜡、石蜡(又称为白蜡)、沥青、石膏、水泥、漆片等，有时需要添加一定数量的填充剂，如滑石粉、石膏粉、碳酸钙粉等，以提高黏结胶强度。

5. 冷却液

在光学零件冷加工时常常需要冷却液(或称为切削液)，主要对光学零件起冷却、清洗、润滑、防锈作用，有时还起化学作用。常用冷却液有水溶液、乳化液、矿物油等。

6. 清洗和擦拭材料

清洗材料主要有酸性溶液(如 HCl、HNO_3、H_2SO_4、王水、醋酸溶液等)、碱性溶液(如 NaOH、KOH、Na_2CO_3、Na_2SiO_3、Na_3PO_4 等)和有机溶剂(如乙醇、乙醚、丙醇、石油醚、煤油、汽油、丙酮、甲苯、四氯化碳、二硫化碳、松节油等)三类，要求对被清洗物应有良好的溶解能力，但对光学零件的腐蚀性要小，无毒。

擦拭材料包括擦布、棉花和擦拭纸。擦布要求柔软洁净，经过良好脱脂；棉花要求洁净和脱脂；擦拭纸是纤维松软、吸水力强、落毛少的棉纸，质量与脱脂棉相近。

此外，辅助材料还有保护材料(包括光学润滑脂、可剥性涂料)、防雾剂、防霉剂、防腐蚀剂等。

4.1.3 模具及光学零件的上盘

1. 模具

模具是指用于黏结和研磨(或抛光)光学零件的工具。模具通常有以下两种分类方法。

(1) 按用途分类

模具按照用途可分为黏结模、贴置模及研磨模(或抛光模)。

黏结模主要用于安装待加工光学零件,由于光学零件经常采用黏结的方法装夹,故称为黏结模或胶模。黏结模常用铝合金或铸铁制造。

贴置模是光学零件黏结的辅助工具,通常是先将光学零件挂胶,然后以光学零件待加工表面为基准,在贴置模上摆放整齐,最后将黏结模压在光学零件挂胶面上,并取下贴置模,完成光学零件的安装(称为上盘)。贴置模常用黄铜制造。

研磨模是用于研磨(包括粗研和精研)光学零件的工具。制造研磨模的材料大多用铸铁,也可以用黄铜制造(如最后一道砂的精细研磨模),半径较小的球面研磨模($R<10$mm)可用 20 号钢制造。

抛光模是用于抛光光学零件的工具,它由抛光胶和抛光模基体两部分组成,如图 4.1.1 所示。制造抛光模基体的材料与研磨模相同,对于直径较大的抛光模,当抛光模在镜盘上面工作时,为了减轻抛光模自身的重量,常采用铝合金制造。抛光胶材料已在上一节介绍了。

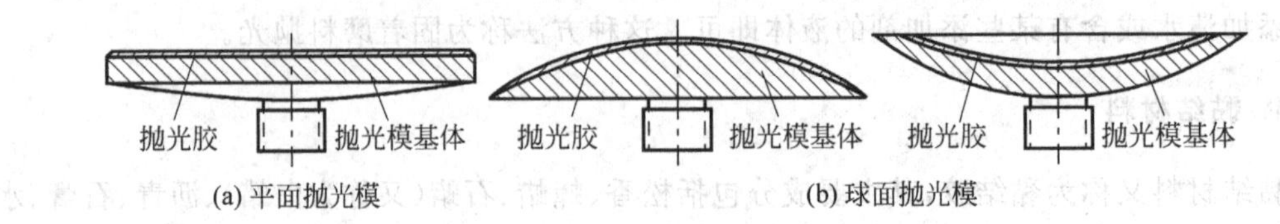

图 4.1.1　抛光模

(2) 按所加工光学零件的形状分类

按照所加工光学零件的形状,可将模具分为平模、球模和夹模三种。

① 平模

用于黏结和研磨(或抛光)平面零件用的工具称平模。

平模的结构比较简单,如图 4.1.2 所示。平模在设计时主要考虑的是保证平模有足够的强度,避免在使用过程中引起表面严重变形,影响研磨模(或抛光模)表面和镜盘表面的平面性。

② 球模(又称球盘)

用于黏结和研磨(或抛光)球面光学零件用的工具称球模,球模的结构如图 4.1.3 所示。

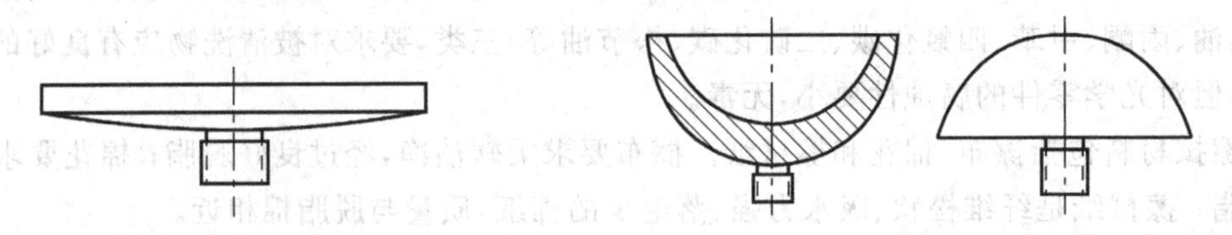

图 4.1.2　平模的结构　　图 4.1.3　球模的结构

③ 夹模

研磨或抛光过程中用于装置棱镜的角度黏结模称夹模。

形状不是很复杂的棱镜,在研磨(包括粗研和精研)或抛光光学零件过程中可以装在夹模内成盘加工。夹模的结构如图 4.1.4 所示。

用于研磨(包括粗研和精研)和抛光棱镜的研磨模和抛光模与平面研磨模和抛光模相同。

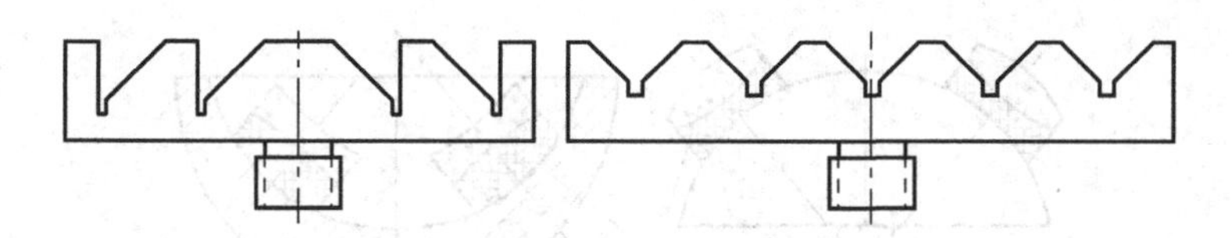

图 4.1.4 夹模的结构

2. 光学零件的上盘

光学零件按照一定的排列方式黏结在黏结模上，即组成通称的镜盘，以便于成盘加工。把光学零件黏结在黏结模上的过程称为上盘或胶盘。光学零件的上盘主要用于精磨合抛光工艺，上盘方法主要有以下几种：

(1) 弹性法上盘

弹性法上盘是用较厚的火漆将待加工光学零件黏结在黏结模上形成镜盘的方法，又可分为火漆团弹性上盘、火漆条弹性上盘和火漆点弹性上盘三种方式。

① 火漆团弹性上盘

火漆团弹性上盘是用一定厚度的火漆团将待加工光学零件黏结在黏结模上形成镜盘的方法。它适用于球面光学零件的上盘。其工艺过程如图 4.1.5 所示。

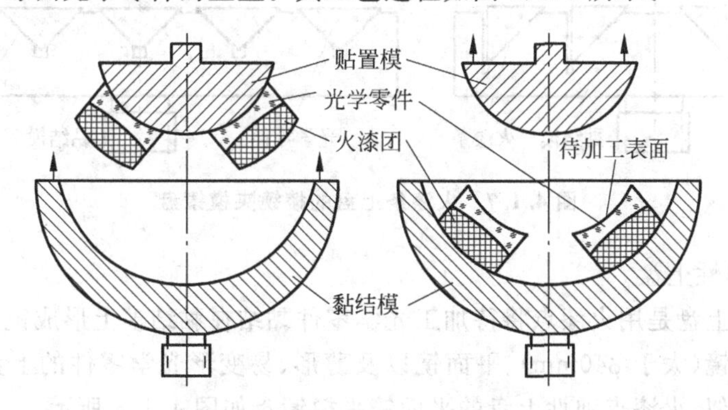

图 4.1.5 火漆团弹性法上盘过程

a. 将待加工光学零件预热并黏结火漆团。

b. 用汽油或乙醇等擦净光学零件待加工表面，擦净贴置模并涂上一层薄薄的机油或凡士林，并将黏有火漆团的光学零件，以光学零件待加工表面为基准面，均匀地贴在贴置模上。

c. 将黏结模加热到能熔化火漆的温度，压到贴好待加工光学零件的火漆团上，让其自然冷却。

d. 火漆硬化后，取下贴置模，成为如图 4.1.6 所示的球模镜盘，即完成上盘工作。

② 火漆条弹性上盘

火漆条弹性上盘是用火漆条将待加工光学零件黏结在黏结模上形成镜盘的方法。它适用于平面镜、棱镜和楔形镜等圆形和方形光学零件的上盘。其工艺过程如下：

a. 将待加工光学零件预热，然后将火漆条黏结部位加热熔化，并立刻贴在光学零件黏结表面上，让其自然冷却。

b. 首先在贴置平模上画线，以保证上盘光学零件位置准确。用汽油或乙醇等擦净光学

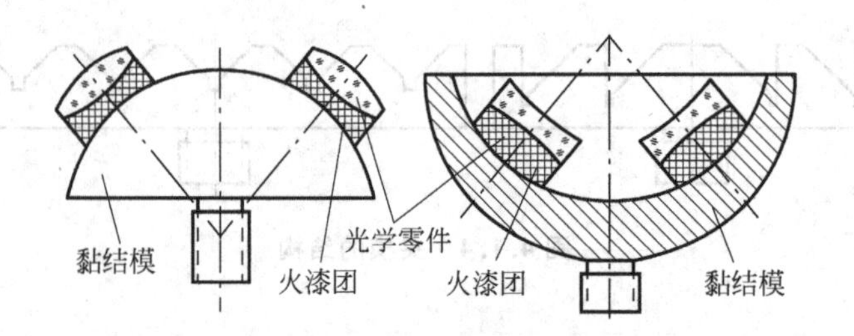

图 4.1.6 火漆团弹性法上盘的球模镜盘

零件待加工表面，擦净贴置模并涂上一层薄薄的黄油或凡士林。然后将黏有火漆条的光学零件，以光学零件待加工表面为基准面，均匀、对称地贴在贴置平模上，并在贴置平模边缘均匀、对称地放置 3～4 块厚度为 1～2.5mm 的木垫条，以保证待加工表面高出黏结模 1～2.5mm。

c. 将黏结模加热到能熔化火漆的温度，准确地压到贴好的待加工光学零件的火漆条上，让其自然冷却。

d. 火漆硬化后，平行地取下贴置模，即成为火漆条弹性上盘的夹模镜盘。如图 4.1.7 所示为棱镜夹模镜盘示意图。

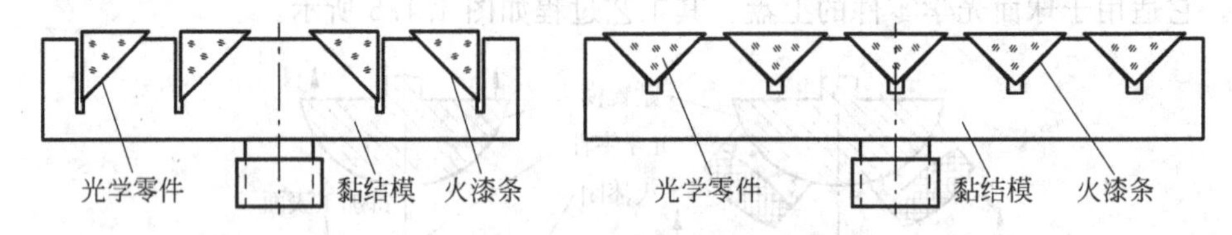

图 4.1.7 火漆条上盘的棱镜夹模镜盘

③ 火漆点弹性上盘

火漆点弹性上盘是用火漆点将待加工光学零件黏结在黏结模上形成镜盘的方法。它适用于尺寸较大透镜(大于 ϕ40mm)、平面镜以及薄形、易变形光学零件的上盘。其工艺过程与火漆条上盘类似，火漆点弹性上盘的平面镜平模镜盘如图 4.1.8 所示。

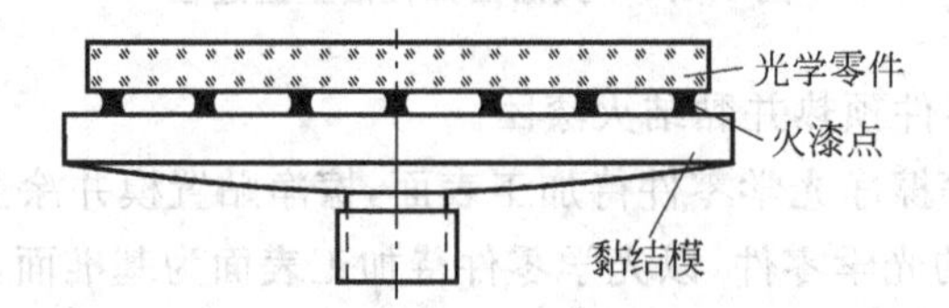

图 4.1.8 火漆点上盘的平面镜平模镜盘

(2) 刚性法上盘

刚性法上盘是用比较薄的一层黏结胶(胶层厚度要比弹性法薄得多，通常是在上盘前将黏结胶做成黏结纸或黏结布，厚度只有 0.03～0.3mm)，将待加工光学零件黏结在黏结模上的方法。刚性法上盘与弹性法上盘相比，光学零件的排列方式相似，如图 4.1.9 所示，二者的主要区别有以下几点：

① 刚性法上盘通常不是在精磨前上盘，而是在粗磨前上盘，成盘粗磨后，不下盘再进行精磨、抛光。

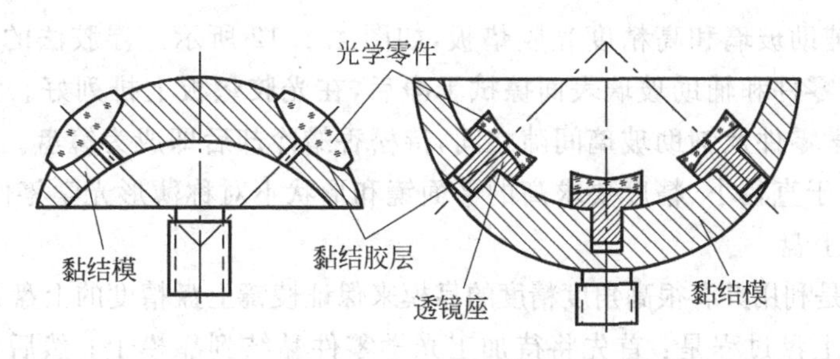

图 4.1.9 刚性法上盘的球模镜盘

② 刚性法上盘的特点是黏结面为待加工光学零件的基准面，黏结胶层厚度薄、不易变形、黏结强度高，因此能承受较高的加工速度和压力，加工效率高。

③ 刚性法上盘的黏结模上制有高精度的透镜座，因此黏结模的专用性强、加工成本高，适合大批量生产。

刚性法上盘的工艺过程是：将黏结模加热到能熔化黏结胶的温度，并将黏结胶布或纸贴在透镜座上，然后将预热的待加工光学零件放入透镜座内，压紧。

刚性法上盘不仅适合于球面光学零件上盘，也适合于平面光学零件的上盘，不同的是黏结平模上不用加工专门的镜座，光学零件可以黏结在同一平面上而成镜盘。

(3) 石膏上盘

石膏上盘是利用熟石膏($CaSO_4$)加水后能够很快凝固的特点，将待加工光学零件固定成镜盘的上盘方法，如图 4.1.10 所示。它适合于形状复杂的棱镜、厚度较大的平面镜等光学零件的上盘。

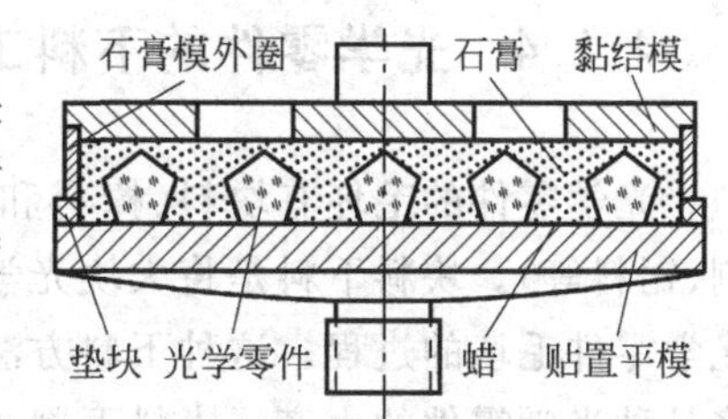

图 4.1.10 石膏法上盘的平模镜盘

(4) 光胶上盘

光胶法(又称为光学接触法)上盘是利用两个光学玻璃抛光面紧密贴合在一起后，玻璃分子间的引力将两块玻璃胶合在一起的方法，如图 4.1.11 所示。光胶法上盘要求光胶面具有较好的平度和光洁度并要去除各种灰尘。利用光胶法可以得到很高的平行度或很小的角度误差。光胶法适用于高精度光学玻璃平板、楔形镜和棱镜的上盘，主要用于抛光工艺。光胶法上盘的特点是光学零件的变形小、加工精度高、整盘光学零件的一致性好。缺点是对光学工具(如光胶垫板、光胶夹具等)要求高。

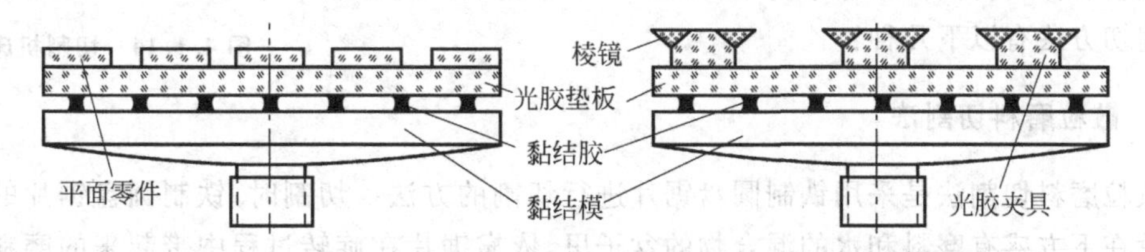

图 4.1.11 光胶法玻璃平板和棱镜上盘的镜盘

(5) 浮胶法上盘

浮胶法上盘是将平行于待加工面的夹紧力改为垂直于待加工表面的侧面夹紧力，从而减少了被加工面的变形，还可以减小光学零件下盘后光圈的变形和平行差。其缺点是黏结强度较差,需要辅助玻璃和高精度光胶垫板,如图 4.1.12 所示。浮胶法的上盘过程是:首先将待加工光学零件和辅助玻璃表面擦拭干净后,在光胶垫板上排列好。其次将松香蜡加热熔化,倒入光学零件及辅助玻璃间隙之间,待松香蜡冷却后即成为镜盘。

浮胶法适合于直径小、精度要求高的平面镜和形状不对称薄形光学零件的上盘。

(6) 靠模法上盘

靠模法上盘是利用具有很高角度精度的靠模来保证棱镜上盘精度的上盘方法,如图 4.1.13 所示。靠模法的上盘过程是:首先将待加工光学零件黏结到靠模上;然后再将靠模固定在平模上,成为镜盘。对于玻璃制作的靠模需要用黏结的方法固定;对于金属靠模,或者采用螺钉固定,或者采用电磁吸附固定。

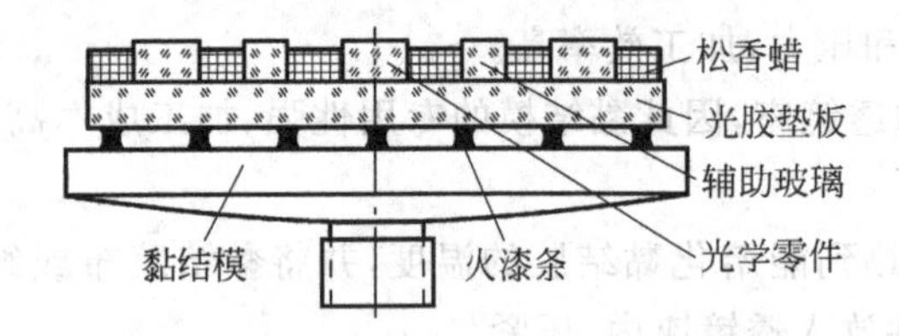

图 4.1.12 浮胶法上盘的平模镜盘

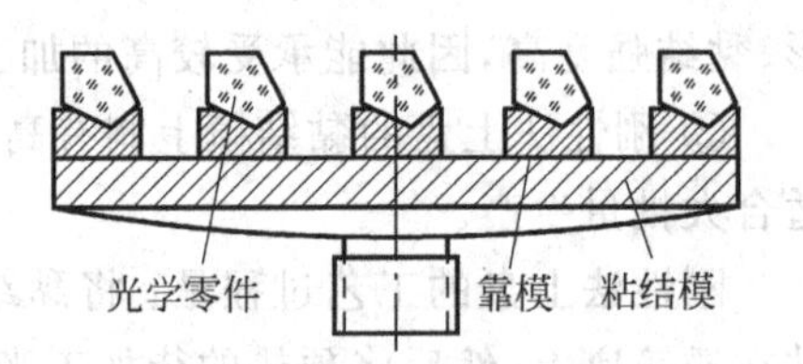

图 4.1.13 靠模法上盘的平模镜盘

4.1.4 光学零件的下料工艺

光学零件的毛坯有块料、棒料和型料三种,将毛坯切割开的操作称下料(又称开料、切割、锯料等)。块料下料是将大块光学玻璃通过切割等方法,加工成具有一定形状和大小的光学零件毛坯的过程。这种下料方法材料浪费大、工序多、生产率低,适合于小批量和单件多品种光学零件的生产;棒料下料也需要进行切割等工艺,与块料相比,材料利用率较高,工序较少,成本较低,有利于半自动化生产;型料是通过热成型(热压成型和液态成型)方法生产的具有一定形状和大小的光学零件毛坯,不需要下料就可以直接进行精磨加工,型料的成型工艺将在 4.2 节中介绍。型料毛坯可以提高加工效率,降低劳动强度和成本,提高材料的利用率和生产率,适合于大批量光学零件的生产。

块料和棒料切割机床非常简单,如图 4.1.14 所示。块料毛坯的锯切方法有以下几种:

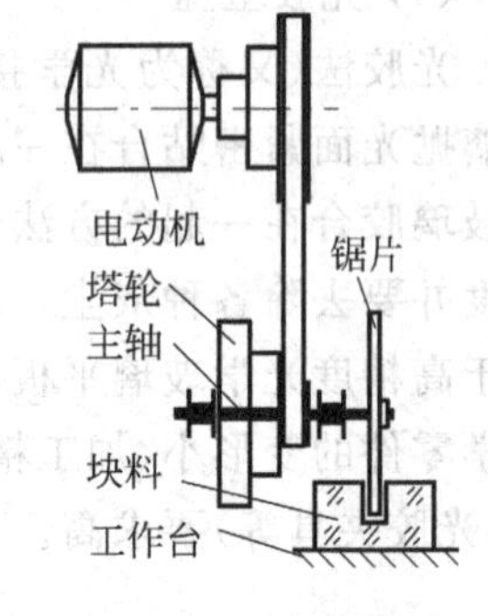

图 4.1.14 切割机床

1. 散粒磨料切割法

散粒磨料切割法是采用铁制圆盘锯片进行切割的方法。切割时,铁制圆盘锯片的一部分浸没在下方盛有磨料和水的混合物的盆子里,依靠锯片在旋转过程中带起来的磨料对光学玻璃块料进行切割。

散粒磨料切割所用磨料粒度较大,通常在 $12^{\#}\sim100^{\#}$ 之间。这种方法的特点是机床和锯片都较简单,但生产率低,适用于单件小批量生产。

2. 金刚石锯片切割法

金刚石锯片切割法是采用金刚石锯片进行切割的方法。金刚石锯片是在铁制圆盘锯片的边缘，用粉末冶金法烧结一圈青铜和金刚石磨粒（粒度在 60# ～100# 之间）的混合物。混合物的厚度要比圆盘基体略厚些，确保切割时基体不与玻璃摩擦。玻璃的送进方式可以是手动的，或用丝杆、重锤送进，较好的送进方式是采用液压送进。

金刚石锯片切割法既适用于大批量开料工作，又适合于中、小批量生产，应用最为广泛。

3. 砂轮切割法

砂轮切割法是采用砂轮进行切割的方法。由于切口大，因此较少采用。

4. 电热切割法

电热切割法是利用电阻丝通电后发热，使玻璃局部受热后炸裂的原理切割块料。这种方法使用方便，适合于大块玻璃下料。

5. 套料法

套料法下料有钻头套料和超声波套料两种方式。钻头套料用于圆形毛坯的下料，生产效率低。超声波下料可以套出任何形状的毛坯，生产效率高，毛坯质量好，但设备复杂、成本高。

4.1.5 光学零件的粗磨工艺

光学零件的粗磨工艺是指将块料或棒料经切割后具有一定形状和大小的光学零件毛坯，利用磨料或磨具加工成具有一定几何形状、尺寸精度和表面质量的半成品光学零件的加工工艺。

光学零件粗磨加工方法根据生产批量和加工条件的不同，可分为散粒磨料手工粗研磨（散粒磨料粗磨）和固着有金刚石磨粒的金刚石磨具铣磨两种。

散粒磨料粗磨是通过施加于粗研磨模（称为粗磨模）上的压力及粗磨模与光学零件之间的相对运动，借助于分布于粗磨模与光学零件之间的磨料颗粒，对光学零件表面进行加工的粗磨方法。

金刚石磨具铣磨则是使用相当于多刃铣刀（每一个突出的金刚石磨粒都相当于一个铣刀刀刃）的金刚石磨具（砂轮），以铣削的方式，对光学零件表面进行粗加工的方法。因此，金刚石磨具铣磨具有质量稳定、易于操作、生产效率高、劳动强度小、适用于自动化批量生产等特点。

1. 散粒磨料粗磨

用散粒磨料手工研磨的特点是设备简单，但生产效率较低，对生产量不大或不具备铣磨条件时适用。

散粒磨料粗磨常在粗磨机上进行，粗磨机组成如图 4.1.15 所示。通常是根据加工情况的不同，在主轴顶端装上平面粗磨模（平模）或球面粗磨模（球模）。

(1) 影响光学玻璃散粒磨料粗磨效率、表面粗糙度的因素

① 粗磨机主轴转速的影响

粗磨机主轴转速对粗磨的效率影响很大,转速越大,粗磨效率越高。

② 光学零件与粗磨模之间的压力的影响

光学零件与粗磨模之间施加的压力对粗磨的效率影响也很大,压力越大,粗磨效率越高。

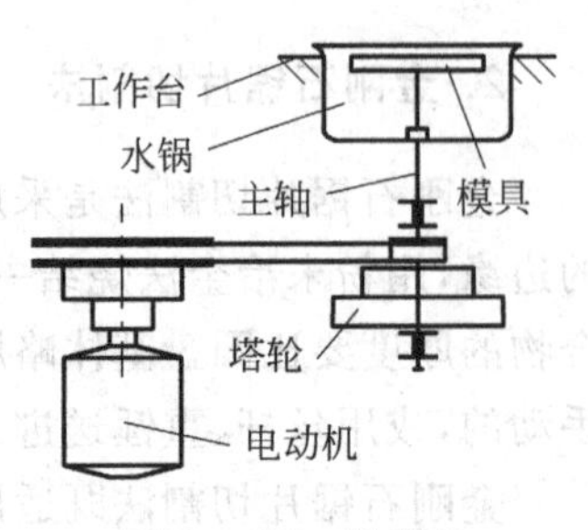

图 4.1.15　粗磨机

③ 磨料的影响

磨料对粗磨效率和表面粗糙度的影响主要包括磨料硬度、磨料粒度、磨料供给量、磨料悬浮液浓度等几方面。

磨料硬度越高、粒度越大,磨削能力越强,散粒磨料粗磨效率就越高。磨料粒度的选用非常重要,选用的标准是既要能够迅速磨去多余的玻璃量,又要得到符合表面粗糙度要求的毛面。加工余量较大时,选用较粗的磨料,加工余量较小时,选用较细的磨料。一般,散粒磨料粗磨所用的磨粒粒度在 60# ～W28 之间。粗磨时,一般选用其中 2～3 个不同粒度的磨料,先用粗粒磨料,后用细粒磨料,而且粗磨完工的最后一道磨料 W40 或 W28 不能省掉,否则细磨的加工量将会巨大,甚至造成产品的报废。

磨料的供给量及磨料悬浮液的浓度对散粒磨料粗磨效率的影响也很大。

干法散粒磨料粗磨时,加工是利用尖硬磨料的研磨作用对光学玻璃进行的。磨料的供给量越少,粗磨效率越低。随着磨料供给量的逐渐增加,粗磨效率不断提高,但达到一定量后,再增加供给量则不能进一步提高粗磨效率。因此磨料的供给量要适当,其供给量的大小取决于磨料的特性和粒度、粗磨机主轴转速及光学零件与粗磨模之间的压力,一般要通过试验来获取。

散粒磨料粗磨通常是利用磨料和水配制而成的磨料悬浮液进行的“湿法”研磨,除了尖硬磨料的研磨作用外,还有化学作用,即水与光学玻璃表层的水解反应。在研磨时,尖硬磨料对光学玻璃表面的研磨作用使其产生大量微细裂纹,水会渗入裂纹中与玻璃发生水解反应,形成体积膨胀的硅酸凝胶膜,致使玻璃表面的微细裂纹加宽加深,从而促进了玻璃碎屑的脱落。此外,悬浮液中的水还能够使磨料分布均匀,传输热量和排除废屑。磨料以悬浮液研磨作用为主,水解作用为次。

此外,粗磨模的材料也对粗磨过程有一定的影响。制作粗磨模的材料应具有较高的耐磨性和一定的韧性,而且要具有较好的加工工艺性,便于加工和修整。常用的粗磨模材料为铸铁和黄铜,有时也采用钢材。

(2) 磨外圆

用散粒磨料粗磨外圆又称为滚圆,对于圆形棒料可直接进行滚圆;对于方形棒料应先磨成正方,然后在 90°夹模上磨去四角成八方,直径较大的可再在 135°夹模中磨去八角成十六方,即可进行滚圆加工;对于薄板毛坯,滚圆前先进行以下预加工:

① 将薄板的两平面磨平到规定尺寸,用金刚石划刀划切成正方形小方块。

② 将正方形小方块加热、涂胶、黏成长条,并磨成较规则的正方形。

③ 将磨成规则正方形的长条装入 90°夹模中,成盘磨去四角成八方。同样,直径较大的可再在 135°夹模中磨去八角成十六方。为了滚圆更加方便,可以再将磨成八方或十六方的

长条加热，使胶软化，然后将相邻片状毛坯互相错开一个角度，使长条成十六方或三十二方(称为转胶)，并趁胶还没硬化前，将长条放在平板上用手或木板搓直和挤正。

最简单也是最常用的滚圆方法是利用粗磨机，在平模上进行滚圆，如图 4.1.16 所示。由于平模中间和边缘线速度的不同，滚圆时一定要经常将长条调头，并左右移动，以避免出现锥度或造成平模被很快磨变形的后果。

用散粒磨料粗磨外圆的另一种方法如图 4.1.17 所示。其工艺过程为：首先将长条形毛坯黏到直径略小的粗磨机接头上，然后用一块弯成圆筒形的、有弹性的金属薄片夹住毛坯，在毛坯旋转的同时，一边在圆筒和毛坯之间添加悬浮液，一边使圆筒上下移动，以避免零件出现锥度。

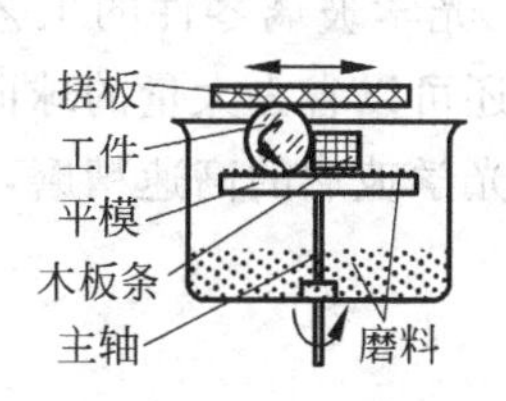

图 4.1.16　滚圆

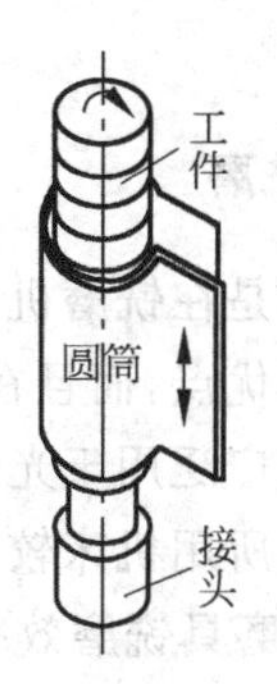

图 4.1.17　圆筒磨外圆

(3) 磨球面

用散粗磨料粗磨球面可分为单件和成盘加工两种。

① 单件粗磨

如图 4.1.18 所示，单件粗磨是将球面粗磨模(球模)安装在粗磨机主轴上，开动粗磨机并添加悬浮液，球模做逆时针方向转动，单件光学玻璃毛坯按要求斜放在球模研磨表面上，用手指按压住(较小的毛坯可以用木棒黏上按压)，在沿球模研磨表面上下移动的同时，还要用大拇指推动，使其不断围绕自身轴线转动，以防止产生较大的偏心。

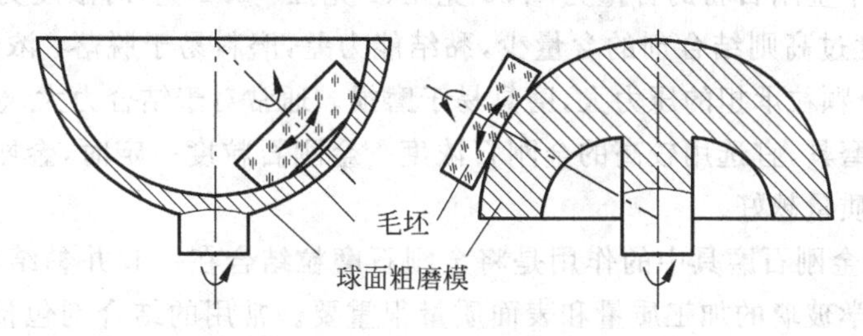

图 4.1.18　单件粗磨球面

② 成盘粗磨

成盘粗磨是将球模安装在粗磨机主轴上，开动粗磨机并添加悬浮液，然后将毛坯上盘后的镜盘放在球模研磨表面上，镜盘以摆动为主，辅以转动，以消除偏心。

(4) 磨平面

用散粗磨料粗磨平面与粗磨球面相同，可分为单件和成盘加工，适用于平面镜和棱镜的加工。

① 单件粗磨

单件粗磨平面镜和棱镜平面是将平面粗磨模(平模)安装在粗磨机主轴上,开动粗磨机并添加悬浮液,平模做逆时针方向转动,将单件平面镜或棱镜毛坯待加工平面按要求平放在平模研磨表面上,用手指按压住(较小的毛坯可以用木棒黏上按压),在平模研磨表面上以椭圆轨迹运动,以便既不影响平模的平面性,又使加工出的光学零件半成品具有较好的平度。

② 成盘粗磨

成盘粗磨是将平模安装在粗磨机主轴上,开动粗磨机并添加悬浮液,然后将毛坯上盘后的镜盘(平面镜在平面黏结模上上盘,棱镜在夹模上上盘)放在平模研磨表面上,镜盘也以椭圆轨迹运动。

2. 金刚石磨具铣磨

金刚石磨具铣磨是在铣磨机上利用金刚石磨具加工光学玻璃零件的工艺,它不仅具有生产效率高等一系列优点,而且在球面光学零件加工时还可以省去大量的球面模具。因此,金刚石磨具铣磨不仅广泛用于光学玻璃的粗磨,还用于光学玻璃的高速精磨,而且有望用于抛光工艺。其缺点是所用机床较为复杂。

(1) 影响金刚石磨具铣磨效率、表面粗糙度的因素

① 金刚石磨具的影响

金刚石磨具中金刚石的粒度、浓度和结合剂都对铣磨加工中光学玻璃的铣磨效率和表面粗糙度有影响。

a. 金刚石磨具上的金刚石粒度大,磨削效率高,磨去单位体积的光学玻璃所用时间小,但表面粗糙度较差。而且较粗金刚石磨粒的金刚石磨具铣磨可以达到较细磨粒的散粒磨料粗磨的表面质量。选用金刚石粒度的标准是在满足表面质量的基础上,尽量选用粗粒度的金刚石磨具。一般铣磨用金刚石磨具的金刚石粒度在80# ~100# 之间。

b. 金刚石浓度是指金刚石磨具上金刚石磨料的含量。金刚石浓度用百分比来表示,并规定每立方厘米中金刚石粉的含量为4.39克拉(1克拉≈0.2克)时浓度为100%。金刚石浓度要适当,浓度过高则结合剂的含量少,黏结能力差,磨料易于脱落;浓度过低则金刚石磨料颗粒少,每个颗粒承担的压力大,磨具易于磨损。通常对于结合力大、金刚石粒度大、工作面宽的金刚石磨具,宜选用较高的金刚石浓度。金刚石粒度一定时,金刚石浓度越高,光学玻璃加工表面质量越好。

c. 结合剂在金刚石磨具中的作用是将金刚石磨粒结合在一起并黏结住。正确地选用结合剂对提高光学玻璃的加工质量和表面质量很重要。常用的结合剂包括树脂结合剂、金属结合剂、陶瓷结合剂及电镀结合剂,金属结合剂又分为铜基、铁基和硬质合金基三种。其中电镀镍(Ni)结合剂的结合力最强,铣磨效率最高,但表面粗糙度最大,很少用于铣磨粗加工;青铜结合剂的结合力较强,耐磨性较好,铣磨效率较高,可承受较大的载荷,表面粗糙度较小,但磨削中易堵塞发热,不易修正,适用于铣磨粗加工(粗磨);树脂结合剂结合力最弱,铣磨效率最低,表面粗糙度最小,磨削力小,易修正,但耐磨性差,适用于铣磨精加工(精磨)。

② 磨削用量的影响

磨削用量包括金刚石磨具转速、光学玻璃零件转速、铣磨压力及铣磨深度等,它们对铣

磨效率和表面粗糙度的影响与金属磨削类似。

③ 冷却液的影响

冷却液可以带走铣磨加工过程中产生的大量热量，冲走玻璃屑，润滑切削部位，即具有冷却、清洁和润滑三种作用，其中在粗磨时以冷却作用为主。粗磨时，金刚石磨具高速旋转，玻璃的去除量很大，会产生大量热量，而玻璃的导热性又很差，如果不及时将这些热量带走，不仅会造成磨具的严重磨损，而且被加工零件的质量也难以保证，即冷却液对于降低金刚石磨具的磨耗和提高零件表面质量都起着十分重要的作用。

在铣磨加工中常用的冷却液有三类：水溶性冷却液、乳化液冷却液和油性冷却液。

a. 水溶性冷却液是一种含有表面活性剂的水溶液，它的冷却、清洁和润滑作用良好，加工出的零件表面粗糙度小。水溶性冷却液主要用于金刚石磨具高速精磨合小球面粗铣磨加工。

b. 油性冷却液是以矿物油为主要成分的冷却液，优点是润滑性好，对金刚石磨具有较好的保护作用。缺点是由于黏度大，玻璃碎屑难以沉淀，清洁作用差；由于比热和导热系数小，冷却作用差；此外，油性冷却液容易着火，油雾对皮肤有损害，对环境污染严重等。油性冷却液主要用于玻璃磨削量大、磨具容易磨损的粗铣磨加工。目前在粗铣磨中用得比较多的是煤油和10#机油的混合液。

c. 乳化液冷却液是矿物油和水在乳化剂的作用下形成的一种稳定的乳化液，其主要成分包括矿物油、水、乳化剂和防锈剂等。因此乳化液兼有水溶性冷却液和油性冷却液的优点，即冷却、清洁、润滑及防锈作用较好。主要缺点是砂轮容易堵塞，乳化液配制困难。

冷却液的喷射方式有内喷和外喷两种，内喷是指从砂轮内部喷向切削部位。由于砂轮高速旋转，外喷容易造成飞溅，因此以内喷为主。加工较小零件时，可用外喷，加工大零件时，还可以采用内外同时喷。无论是外喷还是内喷，都必须确实喷向切削部位，不能过高或过低，以致影响冲洗效果。

(2) 铣磨夹具

铣磨夹具用于安装(对待加工零件定位)和夹紧(或固定)待加工零件。光学零件的铣磨粗加工常用的装夹方法可分为弹性装夹、刚性装夹、真空吸附和磁性吸附等。

① 真空吸附

真空吸附是利用真空的吸附力将光学零件安装并固定在夹具上，如图4.1.19所示。其特点是操作方便、易于实现自动化，既可用于加工单件光学零件(在卧式铣磨机上)又可用于加工成盘光学零件(在立式铣磨机上)，非常适合薄形光学零件的装夹。其缺点是对待加工光学零件直径的要求较高，否则容易产生偏心。

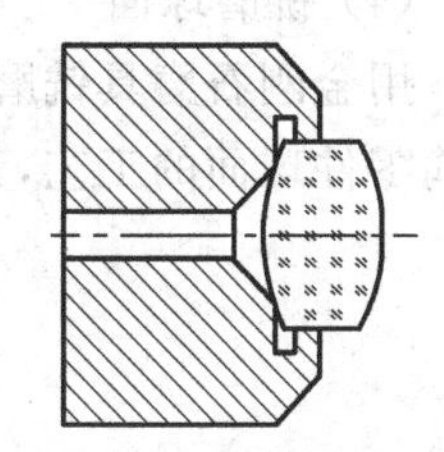

图4.1.19 真空吸附

真空吸附主要用于直径大于ϕ10mm的圆形球面光学零件和圆形平面光学零件的安装加工，直径太小时吸附不牢固。一般要求真空度要小于0.4个大气压。

② 刚性装夹

刚性装夹是用定位压板将光学零件压在平模或夹模上，适合于高度大于20mm的棱镜安装，如图4.1.20所示。这种装夹方式比黏结上盘简便、迅速。

③ 磁性吸附

磁性吸附装夹多用于立式铣磨机加工，它是将预先装夹或上盘好的成盘光学零件，借助磁性吸附方法吸附在机床工作台上。

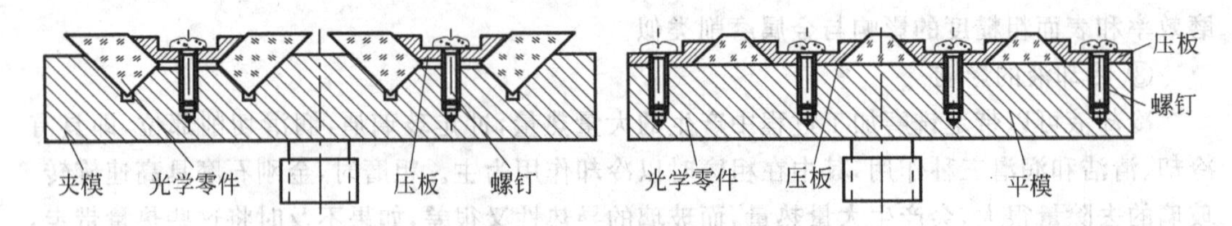

图 4.1.20　刚性装夹成盘棱镜

④ 弹性装夹

弹性装夹是利用夹具的弹性变形来达到夹紧光学零件的目的,其主要形式有弹性卡管、弹性收管和弹性拉管三种。其优点是对待加工光学零件直径的要求较低,不易产生偏心,装夹较为方便。缺点是对薄边透镜装夹时容易造成破边,操作没有真空吸附方便,不适合自动化生产。这种装夹方法主要用于单件圆形透镜的铣磨。

(3) 铣磨外圆

在铣磨机上利用金刚石磨具铣磨光学玻璃零件外圆与金属材料磨削外圆相同,主要区别在于:

① 采用磨料为金刚石的砂轮,其硬度高于磨削金属材料的碳化硅砂轮。

② 为了提高效率,加大进刀量,通常用金刚石砂轮的侧面(平面)进行主要切削工作,砂轮的外圆(圆柱面)仅起最后的光刀作用。而金属材料磨削时,切削和光刀都用砂轮的外圆(圆柱面)来进行。

对于中、小直径光学玻璃长条,在铣磨机上不易顶紧,且容易折断,常在无心外圆铣磨机上铣磨,无心外圆铣磨原理如图 4.1.21 所示。金刚石砂轮轴线一般与导轮轴线(光学玻璃毛坯长条轴线)成 1°～6°的倾角,以达到毛坯自动进给的目的;由于玻璃性脆,导轮采用摩擦系数很大的耐磨橡胶制成,并可做水平调整,以适应不同直径的长条。加工时,金刚石砂轮做高速旋转,导轮做与金刚石砂轮旋转方向相同的低速旋转,毛坯靠支板支撑,并靠摩擦力被导轮带动向相反的方向旋转,做圆周进给。

(4) 铣磨球面

用金刚石磨具铣磨球面是在专用的铣磨机上利用金刚石成形磨具采用范成法加工光学玻璃零件球面的工艺,其工作原理如图 4.1.22 所示。

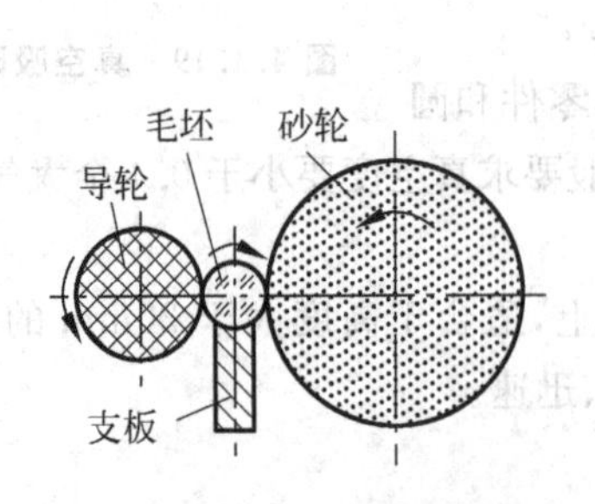

图 4.1.21　无心外圆铣磨原理

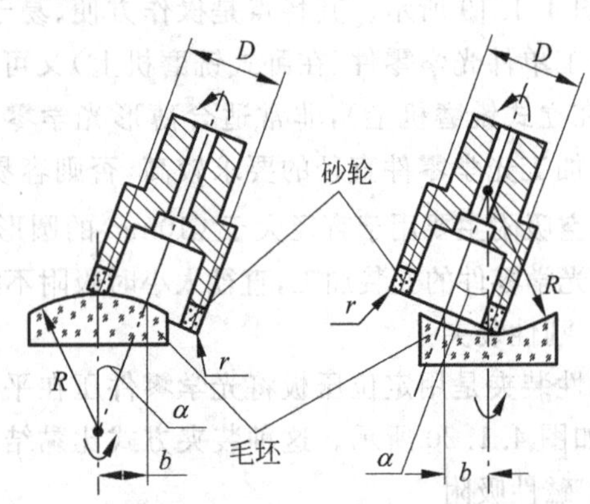

图 4.1.22　铣磨球面原理

毛坯以低速旋转，金刚石砂轮以高速向相反方向旋转对毛坯进行切削运动，将毛坯铣磨成球面。铣磨出的零件球面半径 R 可用下式计算

$$R = \frac{D}{2\sin\alpha} \mp r \tag{4.1.1}$$

式中，凸球面零件取负号，凹球面零件取正号；α 为砂轮轴线对零件轴线的倾角；D 为砂轮中径；r 为砂轮切削刃口圆弧半径。

一般，当金刚石砂轮选定后，D 和 r 为定值，通过调整 α 可加工出不同球面半径的球面。

金刚石砂轮端面圆心相对于被加工零件轴线的偏移量 b 可用下式计算

$$b = \frac{D}{2}\cos\alpha \tag{4.1.2}$$

(5) 铣磨平面

用金刚石磨具铣磨平面可以看作是铣磨球面在倾角 $\alpha=0°$ 时的特殊情形。无论平面镜还是棱镜，其平面大多是成盘加工的。因此，用于平面的铣磨机功率较大些。

(6) 铣磨误差分析

① 球面半径 R 或面形精度

影响被加工零件球面半径 R 或面形误差的因素主要有砂轮轴线对零件轴线的倾角 α、砂轮中径 D、砂轮切削刃口圆弧半径 r 及砂轮端面圆心相对于被加工零件轴线的偏移量 b。

由式(4.1.1)求导，得被加工零件球面半径误差 $\mathrm{d}R$ 与倾角调整误差 $\mathrm{d}\alpha$、砂轮中径误差 $\mathrm{d}D$ 和砂轮切削刃口圆弧半径误差 $\mathrm{d}r$ 的关系式

$$\mathrm{d}R = -\frac{\cos\alpha}{\sin\alpha}\cdot(R \pm r)\mathrm{d}\alpha + \frac{1}{2\sin\alpha}\mathrm{d}D \mp \mathrm{d}r \tag{4.1.3}$$

a. 砂轮轴线对零件轴线的倾角 α 对被加工零件球面半径 R 的影响

不管是加工凸球面零件还是加工凹球面零件，如果倾角调整误差 $\mathrm{d}\alpha>0$，即 α 比理论计算值大时，$\mathrm{d}R<0$，即被加工零件球面半径 R 减小；反之，如果倾角调整误差 $\mathrm{d}\alpha<0$，即 α 比理论计算值小时，$\mathrm{d}R>0$，即被加工零件球面半径 R 增大。

b. 砂轮中径误差 D 对被加工零件球面半径 R 的影响

不管是加工凸面零件还是加工凹面零件，如果砂轮中径误差 $\mathrm{d}D>0$，即 D 比理论计算值大时，$\mathrm{d}R>0$，即被加工零件球面半径 R 增大；反之，砂轮中径误差 $\mathrm{d}D<0$，即 D 比理论计算值小时，$\mathrm{d}R<0$，即被加工零件球面半径 R 减小。

c. 砂轮切削刃口圆弧半径 r 对被加工零件球面半径 R 的影响

对于凸球面零件，如果砂轮切削刃口圆弧半径误差 $\mathrm{d}r>0$，即 r 增大，砂轮刃口变钝，被加工零件球面半径 R 将减小；对于凹球面零件，如果砂轮切削刃口圆弧半径误差 $\mathrm{d}r>0$，即 r 增大，砂轮刃口变钝，被加工零件球面半径 R 将增大。反之，$\mathrm{d}r<0$，无意义。

当 $\mathrm{d}\alpha$、$\mathrm{d}D$ 和 $\mathrm{d}r$ 一定时，由于 α 越大，R 越小，使得 $\mathrm{d}R$ 越小，因此加工小球面半径零件的精度较高；α 越小，R 越大，使得 $\mathrm{d}R$ 越大，这就是为什么大球面半径的零件(α 很小)难以达到较高尺寸精度(球面半径精度)的原因。

d. 金刚石砂轮端面圆心相对于被加工零件轴线的偏移量 b 对球面半径 R 或面形误差的影响

金刚石砂轮端面圆心相对于被加工零件轴线的偏移量 b 只有满足式(4.1.2)，即砂轮切削刃口圆弧中心落在被加工零件回转轴线上时，才能加工出完整的球面。如果砂轮刃口圆

弧中心不是正好落在被加工零件回转轴线上时，铣出来的球面不仅会在中心产生一凸包，影响零件的面形精度，而且也会影响球面半径 R 的大小，如图 4.1.23 所示。其中图 4.1.23(a)是砂轮刃口圆弧中心未到被加工零件回转轴线上时的情况，在球面中心产生凸包的同时，球面半径 R 增大；图 4.1.23(b)是砂轮刃口圆弧中心正好位于被加工零件回转轴线上时的情况；图 4.1.23(c)是砂轮刃口圆弧中心超过被加工零件回转轴线上时的情况，在球面中心产生凸包的同时，球面半径 R 减小。解决办法是根据机床结构，移动工作台或磨头架进行调整，直至凸包消失为止。

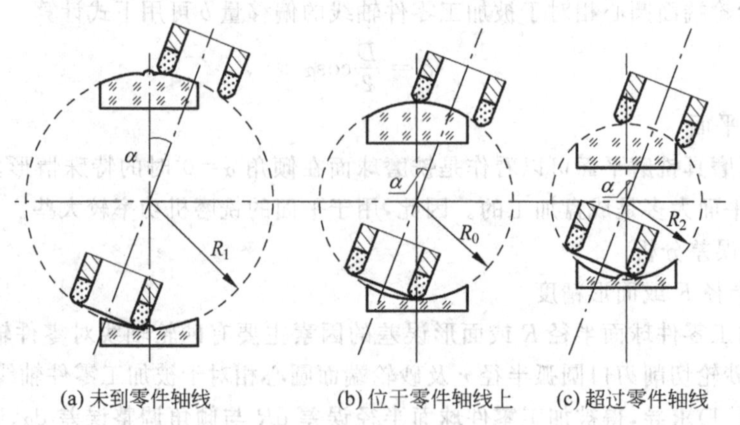

图 4.1.23 铣磨球面产生凸包

e. 被加工零件回转轴线与磨具轴线不共面对零件面形精度的影响

被加工零件回转轴线与磨具轴线不共面时，加工出的零件将是非球面，从而影响面形精度。

② 被加工零件偏心

被加工零件的偏心常常与夹具有关。如零件装夹不正；夹具不清洁；夹具定位面与零件回转轴线不垂直；零件成盘铣磨时胶层不均匀；真空吸附夹具口径比被加工零件外径大，在径向有空隙，当吃刀深度大时，零件容易在夹具内移动等，都会引起偏心。

③ 表面产生菊花纹和麻点

铣磨零件表面经常产生菊花纹和麻点。

菊花纹的形状如图 4.1.24 所示，它分为细密振纹和宽疏菊花纹两种。细密振纹产生的主要原因是磨具误差、振动、磨具预紧力过小、切削力过大及光刀时间短等；宽疏菊花纹产生的主要原因是被加工零件轴向窜动或砂轮轴轴向窜动。菊花纹外观上比较明显，容易发现，对于较为严重的菊花纹应根据其形状特点进行相应的调整加以消除。但是，完全消除菊花纹是不可能的，也是不必要的，原因是较浅的菊花纹对精磨影响不大。实际上，精磨所花费的时间主要是消除铣磨时产生的麻点。

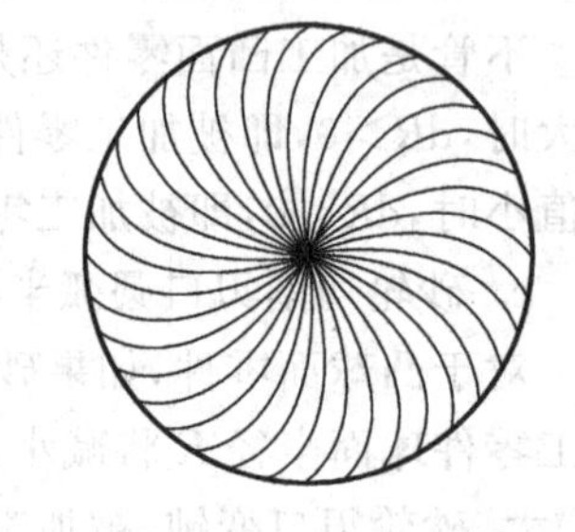

图 4.1.24 菊花纹的形状

产生麻点的原因是：金刚石砂轮表面上大量金刚石磨粒相当于无数个切削刃，通过对玻璃的刻划，致使玻璃表面形成许多细密的破裂层从玻璃上剥离。但是，如果被加工零件转速过高，尤其是吃刀深度过大(进刀速度过快)时，金刚石磨具的切削速度跟不上，即前面切削刃切削的玻璃还没去除，后面的玻璃又挤了上来，使得磨具严重挤压(而不是切削)玻璃表面引起破裂，从而产生麻点。除了应选择适当的被加工零件转速和吃刀深度外，经常保持金刚石磨粒刃口的锋利也可以减少产生麻点的可能。通过调整冷却液流量和冲喷部位避免玻璃屑糊在砂轮表面，修磨金刚石砂轮可以保持金刚石刃口的锋利。

3. 钻孔

光学零件的钻孔是在已有基准面的零件上加工出所需孔的工艺过程。光学玻璃零件钻孔可以在普通钻床上进行，也可以用超声波和激光钻孔。

(1) 在普通钻床上钻孔

光学玻璃零件在普通钻床上钻孔与金属零件钻孔相同，对于直径较小($\phi<5$mm)的圆孔，常用金刚石或硬质合金实心钻头加工。这种方法加工的孔，圆周的应力往往非常集中，如果不采取消除措施，玻璃零件有时会在隔一段时间后自动裂开。

对于直径较大($\phi>5$mm)的圆孔，大多用空心钻。空心钻分为两种，一种是普通空心钻，钻孔时添加散粒磨料，依靠散粒磨料对光学玻璃零件加工；另一种是固着磨料空心钻，当钻孔的工作量较大时，一般在空心钻头部烧结或电镀一层金刚石粉，以提高钻孔效率。

空心钻也可用于套料。

(2) 超声波钻孔

超声波钻孔适用于加工直径较小($\phi=0.5\sim20$mm)的圆孔、异形孔(如方孔、长条孔等)及较硬光学材料(如石英玻璃)。

(3) 激光打孔

激光打孔用于加工特别小直径($\phi=0.002\sim0.5$mm)的圆孔及超硬光学材料(如宝石)。这种方法特别适用于一般机械法很难实现的小而深的孔，较机械法的效率高很多。

用超声波和激光加工的孔精度高，表面粗糙度小，孔周围不容易产生应力集中。

4. 铣槽和磨圆弧

在光学零件粗加工成形后，为了固定零件，或者减轻重量、减小体积等，有时需要在零件表面加工一定形状的槽和圆弧。与粗磨一样，可以采用散粒磨料研磨合金刚石磨具加工。

铣槽和磨内圆弧通常是在普通卧式铣床上，利用成形金刚石砂轮加工，或用金属研具加散粒磨料手工研磨。

外圆弧可以在普通卧式铣床或外圆磨床上，利用金刚石砂轮加工，或用金属研具加散粒磨料手工研磨。

4.1.6 光学零件的精磨工艺

光学零件的精磨是抛光前的一道重要工序，其目的是为了减小菊花纹和麻点等光学零件表面的凹凸层深度和裂纹层深度，提高面形精度(平面度、球面度等)，使光学零件达到抛光所需要的面形精度、尺寸精度和表面粗糙度。光学零件的精磨方法与粗磨一样，可分为散粒磨料精磨(又称为自由研磨法)和金刚石磨具精磨(又称为高速精磨)。

1. 自由研磨法精磨

自由研磨法精磨与散粒磨料粗磨类似，它是通过施加于精密研磨模(称为精磨模)上的压力及精磨模与光学零件之间的相对运动，借助分布于精磨模与光学零件之间的磨料颗粒，对光学零件表面进行加工的精磨方法。自由研磨法精磨可分为手工精密研磨(手工精磨)和在普通精磨抛光机上进行，这两种方法的共同特点是在精磨的同时手工添加磨料。

(1) 手工精磨

手工精磨一般在脚踏机上进行。首先将精磨模安装在脚踏机主轴上，研磨面朝上，然后双脚踏动脚踏板，使主轴旋转，同时一只手拿光学零件或镜盘，使其做与精磨模旋转方向相反的弧线运动，另一只手添加磨料悬浮液。当光学零件精磨量微小或用于修改时，也可以不转动精磨模。手工精磨方法适用于平面和球面光学零件的精磨，主要用于单件光学零件角度、平行度、透镜边缘厚度等几何尺寸的修改和小的倒角。

(2) 在普通精磨抛光机上精磨

在普通精磨抛光机上精磨是采用精磨模与镜盘面接触方式进行的，如图 4.1.25 所示。

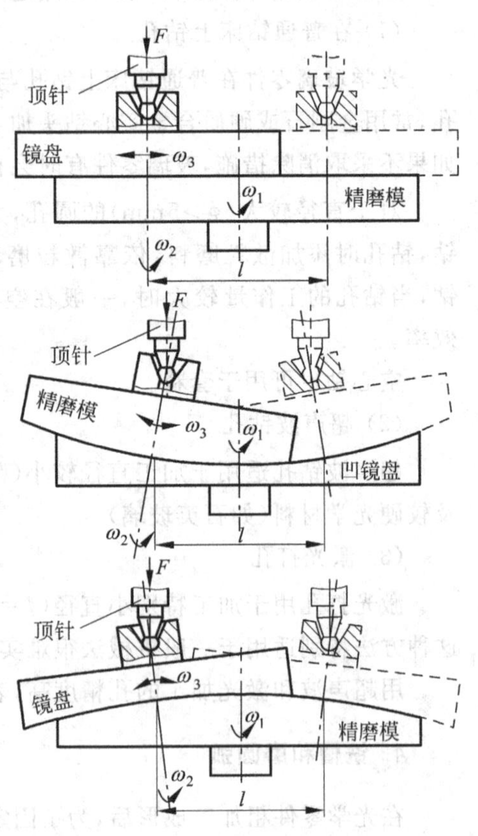

图 4.1.25　在普通精磨抛光机上精磨

精磨时，首先将精磨模或镜盘安装在普通精磨抛光机主轴上，一般凸镜盘、直径较大($\phi>300$mm)的石膏法上盘的镜盘及直径较大($\phi>350$mm)的凹镜盘安装在下面，其他镜盘(如凹镜盘和平镜盘)安装在上面。然后，开动机床，添加磨料悬浮液，就可以对光学零件精磨加工了。

精磨工艺过程为：下盘以角速度 ω_1 转动，并带动上盘以角速度 ω_2 转动，同时机床摆动机构通过顶针使上盘以角速度 ω_3 和一定摆动幅度 l 来回摆动，摆动幅度 l 的大小应使上盘超出下盘边缘一定距离。普通精磨抛光机摆动时，顶针所受作用力方向始终与下盘主轴平行，镜盘研磨不均匀，从而影响镜盘上零件的精磨精度和一致性。通过调整机床主轴转速 ω_1、摆动速度 ω_3 及摆幅 l，可以得到比较均匀的研磨。

精磨过程中，磨料粒度和悬浮液的浓度直接影响精磨表面质量与加工效率。精磨时磨料的粒度一般在 W28～W10 之间，应分清磨料等级，先粗后细，依次加工，不同等级不能混淆。磨料悬浮液浓度不合适，不仅影响研磨效率，而且可能划伤玻璃表面，严重时镜盘甚至会吸在精磨模上而打坏玻璃。在精磨即将完毕时，一般不再添加磨料悬浮液，而是直接添加几次清水。用清水研磨可以将玻璃表面磨得更细，对后续抛光有利。但是，添加清水时间不宜太长，否则也会使表面产生划痕。

2. 金刚石磨具高速精磨

金刚石磨具高速精磨是指用固着有金刚石磨料的磨具对光学零件进行高速精磨磨削的加工工艺，具有加工质量好、表面粗糙度小、生产效率高等特点。

高速精磨根据金刚石磨具与光学零件的接触方式可分为线接触高速精密铣磨合面接触高速精磨两种。

(1) 线接触高速精密铣磨

线接触高速精密铣磨是在精密铣磨机上利用金刚石成形磨具采用范成法铣磨光学玻璃的工艺，其加工原理与粗铣磨相同，在此不再赘述。

(2) 用于镜盘加工的面接触高速精磨

面接触高速精磨是在高速精磨机（包括平面高速精磨机、大球面高速精磨机、中球面高速精磨机和小球面高速精磨机）上，利用固着有金刚石精磨片的金刚石精磨模对镜盘上光学玻璃零件进行磨削的工艺，如图 4.1.26 所示。

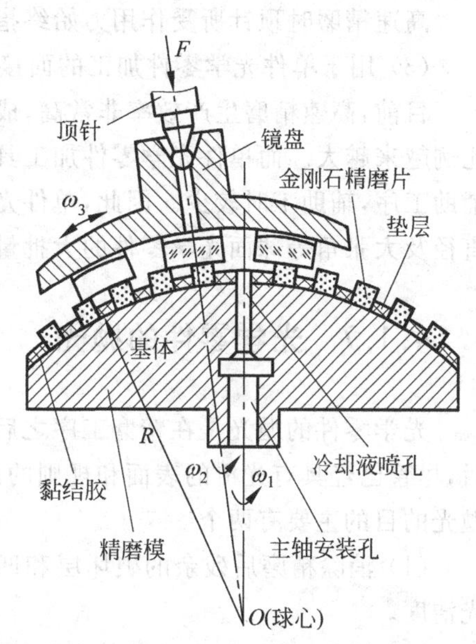

图 4.1.26　面接触高速精磨原理

高速精磨的工艺过程与在普通精磨抛光机上精磨类似，有以下几个特点：

① 高速精磨用金刚石精磨模

高速精磨用金刚石精磨模大都安装在下面，其结构如图 4.1.26 所示，由精磨模基体、黏结胶、垫层和金刚石精磨片组成。高速精磨用金刚石精磨模的制作工艺为：首先在垫层上按照金刚石精磨片在基体上的坐标位置打孔，并将金刚石精磨片安装到孔内。有时不用垫层，直接在基体表面打金刚石精磨片安装孔，但应注意孔深必须一致。其次在基体表面涂胶。最后将垫层或金刚石精磨片牢固地黏结在基体表面上。此外，金刚石精磨模必须留有冷却液喷孔和精密定位的主轴安装孔。

a. 精磨模基体表面应该与精磨模加工表面同心，安装到主轴上后轴向和径向应该定位准确；

b. 垫层一般用铝片制成，要求其球面半径与基体球面半径相同；

c. 金刚石精磨片由金刚石磨料和结合剂组成。

金刚石精磨片上使用的金刚石磨料粒度一般在 W28～W5 之间。在对光学零件高速精磨时，既要有高效率，又要达到高精度和小表面粗糙度，因此常采用两道精磨工序。第一道精磨称为粗精磨，选用粒度较大的金刚石磨粒（选用 W28 或 W20 为宜）制作精磨模，以增大磨削效率；第二道精磨选用粒度较细的金刚石磨粒称为精精磨（选用 W7 或 W5 为宜）制作精磨模，以获得较高的精度和良好的表面粗糙度。如果只采用一道精磨工序，则以 W14 或 W10 金刚石磨粒为宜。

精磨片上金刚石磨料的浓度过高或过低均对精磨效率和加工质量不利。一般认为金刚石磨料的浓度为 45％时，精磨效果最好。

目前国内外普遍采用的精磨片结合剂按硬度由大到小主要有铁、钴、青铜制成的硬青铜结合剂、钢结合剂、树脂和青铜制成的软青铜结合剂、树脂结合剂等。如何选用要根据被加工玻璃的硬度和磨削量而定,较硬的玻璃选用较硬的结合剂,较软的玻璃选用较软的结合剂,即结合剂的硬度要与被加工玻璃相匹配。磨削量较大的第一道粗精磨宜选用硬度较高的结合剂,要求得到较好表面质量的第二道精精磨宜选用硬度低一点的结合剂。

此外,金刚石精磨片的尺寸、形状,精磨片在精磨模上的覆盖比、分布、排列方式等都会影响光学零件的精磨效率、加工质量和表面粗糙度。

② 高速精磨用顶针

高速精磨时顶针所受作用力始终指向球心,因此可以保证镜盘得到均匀精磨。

(3) 用于单件光学零件加工的面接触高速精磨

目前,高速精磨生产效率非常高,成盘加工的上盘、下盘和清洗等辅助工序所占用时间比例越来越大。而单件光学零件加工具有夹具简单,装夹方便,不需要上盘、下盘和清洗等辅助工序,辅助工时较少。因此,单件光学零件高速精磨具有很大的优越性,尤其适用于大直径及大张角等球面光学零件的大批量生产。

4.1.7 光学零件的抛光

光学零件的抛光是在精磨工序之后,获得光学表面的一道主要工序。光学零件在精磨后,尽管已经具有光滑的表面和规则的面形,但其表面的透明性和面形还达不到使用要求。抛光的目的主要有两个:

(1) 消除精磨后残余的破坏层和凹凸不平的毛面,以达到规定的表面疵病等级和表面光洁度。

(2) 精修面形,以达到要求的光圈数 N 和局部光圈数 ΔN。

1. 抛光方法分类

抛光方法可分为古典法抛光、准球心法散粒磨料高速抛光、准球心法固着磨料高速抛光和范成法高速抛光四种。它们的特点如表 4.1.3 所示。抛光原理如图 4.1.27 所示。

表 4.1.3　各种抛光方法的特点

特　点	古典法抛光	准球心法高速抛光		范成法
		散粒磨料	固着磨料	固着磨料高速抛光
抛光精度	高	中	高	中
抛光效率	低	中	高	高
抛光压力	小,与主轴平行	大,压力方向始终指向球心		
抛光均匀性	低	高	高	高
摆动方式	平面摆	绕球心摆	绕球心摆	不摆动
抛光方式	浮动抛光		浮动抛光	刚性抛光
抛光胶	柏油 使用寿命短	塑料或柏油混合 使用寿命较长	黏抛光粉的塑料小片 使用寿命长	黏抛光粉的塑料圆环 使用寿命长
抛光液	悬浮液	悬浮液	水	水
抛光粉	氧化铁、氧化铈	氧化铈	氧化铈、金刚石	金刚石

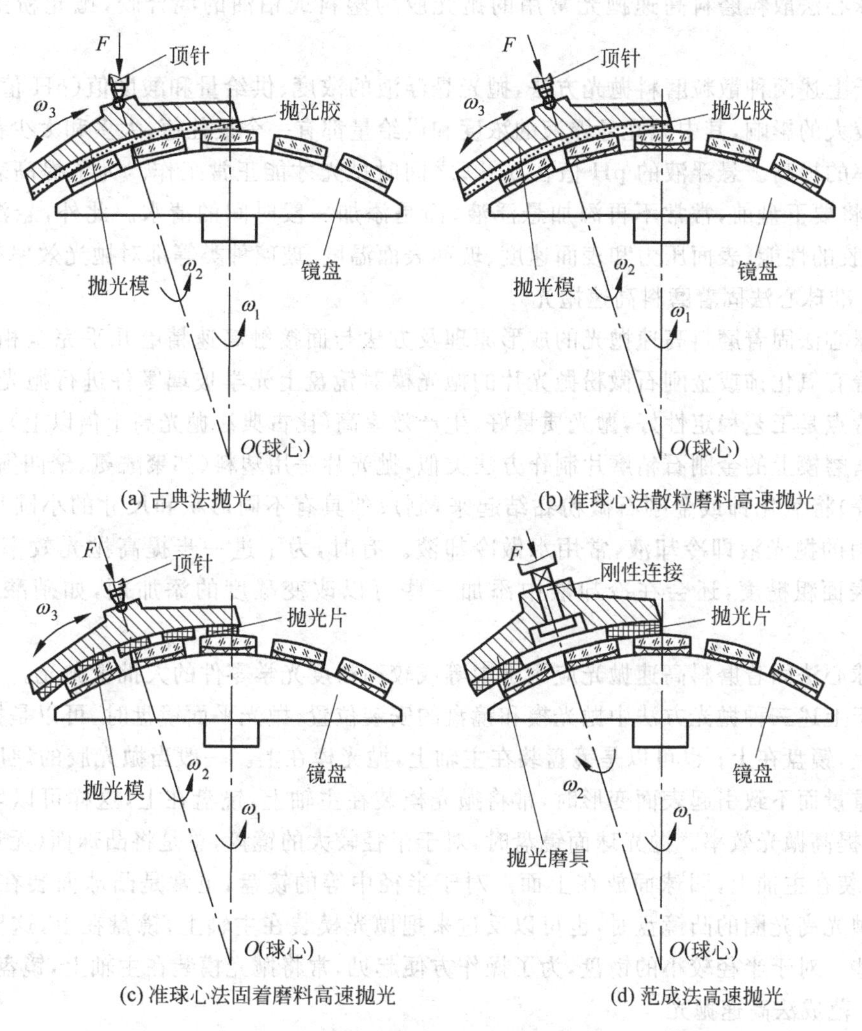

(a) 古典法抛光 (b) 准球心法散粒磨料高速抛光

(c) 准球心法固着磨料高速抛光 (d) 范成法高速抛光

图 4.1.27 各种抛光方法的抛光原理

(1) 古典法抛光

古典法抛光是在研磨抛光机上采用成形抛光模和散粒磨料抛光液对精磨后的光学零件进行抛光的工艺。这种方法的精度高,但生产效率低,要求操作者技艺高,适用于所有光学零件的抛光。

古典法抛光常用的抛光胶材料是柏油、毛毡、古马隆等,常用抛光粉为氧化铁和氧化铈。

(2) 准球心法散粒磨料高速抛光

准球心法散粒磨料高速抛光最主要的特点是压力方向始终指向球心,不像古典法抛光那样,压力的方向始终与主轴平行,指向球心压力的大小随摆角的变化而不同,从而会产生振动和冲击,使得抛光表面不均匀。准球心法散粒磨料高速抛光在抛光时不会产生振动和冲击,抛光表面均匀。准球心法散粒磨料高速抛光的压力比古典法抛光大十几倍到几十倍,因此生产效率比古典法抛光约高(两倍以上)。其加工精度比古典法抛光低,主要用于中等尺寸、中等精度光学零件的批量生产。

准球心法散粒磨料高速抛光常用的抛光胶为塑料或柏油的混合胶，抛光粉主要为氧化铈。

对于上述两种散粒磨料抛光方法，抛光悬浮液的浓度、供给量和酸度值(pH 值)对抛光效率有较大的影响，其中抛光悬浮液的浓度和供给量都有一个最佳值，太多和太少都不利于抛光效率的提高。悬浮液的 pH 值在 5～9 之间时抛光才能正常工作。为了提高表面光洁度，镜盘将要下盘前，常常不再添加悬浮液，而是添加一段时间的清水。此外，悬浮液的性质、抛光胶的性能、表面压力和表面速度、玻璃表面温度、玻璃种类等都对抛光效率有影响。

(3) 准球心法固着磨料高速抛光

准球心法固着磨料高速抛光的成形原理及方法与面接触高速精磨几乎完全相同，它是利用固着有氧化铈或金刚石微粉抛光片的抛光模对镜盘上光学玻璃零件进行抛光的工艺。其主要特点是工艺稳定性好，抛光质量好，生产效率高(比古典法抛光高十倍以上)。与面接触高速精磨模上的金刚石精磨片制作方法类似，抛光片是用塑料(如聚酰氨、聚四氟乙烯、环氧树脂等)将氧化铈或金刚石微粉黏结起来，制成的具有不同形状和尺寸的小圆片。这种方法使用的抛光液即冷却液，常用水做冷却液。有时，为了进一步提高抛光效率，改善光学零件表面粗糙度，还会在冷却液中添加一些可以改变酸度的添加剂，如硝酸锌、氯化铁等。

准球心法固着磨料高速抛光应用于中等或较高精度光学零件的大批量抛光。

对于上述三种抛光方法中抛光模和镜盘的安装位置，抛光平面镜盘时，可以是抛光模装在主轴上，镜盘在上；也可以是镜盘装在主轴上，抛光模在上。一般当抛光胶的硬度能承受镜盘的重量而不致引起表面变形时，常将抛光模装在主轴上，镜盘在上，这样可以增加表面的压力，提高抛光效率。抛光球面镜盘时，对于半径较大的镜盘，总是将凸球面(无论镜盘或抛光模)装在主抽上，凹球面放在上面。对于半径中等的镜盘，也常是凸球面装在主轴上。但是当抛光高光圈的凸镜盘时，也可以反过来把抛光模装在主轴上，镜盘在上，这样更改光圈可快些。对于半径较小的镜盘，为了操作方便起见，常将抛光模装在主轴上，镜盘在上。

(4) 范成法高速抛光

范成法高速抛光成形原理与金刚石成形磨具铣磨原理类似，即二者均使用固着磨料磨具，磨具轴和光学零件(或镜盘)轴均为刚性连接，各自做强制转动，两轴相交与光学零件的球心，磨具的运动轨迹为球面。二者的主要区别在于以下两点：

① 抛光时，抛光磨具与光学零件是环带状面接触，而铣磨时，金刚石成形磨具与光学零件是圆弧线接触。

② 抛光时，抛光磨具与光学零件的转速相当，均为高转速，而铣磨时，金刚石磨具为高转速，光学零件为低转速。

范成法高速抛光的精度和表面粗糙度主要取决于机床精度，因此要求机床精度较高，这种方法目前使用不够普遍，主要用于大球面半径的光学零件。

范成法高速抛光总是镜盘在下，抛光模在上。

2. 抛光后下盘、清洗、擦干、检验和手工抛光

(1) 下盘、清洗和擦干

抛光完工的镜盘需要在光学零件表面涂上保护漆，等漆膜牢固后就可下盘。零件下盘的方法随上盘方法的不同而不同。

下盘后的光学零件通常要浸入清洗液中，以洗去其表面的黏结胶和保护漆。最普通的清洗方法是先用汽油，再用酒精清洗。当要清洗光学零件数量较大时，常采用半自动超声清洗机清洗。

光学零件清洗完毕后，取出冷却并擦干，然后进入检验环节。

(2) 检验

光学零件的检验，通常包括线性尺寸、表面疵病、面形精度、角度误差、表面粗糙度以及像质、焦距等项内容，有时还要检验光学零件的反射率和透过率，具体检验项目根据光学零件精度要求而定。

光学零件的线性尺寸包括：透镜的内、外径和中心厚度，棱镜的理论高度等；表面疵病包括麻点、擦痕、裂痕、破点、破边、开口气泡以及表面黏附物、霉雾等印迹等。

光学零件的面形精度包括平面零件（平面镜、棱镜）的平面度、球面零件（球面透镜和球面反射镜）的球面度，一般利用光的干涉原理，通过观察干涉条纹的数量、形状、颜色及弯曲方向等的差异，采用光学样板或干涉仪进行检验。

光学零件的角度误差包括：平板玻璃的平行差，光楔的楔角误差，棱镜的角度误差、棱差和由于角度误差、棱差引起的光学平行差和屋脊棱镜的双像差等，主要采用测量角度的方法检验。

光学零件的像质检验是对光学零件材质和加工质量的综合评价，主要测量方法有分辨率法、阴影法和星点法。

光学零件的焦距采用焦距仪测量。表面粗糙度采用触针式泰勒轮廓仪测量，或通过观察照射光在光学零件表面的散射和衍射来评价。

检验合格的光学零件进入定心磨边工序，定心磨边后需要再次清洗、擦干，然后镀膜、胶合，最后涂保护膜。

(3) 手工抛光

对于经检验面形、表面疵病或角度等不符合要求光学零件的返修，以及单件试制光学零件精磨后的抛光，常采用手工的方法进行抛光。手工抛光常在脚踏机上进行。手工抛光时常常是抛光模在下，光学零件在上，所用抛光粉较机器抛光用的要细些，抛光胶也要软一些。

4.1.8 光学零件的定心与磨边工艺

单个透镜有两个轴，一个是通过两个球心的直线称为透镜的光轴，另一个是通过两个球面顶点的直线称为透镜的几何轴。一般情况下，经过粗磨、精磨合抛光后，透镜的光轴和几何轴并不重合，或多或少存在偏差。在光学系统中，为了满足成像的要求，必须保证光学系统中的每一个透镜的光轴位于同一直线上（称为光学系统的光轴）。光学系统在装配时，通常是靠透镜的外圆定位来保证各个透镜的共轴性，但外圆定位只能保证各透镜几何轴的共轴性，并不能保证各透镜光轴的共轴性。因此，为了达到利用外圆定位实现各透镜光轴的共轴性，必须消除各透镜几何轴与光轴的偏差。

透镜几何轴与光轴之间的不重合程度用中心偏差来表示。中心偏差即透镜几何轴与光轴在透镜球心处的偏离程度。

在粗磨、精磨合抛光过程中，通常是通过控制透镜两球面间的相互偏斜(即减小边缘厚度偏差)或矫正镜盘中心偏差来尽量使几何轴和光轴重合，从而减少中心偏差。但是，透镜抛光完工后，其两球面之间的相对位置已定，只能通过定心和磨边工艺才能加以矫正。

透镜的定心磨边就是利用各种方法找出透镜的光轴，并以光轴为中心轴线对称地修磨透镜的外圆，以最大限度地减小甚至消除中心偏差，使得透镜达到要求的精度。此外，通过定心磨边还可以提高透镜外圆的尺寸精度，以提高光学系统整体装配精度。

1. 机械法定心工艺

机械法定心的原理如图 4.1.28 所示，被定心的透镜被一对夹头夹于中间，其中固定夹头只能做旋转运动，伸缩夹头除了可做旋转运动外，还可以在弹簧的作用下做轴向移动。两个夹头应具有很高同轴度，端面应与其轴线精确垂直，外圆及内圆端部倒角锥面必须与其轴线精确对称。当被定心的透镜刚夹上去时，夹头端面只与透镜球面点接触，透镜的光轴与夹头的轴线(即定心磨边机的回转轴)不重合。夹头的作用力 F 可分解为垂直于夹头轴线的定心力 $F_{定}$ 和平行于夹头轴线的夹紧力 $F_{夹}$，两个夹头的夹紧力 $F_{夹}$ 相平衡，两个夹头的定心力 $F_{定}$ 的合力克服夹头与透镜的摩擦力使透镜沿着垂直于夹头轴线的方向移动，直至整个表面都与夹头端面接触时为止。此时，透镜光轴与夹头轴线达到一定的重合精度，从而达到了定心的目的。

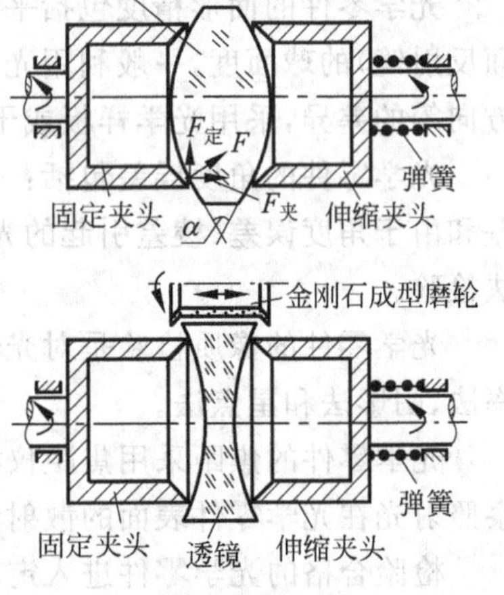

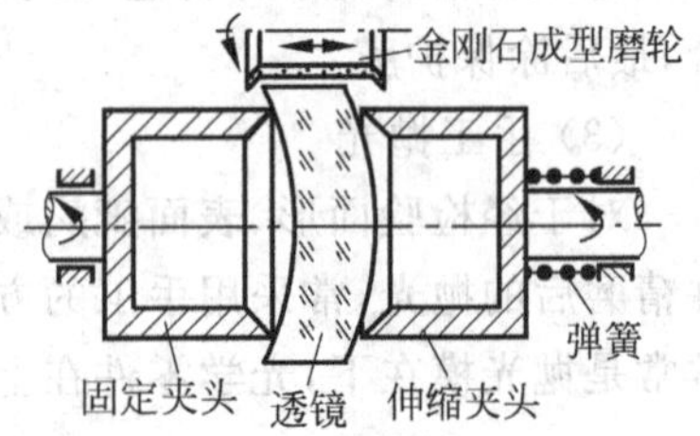

图 4.1.28 机械法定心磨边原理与方法

机械法定心的特点是操作简单、生产效率高，因此得到广泛地应用，适用于中等尺寸、中等精度、大批量透镜的定心，尤其是曲率半径较小的透镜的定心精度很高，更能体现其优越性。对于机械法定心来说，透镜的球面半径越小，定心精度越高，当球面半径达到其定心夹紧角 $\alpha<12°$ 时，则不能用机械法定心。机械法定心精度较好的情况下可达 5μm。

定心夹紧角 α 是指在夹头轴线平面内，透镜与夹头接触点处透镜球面切线间的夹角，如图 4.1.28 所示。由于定心力 $F_{定}$ 主要是克服夹头与透镜之间的摩擦力使透镜沿着垂直于夹头轴线的方向移动，$F_{定}$ 随着 α 角的减小而减小，也就是随着球面半径的增大而减小，定心的精度也随之降低。当 $F_{定}$ 与阻碍它运动的摩擦力相等时，定心就无法实现。通过计算可以得出机械定位极限夹紧角在 12°～14°之间，即只有定心夹紧角 $\alpha>12°～14°$ 时才能采用机械定心法定心。

2. 光学法定心工艺

(1) 肉眼直接观察法定心

肉眼直接观察法对透镜定心的原理如图 4.1.29 所示，定心夹具的轴线与机床的回转轴重合，其端面精确垂直于其轴线。将被定心透镜装夹(可以使用黏结、弹性夹具或真空吸附装夹)在定心夹具上,转动定心夹具(透镜一起转动),用眼睛直接观察光源在透镜表面的反射像,若透镜光轴与定心夹具轴线重合,则转动定心夹具时从表面反射回来的像不动。否则,转动定心夹具时表面反射回来的像将产生跳动。通过上下移动透镜,直至转动定心夹具时像完全不动或在允许范围内跳动,即定心完毕,可以磨边和倒角了。

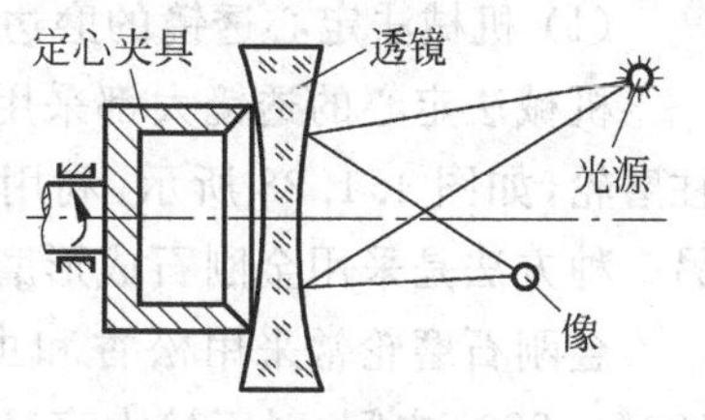

图 4.1.29 肉眼直接观察法定心

肉眼直接观察法定心比较简便,但精度不高,较好的情况下定心精度约 0.03mm。

(2) 自准显微镜观察法定心

自准显微镜观察法对透镜定心可分为球心反射像法和球心透射像法两种,如图 4.1.30 所示。同样要求定心夹具的轴线与机床的回转轴重合,其端面精确垂直于其轴线。将被定心透镜装夹在定心夹具上,转动定心夹具(透镜一起转动),用自准直显微镜观察光源在透镜球心的反射或透射像,若透镜光轴与定心夹具轴线重合,则球心像不动。否则,球心像将产生跳动。通过上下移动透镜,直至球心像完全不动或在允许范围内跳动,即定心完毕。

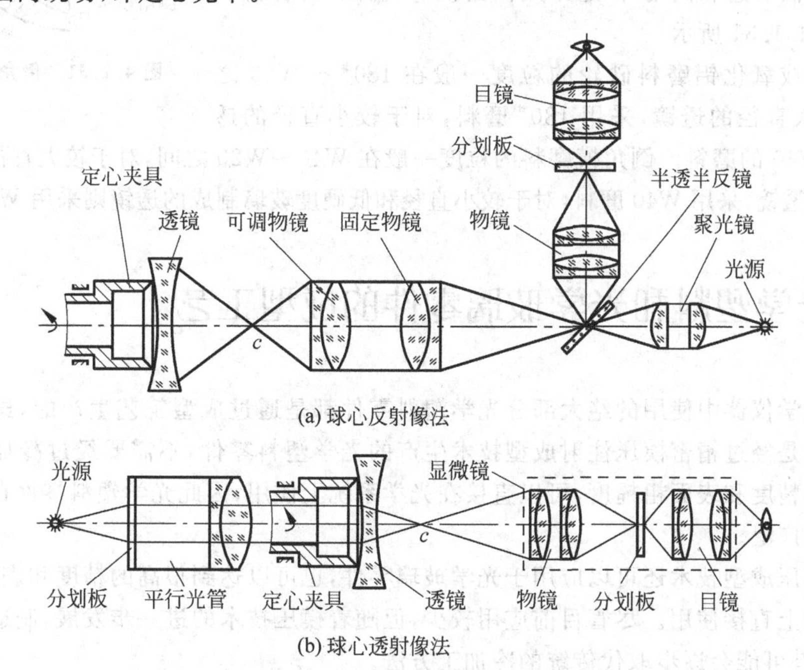

图 4.1.30 自准显微镜光学系统

自准显微镜球心反射像观察法定心精度较高,定心的最高精度可达 5μm,但它的效率较低,劳动强度大。自准显微镜球心透射像观察法定心精度不高,因此应用很少。

(3) 光学——电视法定心

为了进一步提高精度,减轻劳动强度,提高定心效率,使用摄像管和电视显示屏(或荧光屏)代替自准直显微镜,来观察球心像的跳动情况,称为光学——电视法定心。这种方法具有球心像跳动显示直观,定心精度高、速度快,劳动强度小的特点,适用于大批量透镜的定心磨边。

3. 磨边工艺

(1) 机械法定心透镜的磨边

机械法定心的透镜大都采用金刚石磨轮对透镜磨边和倒角。一种方法是采用金刚石圆柱磨轮，如图 4.1.28 所示，利用其圆柱面或端面平行或倾斜一定角度对透镜磨边或倒角；另一种方法是采用金刚石成形磨轮，如图 4.1.28 所示，在磨边的同时完成倒角工作。

金刚石磨轮常采用松香和虫胶为主要成分的黏结胶黏结，金刚石磨料的粒度一般在 180# ～280# 之间，对于较大直径的透镜，采用 180# 金刚石磨料，对于较小直径的透镜则采用 240# 或 280# 的金刚石磨料。

(2) 光学法定心透镜的磨边

光学法定心的透镜一般采用黏结、弹性夹具及真空吸附三种方法装夹，主要采用陶瓷结合剂结合的碳化硅或氧化铝磨料砂轮对透镜磨边和倒角。磨边方法除了金刚石磨轮磨边所使用的两种方法磨边和倒角外，还采用倒角模(如金刚石倒角模)倒角，如图 4.1.31 所示。

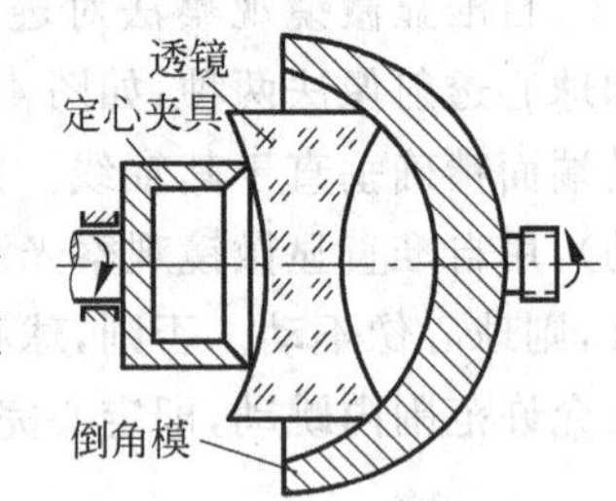

图 4.1.31 倒角模倒角

碳化硅或氧化铝磨料砂轮的粒度一般在 180# ～W40 之间，对于较大直径的透镜，采用 180# 磨料，对于较小直径的透镜则采用 W40 的磨料。倒角模磨料的粒度一般在 W40～W20 之间，对于较大直径和高硬度玻璃制成的透镜，采用 W40 磨料，对于较小直径和低硬度玻璃制成的透镜则采用 W20 磨料。

4.2 光学塑料和光学玻璃零件的成型工艺

目前光学仪器中使用的绝大部分光学塑料零件都是通过成型工艺生产的，这些光学塑料零件尤其是经过精密模压注射成型技术生产的光学塑料零件，不需要经过冷加工就可以达到很高的精度和表面粗糙度，可以直接在光学系统上使用，因此光学塑料零件在光学领域的应用日益广泛。

精密模压成型技术还可以应用于光学玻璃零件，也可以达到很高的精度和表面粗糙度，在光学系统上直接使用。尽管目前应用较少，但随着模压技术的进一步发展，制造成本将进一步降低，有可能会逐步取代传统的冷加工方法。

溶胶——凝胶法是一种制造高纯度、高均匀性光学玻璃零件的新型方法，制造出的光学玻璃零件同样具有很高的精度和表面粗糙度，不需要冷加工就可以在光学系统上使用。

4.2.1 光学塑料零件成型理论

光学塑料属于高聚物，因此它遵循高聚物的成型规律。

1. 高聚物的聚集态

高聚物按其大分子的排列形态分为两类：结晶型与无定型。结晶型高聚物分子排列规整有序；无定型高聚物分子排列杂乱无规则。

(1) 结晶型

结晶型高聚物由晶区和非晶区组成。由于分子链很长，在每个部分都呈现规则排列是很困难的。在高聚物中晶区所占的百分比称为结晶度。结晶度愈大，晶区范围就愈大，分子间作用力就愈强。因此，强度、硬度、刚性高，但弹性、伸长率、冲击韧性低。

(2) 无定型

无定型高聚物的结构形态，并不像想象的那样是杂乱交缠的线团状，而是在大距离范围内无序，在小距离范围内是有序的。

2. 高聚物的三态

(1) 线型无定型高聚物

线型无定型高聚物在不同温度下表现出三种力学状态：玻璃态、高弹态和黏流态。图 4.2.1 所示为线型无定型高聚物在恒定应力作用下的形变-温度曲线。

① 玻璃态

高聚物表现为非晶相的固体，像玻璃那样，所以称为玻璃态。它是高聚物作为塑料时的使用状态。由图 4.2.1 曲线可以看出，聚合物在这一状态时形变很小，同时这微小的形变是可逆的，当外力去除时，形变立刻消失。处于玻璃态的高聚物具有较好的机械性能，有一定的强度，可切削加工。

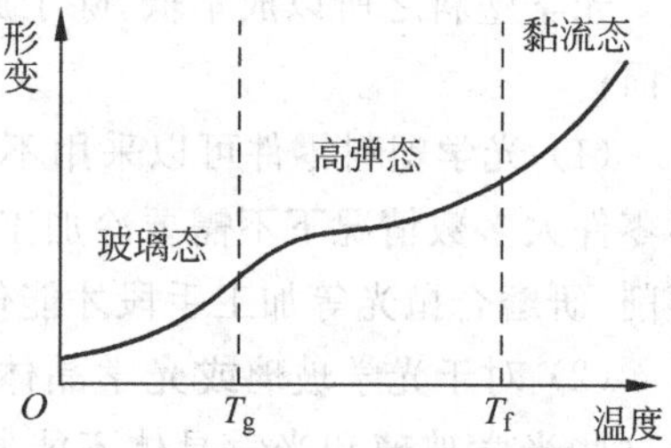

图 4.2.1 线型无定型高聚物的形变-温度曲线

② 高弹态

随着温度的升高，原子动能逐渐增加。当温度超过玻璃化转变温度 T_g 时，高聚物变得柔软而有弹性。对其施加外力，会产生缓慢变形。当外力去除后，又会缓慢地恢复原状。这种状态为高弹态。

③ 黏流态

当温度上升到黏流温度 T_f 时，高聚物变为流动的黏液，称为黏流态。在此状态施加外力，高聚物很容易发生形变。外力去除后，形变也不恢复。因此，黏流态多为塑料热成型加工的工艺状态。

T_g 为玻璃态与高弹态之间的转变温度。不同的高聚物，其 T_g 也不同。T_f 为高弹态到黏流态的转变温度。T_f 的高低，决定了热成型加工的难易程度。

塑料是在常温下呈玻璃态的高聚物，其最高使用温度为 T_g。

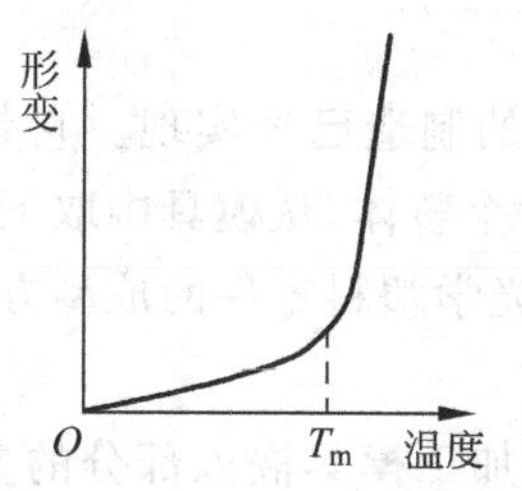

图 4.2.2 结晶型高聚物的形变-温度曲线

(2) 结晶型高聚物

图 4.2.2 为结晶型高聚物的形变-温度曲线。结晶型高聚物在熔融以前无玻璃化转变温度点，也无高弹态出现，曲线只有熔点 T_m。由曲线可知，低温时形变很小，一直到熔点 T_m 以上出现黏流态。所以 T_m 既是熔点又是黏流转变温度。处于 T_m 以下的高聚物，类似非晶态高聚物的玻璃态。

以上高聚物的形变与温度的关系曲线正是光学塑料成型的理论依据。我们可以通过对光学塑料施加热和外力，光学塑料会从玻璃态转变为黏流态(中间经历或不经历高弹态),此时注射充满模具型腔,然后在模具型腔内逐渐冷却,从黏流态再回到玻璃态,最终形成与模具型腔形状一致的光学塑料零件。这就是光学塑料零件的成型原理。

4.2.2 光学塑料零件的特点

近年来,光学塑料的品种日新月异,光学塑料零件的应用日益广泛,除了光学塑料的材料优势外,还得益于光学塑料零件有如下成型工艺优点。

1. 光学塑料零件的成本低,热成型工艺性好

应用光学塑料制作光学零件,成本可大大降低,例如,一个塑料非球面校正板,与同样的玻璃零件相比,价格只有玻璃零件的1/10。一般来说,单个光学塑料零件比磨削和抛光同样的光学玻璃零件便宜,其价格是光学玻璃零件的1/20～1/30。

光学塑料之所以成本低,除了原料丰富外,热成型性能也非常好,具体表现在如下几个方面:

(1) 光学塑料零件可以采用不同的成型方法,制成各种复杂形状的光学零件。这些光学零件大多数情况下不需要冷加工就可以使用。而光学玻璃和光学晶体零件一般必须经过磨削、研磨合抛光等加工手段才能使用,因此成本高。

(2) 对于光学玻璃或光学晶体零件来说,很难研磨合抛光出球面和平面以外的形状。对这些光学玻璃和光学晶体不能制造或难以制造的光学零件,采用光学塑料可以经济、高效、方便地制造像非涅耳透镜、施密特校正镜、非球面透镜等形状复杂的零件。

(3) 光学塑料用成型方法加工时,可以同时加工出光学表面和安装基准面。因此,可以减少装配工作量,提高装配重复精度,降低光学系统的成本。

(4) 在光学系统中,光学玻璃零件的装配技术含量高、工序多、成本高。而光学塑料能把透镜、护圈、隔圈和镜框制成为一个整体部件,金属定位销之类的非塑料材料也可置于模具内,构成光学零件的镶件,从而减少了装配工序,节省了工时和成本。

2. 光学塑料零件的冷加工方法多,容易

光学玻璃和光学晶体一般采用磨削、研磨合抛光等冷加工方法进行加工,不能或难以进行车削和铣削加工。而光学塑料可以直接进行车削、铣削加工。

3. 光学塑料零件成型效率高,产品一致性好

(1) 随着光学塑料成型技术发展,透镜阵列和多个透镜阵列的制造已经实现。它是通过一个多模腔的模具,可以每次生产32个甚至48个零件,作为一个整体,从模具中取下来。这种阵列,用光学玻璃和光学晶体成型很难达到光学要求。而且光学塑料零件的成型方法,加工周期短,有的仅用30秒钟就能加工出所要求的光学表面。

(2) 光学塑料零件的成型,关键在于模具。在成型加工中,精加工模具嵌入部分的费用只占塑料零件费用的一小部分,只要做好一个钢模,根据要求,变换钢模中嵌入部分的型芯模具,就能大量生产出所需的各种光学零件。而且光学零件的成本基本上与零件形状的复

杂程度关系不大，只要先制造出一副精密的模具就可以用模具生产出成批大量的与模具有同样精度的光学零件，因此光学塑料零件的一致性很好。

4.2.3 光学塑料零件成型方法

光学塑料零件的成型方法很多，最基本的方法有6种：挤出成型、注射成型、铸造成型、压缩模塑、热成型和放射线成型。其他方法是这6种方法的变种和发展。

1. 光学塑料的挤出成型

塑料挤出成型是使塑料原料（颗粒或粉末）加热塑化为黏流态，在加压下通过成型口模，成为截面与口模形状相仿的连续体，再将连续体冷却、定型，使其变成制品的方法。

挤出成型是一种连续化、高效率生产方法，能成型几乎所有的热塑性塑料和少数几种热固性塑料，其中加工量较大的是PS、PMMA和PC光学塑料。这种方法可用于管材、板材、片材、薄膜、单丝、扁丝等型材的制造，也常用于造粒等。

在光学塑料零件生产方面主要用于为热成型及冷加工提供原材料。

2. 光学塑料的注射成型

(1) 常规注射成型

塑料的注射（又称为注塑）成型是将塑料原料（颗粒或粉末）加入注塑机料筒，塑料在热和机械剪切力的作用下塑化成为具有良好流动性的黏流态，然后在柱塞或螺杆的推动下，高压高速注射进入温度和湿度较低的恒温、恒湿、超净模具型腔内成型，经冷却固化后即得到与模具型腔的形状和表面粗糙度完全一致的光学塑料零件。

光学塑料零件的注射成型要求在恒温、恒湿、超净环境下进行，生产出的光学塑料零件无须再进行磨削和抛光等冷加工，就可以直接在光学系统中使用。这种方法具有如下特点：

① 注射成型法最突出的特点是零件的成型形状范围广泛、多样化。它除了能够制造双凸、双凹、平凸、平凹、弯月等类透镜外，还可以制造透镜阵列、非球面透镜、棱镜及集成光学元件。

② 注射成型能一次成型外形复杂、尺寸精确、表面光洁、带有各种金属嵌件（如定位销）的光学塑料零件，这样可以节省装配和校正的生产成本。

注射成型光学塑料零件的种类之多、形状之复杂是其他成型方法无法比拟的。

③ 注射成型模具可以设计成多腔模具，使得成型零件同时具有透镜、护圈、隔圈和镜框的功能，或者一次生产出一组透镜的组合。这样极大地节约了装配和调整成本。

④ 注射成型法可加工的塑料品种很多，除了聚四氟乙烯等少数塑料外，几乎所有的热塑性塑料和热固性塑料都可用此法加工。

⑤ 注射成型法自动化程度高，成型过程的合模、加料、塑化、注射、开模及零件的顶出等操作均由注塑机自动完成，适合于大批量生产。

⑥ 目前注射成型光学塑料零件的尺寸一般限制在直径小于100mm，中心厚度小于10mm的范围内。

注射成型零件的质量与很多因素有关，其中最重要的因素有原料的加热温度、注射速度、注射压力、模具的温度和冷却的时间等。

(2) 精密模压注射成型

精密模压注射成型工艺是专为生产光学塑料零件开发的,其成型过程为:模具合模分为两次,首次合模时,动模和定模不完全闭合,保留一定的压缩间隙。精密模压注射成型模具在型芯部分设有台阶,尽管模具没有完全闭合,当向型腔内注射光学塑料黏流体时,也不会泄漏。黏流体注射完毕后,由专用的闭模活塞实施二次合模,在模具完全闭合过程中,型腔中的黏流体再一次流动,然后被压实。

与常规注射成型相比,精密模压注射成型具有以下特点:

① 黏流体注射是在型腔未完全闭合时进行的,因此流道面积大,流动阻力小,所需注射压力也小,黏流体可以充分充填型腔。

② 黏流体收缩是通过外部施加压力给型腔,使型腔尺寸变小,黏流体的收缩可以由型腔直接压缩黏流体来补偿,使得型腔内压力分布均匀。因此,精密模压注射成型可以减少或消除由充填和保压产生的光学塑料分子取向和零件的内应力,提高零件材质的均匀性和尺寸的稳定性,同时降低光学塑料零件的残余应力。

③ 模具型腔的面形精度和表面光洁度均很高,以便生产出的光学塑料零件具有很高的面形精度和表面光洁度。

3. 光学塑料的铸造成型

铸造成型又称为铸塑成型或浇铸成型,它是将流动状态的塑料单体或经部分聚合的塑料加入适当的催化剂,然后浇入模具型腔内,使其在一定温度和常压(或低压)下,经过一定时间的聚合反应而固化成型,脱模后就得到光学塑料零件。铸造成型模具通常用玻璃(如耐热玻璃、冕牌玻璃等)制作,也可用铜制成。

铸造成型主要用于热固性塑料零件的制造,其聚合固化过程必须有严格的温度控制,以避免引起应力和变形。

铸造成型法可用于各种尺寸的透镜、棱镜及集成光学元件的制造,由于难以使冷却过程中产生的收缩得到充分控制和补偿,不能获得面形很精确的零件,因此这种方法主要用于制造各种树脂眼镜片,例如 CR-39 眼镜片就是用这种方法制造的。

4. 光学塑料的压缩模塑成型

压缩模塑成型又称为热压成型或压塑成型,它是将预热过的粉状、粒状或纤维状塑料放入加热的模具型腔内,然后合模、加热、加压,使之聚合成型固化,最后脱模取出零件的方法。

压缩模塑可兼用于热固性塑料和热塑性塑料。完整的压缩模塑是由塑料的准备和模压两个过程组成的,其中塑料的准备又分为预热和预压两部分。热固性塑料和热塑性塑料均需要预热,热固性塑料还需要预压,而热塑性塑料则不需要预压。

热固性塑料的压缩模塑过程是置于模具型腔内的塑料一直处于高温状态,并在压力的作用下先由固态变为黏流态,并充满型腔,黏流态的塑料不断发生交联反应,黏度逐渐增大,最终变为固态,最后脱模成为零件。

热塑性塑料的压缩模塑过程与热固性塑料类似,只是它没有交联反应,因此在型腔充满后,需要冷却使其固化。

压缩模塑成型法生产过程中，在型腔内的塑料是在黏流态时充满型腔的，内应力很低，易于保证零件形状。这种方法的特点是可以制造较大平面的零件及利用多槽模进行大批量生产。

压缩模塑成型法是塑料光学零件的重要方法。例如菲涅耳透镜、电视投影仪中应用的球差校正板等都是采用压缩塑模成型法制作的。目前常用的光学塑料聚苯乙烯(PS)、聚甲基丙烯酸甲酯(PMMA)均可采用压缩塑模成型法制造塑料光学零件。

5. 光学塑料的热成型

热成型方法是以各种热塑性塑料片材为成型对象的二次成型技术。它是将放入模具中的热塑性光学塑料片材，经过加热、软化(不需要加热到黏流态)，在压力或真空负压的作用下，使片材作用于模具表面，从而达到加工的目的。

与注射成型相比，热成型法适合制造薄壁光学塑料零件，其模具制造费用约为注塑模具的 1/10，但生产周期却是注射成型的几倍，产量较低，不能加工形状复杂的光学塑料零件。

6. 光学塑料的放射线成型

放射线成型是利用放射线的高能量和很强的穿透能力，使得光学塑料单体可以在较低的温度、较高的黏度下发生聚合反应，聚合反应产生的反应热和冷却所产生的体积收缩均较小，从而提高光学塑料零件的成型质量。这种方法可以和其他成型方法配合使用。

4.2.4 光学玻璃零件成型方法

光学玻璃的成型可以分为：浇铸法、热压成型法、精密模压成型法和溶胶-凝胶成型法。

1. 浇铸法

浇铸法是一种液态成型方法，是将熔炉中的玻璃液浇铸到光学零件模具内，经过压制成型的光学玻璃零件毛坯的制造方法。这种方法的典型工艺流程如图 4.2.3 所示。

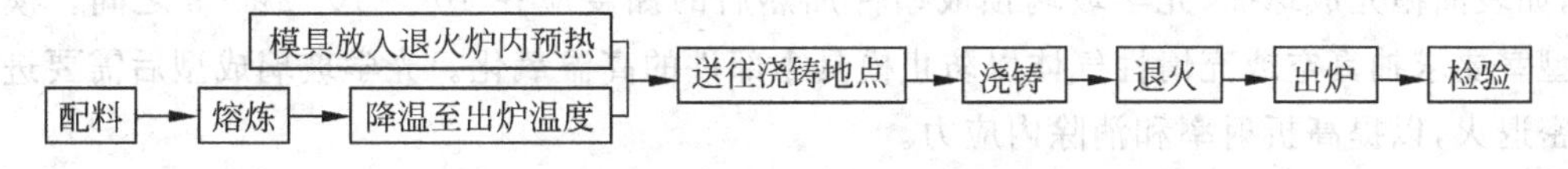

图 4.2.3 浇铸法制造光学玻璃毛坯典型工艺流程

浇铸法的特点是生产效率高、毛坯质量好、成本低，可以提高玻璃材料的利用率，减少能源消耗，适合大批量生产。但是，由于冷却过程中的收缩使这种方法难以获得高精度的产品。而且，由于玻璃温度高，使模具内表面的损耗比较严重，缩短了模具的使用寿命。因此目前应用较少。

2. 热压成型法

热压成型法是指将光学玻璃块料或棒料加热软化后放入模具内进行压制成型的方法。

通常是将加热软化后的光学玻璃块料或棒料先通过 1～2 次预压型，使得熔融光学玻璃的温度降低，然后在较低的温度下进行最终压制成型。与浇铸法相同，成型后的毛坯还需要进行退火处理，以消除内部应力。

热压成型法的特点是光学玻璃材料利用率低，耗能大，但毛坯质量很高，适合于多品种小批量生产。

3. 精密模压成型技术

传统的浇铸法和热压成型法生产出的光学零件不能直接在光学系统中使用，只能作为毛坯，还需要进行研磨、抛光等冷加工手段进行加工。

随着光学玻璃材料、模具材料以及模具设计、加工技术的发展，已经成功实现了光学玻璃的精密模压成型，它是在浇铸法或热压成型法的基础上，使用高纯度、高表面精度的光学玻璃材料和精密模具，通过精密控制光学玻璃的加热黏度和所受压力，生产出精密的光学玻璃零件的技术。通过精密模压技术生产的光学零件，尤其是非球面光学零件或其他一些难以加工的特殊形状的零件，不需要再进行研磨合抛光等冷加工，就可以在光学系统上使用。并且在生产光学零件的同时，能够压制出一些参考平面作为装配时的基准，从而大大减少装配和校准的时间和工作量。

精密模压光学玻璃零件不仅质量好，还适合大批量生产。精密模压成型的光学玻璃非球面透镜已在照相机、摄像机、光导纤维微透镜等产品上应用。但精密模压成型的光学玻璃球面透镜或其他零件的应用还不多。

典型的精密模压工艺流程如图 4.2.4 所示。

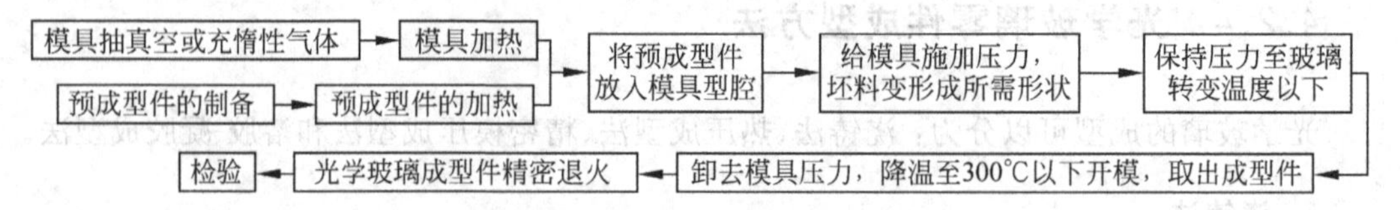

图 4.2.4　精密模压典型工艺流程

精密模压技术要求光学玻璃原料要纯度高、软化温度较低，光学玻璃原料要先进行预成型，如表面抛光成球面，光学玻璃预成型件加热后的黏度应在 10^7～10^{12} Pa・s之间。模压成型室要求抽真空或充惰性气体以防止模具零部件的高温氧化。光学玻璃成型后需要进行精密退火，以提高折射率和消除内应力。

4. 光学玻璃的溶胶-凝胶成型技术

玻璃的传统生产方法是将玻璃加热到熔融状态经过急冷来制造，其加热温度很高。而采用溶胶-凝胶成型技术制造玻璃所需温度要比传统玻璃生产方法至少低 400～500℃。

(1) 溶胶-凝胶成型技术简介

溶胶-凝胶成型技术是指金属的有机或无机化合物，经过溶液→溶胶→凝胶的转化过程，并在溶胶或凝胶状态下成型，再经过干燥和热处理等工艺制成不同形态制品的方法。其中，溶胶是尺寸在 1～100nm 之间的固体颗粒分散于液体介质中所形成的多相混合体。这些固体颗粒一般由 10^3～10^9 个原子组成，称为胶体。当溶胶受到温度变化、搅拌、化学反应或电化学反应等作用时，黏度会增大，当增大到一定程度时，会得到一种介于固体和液体之间的相当黏稠的冻状物，称为凝胶。

目前，溶胶-凝胶成型技术已经成功应用于玻璃、陶瓷、薄膜、纤维及复合材料的制造。

(2) 溶胶-凝胶成型技术在光学玻璃零件制造上的应用

光学玻璃的溶胶-凝胶成型方法主要是以金属醇盐(如正硅酸已酯等)为原料及其在醇溶剂中的水解-聚合反应为基础的水解-聚合反应法。这种方法之所以应用广泛，是由于元素周期表中绝大多数元素都能够制成醇盐，而且醇盐溶胶-凝胶法中的水解产物比较容易在后处理过程中去除。用这种方法制造光学玻璃零件的典型工艺流程如图 4.2.5 所示。

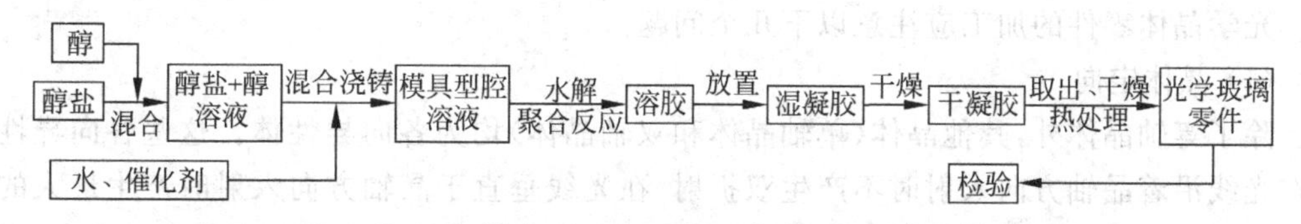

图 4.2.5 溶胶-凝胶成型技术制造光学玻璃零件的典型工艺流程

值得注意的是，湿凝胶内包裹着大量的溶剂和水，必须进行干燥。放置冷却、干燥得到干凝胶从型腔内取出后，由于形成凝胶时空隙中还存有水分，因此需要进一步干燥出炉。最后，进行高温热处理。高温热处理的目的是消除干凝胶中的气孔，使光学玻璃零件致密化。高温热处理的温度比传统玻璃制造温度低得多。如石英玻璃的高温热处理温度为 1100℃，而其传统制造法加热到熔融态的温度要到 2200℃以上。

溶胶-凝胶成型技术可以制造出具有精确面形、光滑表面和均匀一致的光学玻璃零件。

(3) 溶胶-凝胶成型技术的特点

① 溶胶-凝胶成型技术是利用溶液中的化学反应，原料是在分子水平上均匀混合，因此所得零件具有高度的均匀性。

② 溶胶-凝胶成型技术一个突出的优点是其合成温度低，这不仅降低了制造系统工艺条件的要求和能耗，而且可以制造出一些用传统方法难以或无法制造的光学玻璃零件。

③ 由于原料是在液态下浇铸到模具型腔，流动性好，因此溶胶-凝胶成型法可以制造各种光学零件，如球面和非球面透镜、特殊曲率的透镜、菲涅耳透镜、闪耀光栅、柱面透镜以及带把的透镜、棱镜、锥体反射镜等。只要模具型腔的精度足够高，就可以制造出具有精确面形和光滑表面的光学玻璃零件，不需要进行研磨合抛光等冷加工，可以直接应用于光学系统上。

④ 同样由于醇盐原料是液体，能溶于醇类溶剂中，易于提纯，因此用溶胶-凝胶成型法可以制造高纯和超纯光学玻璃零件。如美国 Geltech 公司用此法生产的石英光学玻璃零件的 SiO_2 纯度高达 100%。

(4) 溶胶-凝胶成型技术的应用

溶胶-凝胶成型技术除了可以制造上述用作光学介质的光学玻璃零件(如非球面透镜、球面透镜、棱镜、菲涅耳透镜等)外，还可以制造光学玻璃纤维和光学玻璃薄膜等。

4.3 光学晶体和光学塑料零件冷加工工艺

4.3.1 光学晶体零件冷加工工艺

光学晶体零件的加工过程与光学玻璃零件大致相仿。但是,与光学玻璃相比,光学晶体具有一些特殊的性能,如各向异性、硬度差别大、易受水、湿气、酸、碱和其他化合物的影响等,因此,光学晶体零件的某些加工方法与光学玻璃零件不完全相同。

光学晶体零件的加工应注意以下几个问题:

(1) 晶体定向

除了等轴晶体外,其他晶体(单轴晶体和双轴晶体)均为各向异性体。这些各向异性晶体在光线沿着晶轴方向入射时不产生双折射,在光线垂直于晶轴方向入射时产生最大的双折射。大部分光学晶体零件要避免产生双折射,应使光学系统的光线与晶体晶轴方向一致;但对于双折射零件,则是利用晶体的双折射,应使光学系统的光线与晶体晶轴方向垂直,以产生最大双折射。因此,光学晶体在加工前应首先对晶体毛坯进行定向。

(2) 温度、湿度的控制

加工车间的温度一般要求比光学玻璃加工车间高一些,相对湿度要小一些。

由于晶体的各向异性特点,其热传导系数在各个方向上也不一样,在加工过程中晶体零件容易产生较大的温差,从而造成晶体的炸裂。因此在加工各向异性晶体时应力求减少温差或消除温差。此外,即使是各向同性的等轴晶体,和光学玻璃及其他晶体一样,也要注意不能使材料产生急冷和急热,否则也会造成材料的炸裂。因此加工时应注意晶体的冷却。

另外,由于很多晶体的热膨胀系数也是各向异性的,它们不能承受较高的黏结温度,甚至不能受热,因此不能使用光学玻璃零件常用的石膏上盘和热胶上盘方法,需要采用特殊的方法上盘。

对于潮解晶体的加工,湿度的影响非常大。因此,在加工中,尤其是抛光过程中,应严格控制湿度,并采取有效的措施(如用红外等局部除湿),以免晶体零件受潮而返修甚至报废。

(3) 控制振动和外力

晶体由于其解理面间的键力非常弱,即具有解理性,因此我们可以利用其解理性进行切割。但是,也正是其解理性,当受到较强的振动时,也容易造成晶体沿解理面裂开;另外,由于晶体材料大都很脆,在受到振动时容易产生脆裂。在晶体的切割和粗磨时容易产生剧烈振动,容易造成晶体开裂或碎裂,因此,要选择与光学玻璃加工不同的切割和粗磨方法,以降低振动。

对于脆而软的晶体很少施加外力或者根本不能施加外力,否则在加工时会引起晶体的破裂或在研磨时使得磨料嵌入晶体的加工面,从而造成晶体零件的返修甚至报废。

(4) 抛光粉的选择

由于晶体材料的硬度相差极大,不同的晶体要用相应的抛光粉和磨料抛光才能达到满意的效果。一般来讲,硬质晶体选用硬质的抛光粉和磨料,软质晶体选用软质的抛光粉和磨料。

(5) 防护措施

有些晶体有毒,如 KRS-5 类铊化物、磷化物、砷化物等,在加工时会产生有毒的粉尘或气体,会严重危害人体的健康。因此,在加工有毒晶体时必须采取有效的防护措施,确保人体的安全。

1. 晶体的定向

光学晶体的定向是指在晶体材料毛坯上找出一个与该晶体晶轴成预定角度的基准面的过程,其他面由基准面来确定。大多数情况下,是确定一个与晶轴垂直的基准面,用作光学系统的通光面。晶体定向主要有以下几种方法:

(1) 依据晶体的结晶形状定向

对于那些具有完整形状的晶体,如果定向精度要求不高,可以依据晶体的结晶形状来定向。例如,磷酸二氢钾 KDP(KH_2PO_4)、磷酸二氢氨 ADP($NH_4H_2PO_4$)、掺钕钇铝石榴石棒($Y_3Al_5O_{12}:Nd^{3+}$)等的生长方向就是其晶轴方向;由人工培养生长完整的石英(也称为水晶,SiO_2)晶体的晶轴方向,就是平行于两个相邻柱面,交叉棱线的方向;方解石($CaCO_3$)晶体的三个 101°55′ 钝偶角的中心线,即为其晶轴方向。

(2) 依据晶体的解理面定向

晶体在受到定向外力作用时,能够按照一定的方向破裂,形成光滑的平面,这种现象称为解理。因解理破裂而形成的平面称为解理面。通过对晶体的切割,找出其解理面,就可以大致确定晶体的晶轴方向。但是,一方面由于在获取晶体解理面的过程中,对晶体有一定的破坏,甚至会造成晶体的粉碎;另一方面,并不是所有的晶体都具有解理面。因此在晶体定向时,只有个别情况下才依据其解理面来定向。

(3) 依据偏光干涉图定向

当晶体没有完整的外形或定向精度要求较高时,可以利用偏光显微镜或专门的偏光晶体定向仪,在正交偏光镜下观察干涉图形来定向。偏光干涉图定向原理如图 4.3.1 所示。

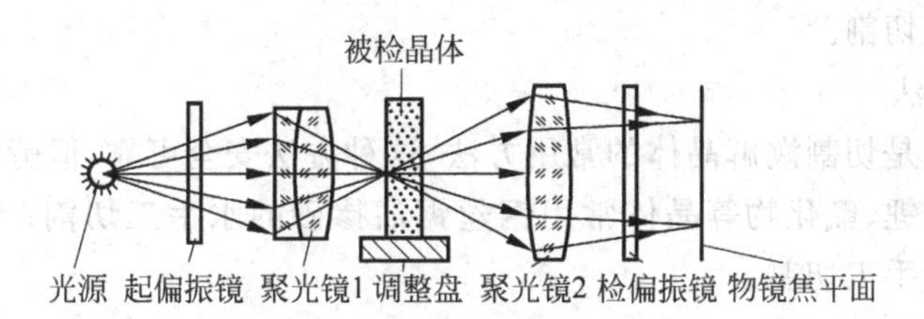

图 4.3.1 偏光干涉图定向原理

从光源发出的光线通过起偏振镜成平面偏振光进入聚光镜 1,并会聚于被检晶体上,再经过聚光镜 2 和检偏振镜,在物镜焦平面上形成干涉图形。干涉环是由于晶体产生双折射,*o* 光和 *e* 光存在光程差形成的。

用偏光干涉图定向时,先磨出一个大致与被检晶体晶轴垂直的平面作为起始基准面,并将被检晶体放入偏光显微镜或专门的偏光晶体定向仪光路当中,使得被检晶体的起始基准面与仪器光轴垂直。如果形成的干涉环是以视场中心为圆心的同心圆环,则说明被检晶体的晶轴与仪器光轴同轴,起始基准面即被检晶体的实际基准面;如果形成的干涉环的圆心不与视场中心重合,则说明被检晶体的晶轴与仪器光轴不同轴,存在一定的夹角。这时可通过调整盘转动被检晶体,使得干涉环的圆心与视场中心重合,读出调整盘转动的角度,即是被检晶体起始基准面的修正量,经过修正后的基准面即为被检晶体的实际基准面。

用偏光干涉图定向的精度较高,一般可达 5′～10′。

(4) 依据 X 射线衍射图定向

晶体还可以用 X 射线通过晶体时产生的衍射图来定向,即所谓劳厄法。劳厄法的原理是将 X 光管发出的光束经过网状光栏分成许多很细的光束,然后射到被检晶体上,光束穿过被检晶体后在它后面的照相底片上会形成一系列按一定规则和次序排列的斑点,通过对斑点的测量和计算,就可以求得被检晶体的方向。这种方法有较高的精度,可达 30″。但衍射图计算麻烦。

2. 晶体的切割

晶体毛坯的切割除了采用与光学玻璃相同的切割方法外,尚有以下切割方法。

(1) 劈开切割法

劈开切割法是利用晶体的解理特性进行切割的方法。它是用平直锋利的小刀,沿晶体的解理面施加均匀压力将晶体切开的方法。这种方法仅适合于具有完善解理面的小块晶体(如云母、冰洲石、氯化钠、氯化钾、砷化镓等)的切割,对较大的晶体难以得到完整的表面。由于在切割时会在刀口处产生局部应力,只有增大加工余量才能将应力层磨去。因此价格昂贵和尺寸余量小的晶体不宜采用此法切割。

(2) 水线切割法

水线切割法是潮解晶体和软质晶体常用的切割方法,这种方法不会对晶体造成任何伤害。由于水线切割时水线与晶体相互摩擦会产生热量,容易引起晶体开裂,一般线速度应控制在 0.5m/s 左右。

对于诸如 NaCl、KCl、KBr、KDP、ADP 等软质、潮解晶体,常用纤维线沾调有磨料的温水切割;对于诸如 CsCl、CsBr、AgCl、KRS-5 等的软质晶体,可用金属丝沾调有磨料的温水、煤油或晶体饱和液切割。

(3) 手锯切割法

手锯切割法也是切割潮解晶体的常用方法,这种方法安全可靠,但劳动强度大。其中冰洲石、铌酸锂、碘酸锂、氟化物等晶体常用钢丝锯沾掺砂的水手工切割;KDP、ADP 等晶体常用钢锯沾松节油手工切割。

(4) 超声波切割法

超声波切割是一种特种加工方法,它是在超声波加工机床上进行的。由于其加工质量非常好,加工速度与晶体硬度无关、且不会造成晶体的任何损坏,因此主要用于硬质贵重晶体的切割。此外,超声波切割还可用于切割各种口径的圆形棒料,钻各种异型孔。

(5) 内圆切割法

内圆切割法是半导体行业经常使用的方法,它是在内圆切割机上安装电镀金刚石锯片,并以微弱冷却液流溅在锯片上,对晶体进行切割。其特点是切缝小(仅 0.2～0.3mm)、切口表面平整度好(可达 0.01mm)、切片平行度高(可达 0.02mm),而且晶体不会产生裂纹和损坏,因此是一种材料损耗小、切割精度高的切割方法。这种方法主要用于切割硅、锗、砷化镓、碲(读 di)化铅、宝石、石英等价格昂贵、耐热性好、尺寸较小的晶体,不适合切割耐热性差的晶体材料，如 KDP 等。

3. 晶体的研磨

晶体研磨用的磨料，除了采用研磨光学玻璃常用的磨料外，对于宝石、石英等硬质晶体常采用高硬度的磨料，如碳化硅、白刚玉、金刚石、碳化硼等；对于 KRS-5、方解石($CaCO_3$)、KDP、ADP、氟化物及卤化物等软质晶体则常采用硬度较低的磨料，如天然金刚砂等。晶体研磨用磨料的粒度应非常均匀。

硬质晶体研磨用研磨模常选用钢、铸铁、铜、有机玻璃等硬度不同的材料，粗研时，采用硬度较高的研磨模材料，精磨时，采用硬度较低的研磨模材料。目的是提高晶体零件表面的加工质量，减少抛光时间；软质、潮解晶体常选用硬质耐热玻璃做研磨模。

晶体由于具有各向异性及容易脆裂等特点，研磨时应注意以下几个问题：

(1) 晶体在粗磨合精磨时应注意研磨面与其解理面的相互位置，当研磨面与其解理面平行时，研磨应特别小心，不要用力过大，以免晶体沿解理面片状剥落。

(2) 对于 KDP、ADP 等软质、潮解晶体，可用砂纸干磨，但不要用力过猛，而且砂纸与研磨面的相对线速度不宜过大；否则会使晶体局部发热，引起晶体炸裂。晶体在研磨前，应先将前一道工序(如切割)留下的棱角或尖棱倒掉。而且研磨过程中也应随时注意倒棱，不要出现锋利的尖棱，以免造成晶体零件的崩边。

(3) 晶体材料对温差非常敏感，有几度的温度突变就可能引起裂纹或碎裂。因此，磨料悬浮液应加温后使用，研磨模也应该加温后使用。研磨好的晶体零件也不要用冷的液体清洗，以免晶体开裂。

(4) 配制磨料悬浮液应选用对被加工晶体溶解度很小最好不溶的液体，如配制潮解晶体一定不要用水，可用煤油、有机溶剂或与被加工晶体成分相同的饱和溶液等。

4. 晶体的抛光

选择晶体抛光粉的原则是抛光粉的硬度应略高于被抛光晶体材料的硬度，且以接近为佳。用经过多次沉淀后得到的极细抛光粉抛光晶体零件表面，可以使其表面粗糙度非常小。硬质晶体的抛光粉主要有宝石粉、玛瑙粉、钻石粉及其制品金刚石抛光膏。软质晶体的抛光粉主要有如氧化铁、氧化铈、氧化镁、氧化铬、氧化铝、氧化钛、氧化锡、氧化锆等。

晶体的抛光模应根据晶体的性能选定，一般要求抛光模的硬度应比被抛光晶体的硬度略微软一些。最常用的抛光模为柏油模；此外，还用沥青、松香、石蜡、蜂蜡、聚氨酯、酚醛树脂、毛毡等材料制作抛光模。

对晶体零件抛光时应注意的问题与研磨时差不多，此外还应注意以下几个问题：

① 抛光后的光学晶体零件应对其表面进行擦拭，擦拭方法与光学玻璃零件相同，但应根据晶体的性质选用不同的溶剂，多采用有机溶剂作为擦拭溶剂，主要有乙醇、丙酮、乙醚和四氯化碳等。

② 对水溶性和易吸潮的晶体零件，抛光后应立刻放入干燥器内，以防潮解。

③ 经过研磨合抛光的晶体零件往往存在内应力，因此应根据晶体的性能选择合适的温度进行退火处理，以消除内应力。

④ 晶体在抛光前的上盘应注意：对于冰洲石、氟化物等耐热性较差的晶体零件，不能

采用黏结法上盘,但可用石膏上盘;对于 NaCl、KCl、KBr、KDP、ADP 等软质、潮解晶体零件的上盘,既不能用黏结法上盘,也不能用石膏上盘,需要设计、制造专用夹具。

4.3.2 光学塑料零件冷加工工艺

光学塑料零件绝大多数都是用成型方法生产的,一般不需要进行冷加工就可以直接在光学系统中使用。但在以下特殊情况下,需要进行冷加工:

① 在制造尺寸精度、面形精度和表面粗糙度要求特别高的光学塑料零件,用成型方法生产的光学零件达不到要求时,往往需要采用进一步的机械加工(称为二次加工)来制造,它包括切削、研磨、抛光等工序。

② 当光学塑料零件数量要求较少,采用成型技术由于成本太高,也采用冷加工的方法来制造。

③ 成型制品废边切除、浇口去除等均需要机械加工。

一般来讲,塑料由于硬度低、热膨胀系数大、导热性差,只能用切削的方法加工,难以或不能采用研磨、抛光等方法加工,而且也难以保证较高的加工质量。但是,针对光学塑料零件的特点,主要有以下冷加工方法。

1. 切削加工

塑料的切削加工性能较好,与金属材料基本相同。但由于塑料的导热性差,在切削加工过程中热量难以散出,使零件表面温度急剧升高,造成热塑性塑料零件变软或热固性塑料零件烧焦。因此塑料的加工质量一般难以保证。

对于需要切削加工的光学塑料零件来说,绝大多数是具有回转中心线的平面、球面、回转面等,应采用车削的方法进行加工,对于少数无回转中心线的表面则采用铣削的方法加工。

传统的车削方法是在车床上进行加工,对于有回转中心线的曲面,首先制作一个标准曲线靠模,利用靠模法对光学塑料零件进行车削加工,得到与靠模标准曲线一致的零件。用传统车削加工方法加工的光学塑料零件,经常在零件表面形成环形窄带,并有一定的塑性变形,其尺寸精度、面形精度和表面粗糙度都不高,还需要进一步研磨合抛光。

随着数控技术及金刚石刀具精密加工技术的发展,现在已经很少采用传统方法对光学塑料零件进行切削加工,取而代之,主要采用数控金刚石刀具对光学塑料零件进行车削。

采用金刚石刀具在数控车床上车削光学塑料零件,可以达到极高的尺寸精度、面形精度和极小的表面粗糙度,尤其是加工各种复杂的曲面(如非涅耳透镜表面、非球面等),金刚石刀具数控切削具有更大的优越性。这种方法加工的光学塑料零件可直接在光学系统上使用,极少数有特殊要求的零件要精密抛光后使用。

2. 研磨

对光学塑料零件进行研磨的目的是消除车削产生的环形窄带,并减少切削加工中产生的塑性变形。通常采用氧化铝粉做磨料,制成悬浮液对光学塑料零件进行研磨。

光学塑料在受到磨料颗粒作用时开始出现某种程度的塑料变形,在显微镜下观察,可以看到很多火山口状麻点，每个麻点周围伴有许多小裂缝。当磨削进行时，还可在研磨的塑料表面上观察到分散的楔形皱纹。这些火山口状缺口和楔形皱纹的产生与磨料粒度有关，粒度越大越容易产生。因此光学塑料零件(相对于光学玻璃零件)应选用粒度小的磨料。

不同的光学塑料应选用不同的研磨速度。对于热塑性光学塑料零件，由于其塑性很大，应选用较低的研磨速度；对于热固性光学塑料零件，其塑性与光学玻璃接近，可以选用与光学玻璃零件相同的研磨速度。

3. 抛光

塑料的抛光也是一种复杂过程。通常采用氧化铈、红粉、氧化铬、氧化锡、氧化锌等作为抛光粉，采用毛毡垫、微孔聚氨酯、蜂蜡、普通中软沥青和特殊配方的沥青等制作抛光模。

抛光压力对光学塑料零件的抛光质量影响很大。由于塑料的硬度低，光学塑料零件和抛光模之间的压力极大地影响零件的表面粗糙度。实验表明，压力越大，则制成的表面划痕越小。通常认为光学塑料零件和抛光模之间的最佳压力为 10×10^3 Pa。当压力降低时，划痕数和散射将迅速增加，当压力过大时，对表面质量亦无明显改进。

抛光速度对光学塑料零件的抛光质量也有很大影响。一般来讲，有机玻璃等热塑性材料宜采用较大的抛光速度；CR-39 等热固性光学塑料宜采用较小的抛光速度。

4.4 非球面光学零件的加工工艺

广义上讲，除了球面就是非球面，平面可以看作是曲率半径无穷大时的球面。非球面可以定义为与球面有偏差的表面。非球面光学零件就是与球面(包括平面)有偏差的光学表面构成的光学零件。

光学系统通常是由平面镜和球面镜组成的，这些球面或平面光学零件在制造工艺、生产效率及光学性质上已经较为成熟。但是，随着科学技术的发展，对光学系统的要求也是越来越高，具体表现在以下几个方面：

① 采用非球面光学零件可以校正或消除像差，提高成像质量，减少光能损失。

② 采用非球面光学零件可以增大光学系统的相对孔径，扩大视场范围。

③ 在光学系统中，有时采用多个球面光学零件的组合难以甚至无法达到的成像要求，采用一个非球面光学零件就可以实现。因此采用非球面光学零件可以简化系统结构，减小系统的外形尺寸和重量。

④ 随着现代科技的发展，光学系统的应用不断向可见光的两端发展，即向红外线和紫外线延伸。而红外线和紫外线相对于可见光波段来讲，品种少，透过材料尤其是大尺寸透过材料制造困难，在极远紫外波段根本没有透过材料，只有采用非球面反射光学系统才能消除像差，将这些困难克服掉。

近年来，得益于加工技术的进步，非球面光学零件的制造发展迅速，非球面光学零件的制造工艺逐渐成熟，加工质量不断提高，生产成本不断下降。因此，不断有新型非球面光学零件设计并制造出来，在许多领域得到应用。

4.4.1 非球面光学零件的加工和检验特点及其应用

1. 非球面光学零件的加工和检验特点

相对于球面(包括平面)光学零件的加工和检验,近年来非球面光学零件的加工和检验有了很大的发展,但总体上讲,非球面的加工和检验还是比较困难的,主要表现在以下几个方面:

① 大多数非球面只有一根对称轴,表面较为复杂,通常只能单件生产。而球面则有无数对称轴,因此非球面不能采用球面加工时的对研方法加工。

② 非球面各点的曲率不同,而球面则是各点都相同,所以非球面面形不易修正。

③ 非球面对该零件另一平面或球面的偏斜无法用球面透镜修正时所使用的定中心磨边的方法来纠正,因此不能用定中心的方法来解决同一零件上非球面与球面之间不同轴的问题。

④ 非球面尤其是非球面度较大的非球面检验不像球面那样容易实现,一般不能用光学样板来检验其光学参数(如光圈等),尤其是某些非球面零件的检验是一件复杂而费时的工作。

目前,我国大多数非球面光学零件还是用研磨合抛光等方法制造的,通常要依赖技术工人的技艺,通过不断地检验和反复地修抛来完成。因此,非球面加工工艺复杂、生产周期长、重复精度低、成本高。但是,随着计算机数控技术和光学零件精密热成型技术的发展,非球面加工的重复精度越来越高,生产周期越来越短,成本越来越低,而且可以大批量生产。

2. 非球面光学零件的应用

非球面光学零件最早应用是用作天文望远镜的抛物面反射镜。之后,随着科学技术的飞速发展,尤其是宇航、原子能及军事等尖端科技领域的发展,对非球面光学零件的使用越来越多,要求也越来越高。归纳起来,非球面光学零件主要有以下应用。

① 天文、宇宙观测、摄影系统中天文望远镜的抛物面反射镜、施密特相机的校正板等。

② 激光光学系统中的高功率激光加工装置、核聚变用激光聚焦镜头、激光照排系统、激光干涉仪等。

③ 照相、摄影系统中的大口径透镜、广角镜头、鱼眼透镜、变焦镜头、取景器等。

④ 计算机光驱、CD、VCD、DVD 播放器、条码扫描仪中的读出装置,激光打印机、复印机、扫描仪中的激光头等。

⑤ 红外成像系统中的红外热像仪、温度记录器、红外眼底照相机等。

⑥ 医学上,用于视力检查和矫正的散光眼镜、白内障眼镜、隐形眼镜、检验眼镜,用于腹腔检查的内窥镜等。

⑦ 照明、受光系统中的聚光器、红外线照射器、放射温度计、太阳炉等。

⑧ 肉眼观察用的放大镜、各种观察装置等。

⑨ 电影、电视中的电影放映镜头、背投式投影电视镜头等。

⑩ 在军事上,主要用于军用激光装置、热成像装置、微光夜视眼镜、红外线扫描相机、导

弹制导系统、武器瞄准器、武装直升机观察、瞄准系统等。

此外，非球面光学零件还在光纤耦合接头、汽车飞机防撞系统、X射线微量分析仪、彩色阴极射线管烧结用修正透镜、风洞观测用锥体透镜等上应用。

4.4.2 非球面的分类及其光学性质

1. 非球面的分类

目前，能够在光学系统中使用的非球面可以分为三类：

(1) 轴对称非球面

轴对称非球面中应用最多的是二次曲面，如椭球面、回转双曲面等。

(2) 具有两个对称面的非球面

具有两个对称面的非球面是将一个具有一定方程式的曲线绕与此曲线处于同一平面内的轴旋转而形成的曲面，如圆柱面、圆锥面、复曲面等。

(3) 没有对称性的自由曲面

在实际应用的光学系统中，绝大多数情况下使用二次曲面就可以满足要求了，二次曲面的加工也相对容易，而且二次曲面在检验上相对方便。因此，在设计光学系统时应尽量采用二次曲面。

2. 二次曲面

二次曲面是二次曲线绕其回转轴旋转而形成的曲面。在讨论光学问题时，最常用也是最方便的二次曲线表达式为

$$y^2 = 2R_0x-(1-e^2)x^2 \tag{4.4.1}$$

式中，R_0 为二次曲线顶点的曲率半径；e 为二次曲线的偏心率，即二次曲线的形状参数。由式(4.4.1)可知，二次曲线由 R_0 和 e 两个形状参数确定。如果保持 R_0 不变，不同的 e 值所对应的二次曲线如图4.4.1所示，可以分为五种，分别为双曲线($e^2>1$)、抛物线($e^2=1$)、椭圆($0<e^2<1$)、圆($e^2=0$)、扁椭圆($e^2<0$)。

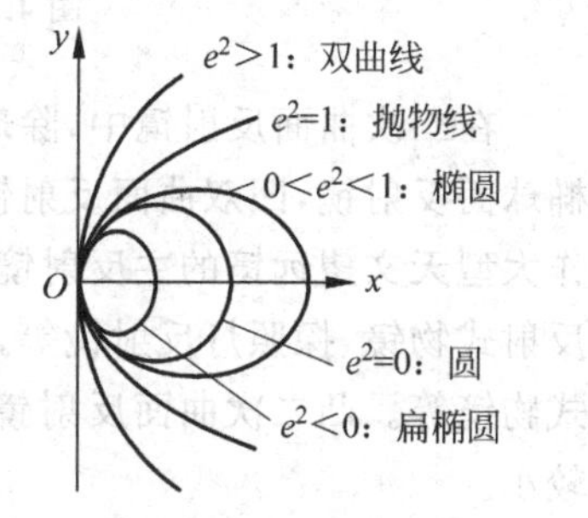

图4.4.1 二次曲线

由图4.4.1还可以看出，无论哪一种二次曲线，其直角坐标系 x、y 的原点都与曲线的顶点重合，回转轴线与系统的光轴(Ox 轴)重合。将它们绕 Ox 轴旋转，就得到相应的双曲面、抛物面、椭球面、球面和扁椭球面等。Ox 轴就是这些曲面的旋转轴(光学上称为光轴)。

3. 二次曲面的光学性质

以上五种二次曲线绕其光轴(Ox 轴)回转一周分别得到双曲面、抛物面、椭球面、球面、扁椭球面五种二次曲面，除球面外均为非球面。这些非球面具有优越的光学性质。

(1) 反射特性

二次曲面用作反射面时，具有如图4.4.2所示的特性。在这些二次曲面中，都存在一对

共轭的无像差点 F_1 和 F_2(又称为齐明点),若点光源置于其中一个点上,则被二次曲面反射的所有光线都严格交于另一个点上,即光线以任何角度入射在该反射面上都不会产生像差。因此,可以利用阴影法进行检验。双曲面的两个无像差点(焦点)分别在曲面的两侧;抛物面的两个无像差点(焦点)一个在 $R_0/2$ 处,另一个在无穷远处;椭球面和扁椭球面的两个无像差点是它的两个焦点 F_1 和 F_2;球面的两个无像差点重合在一起,就是球心。

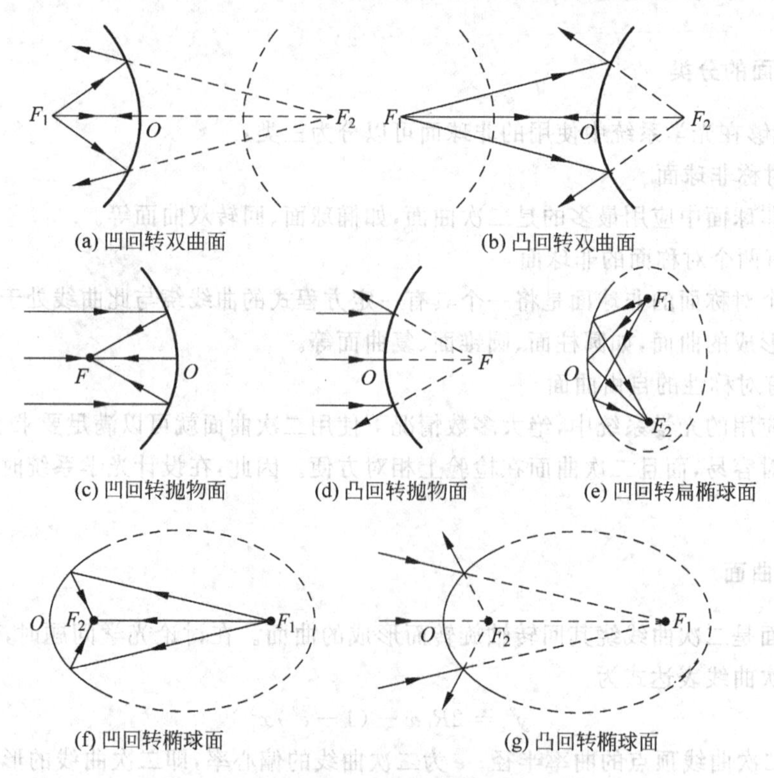

图 4.4.2　反射式二次回转非球面的光学性质

在二次曲面反射镜中,除球面外,应用最广的是凹双曲面反射镜、凹抛物面反射镜和凹椭球面反射镜,凹双曲面反射镜常用作卡塞格林系统中的主反射镜等,凹抛物面反射镜常用作大型天文望远镜的主反射镜、在可见光波段以外(如红外线波段和紫外线波段等)工作的反射式物镜、探照灯反射镜等,凹椭球面反射镜常用作望远镜的二次反射镜、聚光镜及反射式物镜等。凸二次曲面反射镜应用很少,主要是与凹面反射镜配合使用,一般其外形尺寸较小。

(2) 折射特性

在二次曲面透镜中,最常用的是椭球面透镜和双曲面透镜。对于椭球面透镜和双曲面透镜,当它们的偏心率 e 等于被表面分开的两个介质折射率(n_1 和 n_2)之比(即 $e=n_1/n_2$)时,平行入射光线的折射光才会会聚到一点(即椭球面和双曲面的焦点)上。

对于椭球面透镜,由于 $e=n_1/n_2$,而 $e<1$,因此,有 $n_1<n_2$,平行光线应从折射率小的一面入射(如空气),折射光将会聚到椭球面的第二焦点 F_2 上。图 4.4.3 示出了椭球面透镜的结构及光路。

对于双曲面透镜,同样由于 $e=n_1/n_2$,而 $e>1$,因此,有 $n_1>n_2$,平行光线应从折射率大

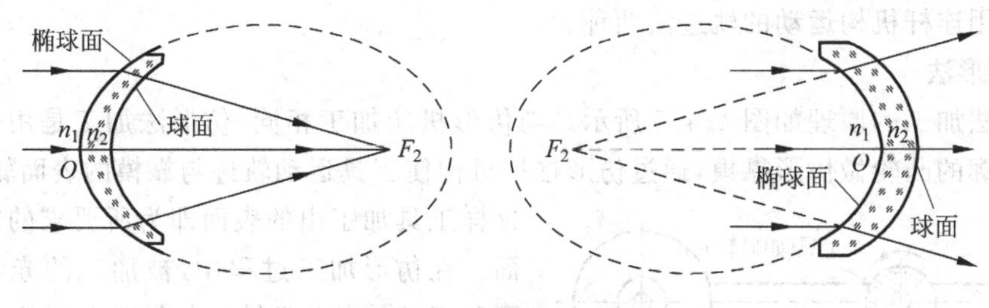

图 4.4.3 椭球面透镜

的一面入射,折射光将会聚到双曲面的另一焦点上。图 4.4.4 示出了双曲面透镜的结构及光路。

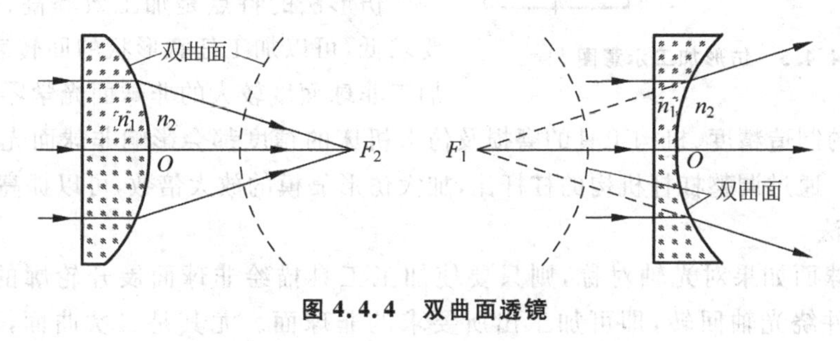

图 4.4.4 双曲面透镜

4.4.3 非球面光学零件的基本加工工艺

非球面光学零件的加工方法可分为基本加工工艺和计算机数控加工工艺,也可分为去除加工法、成型法和附加加工法。

1. 去除加工法

(1) 局部研磨抛光法

局部研磨抛光法是最早使用,且最简单的非球面加工方法。它首先利用各种检测手段(如干涉测量法)测量出非球面镜各处的误差,然后对有误差的表面进行局部研磨,去掉误差。目前,我国非球面加工主要采用局部研磨抛光法,如大型望远镜的抛物面镜、施密特照相机透镜、反射望远镜透镜等均采用此法加工。局部研磨法中,最常用的是修带法,尤其是高精度非球面光学零件的加工,采用修带法,在普通抛光机床上即可完成。修带法同样要先利用各种检测手段测量出非球面镜不同带区的不同误差,并根据误差的大小,制作出不同形状的修带工具,然后,借助修带工具手工或用机器对有误差的表面进行局部修磨,去掉误差。

局部研磨抛光法经过反复的精密测量及精细的研磨合抛光可以达到极高的精度,其加工精度取决于测量精度和操作者的技艺。

(2) 工具描绘非球面轮廓法

工具描绘非球面轮廓法是指通过某些机构使加工工具沿着非球面轮廓运动,实现切削加工的方法。对于光学玻璃及光学晶体零件主要是磨削,对于光学塑料零件则可以用车刀直接切削。

根据加工工具运动方法的不同,工具描绘非球面轮廓法可分为利用凸轮机构运动的仿形法和利用连杆机构运动的轨迹法两种。

① 仿形法

仿形法加工的原理如图 4.4.5 所示。与仿形机床加工相同，仿形法加工是用一个标准非球面轮廓的凸轮做仿形靠模，通过仿形杠杆机构使工具运动轨迹与靠模的表面轮廓相同，这样工具加工出的表面即为所要求的非球面表面。在仿形加工过程中，被加工的光学零件做两种运动：绕自身轴线的转动和沿箭头方向与靠模同步地移动，从而被工具加工成所需要的面形。

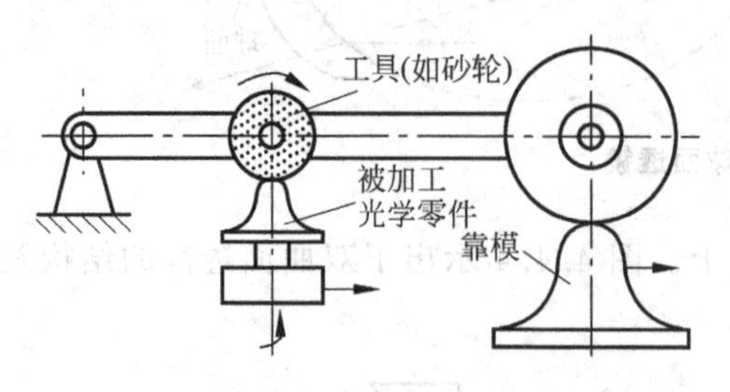

图 4.4.5　仿形加工示意图

仿形法的特点是加工效率高、操作者技艺要求低，可以加工任意形状的回转表面，适合于加工非球面度较大的非球面光学零件。其缺点是仿形机构的制造精度、机构工具的磨损及仿形机床的精度都会影响非球面光学零件表面的加工精度。通过调整杠杆机构的杠杆比，加大仿形靠模的放大倍数，可以提高加工精度。

② 轨迹法

光学非球面如果对光轴对称，则只要使加工工具描绘非球面展开轮廓的同时，让被加工光学零件绕光轴回转，即可加工出所要求的非球面。尤其是二次曲面，可根据其展开成抛物线、双曲线、椭圆等二次曲线的性质，利用连杆机构实现加工工具沿着二次曲线的轨迹运动。

图 4.4.6 所示是加工抛物面反光镜的连杆机构传动原理。图中 x 是抛物面的光轴，P_1P_2 是抛物线，F 是抛物面的焦点，d 是基准线。根据抛物线的性质，将 F 点固定，E 沿基准线 d 滑动，且 PE 始终与基准线 d 保持垂直，缩放机构 $ABCD$ 保持 $PE=PF$，因此 P 点运动的轨迹 P_1P_2 就是抛物线。使 F 点沿 x 轴移动，就能获得不同焦距的抛物线。使抛物线 P_1P_2 沿 x 轴旋转和在 P 点放上高速旋转的磨轮就得到所要求的抛物面。

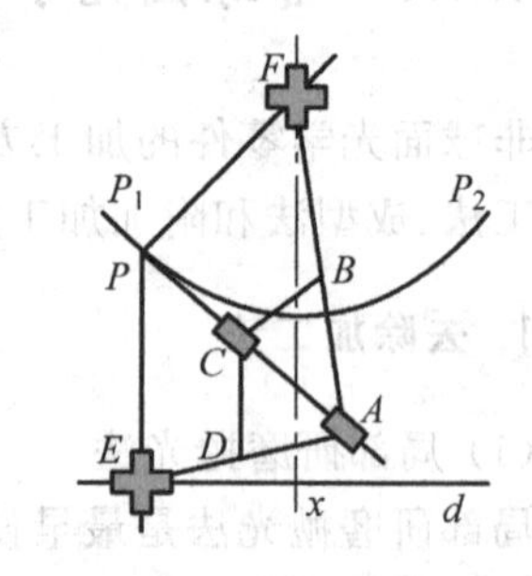

图 4.4.6　抛物面轨迹法原理

(3) 挠曲研磨法

挠曲研磨法是将经过加工的平行平面光学玻璃板夹在一对凹凸的非球面母型研磨模之间，先将光学玻璃板贴合在其中一个研磨模上，利用第二个研磨模做研具进行研磨加工。加工完一面后，反过来，将光学玻璃板贴合在第二个研磨模上，利用第一个研磨模做研具研磨光学玻璃板的另一面。

近年来，常用挠曲研磨法加工特殊非球面，如施密特校正板的加工。这种方法只要制作的母型研磨模准确，光学玻璃板与之贴合可靠，再借助于先进的检测技术，就能够研磨出精度极高的非球面零件。

(4) 数控加工法

数控加工法是近年来发展的非球面加工的新技术，应用较为广泛的是数控研磨合抛光、数控金刚石车削、离子束抛光。这三种加工技术将在 4.5 节中介绍。

2. 成型法

(1) 热成型法

4.2节已经介绍了塑料光学零件和玻璃光学零件的热成型方法，其中，塑料光学零件可以通过注射成型、铸造成型、压缩模塑、热成型等成型方法生产球面和非球面光学零件；玻璃光学零件可以通过浇铸法、热压成型法、精密模压成型法和溶胶-凝胶法生产球面和非球面光学零件。用以上方法生产的光学零件，尤其是用精密模压注射技术成型的塑料光学零件，用精密模压成型技术和溶胶-凝胶成型技术成型的玻璃光学零件，通常不需要进行研磨合抛光等去除加工方法加工，就可以直接在光学系统中使用。

随着科技的发展，尤其是精密(高精度、小粗糙度)模具技术的发展，采用精密模压注射技术成型的塑料光学零件以及采用精密模压技术和溶胶-凝胶法成型的玻璃光学零件的精度越来越高，表面粗糙度越来越小，尤其是用于制造非球面光学零件以及微透镜阵列、折射-衍射混合透镜等微光学元件，前景极为广阔。

(2) 下沉成型法

下沉成型法又称为加热成型法，主要用于厚度与直径比较小的光学玻璃零件(如施密特校正板)的成型。这种方法是将平板玻璃或经过加工具有一定形状的玻璃，放置在具有预定曲面形状的耐火砖模板上，然后一起放入电加热炉内，加热到玻璃软化点以上(一般加热到650℃左右)，玻璃软化下沉成为预定曲线形状。

下沉成型法成型的非球面光学零件精度很低，且有内应力，因此必须进行严格退火，还需要细磨抛光后才能使用。

(3) 液面回转法

凹面回转抛物面最简单的成型方法，是将盛有液体的圆柱体容器绕其轴线旋转，容器内的液体在离心力的作用下，形成的形状即为抛物面。通过改变容器旋转速度，可以形成不同焦距的抛物面。如果在容器旋转过程中液体固化，就可以得到所要求焦距的抛物面。

液面回转法制造凹面回转抛物面光学零件所用材料非常重要，要求材料在旋转过程中，黏性逐渐增加并固化，以获得良好的光学表面。目前只有合成树脂(如环氧树脂)为理想的材料。

用液面回转法可以制造直径高达10m以上的凹面回转抛物面光学零件，其面形精度和表面粗糙度都很好，可直接在光学系统中使用。

(4) 弹性变形法

弹性变形法是利用光学材料的弹性变形加工非球面光学零件的方法，适用于厚度与直径比很小的光学零件(如施密特校正板)。弹性变形法是将被加工薄片放在圆筒上，然后对圆筒抽真空。薄片在大气压力作用下弯曲变形，通过控制抽气压力使薄片弯曲成某一球面。当玻璃从圆筒上取下后，外力消失，弹性变形恢复，规则的球面就变成特定形状的非球面。

对于非常薄的薄片，也可将圆筒改成具有预定曲线形状的标准模板，将薄片用胶黏上，一定时间后薄片即为预定曲线形状。如果效果不够满意，也可以用对应标准模板加压，强迫薄片变形。

弹性变形法成型的非球面光学零件精度很低，均需要研磨、抛光后才能使用。

3. 附加加工法

(1) 镀膜法

镀膜法是根据非球面与最接近球面(或平面)之间的差别,利用真空镀膜法或化学镀膜法在球面(或平面)上镀制非均匀的膜层,将球面(或平面)修改成非球面的附加加工方法。即以最接近的经过抛光的球面(或平面)为基底,按照设计要求镀上一层透明或不透明的变厚度膜层,制成所需面形的非球面光学零件。镀膜厚度在光学零件不同带区的厚度变化,对于真空镀膜法,是通过精确设计非球面挡板的缺口形状来实现的;对于化学镀膜法,不仅要精确设计非球面挡板的缺口形状,还要控制镀液层的深度、液温、溶液浓度及镀膜时间等。

镀膜法的优点是可以制造任意形状的非球面,包括非对称非球面;也可以镀制不同的膜层材料,透明的(如硫化锌、氟化镁等)和不透明(如银、铝等)的均可。镀膜法的加工精度非常高(一般可达 $\lambda/10 \sim \lambda/20$),而且重复性非常好。镀膜法的缺点是膜层不能太厚,太厚容易产生结晶,产生散射,甚至会破裂和剥落,因此仅适用于镀制与球面(或平面)非常接近的非球面。

(2) 复制法

复制法最早用于制造光栅。复制法制造光学零件是指利用非球面的凸面(或凹面)复制模(也称为母模),经过真空镀膜后,借助合成树脂将复制模的面形转移到基体上的附加加工方法。这种方法可用于复制非球面反射镜、非球面透镜和多面体表面,其中以非球面反射镜工艺最为成熟。复制法的基本工艺过程分析如下:

① 非球面复制模的制造

首先应在数控机床或专用非球面机床上经过车削或磨削加工成形,再经精磨细抛制造出一个高精度的复制模,要求复制模的面形精度和表面粗糙度均高于所加工的光学零件。

制造复制模的材料应该能够加工出高精度的表面,并具有良好的强度和硬度。最好的复制模材料为微晶玻璃和石英玻璃,按被加工光学零件精度的高低依次可选用:微晶玻璃、石英玻璃、派勒克斯玻璃、光学玻璃、不锈钢、硬质合金等。

② 光学零件基体的制造

将光学零件基体表面加工成与被加工非球面最接近的球面,加工精度可以低一些,一般为光学零件要求精度的 1/3～1/10,但不允许有深的划痕。

对于透射光学零件,一般选用透过率高的光学玻璃为基体材料;对于反射光学零件,常用光学玻璃、黄铜、青铜、铝合金、镁合金、钛合金、钢、花岗岩、大理石等作为基体材料。

③ 真空镀膜

膜层包括两类,一类是用于将膜层从复制模上分离的分模膜,要求它与复制模的结合力较弱,容易与复制模脱离。常用分模膜材料有银、金、铜、铝及硅油等,尤以银最常用;另一类是增反膜或增透膜。

常用的增反膜有 Al-$\lambda/2$(SiO)和 Al-$\lambda/4$(MgF_2)-$\lambda/4$(ZnS)等金属-电介质膜;常用的增透膜有 $\lambda/4$(SiO)-$\lambda/4$(MgF_2)、$\lambda/4$(SiO)-$\lambda/2$-$\lambda/4$(MgF_2)、$\lambda/4$(MgF_2)-$\lambda/2$(SiO)等电介质膜。如果增反膜或增透膜最外层材料硬度低,有时还要再镀一层保护膜。

④ 非球面面形转移

如图 4.4.7 所示,在加工好的基体上浇注合成树脂,将镀好膜的复制模与放有合成树脂的基体压合在一起，在室温或加热，使合成树脂固化，即完成了非球面面形的转移。

合成树脂起黏结作用，要求其透过率要高、折射率要稳定、固化收缩要小，此外室温或加热后黏度要小，以便于排除气泡和填充模子。常用的合成树脂有环氧树脂和光敏树脂，其中室温固化的环氧树脂是最理想的复制用树脂。

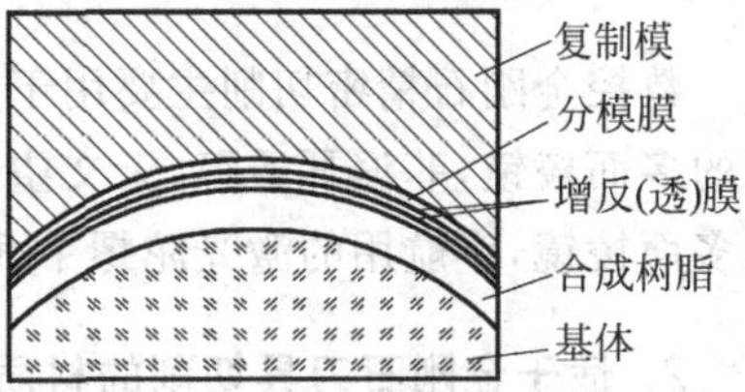

图 4.4.7 复制法工艺

⑤ 脱模，清理

将复制模从分模膜处与基体分离，然后用专用溶剂将分模膜清理干净，即形成由基体、合成树脂、增反膜（或增透膜）及保护膜（有的有，有的没有）组成的非球面光学零件。

复制法制造非球面光学零件的面形重复性非常好，生产率高，主要用于高精度、中小批量非球面光学零件的生产。

4.5 光学零件的数控精密加工技术

大多数光学零件，尤其是非球面光学零件都是经过磨削、研磨合抛光的工序制造的，这些加工方法加工的光学零件的精度在很大程度上依赖操作者的技艺，并且需要通过反复地修磨抛光和不断地检测才能达到要求。加工的特点是加工周期长，重复精度低。

随着计算机数控技术的发展，数控加工技术在平面、球面尤其是非球面反射镜、透镜、棱镜等光学零件加工上的应用日益广泛，基本上克服了加工周期长、重复精度低的缺点。

采用数控精密加工技术加工的光学零件精度，尤其是非球面等复杂光学表面的加工精度，主要取决于误差测量（采用激光干涉法测量）的精度和反馈用的误差补偿或校正方法。数控精密加工机床的精度对加工的影响不是最主要的因素。

在光学零件加工上应用较广的数控加工技术主要有数控金刚石精密切削、数控精密研磨抛光、数控离子束精密抛光等。

4.5.1 光学零件的数控金刚石精密切削

数控金刚石精密切削是指在精密数控车床或铣床上，使用天然单晶金刚石刀具（以下简称“金刚石刀具”）对零件进行加工的技术。数控金刚石精密切削用于加工光学零件，不仅可以批量生产，能够缩短加工周期，而且很容易加工非球面和其他形状复杂的表面。尽管加工设备一次投资较高，但与效益相比，成本还是比较低，尤其是用于加工非球面等复杂形状的表面，经济效益极为显著。此外，数控金刚石精密切削在加工光学表面的同时还可以加工出精确的定位面，不仅加快了单块光学零件的加工速度，而且还节省了装配、校正和定心等辅助时间。

数控金刚石精密切削包括在数控精密铣床上用金刚石铣刀对平面镜或棱镜进行铣削和在数控精密车床上用金刚石车刀对具有回转中心的平面、球面、非球面镜进行车削。

1. 数控金刚石精密切削在光学领域的应用

数控金刚石精密切削主要用于加工大功率激光用的金属反射镜,激光打印机和扫描仪用的多面棱镜,非涅耳透镜,天文望远镜中的反射镜,红外线用的软质光学晶体反射镜、透镜及多面棱镜,宇航用的激光陀螺平面反射镜,光学塑料非球面透镜等。

2. 适于金刚石刀具切削的材质

目前,金刚石切削仅局限于加工那些在物理和化学性能上都和金刚石匹配的材料,它们主要是一些不含碳的软质金属材料、软质晶体和塑料,在实际应用中取得了良好的效果。

表 4.5.1 列出了金刚石刀具适用的被加工光学表面材料。

表 4.5.1 金刚石刀具适用的被加工光学表面材料

材料分类	光学表面材料举例
软质金属	铝、铜、铅、铂、锡、银、金、锌、镁等金属及其合金,非电解镍
软质光学晶体	锗、氯化钠、氯化钾、溴化钾、碘化铯、硫化锌、硒化锌、氟化钙、氟化镁、氟化钡、氟化锶、硅、碲化镉、碲镉汞、砷化镓、磷酸二氢钾(KDP)
光学塑料	PMMA、PC、PS、NAS、SAN、CR-39、TPX 等

金刚石刀具不适合加工的非金属光学材料主要是光学玻璃和硬质光学晶体,原因是这些材料硬而脆,加工时材料容易碎裂。金刚石刀具不适合加工的金属主要有铍、钼、钛、钨、钒、钽、镍和黑色金属等。黑色金属不适合加工的原因是金刚石刀具在加工这些材料时会产生石墨化,从而毁坏刀具;铍、钼、钛、钨、钒、钽、镍不适合加工的原因是加工时金刚石刀具的磨损严重。但这些金属均可作为光学零件基体,在其上面镀上一层可以用金刚石刀具切削加工的薄膜材料(如镀可以得到非常高加工精度的非电解镍),再经车削而获得光学表面。

上述金刚石刀具适合加工的材料,都是较难研磨抛光的材料,用金刚石刀具车削不仅容易,而且能得到很好的精度和表面粗糙度。

用金刚石刀具对不同光学表面材料进行切削时,应选用不同的刀具前角,以得到最佳的切削效果。表 4.5.2 列出了几种材料的推荐数值。

表 4.5.2 金刚石刀具前角的推荐数值

被加工材料	刀具前角 γ_0	被加工材料	刀具前角 γ_0
铝合金、无氧铜、黄铜、青铜	0°～−5°	锗、硅	−25°
磷酸二氢钾(KDP)	−45°	光学塑料	2.5°～5°
硫化锌、硒化锌	−15°		

3. 数控金刚石精密切削金属反射镜和多面棱镜

在空间技术和高能量、大功率的激光装置中使用的光学反射镜和多面棱镜等,不仅要有很高的反射率,还要求有良好的耐热损伤能力。这些反射镜必须满足下列要求:

① 材料本身具有很高反射率。

② 导热率高,耐热损伤能力强。

③ 可加工性能良好，加工后可获得很高的精度和很小的表面粗糙度。

④ 有的还要求能够承受很高的振动。

过去高精度反射镜和多面棱镜多采用光学玻璃等硬脆材料通过磨削、研磨、抛光等方法制造，反射镜形状也多为平面和球面。随着计算机数控技术的迅速发展，这些反射镜除了采用平面镜、球面镜外，更多采用非球面镜，而真正能够满足上述要求的材料只有金属。与用研磨、抛光加工相比，用数控金刚石精密切削加工所得的金属反射镜和多面棱镜，不仅其表面反射率高，而且更能经受高能量激光束的照射而不发生表面损伤，也不易变暗或被腐蚀，加工造成的表面塌边也很小。

采用金属材料加工光学反射镜可以分为三类：

(1) 采用软质金属直接用金刚石刀具切削加工

最为常用的软质金属，如无氧铜、铝合金、铝镁合金等，用数控金刚石刀具（刀具前角0°～－5°）直接精密切削出平面、球面、非球面反射镜及多面棱镜等。得到的加工表面面形误差小于0.1μm，表面粗糙度 R_y＜0.01μm，在很宽光谱范围内表面反射率大于85%，而且没有散乱光和衍射光。但是，由于这些金属表面硬度较低，很容易因清洗或处理时的磨损或腐蚀而被损坏，因此在实际使用中，反射面经常要镀上一层保护膜，如常采用真空镀膜法镀SiO保护膜。

(2) 采用金属表面沉积非电解镍后，用金刚石刀具切削加工

在使用金刚石刀具切削的材料中，最普遍使用的是铜和铝。用单晶金刚石切削铜或铜合金时，表面粗糙度 R_y 最高可达2nm。非电解镍膜的硬度在HRC50以上，比无氧铜大很多，属于较硬的材料，使用金刚石刀具切削时其表面粗糙度 R_y 最高可达5nm，即可以获得与无氧铜或铝等软质金属相同程度的光滑表面，而且金刚石刀具磨损并不太严重。

非电解镍由于价格较贵，不能作为一个光学零件整体来使用，通常是沉积在其他基体上使用。非电解镍沉积层和基体要有足够的结合强度才具有使用价值，经常使用的基体材料包括大多数铝合金、大多数不锈钢、殷钢、钛和塑料等。

非电解镍的使用是先在经过半精加工的基体材料光学零件上沉积一层非电解镍，沉积的最大厚度可达0.5mm，然后再用金刚石刀具在数控精密机床上对非电解镍沉积层进行精密切削，加工出合格的光学零件。

(3) 采用硬质金属材料加工

对于钨、钼等硬质金属材料，不能采用金刚石刀具切削，而是采用研磨、抛光的方法进行加工，但加工后的表面反射率较低，需要再镀一层高反射率的金属增反膜（如金、银、铝等）或金属-电介质增反膜（如Al-λ/2(SiO)）。

4. 数控金刚石精密切削光学塑料零件

光学塑料零件主要用于可见光光谱区，由于硬度低，很难用研磨、抛光方法加工，但可以用金刚石刀具切削的方法得到光滑的光学表面。以前多用成型方法制作光学塑料零件，现在则多用金刚石刀具在精密数控机床上进行切削加工。与成型加工相比，用金刚石刀具切削不但精度高，而且生产周期也短。采用数控金刚石精密切削的光学塑料零件主要包括高精度的平面、球面、非球面反射镜和透镜，以及多面棱镜。由于光学塑料的密度非常小，因此光学塑料零件必将逐步取代金属反射镜和多面棱镜、光学玻璃反射镜、透镜和多面棱镜，在

许多领域得到更加广泛的应用。

在光学塑料中，聚甲基丙烯酸甲酯(PMMA)、聚碳酸酯(PC)等热塑性塑料，由于硬度低，塑性适中，用数控金刚石精密切削得到的光学表面质量较好。尤其是聚甲基丙烯酸甲酯(PMMA)，其切削性能非常好，用数控金刚石精密切削得到的光学表面的表面粗糙度 R_y＜0.01μm，而且具有与光学玻璃类似的良好光学性能，因此有望在光学零件中得到更加广泛的应用。

但是，用金刚石刀具切削聚苯乙烯光学塑料(PS)时，由于材料的塑性很大，在材料破坏时有较大的伸长，因此获得光学表面质量较差。而对于热固性光学塑料CR-39，由于材料脆性大，用金刚石刀具切削也难以得到良好质量的光学表面。

5. 数控金刚石精密切削软质光学晶体零件

软质光学晶体材料主要用作红外线和激光等光学元件，由于硬度不高，适合采用金刚石刀具切削。但大多数晶体脆性很大，在用金刚石刀具切削时容易产生龟裂和划痕，很难达到良好的表面。通过改变刀具的安装角度，使金刚石刀具前角的负值及后角的正值增大，当前角的负值增大到某一数值时，切削力较小，能够得到表面粗糙度很小(一般在 R_y＝0.01～0.02μm)、没有龟裂和划痕的良好表面。表4.5.2列出了几种软质光学晶体材料的推荐数值，可见，加工软质光学晶体时金刚石刀具的刀具前角需要有较大的负值，如加工磷酸二氢钾(KDP)单晶的金刚石刀具前角高达－45°。

6. 非球面光学零件的数控金刚石精密切削

用金刚石刀具在精密数控车床上加工二次曲面等非球面光学零件时，由于工艺复杂，一般要分为两个阶段：第一阶段为试加工，并积累加工参数；第二阶段为批量生产，可以根据第一阶段积累的参数进行批量加工。

(1) 试加工流程

试加工非球面光学零件时的工艺流程如图4.5.1所示。应注意以下几点：

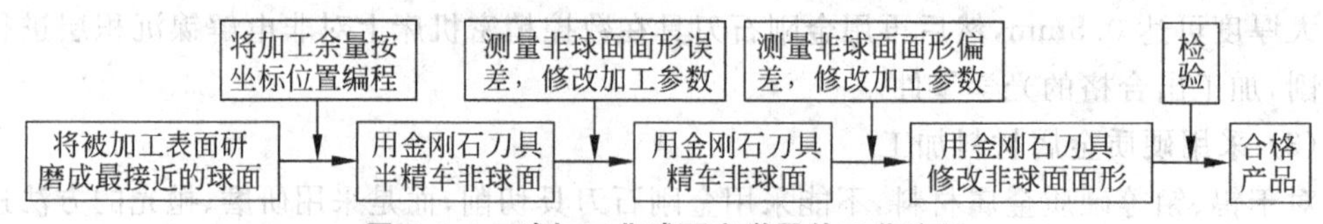

图4.5.1 试加工非球面光学零件工艺流程

① 将光学表面研磨到最接近的球面过程中不能使零件产生应力。

② 非球面的形状精度要用激光干涉法进行测量，测出面形误差，并修改车削参数。然后通过下一轮的车削和测量，进一步提高非球面面形精度。经过多次车削和测量循环，即可加工出达到预定精度的非球面，并积累可靠的加工参数，以用于批量加工。最后，经检验得到所要求的非球面零件。

③ 车削成非球面后，有时也进行抛光。抛光应在精密数控车床上就地进行，其目的在于去除加工刀痕和消除非球面带区误差。

(2) 批量生产

由于在试加工过程中积累了可靠的加工参数，因此批量生产加工流程较为简单，如

图 4.5.2 所示。

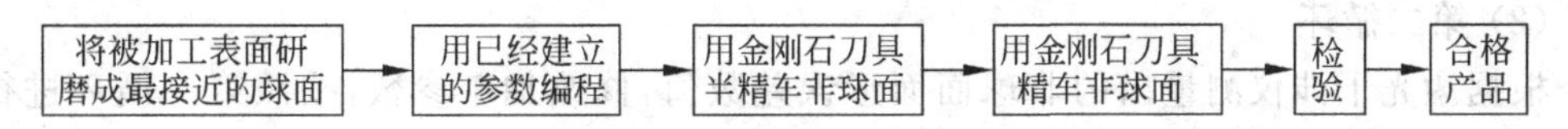

图 4.5.2 批量生产工艺流程

对于平面、球面光学反射镜和透镜的加工,也可参照以上工艺加工,但要简单许多。

7. 多面反射镜的数控金刚石精密铣削

多面反射镜属于较小的反射镜面,主要用作激光扫描装置(如激光打印机、激光印刷机、激光淬火和焊接)上,多采用铝合金、铝镁合金、镀非电解镍铝合金、光学塑料等材料加工。采用金刚石刀具在精密数控铣床上铣削多面反射镜的工艺流程如图 4.5.3 所示。

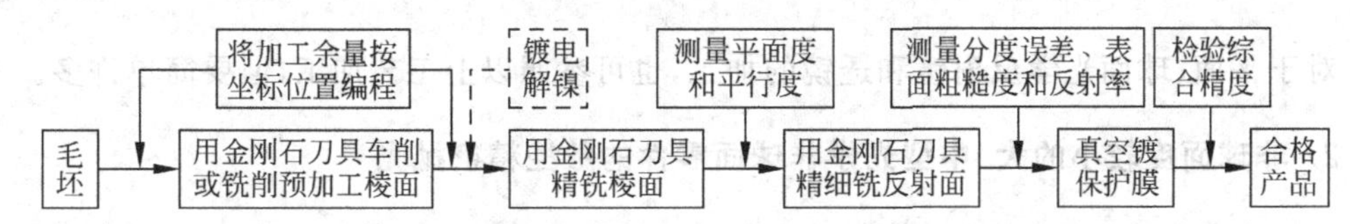

图 4.5.3 金刚石刀具精密铣削多面反射镜的工艺流程

其中,多面反射镜平面度采用激光干涉仪测量,表面粗糙度采用触针式泰勒轮廓仪测量,分度精度采用自准直光管测量。保护膜常采用 SiO 膜。

4.5.2 光学零件的数控精密研磨合抛光

几乎所有的固体材料都可以进行研磨合抛光,但由于不同材料的机械性能有很大的不同,其研磨抛光性能也有很大差异。一般地说,硬度高的材料虽然研磨合抛光效率低,但可以得到较好的表面质量和表面粗糙度。反之,硬度低的材料则难以得到较好的表面质量和表面粗糙度。因此,对于低硬度、高精度光学零件(如光学塑料零件、部分光学晶体零件、部分金属光学零件等)主要采用金刚石刀具数控精密切削的方法进行精密加工,对于高硬度、高精度光学零件则采用数控精密研磨合抛光的方法进行精密加工。采用数控精密研磨合抛光方法加工的光学零件主要有光学玻璃零件、高硬度光学晶体零件、高硬度金属光学反射镜等。以下是最常用的非球面光学零件(如反射镜和透镜)和多面反射镜的加工举例。

1. 直径较小和非球面度较大的非球面光学零件的数控精密研磨

对于直径较小或非球面度很大的非球面光学透镜和反射镜,一般先用常规研磨方法预加工毛坯(对于成型毛坯可省略此步骤),然后进入循环加工过程。

(1) 第一循环

将光学零件的加工余量按照坐标位置编程,计算机控制的精密磨床将零件表面研磨成所要求的面形,再用柔性抛光模抛光(仅改善表面粗糙度,不改善表面面形)研磨后的表面,最后用激光干涉仪测量非球面面形误差,即完成第一个循环。如果非球面面形误差大于光学零件面形精度要求,要进入第二循环。

(2) 第二循环

根据激光干涉仪测量出的非球面面形误差数值,修改加工参数,按照第一循环进行研磨、抛光和测量。如果非球面面形误差仍然大于光学零件面形精度要求,则进入第三、第四……循环,直到获得合格的零件为止。

数控精密研磨非球面光学零件的工艺流程如图 4.5.4 所示。

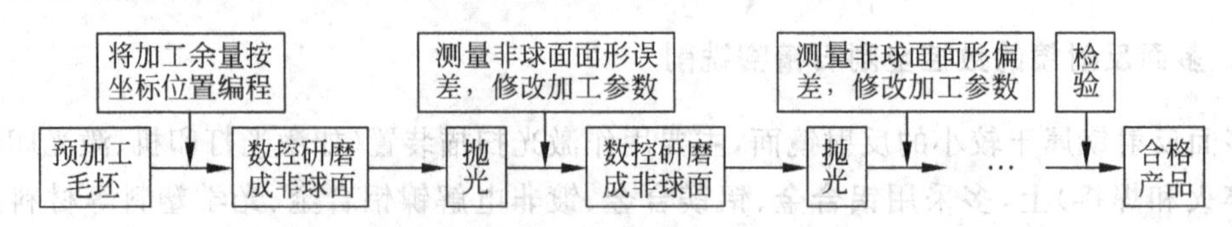

图 4.5.4 数控精密研磨非球面光学零件的工艺流程

对于平面、球面光学反射镜和透镜的加工,也可参照以上工艺加工,但要简单许多。

2. 非球面度较小的大、中型光学非球面零件的数控精密抛光

对于直径较大、非球面度较小的精密非球面透镜或反射镜,一般先用常规研磨抛光方法预加工毛坯,将其表面加工成最接近的球面,然后用激光干涉仪测量出非球面面形误差,并将测量数据分析计算,计算出抛光模所需的运动参数,最后抛光模在计算机控制下按照程序要求的轨迹运动,完成第一循环;用激光干涉仪实时测量出非球面面形误差数值,修改抛光模运动参数,对非球面进行第二次抛光,即完成第二循环;重复测量、抛光循环,直到获得合格的零件为止。

数控精密抛光非球面光学零件的工艺流程如图 4.5.5 所示。

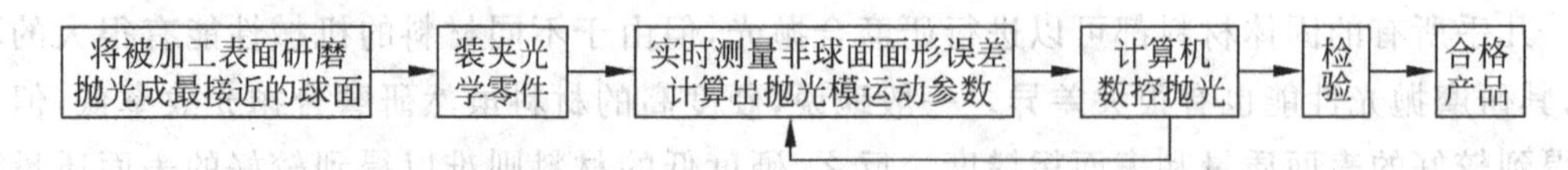

图 4.5.5 数控精密抛光非球面光学零件的工艺流程

对于平面、球面光学反射镜和透镜的加工,也可参照以上工艺加工,但要简单许多。

3. 多面反射镜数控精密研磨、抛光

多面反射镜数控精密研磨、抛光的工艺流程如图 4.5.6 所示。

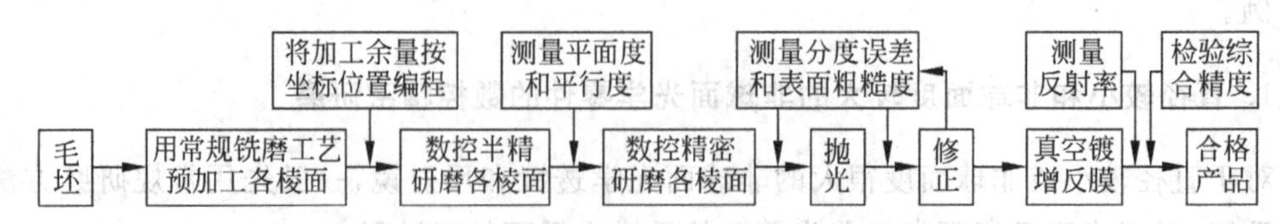

图 4.5.6 多面反射镜数控精密研磨、抛光工艺流程

其中,多面反射镜平面度采用激光干涉仪测量,表面粗糙度采用触针式泰勒轮廓仪测量,分度精度采用自准直光管测量。采用精密研磨、抛光的多面反射镜一般需要镀增反膜,如金属-电介质膜(如 Al-$\lambda/2$(SiO)),以提高其表面反射率。

4.5.3 光学零件的数控精密离子铣削

1. 离子铣削的特点

离子铣削是在真空条件下，将离子源(如氩、氪、氙(读 xian)等)产生的离子束经过加速聚焦，形成能量密度极高的离子束，并以极高的速度冲击到零件表面极小面积上，达到加工零件的目的。它与电子束加工的原理基本类似，二者的区别是离子带正电荷，且其质量是电子质量的数千、上万倍(如离子束加工常用的氩离子的质量是电子的7.2万倍)，所以一旦离子加速到较高速度时，离子束将比电子束具有大得多的撞击动能，它不是靠动能转化为热能来加工零件，而是靠微观力效应，即将离子机械撞击能量，传递到零件表面的原子上，当能量超过原子间的键结合力时，原子就从零件表面脱离，达到加工的目的。因此，离子铣削是一种最有前途的精密微细加工方法，其加工精度可达原子、分子级，将其用于加工光学零件，具有以下特点：

(1) 加工精度和表面质量高

由于离子束可以通过电子光学系统进行聚焦扫描，离子束轰击材料是逐层去除原子，离子束流密度及离子能量可以精确控制。而且离子铣削是靠微观力效应，被加工表面层不产生热量，不引起机械应力和损伤，离子束斑直径可达1μm以内，加工精度可以达到纳米级。因此，可以说离子铣削是所有特种加工方法中最精密、最微细的加工方法，是当代纳米加工技术的基础。

(2) 加工范围广

由于离子铣削是靠离子轰击材料表面的原子来实现的。它是一种微观力作用，宏观压力很小，所以加工应力、热变形等极小，加工质量高，适合于对各种材料尤其是硬脆材料(如光学玻璃、光学晶体、半导体等)和光学塑料的加工。此外，离子铣削由于是在高真空中进行，所以污染少，特别适用于高精度光学零件的加工。

(3) 易于实现自动化

离子铣削常采用计算机数控操作，可控性好，易于实现自动化。

(4) 效率低，价格昂贵

离子铣削设备成本高，加工效率低，因此应用范围受到一定限制。

因此，目前离子铣削在光学领域主要用于加工非球面光学零件，如光学玻璃、金属材料、光学晶体和光学塑料等制成的非球面反射镜及透镜。但由于离子铣削仅能去除几微米厚度的材料，因此只能用来加工小型非球面零件及非球面度较小的非球面零件。离子铣削的面形精度可达0.1μm，表面粗糙度可达R_y0.01μm。

2. 非球面光学零件的数控精密离子铣削

用数控精密离子铣削的方法加工非球面光学零件时的工艺流程如图4.5.7所示。应注意以下几点：

(1) 首先应用普通的研磨抛光方法加工出最接近的球面，以减少离子铣削加工量。一般加工余量在几微米左右。

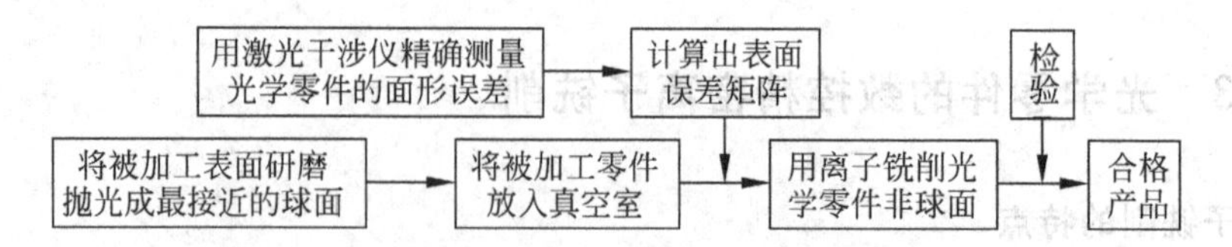

图 4.5.7 非球面光学零件数控精密离子铣削的工艺过程

(2) 光学零件表面的面形误差用激光干涉仪精确测量,并将数据与标准形状进行比较,计算出表面误差矩阵,用于确定和控制光学零件表面不同位置上离子铣削时间。

(3) 由于离子铣削的精度很高,通常一次加工即可达到面形精度和表面粗糙度的要求,而不必进行多次的面形测量和修正。

4.6 光学零件表面的超精密研磨抛光新方法

传统的研磨抛光是以弹性材料或沥青作为研具,使用比被加工材料硬度高的微细磨粒,完全依靠微细磨粒的机械作用去除被加工材料,达到很高表面质量的精密加工方法。一般来讲,磨粒和切屑越细,则机械去除力越小,获得的加工表面质量越高。这些加工表面用肉眼观察,似乎没有任何瑕疵,但是大多数研磨抛光表面在用诺马斯基干涉仪和电子显微镜观察时可以看到无数的擦痕。

随着科技的迅速发展,现代光学技术对光学零件及光电零件的表面提出了越来越高的要求,采用传统机械研磨抛光方法加工的光学表面难以甚至不能满足使用要求。主要表现在以下两个方面:

(1) 表面粗糙度不够小

① 表面粗糙度对光的反射率、散射、吸收有很大影响,尤其是对短波长的紫外线和 X 射线,要求表面粗糙度值非常小。

② 表面粗糙度较大会降低高能激光对光学零件表面的破坏阈值,容易造成激光照射光学零件的损伤和破坏。

(2) 加工表面存在缺陷

有些光学元器件,如激光零件、CCD 基片、集成电路用的硅片等,不仅要有极小的表面粗糙度,还要求其被加工表面具有物理的完整性,即无微观缺陷(晶格结构完整无损)和无变质层。

传统机械研磨抛光的生产效率高,加工精度也较好,但这种方法会使被加工材料表面产生塑性变形、内应力、晶体的位错及龟裂等。近年来出现了不少新的研磨抛光方法,其工作原理有些已经不完全是纯机械的去除加工,有些用的不是传统的研具和磨料。其中有些研磨抛光方法可以达到分子、原子级材料的去除,并达到极高的加工精度、极小的表面粗糙度、无缺陷、无变质层的加工表面。以下是一些主要超精密研磨抛光新方法。

4.6.1 非接触研磨抛光

非接触研磨抛光是指在加工过程中零件与研具不接触,通过使磨料流经被加工表面,达到研磨抛光零件表面目的的方法。这类研磨方法属于微弹性破坏加工，它是在加工零件表面时，切削力作用的应力场特别小，所施加的机械能量不会使零件表面晶格产生位错和龟裂，甚至获得原子级的弹性破坏，从而获得极小的表面粗糙度、无缺陷的加工表面。

1. 弹性发射研磨加工(EEM)

弹性发射研磨加工的原理如图4.6.1所示。加工时，研具与被加工零件不接触，利用水流为载体，使微细磨料在零件表面滑动而去除表面材料。

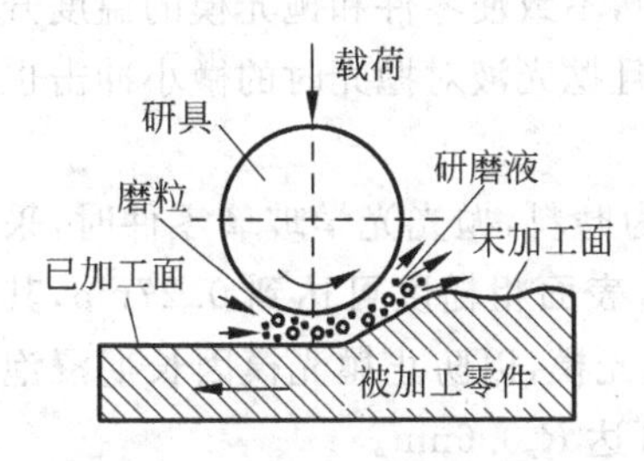

图4.6.1 弹性发射研磨加工原理

这种研磨方法通常以聚氨酯树脂球作为研具，以粒径为100～10nm的氧化铝(Al_2O_3)或氧化锆(ZrO_2)微粉磨料与水混合作为研磨液。加工时，树脂球做高速旋转并施加一定的载荷，用泵将加压后的研磨液循环施加到树脂球与被加工零件之间的间隙中。当树脂球在计算机数控下接近被加工零件表面时，研磨液流体的动压力迫使树脂球与被加工零件保持微小的间隙，研磨液在高速旋转的树脂球所产生的高速气流及离心力作用下冲击或擦过被加工零件表面，使其产生微弹性破坏，从而去除表面材料。

弹性发射研磨方法通过数控方法精密控制树脂球的位置，可以获得极佳的几何形状精度，其弹性破坏属于原子级破坏，对光学玻璃和硅片加工，加工精度达±0.5μm，表面粗糙度可达R_z0.5nm。

2. 浮动抛光

浮动抛光的工作原理如图4.6.2所示。浮动抛光是利用滑动轴承的动压效应原理，当抛光模与被加工零件做相对运动时，由于动压效应其中一个浮起，产生一定的间隙，脱离固体间的接触。通过在二者间隙之间运动的抛光液中磨粒的冲击和擦划作用，达到对被加工零件加工的目的。

通常使用比普通抛光时用的柏油或树脂更硬的材料(如锡)做抛光模，并在抛光模的工作面上制作出容易产生动压效应的形状(如方槽、楔槽等)。采用粒径为4～7nm的二氧化硅(SiO_2)、氧化铝(Al_2O_3)、氧化锆(ZrO_2)、氧化铈(CeO_2)等超微粉磨料与水混合作为抛光液。

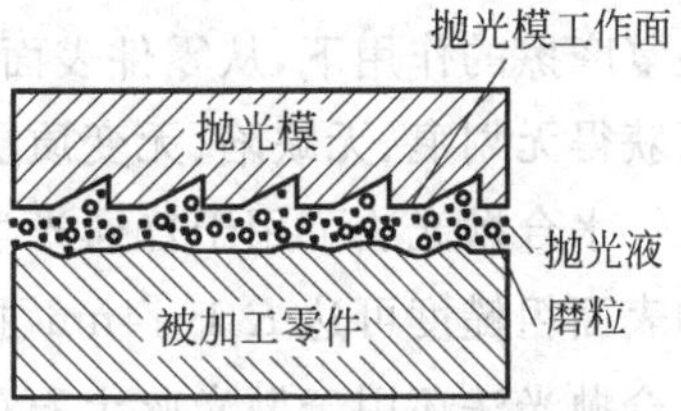

图4.6.2 浮动抛光加工原理

这种方法加工的光学零件表面的平面度很高，且没有端面塌边和变形缺陷。目前主要用来抛光硼硅光学玻璃、熔融石英、低膨胀光学玻璃等，表面粗糙度可达R_z1nm以下。

3. 腐蚀液漂浮研磨

腐蚀液漂浮研磨是利用流体产生的压力使被加工零件与研磨盘之间形成的间隙，使用腐蚀液进行研磨的加工方法。这种方法不使用磨料，在加工过程中被加工零件与研磨盘不接触，是一种腐蚀加工方法。常用甲醇、乙二醇与溴的混合液作为腐蚀液，用于砷化镓(GaAs)、磷化铟(InP)等半导体基片的加工。

4.6.2 水中抛光和水合抛光

1. 水中抛光

水中抛光是将超精密抛光的操作浸入在含磨料的抛光液中进行的加工方法。被加工零件和抛光模浸在非常充足的抛光液中,借助水波效应,利用浮游的微小磨粒对被加工零件进行抛光。在抛光过程中,产生的摩擦热可以分散到抛光液中,不致使零件和抛光模的温度升高很多,零件的热变形和抛光模的热塑性流动可以极小,而且抛光液对抛光时的微小冲击也有缓冲作用。因此,水中抛光法可以获得高质量的镜面。

水中抛光常用氧化铝(Al_2O_3)和氧化锆(ZrO_2)微粉作为磨料,抛光光学玻璃零件时,采用纯沥青作为抛光模,其中抛光光学石英玻璃的效果最好,表面粗糙度可达到0.27nm,其次是冕牌玻璃。抛光半导体硅(Si)片时,采用聚氨酯作为抛光模,以防止抛光模因长期浸泡在水中而引起的硬度变化,抛光后的光学零件表面粗糙度可达R_z0.6nm。

2. 水合抛光

水合抛光是利用在被加工零件上产生的水合反应的新型高效、超精密抛光方法。其加工特点是不使用抛光液和磨料,其加工装置与普通抛光机床类似,所不同的是在水蒸气环境中进行抛光。

如图4.6.3所示,水合抛光过程中,抛光盘做旋转运动,保持架对被加工零件施加一定载荷并上下浮动和往复运动,被加工零件与抛光盘产生相对摩擦,在接触区产生高温高压,零件表面上的原子或分子具有较高的活性,这些活性原子或分子很容易和过热水蒸气发生水合反应,并在被加工零件表面形成水合化层。水合化层则在被加工零件与抛光盘往复摩擦的作用下,从零件表面上分离、去除。水合抛光去除量仅为零点几个纳米,因此可以获得无划痕、无缺陷、无变质层、平滑光亮的加工表面。

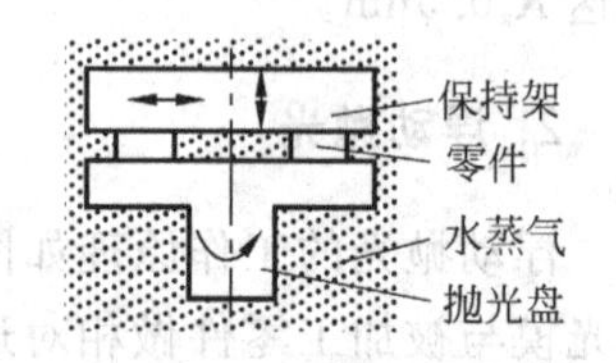

图4.6.3 水合抛光示意图

水合抛光法可用于普通光学玻璃和石英(SiO_2)光学玻璃的抛光,抛光普通光学玻璃时的表面粗糙度可达R_z1~4nm,抛光石英光学玻璃时的表面粗糙度可达R_z0.27nm。此外,水合抛光法还用于抛光蓝宝石(Al_2O_3)、方镁石(MgO)、氧化钇(Y_2O_3)等以及用于制作激光光学零件的硒化锌(ZnSe)等亲水性晶体抛光,其中蓝宝石可获得表面粗糙度为$R_z=2$nm的抛光表面。

4.6.3 机械化学研磨

机械化学研磨是在机械能量作用的基础上使被加工零件表面与研磨液或磨料进行化学反应,以促进研磨的进行。与机械研磨相比,不仅生产率可以提高数倍甚至数十倍,而且由于化学作用,可加工出无变质层、平滑光亮的加工表面。机械化学研磨有湿式和干式两种研磨方式。

1. 湿式机械化学研磨

湿式机械化学研磨是在腐蚀液中加有磨料，对被加工零件边腐蚀边加工的研磨方法。目前主要用于硅(Si)、砷化镓(GaAs)、钆(读 ga)镓石榴石($Gd_3Ga_3O_{12}$，简写为GGO)、蓝宝石(Al_2O_3)等晶体的加工。

对于硅(Si)和砷化镓(GaAs)，常采用粒径为10nm左右的二氧化硅(SiO_2)或氧化铬(Cr_2O_3)超微粉磨料在弱碱性溶液(如NaOH、KOH溶液)中均匀混合的胶状液作为研磨液，使用表层由质地细密的软质泡沫聚氨酯涂敷的人造革作为研磨模。

对于钆镓石榴石和蓝宝石，则采用弱酸性溶液加入超微细磨粒作为研磨液。

严格地讲，水合抛光也属于湿式机械化学研磨方法。

2. 干式机械化学研磨

干式机械化学研磨是利用磨料本身的化学作用，对被加工零件边腐蚀边加工的研磨方法。目前主要用于蓝宝石的加工。它采用粒径为10～20nm的软质二氧化硅(SiO_2)超微粉磨料作为研磨剂，以玻璃平板为研磨模，利用二氧化硅(SiO_2)与蓝宝石较强的反应能力，在蓝宝石表面形成软质莫来石，不仅可以显著提高研磨效率(甚至比采用粒径为100nm的金刚石微粉磨料研磨的生产率还高)，而且莫来石容易从被加工零件表面剥离而获得高质量的超光滑镜面。

机械化学研磨方法所使用的设备与普通研磨设备大致相同，但很容易获得高精度、无加工变质层的超光滑镜面，可以预期，在不久的将来，将逐渐用于光学零件的超精密加工。

4.6.4 磁力研磨

普通的机械研磨是以压力切入方式进行加工，因此其精度取决于加工工具的精度，且不能加工形状过于复杂的表面。磁力加工是采用自由磨粒，通过磁力作用进行柔性加工的新方法。它能高效、快捷地对各种材料、各种尺寸及各种形状结构的零件进行超精密加工，是一种设备投资少、生产率高、用途广、质量好的研磨方法。

1. 利用磁性悬浮液的磁力加工

利用磁性悬浮液的磁力加工如图4.6.4所示。它是基于磁性悬浮液中非磁性磨粒受磁场作用时，会产生向低磁场方向悬浮的现象，进行自由磨粒柔性研磨的方法。

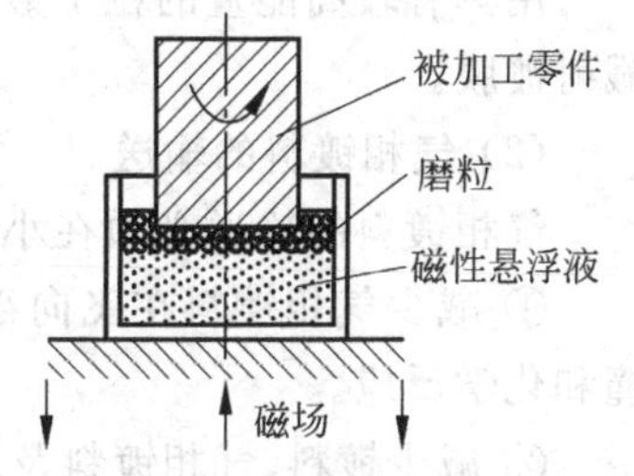

图4.6.4 利用磁性悬浮液的磁力研磨

将悬浮液中混入非磁性磨粒，如果磁场方向为重力方向，则磁性悬浮液被磁场吸向高磁场一侧(下侧)，而其中的非磁性磨粒则被排斥向低磁场一侧(上侧)悬浮，即被加工零件表面上，利用悬浮力使磨粒对回转的被加工零件表面进行研磨。

这种加工方法不仅可以加工平面，而且能够研磨任何复杂的型面。

2. 利用磁性磨粒的磁力研磨

利用磁性磨粒的磁力加工如图 4.6.5(a)、(b)所示。它是在磁场中填充粒径极小的磁性磨粒,利用磁场作用使磁性磨粒形成磁性研磨刷,在被加工零件回转运动和轴向振动时,进行自由磨粒柔性研磨的方法。

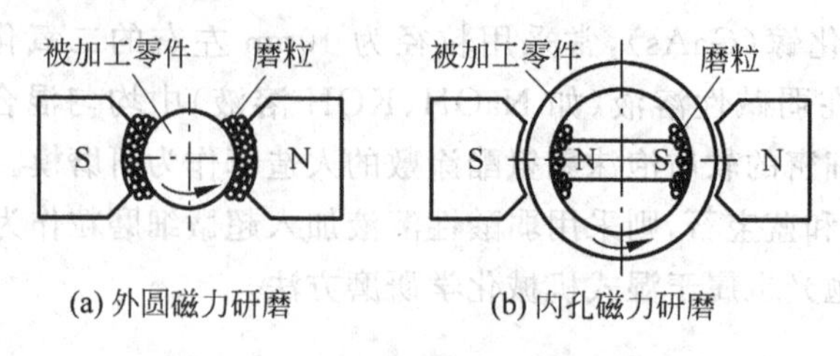

(a) 外圆磁力研磨　(b) 内孔磁力研磨

图 4.6.5　利用磁性磨粒的磁力研磨

利用磁性磨粒的磁力研磨适用于精密零件的研磨、抛光、精密倒角和去毛刺。

4.7　光学零件的镀膜工艺

4.7.1　概述

光学薄膜的制造方法很多,大体上分为三类:物理气相沉积(PVD)、化学气相沉积(CVD)和溶液成膜法。

1. 物理气相沉积(PVD)技术

物理气相沉积(PVD)技术的沉积物直接来自源材料(称为镀料)。它有三个基本过程:气相镀料的产生、气相镀料的输送和气相镀料的沉积。

(1) 气相镀料的产生

气相镀料的产生有两类方式:

① 蒸发镀膜

镀料受热蒸发成为气相镀料,称为蒸发镀膜,简称蒸镀。

② 溅射镀膜

用具有较高能量的粒子轰击镀料靶,将镀料靶上的镀料原子击出,成为气相镀料,称为溅射镀膜。

(2) 气相镀料的输送

气相镀料的输送必须在小于 1.33×10^{-2} Pa 的真空中进行,其目的是:

① 减少气相镀料在飞向欲镀膜光学零件(称为基片)的过程中与其他气体分子间的碰撞和化学反应。

② 减少镀料、气相镀料及基片与其他活性气体分子间的化学反应。

③ 避免沉积过程中其他气体分子进入膜层成为杂质。

④ 提高薄膜的沉积速度、纯度、致密性及与基片的附着力。

(3) 气相镀料的沉积

气相镀料的沉积是气相镀料原子在基片上凝聚的过程，可以是自然凝聚，也可以引入其他活性气体原子，与之发生化学反应而形成化合物薄膜，称为反应镀。此外，在气相镀料原子在基片上凝聚成膜的过程中，还可以同时用具有较高能量的离子轰击膜层，以改善膜层的结构、性能及附着力，称为离子镀。

2. 化学气相沉积(CVD)技术

化学气相沉积是通过化学反应的方式，利用加热、等离子激励或光辐射等各种能源，在反应器内使气态或蒸气状态的化学物质在气相或气固界面上经化学反应形成固态沉积物的技术。

3. 溶液成膜法

溶液成膜法是在溶液中，经过化学反应在基片表面成膜的方法，包括化学镀膜、电化学镀膜及溶胶-凝胶法(SG 法)镀膜。

4.7.2 蒸发镀膜

蒸发镀膜是将镀料(可以是金属或各种化合物)和基片置于抽成一定真空的容器(真空室)中，采用一定的方法加热镀料，使之气化蒸发或升华，并输送、沉积到基片表面，凝聚形成一层或多层薄膜的工艺。不同组成的薄膜具有不同的光学性质，于是就形成各种光学薄膜元件。

蒸发镀膜和其他镀膜方法(如化学镀膜、溅射镀膜、电镀等)比较，具有薄膜质量好、生产效率高、应用范围广、不受材料限制、薄膜厚度容易控制等优点，因此是目前制备光学薄膜的主要手段。

蒸发镀膜按照加热方式可分为电阻加热蒸发镀膜、电子束加热蒸发镀膜、激光加热蒸发镀膜、高频感应加热蒸发镀膜及反应蒸发镀膜。

1. 电阻加热蒸发镀膜

电阻加热蒸发镀膜的原理是：将高熔点金属(如钨、钼、钽等，有时也用石墨、铬等)制成适当形状(如丝状、带状、板状等)作为蒸发源，通以低电压、大电流，让蒸发源对镀料直接加热，或者把镀料放入高温陶瓷坩埚中对其间接加热，使镀料气化蒸发，并输送到基片上沉积、凝聚形成膜层。

由于蒸发源是作为一种热源，通过热传导及热辐射对镀料加热，因此蒸发源的温度必须大于镀料的蒸发温度。蒸发源材料采用高熔点金属，其熔点要显著高于镀料材料的熔点，而且在高温下应有较好的热稳定性，不与膜料反应。

电阻加热蒸发镀膜的设备简单，操作方便，易于实现自动化，因此应用广泛。缺点是难以蒸发高熔点镀料(如高熔点金属和高温介质材料)；此外，由于蒸发源与镀料直接接触，容易造成膜层污染。

电阻加热蒸发镀膜常用于镀制一氧化硅(SiO)、硫化锌(ZnS)、氟化镁(MgF_2)、冰晶石

(Na_3AlF_6)、银(Ag)、锗(Ge)、金(Au)、钽(Ta)、铬(Cr)、铜(Cu)、铝(Al)等光学薄膜。

2. 电子束加热蒸发镀膜

电子束加热蒸发镀膜是利用高能的电子束轰击镀料表面,将电子束的能量转化为镀料的热能,使其蒸发,并输送到基片上沉积、凝聚形成膜层。

电子束加热蒸发镀膜的原理是:将灯丝加热至炽热状态后产生热电子发射,并在高压电场和磁场下被加速并聚集,形成密集的电子流(称为电子束)轰击镀料表面,使镀料表面局部迅速产生高温(可达3000~4000℃)而气化,因此适用于加热高熔点金属和化合物材料。此外,镀料通常装在水冷铜坩埚内,只有被电子束轰击的部位局部气化,不存在坩埚污染问题,因此可以得到比电阻加热蒸镀法更为纯净的膜层。

电子束加热蒸发镀膜常用于镀制氟化镁(MgF_2)、一氧化硅(SiO)、二氧化硅(SiO_2)、三氧化二铝(Al_2O_3)、一氧化钛(TiO)、二氧化钛(TiO_2)、二氧化锆(ZrO_2)、三氧化二镧(La_2O_3)、氧化铅(SnO_2)、银(Ag)、金(Au)、铬(Cr)、铝(Al)、镍(Ni)、钼(Mo)、钨(W)、钽(Ta)等光学薄膜。

3. 反应蒸发镀膜

反应蒸发镀膜是在加热蒸发镀料的同时,向真空室充氧气(或氧离子),气相镀料在受热的基片表面与氧发生化学反应生成所需要的高价氧化物膜。

反应蒸发镀膜的原理是当金属氧化物受热蒸发时,分解为低价氧化物和金属分子,蒸发物气化分子在基片表面沉积,在成膜过程中受到氧分子(或氧离子)的作用,生成高价氧化物。显然,沉积过程越缓慢,基片温度越高,氧化过程也越充分。

用充氧反应蒸发镀膜可蒸镀氧化铋(Bi_2O_3)、二氧化硅(SiO_2)、二氧化钛(TiO_2)、氧化铅(SnO_2)、二氧化锆(ZrO_2)、三氧化二铝(Al_2O_3)、三氧化二钇(Y_2O_3)等。用氧离子反应蒸发镀膜可蒸镀二氧化钛(TiO_2)、一氧化硅(SiO)、多层 TiO_2-SiO_2 膜等。

4. 高频感应加热蒸发镀膜

高频感应加热蒸发镀膜是利用高频电磁场在导电的镀料中感应产生的涡流来直接加热镀料。通常是将镀料置于绝缘的坩埚内,外侧用水冷铜管绕成的高频线圈进行加热,通过调节高频电流的大小来改变加热功率,高频电流的频率根据镀料的不同在10~100kHz之间变化。

高频感应加热蒸发镀膜的主要特点是可以采用较大的坩埚,一次存放大量的镀料,蒸发效率较高,可以连续和较大规模镀膜。由于涡流直接作用于镀料上,坩埚温度较低,因此坩埚材料对膜层的污染很小,可以制备高纯度薄膜。

该方法也可以将不导电的镀料置于导电的坩埚内间接加热。

5. 激光加热蒸发镀膜

激光加热蒸发镀膜是利用激光照射镀料表面,镀料吸收激光光子能量转化为热能,并气化蒸发的方法。不同镀料吸收激光的波长不同,可根据镀料选用不同波段的激光照射。

激光加热蒸发镀膜的主要特点是激光能量高度集中,可使镀料(甚至极难熔材料)在极短时间内气化为具有高度化学活性的等离子体，适用于加热高熔点金属和化合物材料；采用非接触加热，蒸发源置于真空室外，既减少了污染，又简化了真空室，非常适合在高真空下准备高纯度薄膜，而且镀料的蒸发速率很高。缺点是费用比较高。

激光加热蒸发镀膜可用于多层电介质膜的镀制，如 ZrO_2-SiO_2 和 ZnS-MgF_2 等多层光学薄膜。

4.7.3 溅射镀膜

溅射镀膜是指经电场加速的溅射粒子轰击作为阴极的镀料表面(称为靶材)，通过动量转换，将靶材中的原子或分子击出镀料表面(称为溅射)，然后这些被溅射出来的原子或分子(称为沉积粒子)，携带着从靶材中击出时的能量沉积在作为阳极的基片表面形成薄膜。由于离子易于通过电场加速获得所需动能，因此主要采用离子作为溅射粒子。溅射离子可以是由特制的离子源产生的离子束(如离子束溅射镀膜)，更多的是利用气体的放电电离产生的离子束(如真空室中惰性气体(如氩，Ar)电离产生的离子束)。

与蒸发镀膜相比，二者的本质差异在于：蒸发镀膜是依靠热作用使镀料的原子或分子进入气相，这些原子或分子的平均能量仅为 0.2eV 左右；而溅射镀膜是依靠动量交换作用使固体材料(镀料)的原子或分子进入气相，沉积粒子的平均能量在 10eV 左右，甚至更高。正是由于沉积粒子具有较高的能量，不仅有利于提高膜层与基片的附着力，而且沉积粒子在基片表面的迁移率也较大，易于形成致密、均匀的薄膜。

产生溅射离子的方法有许多种，相应的溅射镀膜装置也有多种，常用的有以下四种：

1. 直流二极溅射镀膜

直流二极溅射镀膜是最早使用的、最简单的溅射镀膜方法。直流二极溅射镀膜原理示意图如图 4.7.1 所示，它由两个电极组成，以镀料靶材作为阴极，接数千伏的直流负电压，以基片作为阳极，接地。工作时，先抽 $10^{-3}\sim10^{-4}$ Pa 的真空，再充入惰性气体氩气(Ar)，使真空室内维持 0.1～1Pa 的压力。接通电源后，阴极镀料靶材上的直流负高压使氩气电离，在阴、阳极之间产生辉光放电建立一个等离子区。其中带正电的氩离子在电场的作用下加速轰击阴极镀料靶材，通过动量转换，使镀料靶材溅射出原子或分子沉积在阳极基片表面。在氩离子轰击镀料靶材时，还会溅射出二次电子，二次电子在电场作用下飞向基片阳极，其中一部分在飞行中会与氩气分子发生碰撞使其电离，使辉光放电过程得以维持，实现持续溅射镀膜；另一部分轰击基片阳极。

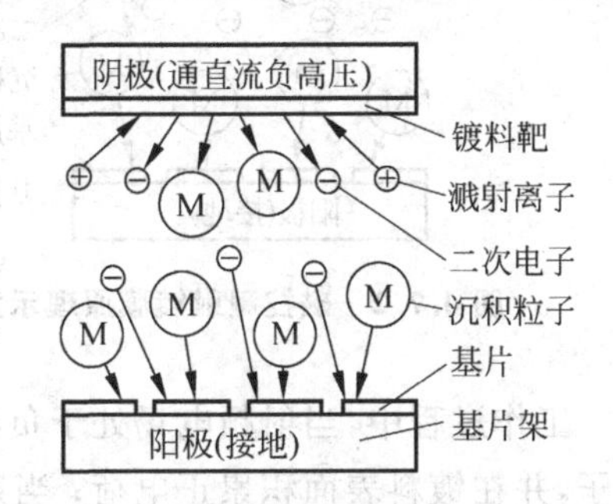

图 4.7.1 直流二极溅射镀膜原理示意图

直流二极溅射镀膜结构简单，可长时间溅射镀膜。缺点是等离子体密度低、镀膜速率太慢；由于需要在镀料靶材上加负电压，因而只能溅射导电镀料，不能溅射绝缘介质镀料；由于受到二次电子的轰击，基片会产生较高的温度，因而不适合在不能承受高温的基片上镀膜。因此，直流二极溅射镀膜目前已经很少使用。在直流二极溅射镀膜的基础上发展的三极和四极溅射镀膜则可以明显提高镀膜效率。

2. **磁控溅射镀膜**

如图 4.7.2 所示，磁控溅射镀膜是以直流二极溅射为基础，在阴极上方放置一块特殊形状的磁铁，在阴极区形成一个正交电磁场。工作时，溅射产生的二次电子被加速为高能电子后，并不直接飞向基片阳极，而是在正交电磁场的作用下沿摆线轨迹运动，大大增加了与氩气分子发生碰撞使其电离的几率，提高了溅射过程中等离子体的密度。而高能电子碰撞后失去大部分能量变为低能电子，并最终在磁场的作用下飘到阴极附近的辅助阳极上被吸收掉，避免了高能电子对基片阳极的轰击。对于溅射离子，由于其质量比电子大得多，当开始做摆线运动时已经打到镀料靶材上，并将携带的能量几乎全部传递给镀料靶材上的原子或分子，就像磁场不存在一样。因此磁控溅射镀膜具有镀膜速率高、基片温度低的特点。

同样，磁控溅射镀膜只能溅射导电镀料，不能溅射绝缘介质镀料。

3. **射频溅射镀膜**

射频溅射镀膜也称为高频溅射镀膜，它是为了解决上述方法不能溅射绝缘介质镀料而发展起来的。上述方法之所以不能溅射绝缘介质镀料，是由于正离子轰击镀料靶材时会产生正电荷积累，致使靶材表面电位升高，离子加速电场变小，正离子不能继续轰击靶材而终止溅射。射频溅射镀膜是在绝缘镀料靶材背面装上金属电极，并通过电容 C 耦合在靶材上施加射频(频率一般在 5～30MHz)电场，即可实现持续溅射镀膜，如图 4.7.3 所示。

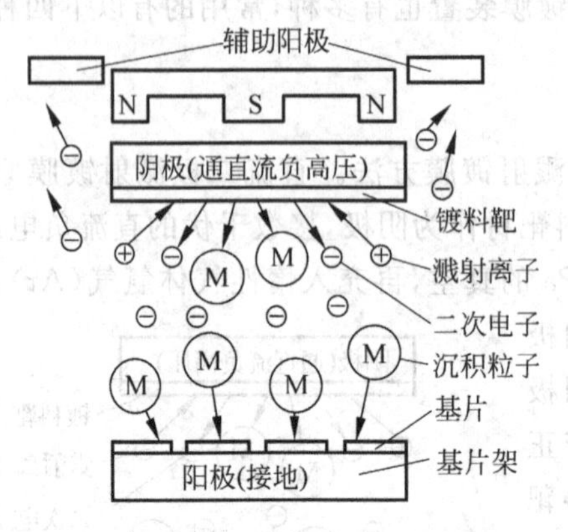

图 4.7.2 磁控溅射镀膜原理示意图

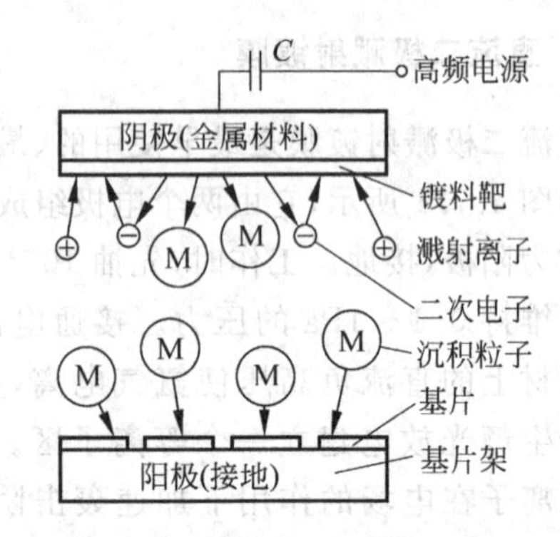

图 4.7.3 射频溅射镀膜原理示意图

工作过程中，当射频电场处于负半周时，正离子轰击镀料靶材，溅射出沉积粒子和二次电子，并在镀料表面积累正电荷；当射频电场处于正半周时，由于二次电子的质量比离子小得多，用极短的时间就可以飞回镀料靶材表面，中和靶材表面积累的正电荷，并在靶材表面迅速积累大量的电子，使阴极呈负电位，也会吸引正离子轰击镀料靶材，从而在正、负半周均可产生溅射。另外，二次电子在阴极附近来回运动，既增加了与氩气分子发生碰撞使其电离的几率，提高了溅射过程中等离子体的密度，又不会轰击基片阳极，使其温度增高。

因此，射频溅射镀膜能沉积包括导体、半导体和绝缘体在内的几乎所有材料，而且溅射速率高，膜层致密、均匀且与基片附着力强，基片温度低。

4. 离子束溅射镀膜

上述溅射方法是利用气体的放电电离产生的离子束轰击镀料进行溅射镀膜的，在溅射镀膜过程中，基片一直处于等离子体环境中，不断受到周围气体分子和带电粒子的轰击，因此难以严格控制镀膜的质量。而离子束溅射镀膜是用一个与镀膜室隔离开的特制的离子源产生的高能离子束，照射处于镀膜室镀料靶材进行溅射镀膜的方法。

离子束溅射镀膜的特点是能够严格控制溅射离子的能量、入射角及束流密度，镀料靶材和基片可以在高真空度的镀膜室内，不接触等离子体，因此可以降低膜层中杂质的含量，提高膜层质量。其缺点是镀膜效率较低，限制了它的应用。

5. 反应溅射镀膜

反应溅射镀膜与反应蒸发镀膜相对应，用于溅射镀无机化合物介质薄膜。镀制方法是以单体物质为镀料靶材，在放电的惰性气体中混入氧气或者氮气、甲烷、硫化氢等活性气体，在溅射沉积成膜的同时，发生化学反应形成氧化物或者氮化物、硫化物、碳化物等薄膜。其中反应磁控溅射镀膜应用最多。

4.7.4 离子镀膜

离子镀膜是蒸发镀膜和溅射镀膜两种技术结合而发展起来的一类新镀膜工艺。直流法离子镀膜工作原理如图 4.7.4 所示，基片作为阴极，接数千伏的直流负高压，镀料作为阳极，接地。对真空室充以氩气，当惰性气体压力及蒸发源与基片之间电场足够高时，产生辉光放电，使氩气电离，并在电场作用下获得高能量向基片加速运动。镀料的加热蒸发气化是在气体放电中进行的，蒸发的原子或分子通过等离子区时也被电离，同样被电场加速而获得能量。镀料原子或分子由于具有活性，它们的寿命极短，绝大多数在碰撞过程中会失去电荷成为中性粒子，但它们仍具有很高的能量，也像氩离子一样被电场加速飞向基片。于是，镀料原子或分子在氩离子轰击下在基片表面凝结形成薄膜。

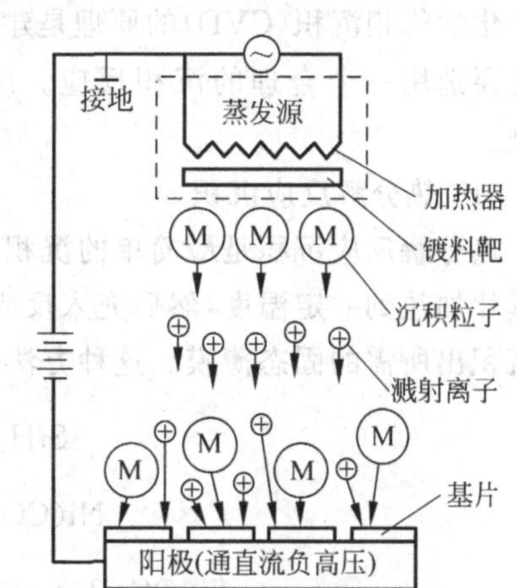

图 4.7.4 直流法离子镀膜原理示意图

与直流溅射镀膜一样，直流法离子镀膜也不能用于镀制绝缘介质镀料，通过使用与射频溅射镀膜类似的射频发射器就可以镀制绝缘介质镀料。

离子镀膜有以下特点：

(1) 膜层附着力强

高能离子轰击有以下几个方面的作用：

① 高能离子轰击对基片表面有清洗作用，可除去其污染层，同时会产生高温。

② 与喷丸表面处理效果类似，高能离子轰击可以使基片表面粗糙化，有利于成膜及膜层与基片结合。

③ 在镀膜初期，当膜层尚未全部覆盖基片时，部分基片原子或分子受到高能离子轰击

被溅射出去并被电离,其中部分又返回基片与镀料原子或分子共混形成膜层。这样可以减小由于膜层与基片之间热膨胀系数的不同而产生的热应力,从而提高了膜层的附着力。

④ 蒸发镀膜的膜层产生的残余应力为拉应力,而高能离子轰击则产生压应力,可以抵消部分拉应力。

⑤ 高能离子轰击可以促进膜层材料的表面扩散和化学反应,甚至产生注入效应,因而附着力大大增加。

⑥ 高能离子轰击可以使附着力差的原子或分子产生再溅射而离开基片。

因此,离子镀膜的膜层附着力很强,结合牢固。

(2) 膜层密度高

高能离子轰击可以提高镀料粒子在膜层表面的迁移率,有利于获得致密的膜层。

(3) 膜层沉积速度快

离子镀膜与蒸发镀膜相比,膜层比较粗糙,而且膜层与基片界面有渗透现象,因此限制了它在光学上的应用。最近发展出了低压反应离子镀膜方法,已经成功应用于低损耗光学薄膜的镀制。它是采用50～60V的低电压和50～60A的大电流,用氧气或其他气体代替氩气实现辉光放电,那么蒸发粒子就可以与电离离子发生化学反应形成化合物薄膜,如二氧化钛(TiO_2)、三氧化二铝(Al_2O_3)等光学薄膜。用低压反应离子镀膜方法镀制的光学薄膜,膜层致密牢固,表面粗糙度远低于高压蒸发离子镀膜方法镀制的光学薄膜。

4.7.5 化学气相沉积

1. 化学气相沉积(CVD)的基本原理

化学气相沉积(CVD)的原理是建立在化学反应基础上的,要制备特定性能的薄膜材料首先要选用一个合理的沉积反应。用于化学气相沉积的沉积反应主要有以下几种反应类型。

(1) 热分解反应沉积

热分解反应沉积是最简单的沉积反应,其工作过程为:首先在真空和弹性气体气氛下将基片加热到一定温度,然后充入反应气态源物质,使之在高温下发生热分解,最后在基片上沉积出所需的固态薄膜。这种方法可用于制备金属、半导体及绝缘介质薄膜等,例如

$$SiH_4 \xrightarrow{600\sim800℃} Si + 2H_2$$

$$Ni(CO)_4 \xrightarrow{140\sim240℃} Ni + 4CO$$

$$Si(OC_2H_5)_4 \xrightarrow{750\sim850℃} SiO_2 + 4C_2H_4 + 2H_2O$$

$$2Al(OC_3H_7)_3 \xrightarrow{420℃} Al_2O_3 + 6C_3H_6 + 3H_2O$$

(2) 还原反应沉积

许多金属和半导体的卤化物是气体化合物,如果通以氢气,可以还原出相应元素的薄膜,这是制备高纯度金属膜和半导体超纯硅的基本方法,例如

$$WF_6 + 3H_2 \xrightarrow{300℃} W + 6HF$$

$$SiCl_4 + 2H_2 \xrightarrow{1150\sim1200℃} Si + 4HCl$$

$$SiHCl_3 + H_2 \xrightarrow{1100\sim1150℃} Si + 3HCl$$（生产半导体超纯硅，纯度>99.999 999 9%）

(3) 氧化反应沉积

一些元素的氢化物或有机烷基化合物，如果通以氧气，在反应器中发生氧化反应可以沉积出相应的金属氧化物薄膜，例如

$$SiH_4 + 2O_2 \xrightarrow{325\sim475℃} SiO_2 + 2H_2O$$

$$Al_2(CH_3)_6 + 12O_2 \xrightarrow{450℃} Al_2O_3 + 9H_2O + 6CO_2$$

(4) 化学合成反应沉积

化学合成反应沉积是由两种或两种以上的反应原料在沉积反应器中通过合成反应得到所需要的薄膜，然后沉积到基片表面上的方法。这种方法是化学气相沉积中使用最普遍的方法，例如

$$3SiH_4 + 4NH_3 \xrightarrow{850℃} Si_3N_4 + 12H_2$$

$$2TiCl_4 + N_2 + 4H_2 \xrightarrow{1200\sim1250℃} 2TiN + 8HCl$$

(5) 化学输运反应沉积

化学输运反应沉积是指把需要沉积的源材料与适当的气体介质（称为输运剂）发生化学反应，并形成一种气态化合物，然后将其输运到与源区温度不同的反应室，再发生逆向反应，生成源材料而沉积在基片上。

有两种输运方式，一种是不需要另外添加输运剂，源材料本身在高温下会气化分解，而在温度稍低时发生逆向反应，生成源材料而沉积在基片上。HgS 即属于此类，其反应式为

$$2HgS \underset{T_2}{\overset{T_1}{\rightleftharpoons}} 2Hg + S_2$$

另一种是源材料不容易发生分解，需要添加另一种输运剂来促进输运中间气态产物的生成，例如

$$2ZnS(\text{源材料}) + 2I_2(\text{输运剂}) \underset{T2}{\overset{T1}{\rightleftharpoons}} 2ZnI_2 + S_2$$

2. 化学气相沉积(CVD)的特点及应用

化学气相沉积(CVD)的原理是建立在化学反应基础上的，其主要特点是：

① 设备简单、生产效率高、用途广泛，几乎可以沉积任何材料薄膜。

② 膜层均匀性好，适合于沉积任何复杂形状的基片。

③ 膜层致密性高，附着力强。

目前主要应用于半导体集成电路生产中制造硅、金属、氧化物等薄膜，机械工业中制造 SiC、TiC、BN 等超硬耐腐蚀薄膜，在光学和光电子方面，也寄予很大希望。

化学气相沉积(CVD)的主要缺点是需要在高温下沉积，这使基片材料受到一定限制。例如光学玻璃的沉积温度不能超过 600℃，而光学塑料的最高承受温度不超过 100℃。等离子体激活 CVD 和激光增强 CVD 可以克服这一缺点，因此应用于光学零件的镀膜有广阔的前景。

3. 化学气相沉积(CVD)方法

化学气相沉积方法可分为常压化学气相沉积(APCVD)、低压化学气相沉积(LPCVD)、等离子体激活化学气相沉积(PECVD)、激光增强化学气相沉积(LCVD)和金属有机化合物化学气相沉积(MOCVD)。

(1) 常压和低压化学气相沉积

化学气相沉积基本装置包括四个部分:

① 气化传输系统,用于将反应源材料气化并传输到反应室。

② 反应室,用于将基片加热并维持在沉积反应温度。

③ 排气系统,用于排除副产物,包括未反应气体、反应生成物和运载气体。

④ 工艺控制系统,用于控制基片的送入和输出,控制沉积反应压力等。

常压化学气相沉积就是在常压(1 个大气压=101 325Pa)下进行化学气相沉积反应的一种沉积方式。这种方法装置最为简单,生产率较高,缺点是基片温度很高,一些不很稳定的化合物在高温基片上方容易发生还原或分解反应,产生不挥发的粉状沉积物,污染膜层。因此,成膜质量不太好。

低压化学气相沉积与常压化学气相沉积的原理基本相同,其主要区别在于:由于气体分子或原子的扩散系数与压强成反比,通常 LPCVD 所采用的低压在 100Pa 以下,此时气体分子或原子的扩散系数比常压下增大了 1000 倍。扩散系数大,一方面,气体分子或原子分布的不均匀能够在很短的时间内迅速消除,使整个反应室内的气体分子或原子分布均匀;另一方面,气体分子或原子的运动速度快,在基片表面上各点的反应速度大致相同,而且沉积速度快。因此,低压化学气相沉积的沉积速率较常压高,膜层成分和厚度均匀。此外,低压化学气相沉积一般不需要运载气体,而且可以防止还原或分解产物的凝聚。

总体上讲,常压和低压化学气相沉积的沉积温度很高,膜层均匀性不高,膜层不宜太厚,否则容易产生龟裂。

(2) 等离子体激活化学气相沉积(PECVD)和激光增强化学气相沉积(LCVD)

① 等离子体激活化学气相沉积(PECVD)

等离子体激活化学气相沉积是在低压(一般气压为十到几百帕)条件下,通过在反应室安装射频装置,并充入硅烷类气体、氮气(或氨气)及氧化亚氮等气体,使之在射频电场中产生辉光放电形成等离子体。在辉光放电产生的低温等离子体中,高能电子(51～10eV)的温度比普通气体分子的温度高 10～100 倍(可达 10 000℃以上),其能量足以打开气体分子键,成为活性粒子(包括活性分子、离子、原子等基团),使得本来需要在高温下进行的化学反应由于电子激活可以在很低的温度下进行。通过电子激活产生的活性粒子在低温(常温至 350℃)下相互反应,最终在基片上沉积出薄膜(如氮化硅、氧化硅、氮氧化硅等薄膜)。其反应式举例如下

$$SiH_4 + xNH_3 \xrightarrow{350℃} SiN_x + \cdots \text{(成膜温度由 850℃降为 350℃)}$$

$$SiH_4 \xrightarrow{350℃} \alpha\text{-}Si + 2H_2 \text{(成膜温度由 700℃降为 350℃)}$$

因此,等离子体激活化学气相沉积(PECVD)具有以下特点:

a. 可以低温甚至常温成膜,应用基片材料范围广,还可以避免高温成膜造成的膜层晶

粒粗大现象；

b. 由于在较低压力下成膜，源材料分子或原子与活性粒子相互碰撞，可以提高膜层厚度及成分的均匀性，使得膜层组织致密，内应力小，不易产生龟裂；

c. 等离子体对基片及膜层轰击可以提高膜层与基片的附着力，并对基片和膜层表面有清洗作用。

② 激光增强化学气相沉积(LCVD)

激光增强化学气相沉积是利用激光的作用使得本来需要在高温下进行的化学反应通过激光诱导可以在很低的温度下进行。例如

$$W(CO)_6 \xrightarrow[\text{激光照射}]{\text{常温}} W+6CO\text{(成膜温度由 300℃降为常温)}$$

激光增强化学气相沉积可分为两种，一种是激光热解化学气相沉积，它是使用 CO_2 激光器、YAG 激光器、Ar^+ 激光器等产生波长较长、功率较高的激光，利用其大功率诱导化学反应；另一种是激光光解化学气相沉积，它是使用具有很大能量的短波长激光(如紫外、远紫外激光等)，利用其高能量诱导化学反应。

(3) 金属有机化合物化学气相沉积(MOCVD)

金属有机化合物可以在较低温度下利用热解或光解作用，形成无机材料，如金属、氧化物、氮化物、氟化物、碳化物及化合物半导体材料等，金属有机化合物化学气相沉积(MOCVD)就是利用金属有机化合物这一低温分解的特点，在较低温度气化沉积薄膜的技术。其特点是沉积温度低、适用范围广、设备简单、工艺通用性广、成本低、适合大规模生产等。缺点是沉积速度慢，源材料通常有毒，必须小心防护。

用金属有机化合物化学气相沉积 GaAs 和 GaAlAs 特别理想，其反应式如下：

$$Ga(CH_3)_3+AsH_3 \xrightarrow{H_2\text{(输送剂)}} GaAs+3CH_4$$

4.7.6　化学镀膜与电化学镀膜

1. 化学镀膜

用化学反应的方法可以在光学零件表面产生或沉积光学薄膜。在光学零件上化学镀膜主要有酸蚀法镀增透膜、水解沉积法镀增透膜和分光膜及还原法镀银(增反膜)。

(1) 酸蚀法镀增透膜

酸蚀法镀增透膜只适用于硅酸盐玻璃(包括硅酸玻璃、硼硅玻璃、铝硅玻璃等)，其原理是：硅酸盐玻璃在酸类稀溶液中被浸蚀，经过烘烤，最后在光学玻璃表面留下一层二氧化硅(SiO_2)薄膜，当膜层的光学厚度控制在 $\lambda/4$ 时，便起到减反射的作用。常用的酸溶液有醋酸溶液、硝酸溶液和盐酸溶液。以醋酸为例，反应过程如下

$$Na_2SiO_3+2CH_3COOH \longrightarrow H_2SiO_3+2CH_3COONa$$

其中，醋酸钠溶解于水，胶态硅酸附着在光学玻璃表面，硅酸不稳定，经加热烘烤脱水在光学玻璃表面形成二氧化硅(SiO_2)薄膜，即

$$H_2SiO_3 \xrightarrow{\text{加热}} SiO_2+H_2O\uparrow\text{(蒸发)}$$

这种方法的特点是设备非常简单，只需一个带盖的储酸槽及一台普通的恒温箱。其操

作工艺也较为简单。

(2) 水解沉积法镀增透膜和分光膜

水解沉积法化学镀膜是利用硅或钛的酯化物水解(皂化反应)得到硅酸或钛酸,再经过脱水,形成硅或钛的氧化物薄膜。通常制备方法有两种:浸渍法和离心法。

用水解沉积法可以制备二氧化硅(SiO_2)单层增透膜、二氧化钛(TiO_2)-二氧化硅(SiO_2)双层增透膜、三层增透膜以及分光膜等。

二氧化硅(SiO_2)薄膜是由硅酸乙酯水解产生正硅酸凝胶层,再通过烘烤加热,使正硅酸脱去水分,在玻璃表面沉积而成,反应式如下

$$Si(OC_2H_5)_4+4H_2O \longrightarrow H_4SiO_4+4C_2H_5OH$$

$$H_4SiO_4 \xrightarrow{\text{加热}} SiO_2+2H_2O\uparrow(\text{蒸发})$$

二氧化钛(TiO_2)薄膜是由钛酸乙酯水解产生正钛酸凝胶层,再通过烘烤加热,使正钛酸脱去水分,在玻璃表面沉积而成,其反应式与 SiO_2 薄膜制备相似。

(3) 化学镀银(Ag)

化学镀银是借助还原剂,将银盐溶液中的银原子还原并沉积到光学零件表面上,形成反射镜面的一种方法。它与真空镀银比较,具有设备简单、生产率高、不受零件形状限制等优点。缺点是反射率稍低(一般在88%~90%)。此外,它和真空镀银一样,由于银层不能暴露在大气中,因此,只能作为后表面的反射膜,使应用受到限制。

最常用的方法是先用氢氧化银在氨溶液中形成的银氨络合物,然后与葡萄糖反应,还原出银,沉积在光学玻璃表面形成反射镜面,反应式如下

$$2AgOH+4NH_4OH \longrightarrow 2Ag(NH_3)_2OH+4H_2O$$

$$2Ag(NH_3)_2OH+C_6H_{12}O_6+3H_2O \longrightarrow 2Ag\downarrow+C_5H_6(OH)_5COOH+4NH_4OH$$

这种方法也可用于镀金(Au)和铜(Cu)。

2. 电化学镀膜

电化学镀膜是利用电化学反应原理进行镀膜的方法,主要有电镀和阳极氧化两种典型镀膜方法。镀制原理如图4.7.5所示,当两个金属作为阳极和阴极接上直流电源并插入导电电解液中时,阳、阴极表面会发生得失电子的化学反应称为电化学反应。

对于电镀,镀料作阳极,金属基片作阴极,工作时,镀料失去电子成为正离子进入电解液,移向阴极并在阴极上得到电子而沉积在阴极上。这种方法主要用于镀制金属薄膜。

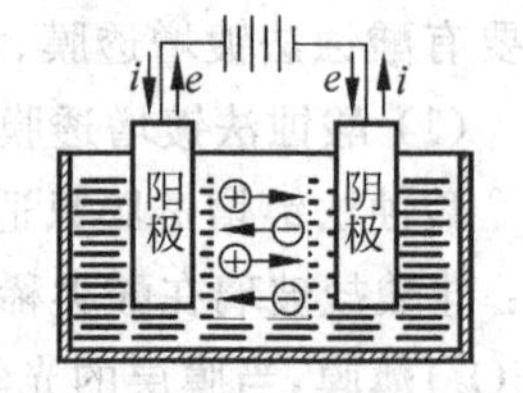

图4.7.5 电化学镀膜原理

对于阳极氧化,最常用的是在铝镜上镀制铝增反膜,铝镜作阳极,纯铝作阴极,以磷酸氢氨作电解液。工作时,电解液中的氧原子获得电子成为负离子,移向阳极并在阳极上与铝反应生成三氧化二铝(Al_2O_3)而沉积。这种方法也可用于镀制二氧化锆(ZrO_2)、二氧化钛(TiO_2)、三氧化二铋(Bi_2O_3)、五氧化二钽(Ta_2O_5)等金属氧化物电介质膜。

3. 溶胶-凝胶成型法镀膜

溶胶-凝胶成型法制作光学玻璃的原理已经在4.2节中介绍,用溶胶-凝胶成型法制作

光学薄膜的原理与制作光学玻璃相同，工艺也相似，主要用于制作氧化物薄膜。

制造光学薄膜时，首先应根据光学薄膜厚度要求适当地选择溶胶的黏度，其黏度一般要比制造光学玻璃零件低一些。然后采用浸渍法、甩胶法或喷涂法等方法将溶胶涂在基片表面，再经过放置、干燥及热处理等工艺，形成凝胶光学薄膜。其中浸渍涂膜法应用最为普遍，其优点是基片两面涂膜一次完成，通过调节溶胶的黏度和提拉速度，可以控制膜层厚度，通常一次涂膜可以获得厚度为 50～500nm 的膜层，如要得到更厚的膜层，可以采用多次浸渍。溶胶-凝胶成型法制造光学薄膜的典型工艺流程如图 4.7.6 所示。

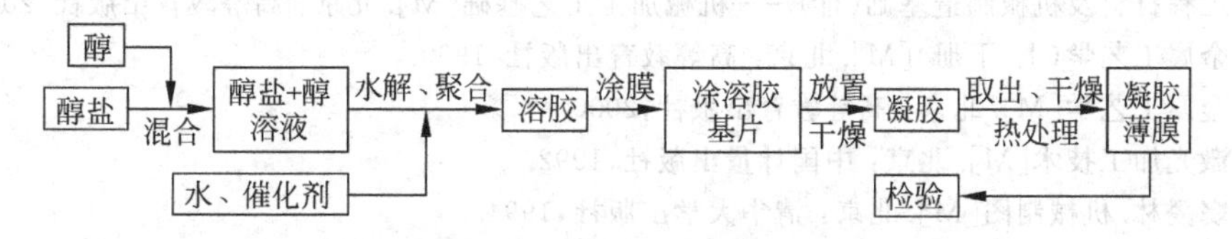

图 4.7.6　溶胶-凝胶成型法制造光学薄膜的典型工艺流程

与其他镀膜工艺相比，溶胶-凝胶法镀膜工艺不需要苛刻的工艺条件和复杂的设备，可以在大面积和复杂形状的光学玻璃、金属或光学塑料上镀膜。因此，溶胶-凝胶法镀膜成为迄今为止最成功也最有前途的镀膜技术。

目前，溶胶-凝胶法镀膜主要应用有：

① 制作保护膜：SiO_2。

② 制作吸收膜：$NiO\text{-}SiO_2$、$Fe_2O_3\text{-}SiO_2$、$CoO\text{-}SiO_2$、$Cr_2O_3\text{-}SiO_2$。

③ 制作增反膜：$In_2O_3\text{-}SiO_2$。

④ 制作增透膜：$Na_2O\text{-}B_2O_3\text{-}SiO_2$、$BaO\text{-}SiO_2$、$TiO_2\text{-}SiO_2$。

参考文献

1 戴枝荣.工程材料及机械制造基础(Ⅰ)——工程材料[M].北京：高等教育出版社,2000.
2 张万昌.工程材料及机械制造基础(Ⅱ)——热加工工艺基础[M].北京：高等教育出版社,2000.
3 吴桓文.工程材料及机械制造基础(Ⅲ)——机械加工工艺基础[M].北京：高等教育出版社,2000.
4 邓文英.金属工艺学(上、下册)[M].北京：高等教育出版社,1990.
5 骆志宾.金属工艺学[M].北京：高等教育出版社,2000.
6 王家金.激光加工技术[M].北京：中国计量出版社,1992.
7 邹宜侯,窦墨林.机械制图[M].北京：清华大学出版社,1994.
8 孔宪庶,池建斌,曾明华.画法几何与机械制图[M].北京：清华大学出版社,1994.
9 袁哲俊,王先逵.精密和超精密加工技术[M].北京：中国铁道出版社,2000.
10 王先逵.精密及超精密加工[M].北京：机械工业出版社,1991.
11 王先逵.机械制造工艺学[M].北京：机械工业出版社,1995.
12 蒋欣荣.微细加工技术[M].北京：电子工业出版社,1990.
13 刘晋春,赵家齐,赵万生.特种加工[M].北京：机械工业出版社,2000.
14 金庆同.特种加工[M].北京：航空工业出版社,1988.
15 陈传梁.特种加工技术[M].北京：科学技术出版社,2000.
16 王贵明.数控实用技术[M].北京：机械工业出版社,2001.
17 刘跃南.机床计算机数控及其应用[M].北京：机械工业出版社,1997.
18 李宏胜.数控原理与系统[M].北京：机械工业出版社,1998.
19 明兴祖.数控机床与系统[M].北京：中国人民大学出版社,2000.
20 王晓敏.工程材料学[M].北京：机械工业出版社,1999.
21 崔昆.钢铁材料及有色金属材料[M].北京：机械工业出版社,1980.
22 谭树松.有色金属材料[M].北京：冶金工业出版社,1993.
23 胡德昌,胡滨.合金钢与高温合金[M].北京：北京航空航天大学出版社,1993.
24 查立豫,郑武城,顾秀明,薛翠秀.光学材料与辅料[M].北京：兵器工业出版社,1995.
25 郑武城,黄善书,李汉枝.光学化工辅料[M].北京：测绘出版社,1985.
26 李俊寿.新材料概论[M].北京：国防工业出版社,2004.
27 赵连泽.新型材料导论[M].南京：南京大学出版社,2000.
28 陈华辉.现代复合材料[M].北京：中国物资出版社,1998.
29 查立豫,林鸿海.光学零件工艺学[M].北京：兵器工业出版社,1987.
30 辛企明.近代光学制造技术[M].北京：国防工业出版社,1997.
31 吴翼平.现代光迁通信技术[M].北京：国防工业出版社,2004.
32 安毓英,曾小东.光学传感与测量[M].北京：电子工业出版社,2001.
33 郁道银,谈恒英.工程光学[M].北京：机械工业出版社,2006.
34 陈军.现代光学及技术[M].杭州：浙江大学出版社,1996.
35 李士贤,李林.光学设计手册[M].北京：北京理工大学出版社,1996.
36 王之江.光学技术手册(上)[M].北京：机械工业出版社,1987.
37 李柱,赵卓贤.互换性与测量技术基础[M].北京：机械工业出版社,1989.
38 廖念钊.互换性与测量技术基础[M].北京：中国计量出版社,1990.
39 鲁绍曾.现代计量学概论[M].北京：中国计量出版社,1988.

40 花国梁.互换性与测量技术基础[M].北京:北京理工大学出版社,1986.
41 花国梁.精密测量技术[M].北京:清华大学出版社,1986.
42 费业泰.误差理论与数据处理[M].北京:机械工业出版社,1981.
43 姜建华.无机非金属材料工艺原理[M].北京:化学工业出版社,2005.
44 王连发,赵墨砚.光学玻璃工艺学[M].北京:兵器工业出版社,1995.
45 曹志峰.特种光学玻璃[M].北京:兵器工业出版社,1993.
46 郑国培.有色光学玻璃及其应用[M].北京:轻工业出版社,1990.
47 陈贻瑞,王建.基础材料与新材料[M].天津:天津大学出版社,1994.
48 周玉.陶瓷材料学[M].哈尔滨:哈尔滨工业大学出版社,1995.
49 杨力.先进光学制造技术[M].北京:科学出版社,2001.
50 潘君骅.光学非球面的设计、加工与检验[M].苏州:苏州大学出版社,2004.
51 高俊刚,李源勋.高分子材料[M].北京:化学工业出版社,2004.
52 朱张校.工程材料[M].北京:清华大学出版社,2001.
53 李顺林.复合材料进展[M].北京:航空工业出版社,1994.
54 赵渠森.复合材料[M].北京:国防科技出版社,1979.
55 费业泰.误差理论与数据处理[M].北京:机械工业出版社,1981.
56 徐修成.高分子工程材料[M].北京:北京航空航天大学出版社,1990.
57 庞滔,郭大春,庞楠.超精密加工技术[M].北京:国防工业出版社,2000.
58 王先逵,李庆祥,刘成颖.精密加工技术实用手册[M].北京:机械工业出版社,2001.
59 王惠方.金属切削机床[M].北京:机械工业出版社,1994.
60 王启平.精密加工工艺学[M].北京:国防工业出版社,1990.
61 杨柏,吕长利,沈家骢.高性能聚合物光学材料[M].北京:化学工业出版社,2005.
62 辛企明.光学塑料非球面制造技术[M].北京:国防工业出版社,2005.
63 田芊,廖延彪,孙利群.工程光学[M].北京:清华大学出版社,2006.
64 曹天宁,周鹏飞.光学零件制造工艺学[M].北京:机械工业出版社,1987.
65 蔡立,田守信.光学零件冷加工技术[M].北京:国防工业出版社,1981.
66 蔡立,田守信.光学零件加工技术[M].武汉:华中工学院出版社,1987.
67 谢希文,过梅丽.材料科学基础[M].北京:北京航空航天大学出版社,2005.
68 田莳.材料物理性能[M].北京:北京航空航天大学出版社,2004.
69 邱成军,王元化,王义杰.材料物理性能[M].哈尔滨:哈尔滨工业大学出版社,2003.
70 熊兆贤.材料物理导论[M].北京:科学出版社,2001.
71 功能材料及其应用手册编写组.功能材料及其应用手册[M].北京:机械工业出版社,1991.
72 光学零件工艺手册编写组.光学零件工艺手册(上册)[M].北京:国防工业出版社,1977.
73 光学零件工艺手册编写组.光学零件工艺手册(中册)[M].北京:国防工业出版社,1977.
74 光学零件工艺手册编写组.光学零件工艺手册(下册)[M].北京:国防工业出版社,1977.
75 [英]H. A. 麦克劳德著.光学薄膜技术[M].周九林,尹树百,译.北京:国防工业出版社,1974.
76 [英]O. S. 希文斯著.固体薄膜的光学性质[M].尹树百,译.北京:国防工业出版社,1965.
77 马之庚,任陵柏.现代工程材料手册[M].北京:国防工业出版社,2005.